U0336483

国家自然科学基金项目(No.41075045)资助

# 西太平洋副热带高压季节内活动与变异研究

张　韧　余丹丹　洪　梅　著

气象出版社
China Meteorological Press

## 内容简介

西太平洋副热带高压是东亚夏季风系统的重要成员，也是影响、制约夏季东亚地区天气气候和导致该地区洪涝、干旱灾害的重要系统。西太平洋副热带高压与东亚夏季风系统，包括南、北半球和高、低层等诸多环流与天气要素之间相互影响、制约，共处于一个复杂的非线性系统之中。副热带高压活动、变异与东亚夏季风系统环流背景和热力作用以及其他成员活动关系密切。弄清它们相互影响制约的基本事实、现象特征和动力学机理，有助于改进、提高夏季东亚地区旱涝等灾害性天气预测，具有重要的科学意义和应用价值。本书围绕西太平洋副热带高压的活动、变异及其与东亚夏季风系统相互影响、关联的基本事实、天气特征和物理机理等科学问题，开展了系统深入的研究探索。本书可供气象及其他领域的科研、业务工作者以及高等院校相关专业师生参考。

**图书在版编目(CIP)数据**

西太平洋副热带高压季节内活动与变异研究/张韧，
余丹丹，洪梅著. —北京：气象出版社，2013.11
ISBN 978-7-5029-5849-7

Ⅰ.①西… Ⅱ.①张… ②余… ③洪… Ⅲ.①太平洋-
副热带高压-研究 Ⅳ.①P424.4

中国版本图书馆 CIP 数据核字(2013)第 279021 号

出版发行：气象出版社

地　　址：北京市海淀区中关村南大街 46 号　　　　邮政编码：100081
总 编 室：010-68407112　　　　　　　　　　　　发 行 部：010-68406961
网　　址：http://www.cmp.cma.gov.cn　　　　　　E-mail：qxcbs@cma.gov.cn
责任编辑：马　可　张　斌　　　　　　　　　　　终　　审：周诗健
封面设计：安玉柱　　　　　　　　　　　　　　　责任技编：吴庭芳
印　　刷：北京京华虎彩印刷有限公司
开　　本：787 mm×1092 mm　1/16　　　　　　　印　　张：17.25
字　　数：441 千字
版　　次：2013 年 11 月第 1 版　　　　　　　　　印　　次：2013 年 11 月第 1 次印刷
定　　价：60.00 元

# 序

    西太平洋副热带高压是东亚夏季风系统的重要成员,是连接热带和中高纬大气环流的主要纽带。它的强度和进退对我国夏季雨带位置有重要影响,副高异常活动往往会导致我国夏季降水异常,特别是引起江淮流域出现洪涝或干旱灾害。由于副高对大气环流和我国天气气候有重要影响,对副高活动规律及其机理的研究也就成为我国大气科学家永恒的研究课题之一。陶诗言、黄士松等老一辈气象学家在上世纪五十年代开创了对副高时空结构、活动规律、形成机理以及在天气气候预报中的应用的研究。近年来气象学家应用新理论、新资料和新方法,进一步把副高研究推向了新的更高阶段。

    由于副高影响因子的多元性、动力机理的非线性和活动变化的非平稳性,副高研究难度很大,副高异常活动和形态变异的本质至今尚未彻底弄清,进而在很大程度上影响、制约了对副高活动的预测。

    本书作者张韧教授长期致力于西太平洋副高研究,在国家自然科学基金项目资助下,针对副高的时空结构、季节内活动规律、变异机理及其与东亚夏季风系统之间的相互作用等科学问题,开展了系统深入的研究,取得了一系列创新性研究成果。特别是围绕副高活动表现出的跳跃突变、异常进退和稳定少动等特征以及副高强度和形态的变异现象,开展了特征诊断和机理研究;在副高动力学特性分析的基础上,进一步研究了副高与东亚夏季风系统相互影响、相互制约的观测事实和物理过程,揭示出了一些新的事实特征、提出了一些新的观点和见解。研究工作表现出创新的研究视野、活跃的学术思想和多学科交叉特色,是对当前副高研究的积极推进和有益拓展。

    2013年夏季,我国出现了大范围持续高温干旱天气,许多地区的气温刷新了历史纪录。副高作为主要的控制系统和环流背景,其异常强盛和稳定维持是此次极端高温天气的重要原因,并再次引起人们对副高的关注。作为对副高的长期探索积累和成果总结,相信本书的出版能够为副高研究和副高预测提供有益帮助和参考借鉴。

2013 年 8 月

注:孙照渤,南京信息工程大学大气科学学院教授。

# 前　言

　　西太平洋副热带高压(以下简称副高)是连接热带和中高纬大气环流的重要纽带,其强度变化和位置移动直接影响、制约热带和中高纬地区的大气环流和天气系统演变。我国雨带的季节性移动与副高的季节性跳动关系密切,副高强度和进退活动的异常往往导致该地区出现洪涝和干旱灾害。由于副高对热带和中高纬大气环流以及我国天气气候具有极为重要的影响,副高活动的特征诊断和机理研究已成为我国夏季汛期天气预报和气候趋势预测的关键环节。

　　由于副高系统的非线性、副高变化的非平稳性、副高影响因子的多元性和动力机理的复杂性,副高研究难度很大,副高异常活动和形态变异的物理本质至今尚未彻底弄清,进而在很大程度上影响制约了对副高活动的预测。西太平洋副高作为东亚夏季风系统的重要成员,它的活动和变化不是孤立的,而是与夏季风系统背景及其成员(包括南半球系统成员)之间存在着有机联系和密切关联,它们相互影响制约、互为反馈。许多研究工作均揭示了副高与夏季风系统相互影响的现象和事实,强调了副高与东亚夏季风系统成员作为有机整体共存与相互制约的客观性和重要性。副高活动的异常与东亚夏季风环流及热力因子的异常密切相关,这一观点已得到广泛的认同和共识,但它们的内在机理和作用过程并未完全揭示清楚。近年来副高的一些异常活动和形态变异(如1998年盛夏季节的副高异常南落所带来的长江流域特大洪涝灾害;2006年夏季副高持续稳定西伸导致的川、渝地区的持续高温干旱;2008年初我国南方持续雨雪冰冻灾害期间副高的异常西伸维持)既有副高活动的一般形态规律,但也显著地表现出了副高有别往常的变异特征。

　　自2000年以来,在国家自然科学基金项目的资助下(No.41075045;49975012),作者围绕副高的季节内活动与变异及其与东亚夏季风系统之间的相互作用、相互制约等科学问题,开展了系统深入研究,特别是在最近承担的国家自然科学基金项目(No.41075045)中,致力于副高活动所表现出的跳跃突变、持续西伸和稳定少动等异常活动以及强度和形态变异等现象的特征揭示和机理分析,研究揭示了副高内在的动力学特性及其与东亚夏季风系统相互影响、制约的天气事实和物理机理,揭示出一些新的现象特征、提出了一些新的观点和见解。

　　本书除第1章绪论外按研究方法和技术途径分为三编。第一编(第2章—第

8章)的主要内容为副高活动与变异的特征诊断研究,由余丹丹、张韧撰写;第二编(第9章—第12章)主要是从正问题角度研究副高活动与变异的动力学机理,由张韧撰写;第三编(第13章—第16章)则从反问题途径探索了一些典型或特殊年份副高异常活动与变异的动力学机理,由洪梅、张韧撰写;全书由张韧统稿。

副高异常活动及其与东亚夏季风系统的相互作用是一个非常复杂的课题,有许多问题至今尚未彻底弄清,许多方面仍有待进一步深入研究。本书仅是对其中一些问题作了有限的探索,希望能对副高研究和副高预测有一定的参考和帮助。

感谢国家自然科学基金提供的课题资助,没有基金项目的资助,这些工作成果是难以取得的;感谢我的博士后合作导师,南京信息工程大学孙照渤教授为本书作序,对本书工作予以的支持与鼓励。感谢参与其中部分研究工作的董兆俊博士和我的一些研究生。感谢解放军理工大学气象海洋学院对研究工作和本书出版予以的关心支持。

张韧

2013 年 7 月于南京

# 目 录

## 第一编 副高活动与变异的特征诊断研究

# 第二编　副高活动与变异的动力学机理的正问题研究

## 第三编　副高活动与变异的动力学机理的反问题研究

# 第1章 绪论

近年来,在全球气候变化背景下,我国的极端天气气候事件,尤其是暴雨、高温、干旱等,发生频次和强度呈现出增长趋势,与此对应的是西太平洋副热带高压(以下简称副高)的异常活动也愈加频繁。如1998年盛夏,副高北抬后的异常南落导致了长江流域出现特大洪涝灾害;2003年夏季,副高脊线第二次季节性北跳异常偏晚、副高偏强和持续偏西,导致长江以南出现高温干旱天气,而副高西北侧的淮河流域出现了严重的洪涝灾害;2006年夏季,副高的持续西伸和稳定维持导致川、渝地区出现了持续的高温干旱天气;2007年7月,副热带高压的偏南、偏西维持,导致华南出现大范围持续高温天气;2007年9月下旬—10月初,副高异常强盛北挺在30°N左右,长江中下游地区出现了罕见的秋季高温天气;2008年1月,副高异常西伸形成利于南方雨雪冰冻灾害维持的水汽输送坝,成为该雨雪冰冻灾害的关键致灾因素;2009年9月,副高在东退过程中再次西伸,导致重庆地区9月出现近50年来同期的最高气温,9月7日多个站点气温突破40℃,其中綦江站的午后气温达到41.5℃。这些异常或极端天气事件既为副高研究提出了新问题、新挑战、新目标,同时也提供了很好的研究对象和典型案例。迫切需要针对副高案例的这些特点开展深入细致的特征诊断和机理揭示,进而为副高异常活动的理解和预测提供理论依据和科学基础。

副高作为东亚夏季风系统的重要成员,它的季节变化对东亚夏季风系统活动起着调节作用。我国雨带的季节性移动和副高的季节性跳动密切相关,副高强度和进退的异常往往导致该地区出现洪涝和干旱灾害。因此,弄清副高的结构特征、演变规律和活动机理,是进一步深入认识大气环流和天气气候演变的关键环节,具有重要的科学意义、应用价值和社会效益。

## 1.1 副热带高压的国内外研究现状

西太平洋副高是影响我国及东亚地区环流形式和天气气候的主要系统。副高结构和活动规律的研究一直受到气象学家的高度重视,叶笃正、陶诗言、黄士松和吴国雄等知名学者进行了开创性的研究。近年来,许多气象学家也围绕着副高问题开展了卓有成效的工作,他们揭示的事实、提出的见解和观点,为理解和弄清副高活动规律与变异机理提供了重要工作基础。副高研究主要侧重于以下四个方面:一是副高自身变化规律和结构特征的现象揭示;二是副高进退活动的影响因子诊断;三是副高变异的动力机理分析与数值模拟;四是副高活动演变的预测方法研究。

### 1.1.1 副高的结构特征和变化规律

#### 1.1.1.1 副高的三维结构特征

早在20世纪60—70年代,我国气象学家陶诗言(1963,1964)、黄士松(1961,1962,1963)

等人对西太平洋副高和青藏高压的结构及其变化的研究成果已成为我国天气预报和短期气候预测的指南。近年来,随着研究的深入,人们发现副高研究存在某些局限性,为了更好地理解副高自身的活动规律,对副高的结构特征仍需进行深入、细致的工作(刘屹岷 等,2000)。刘平等(2000)利用经向偏差方法,分析出纬向平均的副高带相对于赤道对称,脊轴全年随高度向赤道倾斜的三维结构。同时,副高脊线的季节变化和年际变化具有对流层整层的同时移动的特征。戴新刚,丑纪范(2002)利用东西风交界面来表征副高的脊面位置,运用动力模型结合资料分析研究了副高脊面的气候变异特征,发现南半球副热带高压具有纬向对称的垂直结构特征,北半球副热带高压的垂直结构则比较复杂,尤其是西太平洋副高表现出在全球副热带高压系统中的独特性。为此,毛江玉、吴国雄(2002)重点研究了亚、非季风区在4—6月季节转换过程中副高脊面的特征,提出了"季节转换轴"的新概念。他们将垂直于地面的副高脊轴作为冬夏季节交替的"季节转换轴",以副高脊面附近经向温度梯度作为表征亚洲夏季风爆发的指标,从而揭示出副高带断裂与季节转换和季风爆发存在着密切联系。这些研究工作为进一步认识、理解副高的形成和变化规律提供了新的理论和见解。

### 1.1.1.2 副高的双脊线特征

一般的研究大多关注副高的单一脊线特征,占瑞芬 等(2004,2005)首次提出副高双脊线概念,并揭示了1998年夏季副高双脊线的基本演变特征、环流场和温湿场结构及其可能的形成机制以及对该年夏季长江流域"二度梅"的影响。进一步研究发现,副高的双脊线现象并非1998年独有的特征,而是北半球副高的一种普遍现象,其发生具有明显的"季节锁相"特征和地域性:7月中旬—9月中旬频繁出现在北印度洋中东部到北太平洋中部一带,尤其是西太平洋副热带地区(Zhan Ruifen *et al*,2005)。而且副高双脊线事件也有明显的年际变化,并在20世纪70年代中期发生了明显的突变。在此研究基础之上,祁莉、何金海等(2006,2008a,2008b,2008c)也做了大量研究工作。他们首先提出确定副高双脊线过程的定量指标、合成分析最典型的"南生、南存型"双脊线过程,指出该类型双脊线的形成、维持和消失与副高南侧外围东风波系统自东南向西北的传播发展密切相关;随后他们比较了1962年与1998年的双脊线过程的异同,指出亚洲季风槽的发展东移是副高双脊线形成的重要影响因子;通过进一步的诊断分析发现,双脊线过程中南侧脊线的生成与季风槽8～10天周期的"间歇性增强东伸"密切相关,也正是这一准10天振荡在7月下旬—9月下旬的突然增强造就了双脊线的"季节锁相"特征。他们的研究还发现季风槽8～10天的"间歇性增强东伸"与两支分别来自西太平洋的西传准10天振荡和来自赤道的北传准10天振荡有关。最后,他们从动力学上分析了西太平洋热带大气准10天振荡向西北传播与季风槽东伸西撤之间的相互作用过程,探讨了在气候平均场上西太平洋副高双脊线可能的形成机制。

### 1.1.1.3 副高特征指数的定义

天气分析中一般用500 hPa等压面上588 dagpm等高线的变化描述副高活动状况。在预报实践中也总结出一些指标来表征500 hPa上副高的特征(如面积指数、脊线位置、北界指数及西伸脊点等)。许多学者(李江南 等,2003;舒廷飞 等,2003)对中国气象局所定义的指标进行了修改,但只是选取区域不同,结果大同小异。由于副高指数的计算受资料格式及人为因素(如等高线读数)影响,故用588 dagpm等高线有时难以客观、准确地描述副高活动。

为此,有人对副高指数定义进行了有益的改进:副高脊线位置可定义为热带东风带和中纬度西风带的分界线,即纬向风速为零的等值线位置(吴国雄 等,2002a)。但纬向风速为零的纬度并不全为副高脊线(如低涡轴线等)。因此,取中纬度西风最大值(西风急流)到赤道之间的第一个 $u=0$ 的纬度,基本可代表副高的脊线位置(温敏,2000)。副高西伸指数可定义为副高脊线西部前缘主要活动区范围内[100°~130°E,20°~30°N]各格点的位势高度的距平之和(温敏,2002)。利用 850 hPa 夏季平均位势高度场计算副高纬向和经向位移的参数指数,用以描述夏季西太副高季节性移动特征(Lu Riyu et al,2002)。用副高西部变动频繁地区[115°~140°E,22.5°~30°N]的涡度距平来界定副高是否偏东或是偏西(Yang Hui et al,2003)。随着卫星遥感资料的广泛应用,OLR 和 $T_{BB}$ 资料也被用于勾画副高位置,揭示副高异常特征(何金海 等,1996a;江吉喜 等,1999;蒋尚城 等,1998;王亚非 等,2000)。许晨海 等(2001)用 OLR 场中的 240 W·m$^{-2}$ 特征等值线来勾画副高范围;不同季节可用不同的 $T_{BB}$ 值来描述副高,夏季可视 $T_{BB}>275$ K 的区域为副高活动区,副高脊点为 90°~180°E 范围内各月份 $T_{BB}$ 特征值最西位置处的经度(姚秀萍 等,2005)。最近,有人用瞬变波波包传播方法来研究副高的中短期活动,瞬变波波包大值区的向北发展和向南发展可以描述副高脊线的南北摆动,波包小值区的向西传播和向东传播可以表示副高脊线的西进和东退现象(李湘 等,2010)。

### 1.1.1.4 副高的活动规律

由于各种内、外部因子的影响,副高强度、脊线的南北位置和西脊点的东西位置表现出明显的年际和年代际变化特征,概括起来大致表现出 3~4 年、11 年左右、10~13 年、20 年、40 年及更长周期(龚道溢 等,2002a;慕巧珍 等,2001,2002;舒廷飞 等,2003)。另外,副高活动最为显著的变化特征是季节性的南北进退。陶诗言等(2001b)指出夏季副高季节内活动有两种模态,即存在 20~30 天的周期振荡和 5~10 天的短周期活动。江淮流域梅雨锋的活跃、中断和结束与副高 20~30 天的季节内振荡有关,副高的 5~10 天短期活动则受 35°~45°N 西风带活动的影响。毕慕莹(1989)还发现副高的周期振荡具有明显的传播方向,15~20 天振荡一般是从东向西传播,而 10 天以下的短周期振荡则一般是从西向东传播。张韧等(2002a,b)研究发现,夏季北太平洋副高的活动和西伸主要表现为 8~16 天和 16~32 天周期的低频位势波活动,表现为东、西太平洋副高的遥相关关系,且这种遥相关可能是通过低频位势波的传播来加以联系和实现的。在全球变化背景下,夏季副高强度也呈现出增大的趋势,其中 20 世纪 60 年代中期和 20 世纪末增强最明显,并呈现出准 20 年的年代际周期变化特征(钱代丽,2009)。

## 1.1.2 副高活动与变异的影响因子

### 1.1.2.1 中高纬大气环流

北半球中高纬环流是影响副高异常变化的重要因子之一,其中讨论最多的是 200 hPa 东亚副热带西风急流和 500 hPa 高度上的西风槽脊。龚道溢 等(2002a)认为东亚副热带西风急流和对流层中低层的副高是影响东亚夏季风降水的最重要的大尺度环流系统;李崇银 等(2004)指出高空急流位置的北跳为热带环流和系统的北进提供了条件。黄士松(1978)进一步明确了西风急流北跳与副高北跳的时间关系,指出西风急流北跳要超前于副高脊北跳 1~2 候。此外,廖清海(2004)利用数值模式开展了相关研究。另有学者定义了描述东亚西风急流的多种指数(Lin Zhongda et al,2005;庄世宇 等,2005),并对副热带西风急流位置的年际变化特征、影响及其可能机制进行了探讨(杨莲梅 等,2006);研究揭示了夏季季节内东亚西风急流南北位置变化与南亚高压、副高及雨带分布的关系(况雪源 等,2006);金荣花等(2006)则从动力学理论分析的角度上说明了副热带西风急流动力强迫作用对副高中短期活动的影响。

此外,中纬度的西风带短波槽脊活动,对副高的短期变化的影响也很显著。副高预报经验表明,当500 hPa西风带有一个高压脊移近我国沿海岸时,副高通常会伴随一次加强过程。陶诗言等(2006)的研究进一步证实了欧亚大陆上空的静止 Rossby 波列对副高西伸、北跳的作用。阻塞高压与低涡本质上都是西风带长波槽脊的体现,它们的活动异常会影响西风急流的变化与副高的南北进退(张先恭 等,1990;廖荃荪 等,1990;杨义文,2001;陈希 等,2002)。关于中高纬环流究竟通过怎样的动力和热力过程影响副高的短期变化问题,任荣彩、刘屹岷等(2004)从个例诊断、基本理论和数值试验三方面研究发现,强冷(暖)空气活动所造成的纬向温度梯度,通过影响副高边缘的南北风发展而直接与副高的短期变异相联系,进而提出了中高纬冷暖空气活动影响副高短期变异机制的见解。李峰等(2006)着眼于中短期西风带系统影响副高的活动过程,指出阻塞高压与前部低涡通过西风带基本气流及长波系统的螺旋结构的变化,激发 Rossby 波的经向传播来影响副高的南北进退。

### 1.1.2.2　热带大气环流

副高的活动和变异与热带大气环流关系密切,如热带气旋活动对副高强度和移向有显著的影响。张庆云和陶诗言(1999)指出,副高脊线的二次北跳现象与赤道对流向北推移密切相关。徐海明等(2001b)通过诊断分析和模式模拟,发现热带辐合带(ITCZ)和孟加拉湾北部对流的异常活跃可能对副高的增强、北跳、西伸产生影响。罗哲贤(2001)从大尺度涡旋能量频散的角度,讨论了热带气旋对副高影响的动力学问题,提出了热带气旋影响副高经向度和脊线走向的短期时间尺度变化的可能机制。刘还珠等(2006)也发现,在较强的赤道辐合带北侧有利于负涡度的发展,对副高的维持和加强起到了不可忽视的作用。近年来,低纬热带地区对副高短期东西向移动的影响引起了学者的关注。姚秀萍等(2007,2008)从个例分析中指出,副高东西向运动与热带对流层上空东风带扰动有着密切的联系,副高与其南侧的东风带扰动存在同时西进的过程。张琴、姚秀萍等(2011)通过合成分析,证实了前人论点,并揭示了东风带扰动所对应的正涡度减弱以及对流层高层北风加强发展对副高短期东退的指示意义。

大气经圈环流的调整也是影响副高南北进退活动的重要因素之一。叶笃正等(1979)很早就研究了青藏高原的加热效应激发纬圈环流对副高形成的重要作用。袁恩国等(1981)发现副高的中短期进退过程与大气的垂直环流演变有着紧密的联系,并提出了经圈环流调整的几种不同方式。廖移山等(2002)分别从副高北跳、副高稳定、副高南退三个阶段与115°E的经圈环流调整关系进行分析,发现低纬度深厚上升运动的发展不利于副高维持在较低纬度,而中纬度反环流的突然向南调整是造成副高突然北跳的原因。

### 1.1.2.3　南半球环流

南半球大气环流是全球大气环流的重要组成部分,也是影响气候变化和亚洲季风系统的一个重要因素。随着南半球大气资料的丰富以及南极涛动现象的发现,认识南半球中高纬环流的年际变化规律及其与东亚环流和气候的关系成为可能。南半球的中低纬大气环流是亚洲季风系统的重要成员之一,它对副高的影响也为人们所关注。

位于南半球的澳大利亚高压和马斯克林高压(简称"澳高"和"马高")是亚洲季风系统的两个重要成员。一般认为前者属于东亚季风系统,后者属于印度季风系统。但也有人认为后者亦是东亚季风系统成员。早年黄士松等(1988)指出马高的频散能量可使澳高增强,并揭示了马高变动与西北太平洋副高变动的遥相关特性。杨修群等(1989)的数值模拟研究表明,南半球马高和澳高的发展加强,使越赤道气流加强,进而增强菲律宾周围的对流活动,最终使局地哈得来(Hadley)环流发展,从而导致副高的增强。何金海等(1989)的数值模拟进一步证实了澳大利亚冷空气活动对东亚夏季风有重要作用,季风槽的移动相应地引起副高移动。因此,副高脊线的活动也间接地受南半球系统的影响。此外,中国气象学家早就注意到上述南半球两个高压系统对东亚夏季风降水的影响(施能 等,1995;张爱华 等,1997)。然而,以上研究大多是从个别年份、某个时段来开展的,研究区域多限于长江中下游及华南地区,至于其他地方的夏季降水是否也受到这两个系统的影响尚不清楚。近年来,有关南半球气候变率以及南半球环流异常对我国夏季旱涝分布影响的研究,受到了气象学家越来越多的关注。其中,高辉(2003,2006)、薛峰(2003,2005)等的工作较有特色和代表性:他们用数值试验研究了南半球环流对东亚夏季风环流和东亚夏季降水的影响并进行了机理分析,证实了前人关于马高在东亚夏季风系统中作用的论断,指出马高和澳高的年际变化与南极涛动和 ENSO 有关;研究还发现马高的低频振荡可引起澳高及越赤道气流的振荡,并通过平流过程进一步影响到副高的季节内东西振荡。此外,其他学者分别从 ENSO(崔锦 等,2005)和亚澳季风环流系统(何金海 等,2000;滕代高 等,2005)角度进行了有益的探讨。

与南半球两大高压对应的索马里急流和南海越赤道气流也是热带大气环流的重要组成部分,在南北半球物理量交换中扮演着重要角色,因而同样引起气象学家的广泛关注。相关研究大多集中在越赤道气流的气候学特征(施宁 等,2001;李晓峰 等,2006)、对南海季风爆发的影响(李崇银 等,2002;高辉 等,2006)以及对我国天气气候的影响(王会军 等,2003;李向红 等,2004)等方面。然而关于越赤道气流与副高联系的研究工作尚不多见,仅有部分研究工作讨论了索马里越赤道气流的强弱与副高西伸北抬的关系(黄士松 等,1982;张元箴 等,1999;许金镜 等,2006)。

南极涛动(AAO),又称为南半球环流模(SAM),是近年来得到确认的南半球中高纬大气环流主要的气候变率模态。近年来,我国气象学家主要关注研究南极涛动与华北、长江中下游夏季降水的关系(Nan S L et al,2003;Wang H J et al,2005;高辉 等,2003)。新近的研究(南素兰 等,2005;吴志伟 等,2006;鲍学俊 等,2006)也证实了前期 AAO 的变化对夏季西北太平洋副高的异常变化的重要影响,主要是使副高位置和强度发生变化,从而引起长江流域降水的年际变化。范可等(2006a,2006b,2006c,2007)为此开展大量的研究工作,并在南半球大气环流与东亚气候的总结和展望中,强调南半球的大气环流变动对全球大气环流和区域气候的重大影响,指出南极涛动可能还与印度季风系统、南亚高压系统的变动存在密切关系。

### 1.1.2.4 南亚高压

除了环流因子的影响之外,南亚高压也是影响副高活动的重要因子。相关的研究主要围绕着南亚高压的双模态分布、南亚高压的年际和年代际变化特征(张琼 等,2000;尤卫红 等,2006)、南亚高压的热力作用对亚洲夏季风爆发、大气环流演变的影响以及与华北、长江流域的夏季降水的关系(黄燕燕 等,2004;张琼 等,2001;赵平 等,2001)展开。也有研究表明(郑庆林 等,1999;林建 等,2000;简茂球 等,2004;巩远发 等,2006;梁潇云 等,2006),高原的热力作用对副高的强度、南北位置和西伸程度也有重要影响。

关于南亚高压与副高的进退关系,陶诗言和朱福康早在 20 世纪 60 年代(1964)就已指出二者之间存在"相向而进、相背而退"的趋势。赵改英等(2000)在此基础上,通过功率谱和交叉谱分析,得出在多数情况下,南亚高压的东进比副高西伸加强提前 1～2 天的见解。Zhang Qiong 等(2002)进一步拓宽了该对应关系,指出对应于南亚高压的双模态分布,西太平洋副高和伊朗副高的东西分布都存在差异,这是导致整个亚澳季风区出现大范围气候异常的原因。其他人(宋敏红 等,2002;谭晶 等,2005)也从个例分析和双模态角度,证实了陶诗言的观点。

以上研究所得到的结论仅是诊断分析和数值模拟的结果,而对南亚高压影响西太副高的变异机制研究主要还限于对个例的分析。任荣彩等(2003,2004,2007)基于一系列针对 1998 年夏季副高短期演变特点的研究,指出副高短期变异的动力和热力机制与南亚高压的异常活动和中高纬度环流系统的异常有着密切的联系。他们先从动力学理论出发,以准地转涡度平衡方程为基础,指出在 500 hPa 高度层副高的西部,高低空风场的分布决定了该区域必然存在较多的上升运动;高空强的负涡度平流的存在是副高内出现下沉运动的主要强迫机制。在此基础上,他们又研究了 1998 年南亚高压和副高之间的作用机制问题,发现南亚高压通过两种作用机制影响中层副高的短期变异。有关副高短期变异的动力和热力机制理论,也成功应用于 2003 年淮河流域暴雨期间的副高异常活动分析之中(赵兵科 等,2005),并得到南亚高压东移诱发西太平洋副高加强西移和淮河流域暴雨的动力热力作用机理示意图。

### 1.1.2.5 东亚夏季风雨带

20 世纪 50 年代以来,人们一直注重对夏季副高及其相伴雨带的研究。一方面,副高对我国降水的影响一直是气象学家研究的热点,如副高的年代际变化特征及其对我国东部降水的影响(龚道溢,2002a,2002b;谭桂容 等,2004;张庆云 等,2003a);利用长期序列的副高特征量资料和降水资料统计分析副高指数与汛期降水的关系(沙万英 等,1998;姚愚 等,2004);副高强度和位置的变化对于长江中下游地区汛期旱涝的影响和指示意义(闵锦忠 等,2005)以及副高季节移动与东亚夏季风雨带的耦合(黄晓东 等,2004)等等。近年来,也有研究工作涉及江淮流域特殊旱涝年副高活动的突发性异常对雨带的影响(冷春香 等,2003)。

另一方面,副高也受季风降雨的显著影响。Hoskins B J 等(1995)提出夏季北非副热带高压的维持与加强是其东部陆地上季风潜热释放与西风带共同作用造成强下沉运动的结果,首次强调了亚洲季风对北非副高的作用。喻世华、张韧等(1992,1995)研究指出,副高与东亚季风雨带之间存在彼此相互作用与制约的关系,提出了副高与东亚夏季风系统的"自我调节机制"。据吴国雄等(2002a)的估计,降水产生的涡度制造率足可诱发 500 hPa 西太平洋副高显著西伸和导致 200 hPa 南亚高压显著东伸。刘还珠等(2000)还模拟了中短期过程中降水引起的垂直方向非均匀、非绝热加热对副高的影响过程。以上研究表明,即使在天气尺度上,副高与其西侧的降水也存在相互作用,而非简单的控制与被控制关系。

### 1.1.2.6 海温

海温作为重要的海气相互作用要素,与副高活动有密切关联。早期研究(黄荣辉 等,1988,1994;蒋国荣 等,1992;蒲书箴 等,1993;龚道溢 等,1998)表明:冬、夏季副高对同期及前期不同海域(特别是赤道东、西太平洋和印度洋海域)海温存在显著的响应。20 世纪初,孙淑清等(2001)比较了副高强、弱年的外逸长波辐射、垂直环流和海温异常的差异,发现与副高异常有关的垂直环流由热带东太平洋海温异常导致的大气环流变化引起,并以 1998 年江淮流域洪涝过程为例探讨了当年海温状况对副高活动的影响。艾悦秀等(2000)也发现夏季副高异常对同期和滞后1~2个月的西太平洋海温有一定的反馈作用,并建立了海温与夏季副高的物理关联模型。就副高各个特征指数而言,海温变化主要影响副高的面积指数或强度指数,而对西伸脊点的影响次之;对脊线位置的影响比对北界位置的影响显著(姚愚,2004)。近年来,一些观测和数值模拟研究(Sui C H et al,2007;Wu B et al,2008)指出,副高在20世纪80年代准3~5年周期振荡突出,而在90年代准2~3年周期振荡突出,且分别与热带西太平洋和赤道中东太平洋海表温度异常有关。在年代际尺度上,曾刚、孙照渤等(2010)利用NCAR Cam3全球大气环流模式,分析了全球热带海区和热带印度洋—太平洋海区海表温度变化对副高的影响。研究发现,在这些海区的海表温度变化影响下,副高在20世纪的70年代中后期发生了较显著的年代际变化,表现出副高强度增强、位置偏西、偏南的趋势。

人们在研究ENSO现象与大气环流相互作用时,注意到ENSO对副高强度和位置有很大影响(符淙斌 等,1988;彭加毅 等,1999,2000,2001;应明 等,2000;陈月娟 等,2002;蔡学湛 等,2003;王成林 等,2004)。黄荣辉等(1988,1994)指出当热带西太平洋暖池增温时,从菲律宾周围经南海到中印半岛上空的对流活动将增强,西太平洋副高位置偏北,从东南亚经东亚到北美西海岸上空的大气环流将出现异常,并呈现出东亚—太平洋遥相关型(EAP)。张韧等(2000a)通过动力学分析和数值计算,发现持续的海温热力强迫可以很快激发出稳定的大气平衡态响应,La Nina(El Nino)期间的大气位势响应分别利于夏季西太平洋副高增强(减弱)和位置偏北(偏南)。李熠和杨修群等(2010)系统分析了副高异常与ENSO之间的相互作用问题,给出了北太平洋副热带高压年际变异与ENSO循环之间的选择性相互作用示意图,揭示了在年际时间尺度上超前于ENSO事件的海平面副高异常特征及其对ENSO事件建立的触发作用以及ENSO事件对500 hPa副高和海平面副高的滞后影响。

关于印度洋海温的作用,也有不少相关的研究。Wu G X等(1992)通过数值试验和资料分析,证明了同期印度洋正海温异常有利于西太副高增强。吴国雄等(2000)利用热力适应理论和数值试验,证明了印度洋海温异常可通过"两级热力适应"来影响副高活动与形态异常。李崇银等(2001)指出赤道印度洋海温偶极子与亚洲南部流场、青藏高压和副高都有相关特征。唐卫亚和孙照渤(2005)的研究也发现,印度洋海温偶极振荡异常,将引起大气环流的异常,影响季风强度和雨带分布。最近,Zhou T等(2009)提出了热带印度洋—西太平洋海表温度增暖引起副高西伸的年代际变化的可能机制:热带印度洋—西太平洋海表温度的增暖将引起其上空的对流增强,强迫出的ENSO/Gill型响应在西北太平洋将产生反气旋异常,这是影响副高西伸的主要强迫作用;其次,季风区降水的非绝热加热机制是影响副高西伸的次强迫作用。

### 1.1.3 副高形成和变异的动力学研究

#### 1.1.3.1 全型垂直涡度方程与副高形成及变异机制

在副热带地区,Burger数接近1,平流过程和绝热过程在热量平衡中都很重要。这使得副热带大气的动力学特性变得非常复杂。因此副高的动力学研究无论在天气意义上还是在气候意义上都是非常重要和富有挑战性的课题(刘屹岷 等,2000)。随着研究资料的日益丰富和计算能力的显著提高,出现了许多针对副高活动和形成机制的理论研究和数值试验,其中以吴国雄和刘屹岷等关于副高形成和变异机理方面的一系列研究成果最具代表性。

气象学家们传统地认为副热带高压带是 Hadley 环流的下沉支形成的。鉴于冬(夏)季节 Hadley 环流最强(弱)时,副高反而最弱(强)的天气事实,Hoskins 等(1995)对上述经典理论提出了质疑。刘屹岷等(2000)也认为下沉运动本身只引起正涡度发展,只有位温增加才能导致负涡度的发展,简单地用下沉运动去解释涡度的发展和副高的形成具有一定的片面性。吴国雄、刘屹岷等(2002b,2004)认为 Hadley 环流和副高的形成是两个不同的动力学问题,不能简单地把下沉运动看成是副热带高压形成的原因。他们在位涡理论的基础上,导出了全型垂直涡度方程,相应的分析表明,副高的形成主要是沿副热带地区非均匀的非绝热加热(包括感热加热、潜热释放和辐射冷却)使对称的副热带高压带断裂成闭合单体的结果,即副高是由加热的垂直非均匀性造成的(吴国雄 等,1999a,1999b;刘屹岷 等,1999)。他们的研究从非均匀性非绝热的角度阐明了外强迫在副热带高压带断裂中的重要作用,取得了新的理论进展,为副高动力学研究奠定了基础。近年来,为进一步研究季风潜热与夏季副热带环流之间的关系,他们又运用定常线性准地转模型,研究了由季风降水产生的潜热加热所激发的副热带定常波的结构特征,研究表明基本流对热强迫的定常波的结构有重要的影响(张亚妮 等,2009)。

近年来,不少学者根据全型垂直涡度倾向方程研究了一些特殊年份的副高的异常活动机理。如温敏等(2000,2002,2006)研究发现,1998 年夏季西太平洋副高的准定常结构和瞬变结构有着显著的不同,不同位置的凝结潜热加热对副高的作用是不同的,空间非均匀加热起着调节副高移动速率及改变副高强度的作用,特别是对副高的异常活动有重要影响。王黎娟等(2005a,2005b,2009)不仅通过诊断分析得出凝结潜热加热是决定副高位置和强度的重要因素,还通过动力和热力学理论探讨了江淮梅雨期和华南前汛期大范围持续性强降水期间非绝热加热影响副高的物理机制。林建等(2005)的研究进一步发现,副高东西侧与南北侧的加热对副高的西伸和北进作用是相互影响的。陈璇等(2011)采用区域气候模式 RegCM3 模拟了强降水期间江淮、华南及孟加拉湾的热源异常分布对副高短期位置的东西进退与南北变动的影响,模拟验证了副高位置的短期变异与大气加热场及其配置有着密切的联系,不同地理位置分布的加热场的差异可对副高短期活动及位置的变异产生不同的影响。

以上的理论研究和数值模拟表明,无论在季节尺度还是天气尺度上,副高的异常状况均可通过对非绝热加热的分析来予以解释,这是对过去认为副高区即是经向环流下沉区的传统观点的有益修正和重要补充。

### 1.1.3.2　副高活动与变异的机理研究

随着北半球自冬向夏太阳辐射的增强和季节增暖,西太平洋副高开始逐渐向东亚大陆西伸和北抬。副高除了上述规则的渐变外,一般情况下还有两次显著的季节性北跳,副高的这种季节性南北移动对我国雨带位置的变动有着直接的影响。黄士松等(1962,1978)早在 20 世纪 60 年代就指出,副高的南北变动具有缓变和跳跃两种活动特征。副高季节性跳动的物理成因,被认为是太阳辐射在地球上的不均匀分布、海陆热力差异和大气环流形势等所致。余志豪、葛孝贞(1983,1984)通过数值试验发现,副高脊线位置的季节性变动不仅是西太平洋地区,而且是全球所有副高具有的共同规律,它与太阳辐射加热密切相关,副高脊线位置的南北距平是其北侧降雨带旱涝反馈作用的结果。叶笃正等(1958)指出副高 6 月中旬的北跳与大气环流由冬季型向夏季型转换过程中所出现的"六月突变"关系密切。苏同华、薛峰(2010)的研究表明,夏季东亚地区在 6 月中旬和 7 月下旬存在两次明显的次季节突变,主要表现为副高的两次东退、北跳和雨带两次明显的跳跃性位移,较第一次北跳而言,副高的第二次北跳更为明显。副高的第一次北跳主要受南海地区对流活动加强的影响,而第二次北跳则是暖池对流活动与高纬地区环流共同作用的结果。南亚季风区在夏季风爆发前后是巨大的感热和潜热源,它们的时空分布异常无疑会对季风环流和季风系统成员产生重要影响。研究表明:热力强迫作用(包括感热和潜热)是影响副高活动和导致副高突变的重要因子,徐海明(2002)、何金海(2002)等均强调了中南半岛和印度半岛的感热加热作用对于亚洲夏季风爆发进程和对副高带断裂与活动的影响;Si Dong等(2008)研究证实了西太平洋副高的东西移动与我国南方雨带关系密切,季风降水的潜热释放是促使副高活动的重要因素;Liu Yimin等(2004)对副高形成与活动机理的研究中也强调了热力强迫的重要性;刘屹岷、吴国雄等(1999b)诊断估计,每天10 mm降水产生 $1×10^{-10}～2×10^{-10} s^{-2}$ 的涡度制造率,它在低空激发的南风及在高空激发的北风可达 $6～12 m/s$,足可诱发500 hPa西太平洋副高显著西伸及200 hPa南亚高压显著东伸。

上述研究表明,副高与东亚季风区感热和潜热之间存在着内在的关联,但这种相关性并非简单的作用与被作用、制约与被制约的主从关系,而是相互影响、相互制约的复杂过程。副高研究尽管已取得许多成果,但是副高与热源强迫(包括太阳辐射、感热和潜热)之间的作用过程和物理机理仍然没有完全弄清,突出表现在对近年来副高异常活动事件的刻画和对汛期副高活动的预测仍难以准确把握。

自Charney(1979)用高截谱展开的动力学方法研究中高纬环流的阻塞形势和平衡态问题,做了开创性的工作之后,强迫、耗散非线性系统中的平衡态及其稳定性和分叉、突变现象成为大气科学研究的重要内容(罗哲贤等,1985)。类似的方法被引入副高季节性移动和突变机理的研究之中。柳崇键、陶诗言(1983)用月尖突变模式探讨了不同类型的太阳辐射加热与副高突变的对应关系,提出了副高北跳的一种可能机理。缪锦海、丁敏芳(1985)研究了具有连续季节性热力强迫的正压耗散系统的平衡态和突变问题,指出大气环流存在典型的冬季型和夏季型平衡态,由于经、纬向存在的热力差异,连续的季节性太阳辐射加热可以导致大气环流出现多次季节性突变和副高不同类型的北跳。董步文、丑纪范(1988)用一个简单的非线性强迫耗散正压高截谱模式模拟了西太平洋副高的季节性北跳,指出在适定的纬向海陆热力差异和不同情况的经向热力强迫作用下,可以分别形成副高的一次北跳和两次北跳。张韧等(2000a)也用高截谱方法研究论证了太阳季节性加热是副高的缓变因子,纬向海陆热力差异则是副高的突变因子。任宏利、张培群等(2005)发展了一个描述副热带高压脊面变化的动力模型和简化的数值方案,较好地模拟出了副高脊面形态的时空变化特征,进而可定量考察影响脊面变化的动力因子的贡献。

高截谱解析分析方法在经历了20世纪80—90年代较活跃的研究热潮之后相当一段时间逐渐沉寂,重要原因之一是刻画副高的动力学模型本身比较简化(复杂的模型又难以开展解析研究),加之偏微分方程高截谱时空分离的空间基函数选取存在的欠缺(空间模比较简单,且有一定主观性)没有实质性的改进,制约了高截谱解析方法的应用。最近郑祖光等(2005)考虑超长波、长波和纬向气流三者相互作用,建立了阶数更高(22个变量)的动力系统,结合系统状态和环流型讨论了副高的北移。曹杰等(2002,2003)用四因子最优子集反演方法和相应的资料反演得到描述西太副高位置偏北和偏南年份的500 hPa位势高度场和相应的OLR场的高截谱基函数形式,对空间基函数选取进行了改进优化。张韧、董兆俊(2006a)用优化搜索方法,对东亚地区500 hPa位势场和季风雨带热力强迫场进行了函数拟合,并用客观拟合函数作为高截谱的空间基函数代入涡度方程,进行了相应的动力学讨论。上述空间基函数的改进对副高动力学研究做了有益的探索,但其对实际的副高位势场、环流背景场和热力强迫场空间结构的描述和函数逼近仍较为简略,只考虑了副高偏北、偏南等特殊情况,拟合出的基函数较为简单,因而所得常微系统仍难以对副高进行充分合理的描述(Zhang Ren et al,2000)。

解析分析尽管对副高系统和影响因素的考虑较为简单,但是对副高等复杂系统表现出的分岔、突变和多平衡态等数值分析难以刻画的奇异行为特征,用非线性动力系统定性理论则可予以恰当的描述和刻画,这也是动力学解析分析的优势和特色所在(Sun Guodong,2009),解析方法仍不失为研究副高机理的重要手段之一,但是需针对副高动力模型作进一步的改进和完善。

如何进一步客观、合理地将实际要素场的空间结构信息融入动力学模型的空间基函数之中,从实际观测资料中有效拟合、提取出副高位势场、热力场的背景结构特征,使副高模型更逼近天气实际、副高特征刻画和机理描述更具有针对性,是值得深入研究的问题。

### 1.1.3.3　副高动力模型反演与重构研究

鉴于副高系统高度的非线性和复杂性,建立针对具体事件的“精确”副高动力系统模型非常困难,从历史资料中重构副高活动轨迹的相空间与反演副高动力系统模型是研究和探索副高动力学性质和副高异常机理的有效途径。副高活动与变异通常涉及多要素、多方面的共同影响和相互制约,一般难以客观准确地给出针对性的物理模型或动力学描述(如 1998 年长江流域洪涝和 2006 年川渝地区大旱等副高异常南落和持续西伸事件的针对性描述和机理刻画),往往可能会出现对副高活动及变异事件研究中“普遍性有余、针对性不足”或“共性有余、个性不足”等类似的问题。基于副高活动与变异事件的观测资料,通过相空间重构和动力模型反演等途径,能够对副高典型个例的内在特征和动力过程开展针对性研究和剖析,给出具体事件的机理解释,进而提取和抽象出该类事件的共性特征和一般规律(董兆俊 等,2006)。Takens F(1981)在其相空间重构理论中对观测资料时间序列中重构动力系统的基本思想予以了阐述和数学证明:系统中任一分量的演化是由与之相互作用的其他分量所决定的,因此这些相关分量的信息隐含在任一分量的发展过程中。这样,从有限要素观测数据时间序列中能够重构出系统发展演变的动力模型。

目前的动力模型重构主要有传统的时延相空间重构和动力模型参数反演等方法。前者通过分维计算和寻找最优嵌入维与时延数,得到要素时间序列演变的相空间轨迹重构模型(张韧 等,2007)。该方法由于仅考虑了单要素与其时延序列信息,包含的独立信息较少,且难以获得微分解析模型(马军海,2005),对于反演副高等复杂非线性动力系统并开展动力特性讨论表现出较大的局限性。后者则是基于广义常微动力系统模型,以模型输出与实际资料的误差最小二乘为目标约束,进行模型参数优化搜索和动力模型重构。黄建平等(1991)用最小二乘估计讨论了从观测资料中重构非线性动力模型的途径,并从数值积分序列较好重构恢复了 Lorenz 系统。林振山(2003)也对气压、温度、降水等气象要素的时间序列历史资料,进行了模型参数反演和动力性质讨论。但这些工作未应用于具体天气系统的动力模型重构。近年来,张韧、洪梅等(2006b,2008a,2008b)用遗传算法全局寻优与并行计算优势分别开展了副高和 ENSO 的动力预报模型反演研究。结果表明,基于遗传优化反演的动力预报模型能较好逼近和推演副高/ENSO的变化趋势。但上述工作仅限于构建预报模型,尚未涉及副高的动力特性分析和机理讨论。

另外,制约动力学模型反演的三个核心问题仍有待解决:一是构建动力预报模型时所利用的数据信息有限,多以副高时频分解系数或时空分解系数等自身信息为主;二是反演的动力模型较为简单,由于数学推导复杂和计算量较大,上述研究中反演的主要为3阶动力学模型;三是热力、环流模型因子选择的主要依据是统计相关系数。显然,要较为系统全面地反演出刻画副高活动的非线性动力学模型,必须对上述问题进行改进和发展。除充实和完善相应的数学处理和算法优化外,如何准确地评判影响副高动力模型科学性、合理性的关键因素,如何准确选取与副高变化有显著动力关联的环流、热力模型因子,也是有待进一步深入开展的科学问题。

常规的统计相关方法反映的是两要素序列间的线性相关特征,至于要素之间是否存在内在的动力约束或关联(是否同属一个动力系统),统计相关系数则无法体现(如典型例子Lorenz模型的 $x$、$y$、$z$ 变量的时间积分序列的相关系数仅为 $0.05 \sim 0.17$,但它们却同属 Lorenz 动力系统)。因此,如何客观检测和合理选取动力模型因子,直接关系着反演模型的科学性和合理性。基于点条件概率密度的动力相关性诊断识别方法能够较好识别具有动力关联的指标因子,为判断和选择动力模型因子提供了客观依据(魏恩泊 等,2001;Dong Zhaojun et al,2008)。在副高动力模型因子筛选时值得引入和借鉴该思想方法和技术途径。

开展副高异常活动动力模型反演的另一个困难是,与副高"正常"年份相比,副高的"异常"年份毕竟是少数,因此副高"异常"个例属"小样本"事件。对该数据"不完备"情况,常规的统计分析方法存在较大局限性,所建模型的可靠性不易通过信度检验。"信息扩散"是近年来为解决地震、风暴潮、泥石流等小概率重大自然灾害事件灾情评估中实际存在的样本信息不完备情况而提出研究思想;它是为弥补信息不足而考虑优化利用样本模糊信息的一种对样本作集值化的模糊数学处理方法(黄崇福,2006),它通过将单值样本转换成概率形式表达的模糊集值样本,进而对非完备的样本信息进行拓展。目前"信息扩散"技术仅被用于小样本灾害事件的风险评估,但其研究思想和技术途径(张韧 等,2009,2010b)适宜于处理和解决副高异常事件中数据样本不完备情况的建模问题。

## 1.1.4 副高与东亚夏季风系统相互作用研究

随着对季风系统研究的深入,人们对副高与东亚季风系统的认识取得了重要进展(朱乾根,1985),澳大利亚冷高、南海越赤道气流、南海—西太平洋 ITCZ 雨带、西太平洋副高、东亚季风雨带、青藏高压、热带东风急流等被纳入东亚夏季风系统的有机整体之中(Tao Shiyan et al,1987)。作为东亚夏季风系统重要成员之一,副高活动和变化不是孤立的,它与东亚夏季风环流及其系统成员之间存在着相互影响和制约的关系。因此当前副高研究的一个重要趋势和途径就是将其作为季风系统成员来加以研究(吴国雄等,1999a,1999b)。

东亚夏季风系统是一个包含多个子系统的复杂系统,包括:澳大利亚冷高、南海越赤道气流、南海—西太平洋 ITCZ 雨带、西太平洋副高、东亚季风雨带、青藏高压、热带东风急流、季风环流圈等,同时与马斯克林高压及索马里越赤道急流等也密切关联(黄士松 等,1987)。张庆云和陶诗言(1999)研究指出,副高脊线的二次北跳现象与赤道对流向北推移密切相关。Yu Dandan 等(2007)对副高与东亚夏季风系统成员进行的时延相关分析发现,它们与副高活动存在显著的超前或滞后统计相关。这些研究揭示出了赤道地区的对流活动和 ITCZ 北移对副高活动的影响制约,而赤道对流活动和 ITCZ 既与热带季风槽又与越赤道气流密切相关。Xue

Feng 等(2004,2005)的研究表明,马斯克林高压的低频振荡可引起澳大利亚高压及越赤道气流的振荡,并通过平流过程进一步影响到副高。Lin Xinbin 等(2008)对索马里越赤道气流变化特征进行了分析诊断,发现它们与副高脊线位置的变化关系密切。上述研究表明,副高不仅受北半球夏季风系统制约,同时还受南半球冷高的影响。

西太平洋副高与东亚夏季风系统相互作用和反馈主要表现在热力强迫和环流背景两个方面。黄荣辉(1988)用二维涡度方程讨论了南海至菲律宾附近 ITCZ 降水热力强迫产生的准定常行星波在球面上的传播,认为该波列向东亚副热带地区的传播引起了该地区上空位势高度场的变化,从而表现为西太平洋副高在这里增强或减弱。Yang Hui 等(2005)利用 NCEP/NOAA/中国降水等 50 年资料分析揭示了副高南北位置、活动的异常与华南雨季前和海表温度 SST 等热力状况的关系;Wang Lijuan(2006)的资料分析结果也证实了副高位置的变化与季风区感热和季风雨带潜热的作用密切相关。张韧等(1995,2003a,2003b)的研究也强调了热力因子对副高活动和形态变异的引导和触发作用。

除了热力强迫影响外,副高南、北侧的东、西风带、高、低层的热带东风和西南季风的强度和位置以及南亚高压,均与副高活动有极为密切的关系,这些现象和事实已为诸多资料分析和诊断研究所证实。任荣彩、吴国雄等(2003,2007)研究指出西太平洋副高短期变异的动力和热力机制与南亚高压的异常活动有着密切联系,南亚高压通过两种作用机制影响中层副高的短期变异;进一步研究发现,副高单体异常向西、向北发展期间,高层南亚高压曾离开高原上空东伸至 120°E 以东;南亚高压返回高原上空时,中层副热带高压减弱南落,证实两者有相向然后相背移动的趋势。张庆云、陶诗言(2003a)诊断分析发现夏季副高脊线异常偏南或脊点异常偏西时,东亚夏季风环流通常偏弱;副高脊线异常偏北或脊点异常偏东时,东亚夏季风环流往往偏强。另外资料分析还发现,热带对流层高层的东风带涡旋对西太平洋副高的东西进退亦有影响,当东风带涡旋和西风带涡旋相向而进相遇时,副高将异常东退(王黎娟 等,2009)。

喻世华等(1999)提出的西太平洋副高与东亚夏季风系统的"自我调整机制"以及 Lu Riyu(2001,2008)、张韧(1992,1993,2006a)等的研究工作均强调了夏季风环流对副高的影响以及副高对季风环流的反制作用。因此,在开展副高动力学研究和副高机理分析时,必须考虑季风环流结构背景、高低层环流差异、基本气流切变和季风降水热力强迫等诸多影响因素。

## 1.2 有待进一步研究的问题

经过前人的研究探索,副高生成和变异机理及其活动规律已取得许多重要的成果。然而副高系统的非线性、副高变化的非平稳性、副高影响因子的多元性和动力机理的复杂性,使得副高研究难度很大,副高异常活动和形态变异的动力机理和物理本质至今尚未彻底弄清,进而在很大程度上影响和制约了副高活动的预测。西太平洋副高作为东亚夏季风系统的重要成员,它的活动和变化不是孤立的,而是与夏季风系统背景及其成员(包括南半球系统成员)之间存在着有机联系和密切相关,它们相互影响制约、互为反馈。许多研究工作均揭示了副高与夏季风系统其他成员相互影响的现象和事实,强调了副高与东亚夏季风系统成员作为有机整体共存与制约的客观性和重要性。副高活动的异常与东亚夏季风环流和热力因子的异常密切相关,已得到广泛的认同和共识,但是它们的内在机理和作用过程并未完全弄清。近年来频繁出现的副高异常活动(如 1998 年盛夏季节的副高异常南落所带来的长江流域特大洪涝灾害;

2006年夏季副高持续稳定西伸导致的川、渝地区的持续高温干旱；2008年初我国南方持续雨雪冰冻灾害期间副高的异常西伸维持)既有副高活动的一般规律，又显著表现出副高有别于气候统计模态的变异特征。

因此，对于副高活动所表现出的跳跃、突变、持续西伸及稳定少动等形态异常和强度、位置变异现象的进一步特征诊断和机理分析，特别是副高与东亚夏季风系统间相互影响、制约的事实揭示和动力学研究，仍将是今后副高和季风研究的重点和主体。这些工作既是理解和弄清副高活动规律、揭示副高变异本质的必要途径，也是改进、提高副高活动预测的基本前提。

## 1.3　本书结构

本书按问题特性和研究方法与技术途径的不同，分为绪论以及第一、第二和第三编。第一编主要开展副高活动与变异的特征诊断研究，包括副高与亚洲夏季风系统的相关特征分析、副高与东亚夏季风系统的时频特征分析、亚洲季风与副高活动的小波包能量诊断、副高与夏季风系统季节内振荡模态与传播特征、副高东西活动异常与东亚夏季风环流关联性、东亚夏季风系统与副高东西进退的合成分析、赤道中太平洋对流活动与副高西伸的时延相关等七章内容；第二编主要开展副高活动与变异的动力学机理的正问题研究，包括影响副高活动的热力强迫动力学解析模型、凝结潜热和环流结构与副高系统的非线性稳定性、副高单体生成的局地热源强迫机制、东西太平洋副高活动的遥相关机理等四章内容；第三编主要开展副高活动与变异的动力学机理的反问题研究。包括副高形态指数动力模型反演与机理讨论、副高位势场动力模型重构与变异特性分析、涡度方程的时空客观分解与副高的突变与分岔、空间基函数客观拟合与副高的突变与多态机理研究等四章内容。

# 第一编　副高活动与变异的特征诊断研究

# 第 2 章　副高与亚洲夏季风系统的相关特征分析

　　亚洲是世界上最显著的季风区,在夏季风盛行的 4—9 月,我国每年的天气气候,大范围的降水分布、降水带移动以及旱涝灾害在很大程度上受夏季风活动控制。亚洲季风系统存在着两个相对独立的子系统——印度季风系统和东亚季风系统,两者既密切关联,又相对独立。前者的主要成员包括南半球的马斯克林高压、索马里越赤道气流、印度季风槽、南亚高压和高空热带东风急流;后者的主要成员包括低空的澳大利亚高压、南海越赤道气流、南海—西太平洋 ITCZ、西太平洋副高、梅雨锋以及高空的南亚高压和热带东风急流(Tao Shiyan,1987)。

　　西太平洋副高作为东亚夏季风系统的重要成员,其活动变化对于夏季风系统活动有重要的影响和制约。本章采用时滞相关分析方法分别讨论亚洲夏季风系统中各成员与副高的相关性,研究和抽取出它们客观、定量的时滞相关特征并讨论其相关机理;针对揭示出的现象特征,进行了相应的分析评述(余丹丹 等,2007a;余丹丹,2008)。

## 2.1　资料与方法

### 2.1.1　研究资料

　　利用美国国家环境预报中心(NCEP)和国家大气研究中心(NCAR)提供的 1980—2006 年共 27 年 4—9 月逐日的再分析资料进行研究,包括:850 hPa,200 hPa 水平风场和位势高度场,500 hPa 位势高度场,海平面气压场资料,分辨率为 $2.5° \times 2.5°$;地表感热和对流降水率资料的高斯网格资料;NOAA 卫星观测的外逸长波辐射(OLR)资料。

### 2.1.2　相关分析及其检验

　　相关系数 $r_{xy}$ 是衡量任意两个时间序列之间关系密切程度的统计量。假设两个时间序列 $x$、$y$,其样本长度均为 $n$,则相关系数的计算公式为:

$$r_{xy} = \frac{\sum_{t=1}^{n}(x_t - \bar{x})(y_t - \bar{y})}{\sqrt{\sum_{t=1}^{n}(x_t - \bar{x})^2} \sqrt{\sum_{t=1}^{n}(y_t - \bar{y})^2}} \tag{2.1}$$

　　相关系数的大小是否显著,还需进行统计检验。一般可采用 $t$ 检验法来进行检验,构造统计量:

$$t = \sqrt{n-2}\, \frac{r}{\sqrt{1-r^2}} \tag{2.2}$$

遵从自由度为 $n-2$ 的 $t$ 分布。给定显著水平 $\alpha$,查 $t$ 分布表,若 $t > t_\alpha$,表明这两个时间序列存

在显著的相关关系。实际上,在样本容量固定的情况下,可计算统一判别标准的相关系数,即相关系数的临界值 $r_c$:

$$r_c = \sqrt{\frac{t_\alpha^2}{n-2+t_\alpha^2}} \qquad (2.3)$$

若 $r > r_c$,则通过显著性水平的 $t$ 检验。

### 2.1.3　研究方法和途径

为了进一步揭示亚洲夏季风系统成员和副高的相关特征,本章采用中央气象台(1976)定义的表征副高范围和强度形态的副高面积指数(SI)为研究对象,即在 2.5°×2.5° 网格的 500 hPa 位势高度图上,10°N 以北,110°~180°E 范围内,平均位势高度大于 588 dagpm 的网格点数。

具体来讲,先计算 27 年平均的 4—9 月共 183 天的逐日副高面积指数,将其与其他相关要素场空间点的时间序列进行时滞相关分析,将相关系数较高地区划定为夏季风系统活动的关键区,再以该关键区平均的逐日距平序列与副高面积指数作相关,根据它们之间的显著相关系数分布和时延天数,确定副高与夏季风系统主要成员活动变化的先后顺序,从中揭示一些新的关联特征,为进一步的机理探索提供依据。

## 2.2　副高与夏季风系统要素场的时滞相关

### 2.2.1　副高与位势高度场

已有的研究和天气事实表明,副高的位置和强度与对流层上层青藏高压的活动有一定的关联。为此,我们计算了 27 年平均的 4—9 月共 183 天的逐日副高面积指数,将其与 200 hPa 位势高度场资料进行了时滞相关分析。图 2.1a 反映的是两者同期相关特性,在 10°N 以北区域为正相关,中心值分别位于伊朗高原、青藏高原和西太平洋上空。而这恰好是夏季南亚高压活动的范围,标志着副高偏强时,该地区的高度升高、南亚高压强度增强。选取图中最显著的正相关区域[80°~100°E,22.5°~32.5°N]和[130°~150°E,22.5°~32.5°N]分别作为南亚高压主体(SH1)和东部脊(SH2)活动的关键区(图中矩形框所示,下同)。

图 2.1b 给出了超前 24 d 到滞后 20 d,副高面积指数与 200 hPa 位势高度场的相关系数分布,它反映了副高与南亚高压相关特征随时间的演变(图中左上角的负数表示要素场超前副高面积指数的天数,正数则代表滞后,下同)。从图 2.1b 可以看出,对于上述选取的南亚高压活动关键区而言,在−12 d 时,在南亚高压主体 SH1 的关键区首先出现相关系数大于 0.94 的显著正相关区(黑色阴影区),−8 d 时,其范围增大,−4~0 d,显著正相关区的范围最大,4 d 时该显著正相关仍有表现,但范围明显减小,8 d 后显著正相关消失。而对于东部脊的 SH2 关键区,在−4 d 时出现高正相关区,0 d 时高相关区范围达最大,8 d 以后虽然范围有所减小,但该高正相关区一直存在。

综上分析,南亚高压和副高之间存在非常密切的关联,且这种关联是相互制约、互为主从的。若南亚高压主体增强、东部脊向东伸展,则有利于副高增强;反过来,副高增强也可改变东亚上空的位势高度场,利于引导南亚高压进一步东伸。

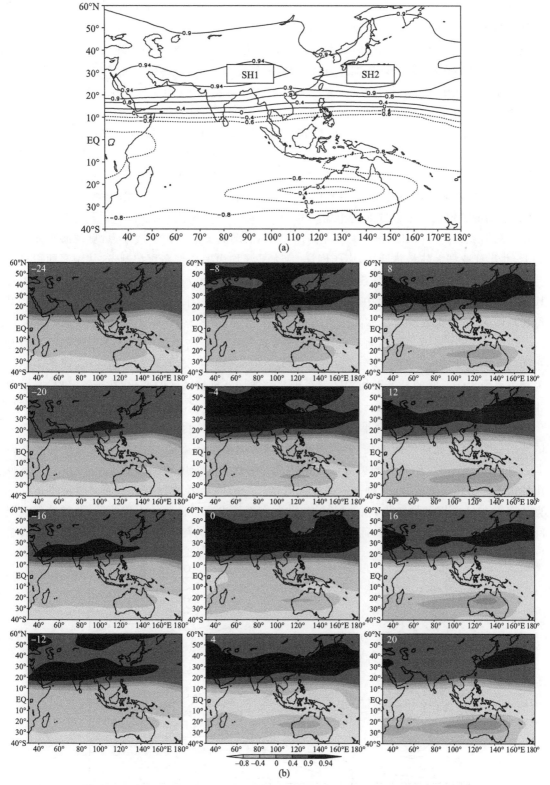

图 2.1　同期(a)和超前 24 d 到滞后 20 d(b)副高面积指数与 200 hPa 位势高度场的时滞相关特性
(图中 SH1、SH2 的含义见表 2.1,以下各图缩写含义均见表 2.1)

从副高面积指数与同期 850 hPa 位势高度场的相关系数分布来看(如图 2.2a 所示),北半球低纬热带地区、阿拉伯半岛、印度半岛和中南半岛一带为负相关区,两个明显的负值中心分别位于印度半岛东部和南海北部,表明副高增强时有利于该地区位势场降低。其中印度热低压的增强伴随着印缅槽的形成、加深,槽前的西南气流向东输送水汽,增强了东亚季风降水。

对于低层气压系统的研究,一般采用海平面气压场来表达(如季风低压、南半球高压等),这里为了便于与高空位势场比较,选择 850 hPa 位势等压面进行讨论。我们选取[70°~90°E,10°~20°N]区域作为印度低压(IL)活动的关键区,选取[100°~120°E,10°~20°N]区域作为南海低压(SSL)活动的关键区。在相关系数图上清楚地显示出两个正值区,一个位于北半球中高纬地区,另一个位于南半球低纬地区,表明在副高偏强时该地区气压升高,而在副高偏弱时则气压降低。选取北半球正相关中心区域[130°~150°E,50°~60°N]作为鄂霍茨克海高压(OH)活动的关键区。分别选取南半球[40°~60°E,20°~10°S]和[135°~155°E,20°~10°S]区域作为马斯克林高压(MH)和澳大利亚高压(AH)活动的关键区。一般来说,夏季海平面气压场上,北半球亚洲大陆是热低压,南印度洋、南太平洋均为副热带高压控制,这从副高面积指数与同期海平面气压场的相关系数分布也可表现出:10°N 以北为负相关、以南为正相关,其中在10°S 附近,有两个显著的正值中心,一个位于马达加斯加北侧,另一个位于澳大利亚北侧,其位置与图 2.2a 中选取的南半球高压活动关键区大致接近(图略)。

由图 2.2b 可以看出副高面积指数与上述 850 hPa 位势高度场的几个关键区相关系数分布随时间的演变情况。图中浅色亮影区为相关系数小于-0.85 的显著负相关区,黑色阴影区为相关系数大于 0.9 的显著正相关区。对于北半球显著负相关区的变化,在-24 d 时,显著负相关区首先出现在孟加拉湾,-20 d 时显著负相关区域增大,覆盖到印度和中南半岛一带,-16 d 时显著负相关区域向西推进到阿拉伯海,向东延伸到南海,到-12 d 时,显著负相关区的范围最大,随着超前时间的缩短,印度低压 IL 和南海低压 SSL 关键区的相关性都开始减弱,但后者在 4 d 时,显著负相关区仍存在。这表明就印度低压和南海低压而言,前期两者低压加深都利于副高增强,而且副高的进一步增强还会影响后者的强度。下面来看南半球马斯克林高压 MH 关键区的变化,在-16 d 时,北非东部就出现了显著的正相关区,并随着超前时间的缩短,范围不断向东扩展,而且即使在 12 d 时,该区域仍存在显著的相关性,只是范围缩

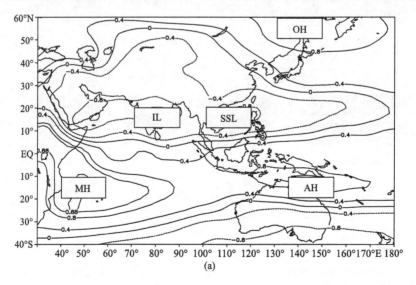

(a)

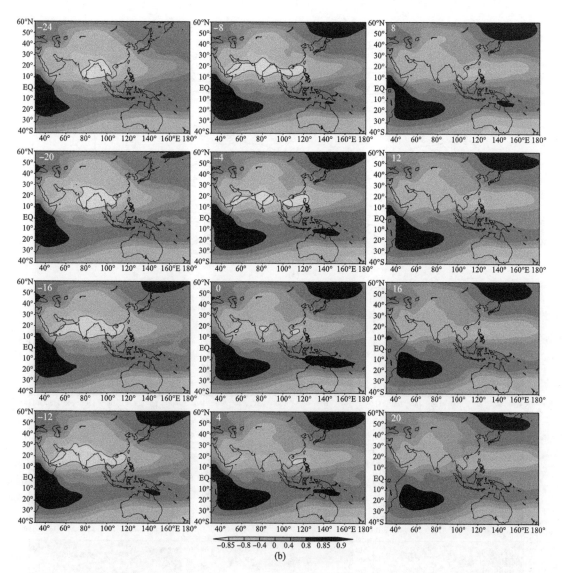

图 2.2 同期(a)和超前 24 d 到滞后 20 d(b)副高面积指数与 850 hPa 位势高度场的时滞相关特性

小。这表明马斯克林高压和副高的关系同样十分密切,且这种关系是互为影响的。相比较而言,尽管澳大利亚高压 AH 关键区在 -4 d 时,相关系数也达到 0.8 以上,但它与副高相关程度远不如马斯克林高压。

## 2.2.2 副高与高空风场

南亚高压的南侧是热带东风急流,北侧是副热带西风急流,利用 200 hPa 纬向风场,考察夏季副高强度与高空急流的关系。图 2.3a 是副高面积指数与同期 200 hPa 纬向风的相关示意图,正相关表示在副高偏强时西风增强,副高偏弱时东风增强,负相关表示在副高偏强时东风增强,副高偏弱时西风增强。由图可见,在中纬西风区为正相关,而低纬东风区为极强的负相关,这表明在副高偏强时,中纬西风和低纬东风同时增强。中纬西风急流区域的正相关最显著的中心位于里海附近,为此选取[40°～60°E,40°～50°N]区域作为副热带西风急流(SWJ)变

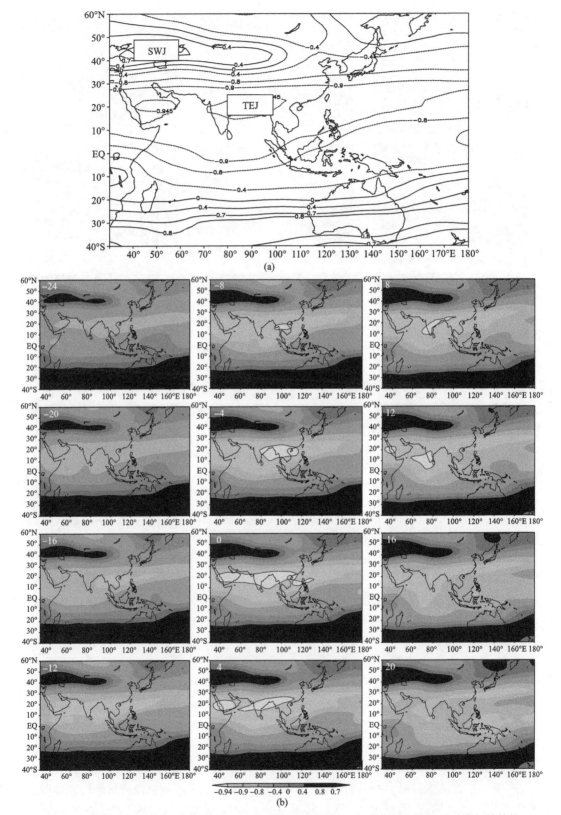

图 2.3　同期(a)和超前 24 d 到滞后 20 d(b)副高面积指数与 200 hPa 纬向风场的时滞相关特性

化的关键区。另外，热带东风急流区域的两个负相关最显著的中心分别位于阿拉伯半岛和青藏高原南侧地区，这里选取青藏高原南侧[80°～100°E, 15°～25°N]区域作为热带东风急流(TEJ)变化的关键区。

副高面积指数与上述 200 hPa 纬向风场上的两个关键区的相关分布随时间的演变如图 2.3b 所示，图中浅色亮影区为相关系数小于 $-0.94$ 的显著负相关区，黑色阴影区为相关系数大于 0.7 的显著正相关区。先来看副热带西风急流 SWJ 关键区的变化，在 $-12$ d 时，正相关最显著的中心位于里海附近，$-8$ d 到 0 d 时，显著正相关区域逐渐增大，4 d 时，青藏高原以北地区也出现了一个显著的正相关区，16 d 时，随着里海附近的显著正相关区域向东延伸，两者相连，20 d 时，范围增至最大。再来看热带东风急流 TEJ 关键区的变化，在 $-8$ d 时，负相关最显著的中心位于中南半岛，$-4$ d 时向西扩展到孟加拉湾，0 d 时，显著正相关区的范围最大，4 d 时这一正相关仍然存在，但是随着滞后时间的增加，范围逐渐减小。上述分析说明，副热带西风急流和热带东风急流与副高强度的关系有所不同，前者显著加强在副高增强之后，而后者与副高变化几乎同步。这一点也证实了前面副高与南亚高压脊同步变化的结论，因为东部脊向东伸展，将会使得南侧的东风急流增强，亦导致副高增强。

利用 850 hPa 风场，考察夏季副高与热带季风活动的关系。图 2.4a 和图 2.5a 分别是副高面积指数与同期 850 hPa 纬向风和经向风的相关。正相关表示在副高偏强时，西风和南风增强；负相关表示在副高偏强时，东风和北风增强。图 2.4a 中，以赤道为界，南北两侧各有一个极强的相关带，在 0°～20°N 为正相关，在 0°～20°S 为负相关，其中正相关最显著的中心分别位于索马里和南海海区，在位置上与图 2.3a 中高空东风急流相对应，为此选取[40°～60°E, 5°～15°N]和[100°～120°E, 5°～15°N]区域分别作为索马里急流(SJ)和南海急流(SSJ)活动的关键区。负相关最显著的中心位于东非沿岸南印度洋和澳大利亚北侧太平洋上，选取[50°～70°E, 10°S～0°]和[130°～150°E, 10°S～0°]区域分别作为东非沿岸南印度洋东南信风(ITW)和澳大利亚北侧太平洋东南信风(PTW)活动的关键区。再来看经向风的情况，图 2.5a 中热带地区有几个明显的正相关区，这正是越赤道气流的几个主要通道。选取其中[40°～60°E, 5°S～5°N]和[110°～130°E, 5°S～5°N]区域分别作为索马里越赤道气流(SE)和南海越赤道气流(SSE)变化关键区。上述相关性分布表明当副高偏强时，源自南半球的东南信风增强并转向跨越赤道，在东非沿岸索马里、赤道印度洋和印度尼西亚附近形成明显越赤道气流，增强的越赤道气流使得赤道印度洋地区西风明显加强并向东扩展，从印度次大陆南端穿过孟加拉湾，一直延伸至中南半岛和南海一带。

图 2.4b 和图 2.5b 分别是超前 24 d 到滞后 20 d，副高面积指数与 850 hPa 纬向风和经向风的相关系数分布，它们反映了副高和热带季风活动相关特征随时间的演变。对于纬向风来说，图 2.4b 中浅色亮影区域为相关系数小于 $-0.9$ 的显著负相关区，黑色阴影区为相关系数大于 0.9 显著正相关区。在 $-24$ d 时，显著正相关区首先出现在孟加拉湾南部，$-20$ 时，另一个显著正相关区出现在索马里半岛，$-12$ d 时，两者相连，显著正相关区域增大，此时东非沿岸南印度洋出现了显著负相关区，随着超前时间的缩短，显著正相关区向中南半岛和南海一带移动，显著负相关区则逐渐增大，0 d 时，仅在阿拉伯半岛和中南半岛南部海域有两个独立的显著正相关区，而东非沿岸南印度洋的显著负相关区范围最大，从 4 d 到 12 d，这一负相关仍然存在，但是范围逐渐减小。而对于经向风而言，早在 $-24$ d 时，图 2.5b 中就有两处相关系数大于 0.8 的显著正相关区(黑色阴影区域)，一处位于东非索马里，一处位于孟加拉湾，$-16$ d 时，

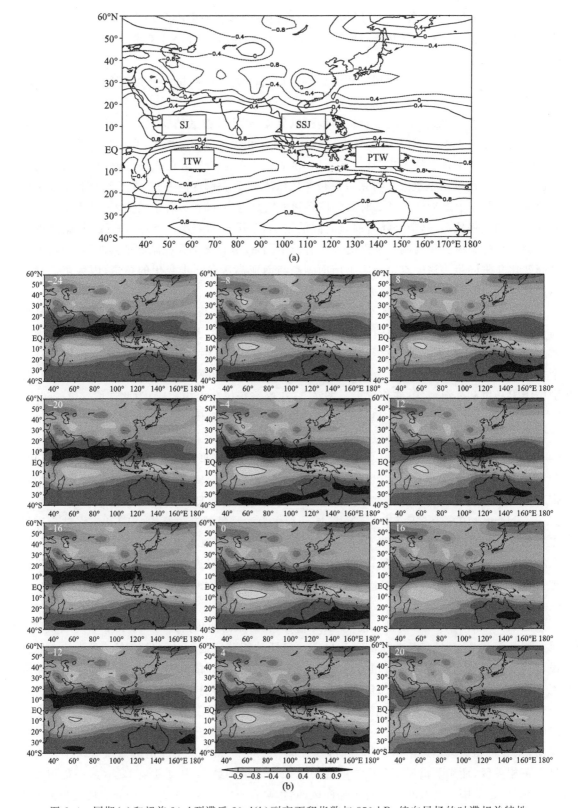

图 2.4　同期(a)和超前 24 d 到滞后 20 d(b)副高面积指数与 850 hPa 纬向风场的时滞相关特性

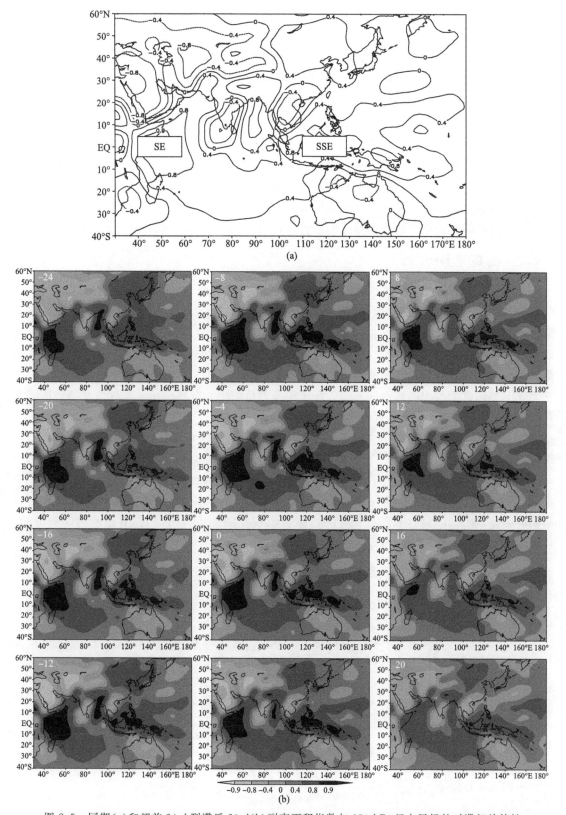

图 2.5　同期(a)和超前 24 d 到滞后 20 d(b)副高面积指数与 850 hPa 经向风场的时滞相关特性

南海也出现了显著正相关区,从-16 d 到 4 d,这三处显著正相关区一直存在,但范围逐渐减小,8 d 以后,孟加拉湾正相关区消失,仅剩下索马里和南海正相关区。上述分析说明,除了图 2.4a 和图 2.5a 上所示的关键区之外,孟加拉湾地区的西风和南风与副高超前相关性显著,它可能是影响副高增强的一个重要的前期信号,后面还将进一步讨论它们之间的关系;南海地区的越赤道气流和西风急流与副高滞后相关性比较明显;东非沿岸地区,无论是南印度洋的东南信风、索马里越赤道气流,还是该处的西风急流,它们与副高关系最为密切,影响面积最广,影响时间也最长。

以上副高面积指数与风场的相关分析表明:无论是高空南亚高压北侧的热带东风急流,还是低空索马里、南海越赤道气流,它们同处在亚洲夏季风系统之内,与副高关系密切。而且夏季风暴发明显的特征之一是低空的西南风和高空的东北风的增强,所以上述时滞相关分析也可以间接地反映出夏季风暴发和推进的过程,后面还将进一步讨论这一问题。

### 2.2.3　副高与 OLR 场

副高活动与亚洲季风区热带系统的变化密切相关。OLR 是卫星观测到的地球大气系统的外逸长波辐射,它反映了海洋和大气的云覆盖状况,因此 OLR 可以反映热带对流活动区对流发展的强弱以及对流降水区的位置。故将副高面积指数与 OLR 场进行时滞相关分析,同期相关系数分布如图 2.6a 所示,赤道印度尼西亚附近为正相关区,赤道以北、印度洋、南亚和南海—西太平洋一带皆为负相关区,这表明当副高增强,赤道上空云的活动减小,云向北移动,在南亚上空形成大范围的东西向云带。两个明显的负值中心分别位于孟加拉湾北部和南海东部,恰为热带季风槽所处的位置,反映了槽区对流异常活跃。为此选取[80°~100°E,12.5°~22.5°N]和[110°~130°E,7.5°~17.5°N]区域分别作为印度季风槽(IT)和南海季风槽(ST)上对流活动的关键区。

由图 2.6b 可以看出副高面积指数与上述两个关键区的相关分布随时间的演变情况,图中虚线所围的浅色亮影区域为相关系数小于-0.9 的显著负相关区。先来看印度季风槽上对流活动的变化,在-20 d 时,显著的负相关区最先出现在孟加拉湾东部,随着超前时间的缩短,负相关区自东向西扩展,-8 d 时,显著负相关区已蔓延到整个孟加拉湾,-4 d 时,显著负相关

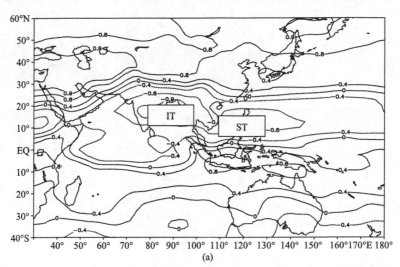

(a)

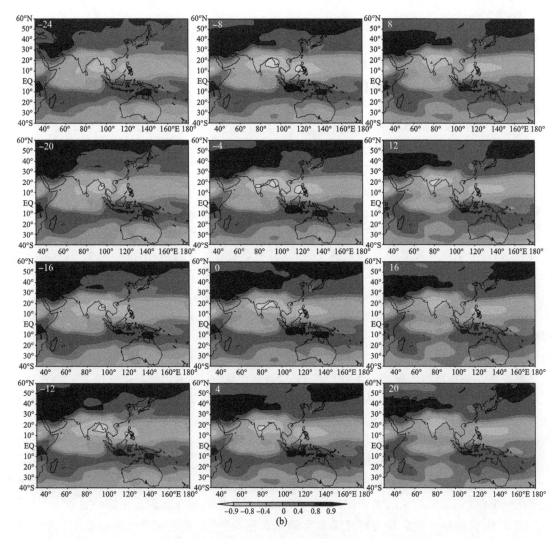

图 2.6　同期(a)和超前 24 d 到滞后 20 d(b)副高面积指数与 OLR 场的时滞相关特性

区域又向西延伸到印度半岛,0 d 时,显著负相关区范围最大,从 4 d 到 12 d,仍存在显著的负相关区,但范围只限于印度半岛。再来看南海季风槽上对流活动的变化,-12 d 时,南海—菲律宾一带出现了显著负相关区,-8 d 时,显著负相关区范围增大,-4 d 时,范围增至最大,之后范围缩小并消失。这说明无论从相关范围,还是相关时间跨度上,两者比较而言,南海季风槽上的对流活动与副高强度的相关程度都不及印度季风槽,印度季风活动对副高强度的影响要大于南海季风活动。

## 2.2.4　副高与非绝热加热场

有研究表明,空间非均匀非绝热加热对副热带高压形态变异有很大的影响:对于副高的形成主要是由于季风降水所致凝结潜热的作用,表面感热对其起着减弱的作用(吴国雄 等,1999b;刘屹岷 等,1999);中南半岛和印度次大陆地表感热通量和中南半岛较强的凝结潜热共同影响副高带的断裂(徐海明 等,2001a,2002;舒锋敏 等,2006)。因此,下面将分析在亚洲夏季风盛行期间,地表感热和降水凝结潜热对副高的影响作用。

先将副高面积指数与同期感热资料进行相关分析(如图2.7a所示)。在夏季风爆发期间，大陆为感热加热的大值区，海洋上为小值区，海陆热力差异明显。反映在相关图上，印度半岛的大部和中南半岛北部是显著的负相关区，南印度洋和赤道太平洋上几处相关系数高于0.8的正相关区。这表明当副高偏强，大陆上感热加热减少，海洋上感热加热增多，海陆热力差异减小，夏季风减弱；反过来讲，印度半岛和中南半岛北部的感热加强不利于副高发展增强。为了进一步弄清感热变化和副高之间的关系，选取[75°～85°E，15°～25°N]和[95°～105°E，17.5°～27.5°N]区域分别作为印度半岛感热(IS)和中南半岛北部感热(IPS)变化的关键区。

从图2.7b上可以看出副高面积指数与感热场上的两个关键区的相关分布随时间的演变情况，图中浅色亮影区域为相关系数小于−0.8的显著负相关区，黑色阴影区域为相关系数大于0.8的显著正相关区。图中印度半岛IS和中南半岛北部IPS感热关键区的相关分布有很大的不同，其中中南半岛北部早在−24 d时，就出现了显著负相关区，从−24 d到0 d，这一地区一直维持着较高的正相关，4 d时这一正相关仍然存在，但是随着滞后时间的增加，范围逐渐减小。与此相反的是印度半岛感热的变化，前期印度半岛感热与副高面积指数的相关性并不显著，直到0 d时，印度半岛才出现了一个显著的负相关区，而且随着滞后时间的增加，范围逐渐增大。上述分析说明，印度半岛和中南半岛北部感热对副高强度变化的响应有先后顺序，前者在副高增强之后显著减弱，而后者在副高增强之前显著减弱。

将副高面积指数与同期降水场进行相关分析(如图2.8a所示)，结果正负相关区的分布与感热场基本相反。这是因为感热的变化不但受太阳辐射的季节变化影响较大，而且受降水凝结潜热的季节变化的影响也是相当明显的。降水的增多会使得地表降温，从而导致地表感热减弱，也就是说地表感热和降水凝结潜热的变化对副高的影响是相反的，感热强，则副高弱；凝结潜热强，则副高强。图2.8a中，孟加拉湾和南海北部是显著的正相关区，选取[80°～100°E，10°～20°N]和[105°～125°E，10°～20°N]区域分别作为孟加拉湾降水凝结潜热(BBL)和南海降水凝结潜热(SSLH)变化的关键区，以考察降水凝结潜热的变化和副高之间的关系。

图2.8b是副高面积指数与对流降水率的时滞相关分布，黑色阴影区域为相关系数大于0.8的显著正相关区。图中发现孟加拉湾一带始终有一个的显著正相关区，当对流降水率超前副高面积指数时，这一正相关区分布在孟加拉湾东部靠近中南半岛一侧，当对流降水率滞后副高面积指数时，这一正相关区分布在孟加拉湾西部靠近印度半岛一侧。这种相关分布特征与图2.6b中OLR和图2.7b中感热分布有很好的对应关系，由于南海夏季风暴发早，故前期中南半岛一带的非绝热加热变化会提前影响到副高，夏季风暴发使得该地区的对流活动频繁，降水凝结潜热释放，地表感热减弱，副高增强；印度夏季风暴发晚，故印度半岛的非绝热加热变化与副高的相关性在中后期表现得更为突出，副高增强，该地区对流活动强烈，降水增多，地表感热减弱。图2.8b中另一个显著正相关区位于南海—菲律宾一带，从−16 d到16 d时，这一显著正相关一直存在，并于−4 d时范围最大。

OLR、地表感热和降水都是反映夏季风活动的重要指标，从它们与副高的相关分析中，可以了解不同的夏季风系统对副高影响过程，继而间接得出亚洲夏季风爆发顺序，后面还有关于这一问题的详细讨论。

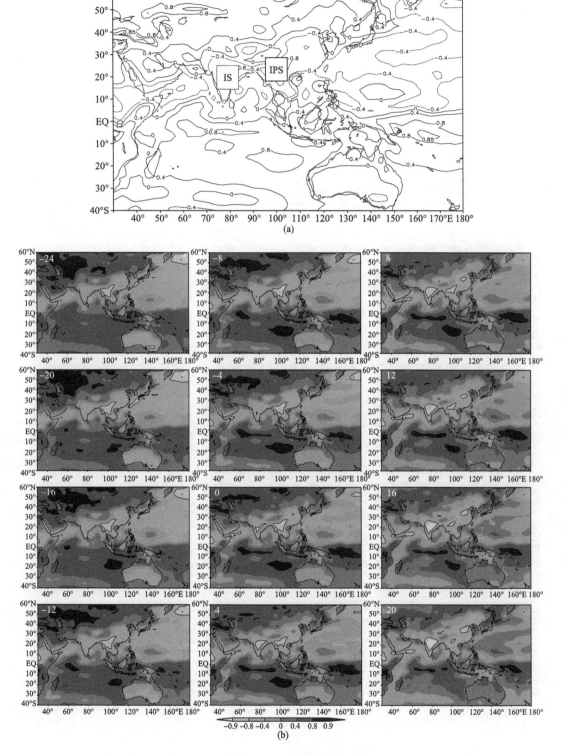

图 2.7　同期(a)和超前 24 d 到滞后 20 d(b)副高面积指数与感热场的时滞相关特性

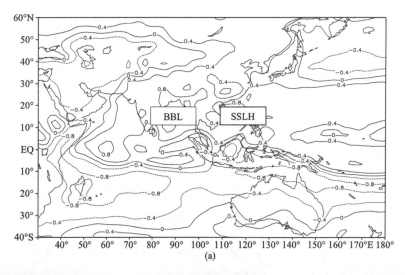

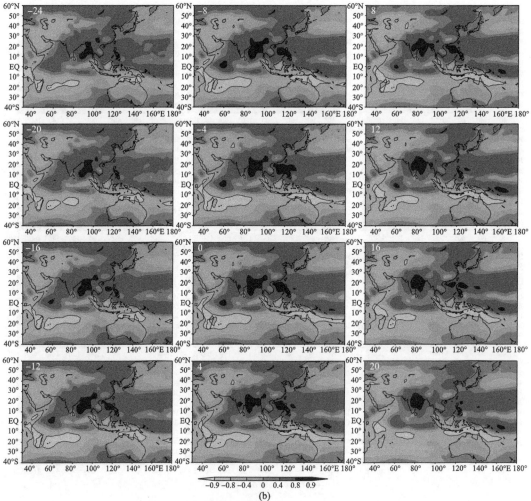

图 2.8　同期(a)和超前 24 d 到滞后 20 d(b)副高面积指数与降水场的时滞相关特性

## 2.3　副高与夏季风系统的时滞相关分析

通过副高与夏季风系统要素场的时滞相关分析,确定了亚洲夏季风系统成员活动的关键区(见表 2.1),将所选关键区的平均逐日距平序列与副高面积指数作相关,得到它们之间的最大相关系数及其对应的时延天数,进一步定量讨论夏季风系统成员与副高的相关特征(由于所取样本数均大于 150,利用 $t$ 检验法可求得通过检验的相关系数临界值,当相关显著水平 $\alpha=0.05$ 时,自由度为 120 的显著相关系数临界值 $r=0.179$,即当相关系数大于 0.179 时,均满足 95% 的信度检验)。

表 2.1 中时滞相关分析结果显示,夏季风系统成员与副高面积指数的时滞相关性都很显著,最大相关系数的绝对值都大于 0.7,大大超过了 0.05 的相关显著水平要求。按照各成员超前、滞后的时延天数进行时间上的排序,可得到与副高面积指数超前相关密切的因子分别为:中南半岛北部感热 IPS(-21 d)、印度低压 IL(-15 d)、索马里越赤道气流 SE(-9 d)、索马里急流 SJ(-9 d)、印度季风槽 IT(-7 d)、孟加拉湾凝结潜热 BBL(-7 d)、澳洲北侧南太平洋东南信风 PTW(-6 d)、南海季风槽 ST(-5 d)、南亚高压主体 SH1(-4 d)、南海低压 SSL(-4 d)、南海越赤道气流 SSE(-4 d)、马斯克林高压 MH(-3 d)、南海急流 SSJ(-3 d)、南海凝结潜热 SSL(-3 d)和东非沿岸南印度洋东南信风 ITW(-2 d);与副高面积指数同步相关密切的因子有:南亚高压东部脊 SH2(0 d)和澳大利亚高压 AH(0 d);与副高面积指数滞后相关密切的因子分别为:热带东风急流 TEJ(1 d)、鄂霍茨克海高压 OH(6 d)、副热带西风急流 SWJ(20 d)和印度半岛感热 IS(22 d)。根据相关系数的大小,副高强度与东亚季风环流、南亚高压、低空越赤道气流及高空东风急流的关系最为密切,可见,高、低空的季风环流和季风活动是影响副高强度变化的最为重要的因子。

图 2.9 分别从位势高度场、风场以及 OLR 和非绝热加热场出发,更清楚直观地说明了夏季风系统各成员所在关键区位置分布及其与副高的关联特性。

表 2.1　各指标参数与副高面积指数的时滞相关分析

| 序号 | 夏季风系统主要成员 | 关键区范围 | 最大相关系数(时延天数) |
|---|---|---|---|
| 1 | 南亚高压主体(SH1) | [80°~100°E,22.5°~32.5°N] | 0.95(-4 d) |
| 2 | 南亚高压东部脊(SH2) | [130°~150°E,22.5°~32.5°N] | 0.95(0 d) |
| 3 | 印度低压(IL) | [70°~90°E,10°~20°N] | -0.90(-15 d) |
| 4 | 南海低压(SSL) | [100°~120°E,10°~20°N] | -0.89(-4 d) |
| 5 | 鄂霍茨克海高压(OH) | [130°~150°E,50°~60°N] | 0.91(6 d) |
| 6 | 马斯克林高压(MH) | [40°~60°E,20°~10°S] | 0.94(-3 d) |
| 7 | 澳大利亚高压(AH) | [135°~155°E,20°~10°S] | 0.81(0 d) |
| 8 | 副热带西风急流(SWJ) | [40°~60°E,40°~50°N] | 0.83(20 d) |
| 9 | 热带东风急流(TEJ) | [80°~100°E,15°~25°N] | -0.95(1 d) |
| 10 | 索马里急流(SJ) | [40°~60°E,5°~15°N] | 0.91(-9 d) |
| 11 | 南海急流(SSJ) | [100°~120°E,5°~15°N] | 0.92(-3 d) |
| 12 | 东非沿岸南印度洋东南信风(ITW) | [50°~70°E,10°S~0°] | -0.92(-2 d) |

| 序号 | 夏季风系统主要成员 | 关键区范围 | 最大相关系数（时延天数） |
|---|---|---|---|
| 13 | 澳洲北侧南太平洋东南信风(PTW) | [130°~150°E,10°S~0°] | −0.85(−6 d) |
| 14 | 索马里越赤道气流(SE) | [40°~60°E,5°S~5°N] | 0.91(−9 d) |
| 15 | 南海越赤道气流(SSE) | [110°~130°E,5°S~5°N] | 0.82(−4 d) |
| 16 | 印度季风槽(IT) | [80°~100°E,12.5°~22.5°N] | −0.91(−7 d) |
| 17 | 南海季风槽(ST) | [110°~130°E,7.5°~17.5°N] | −0.90(−5 d) |
| 18 | 中南半岛北部感热(IPS) | [95°~105°E,17.5°~27.5°N] | −0.81(−21 d) |
| 19 | 印度半岛感热(IS) | [75°~85°E,15°~25°N] | −0.79(22 d) |
| 20 | 孟加拉湾凝结潜热(BBL) | [80°~100°E,10°~20°N] | 0.80(−7 d) |
| 21 | 南海凝结潜热(SSLH) | [105°~125°E,10°~20°N] | 0.74(−3 d) |

(注:时延天数为负数表示季风成员变化超前副高面积指数变化;正数表示滞后)

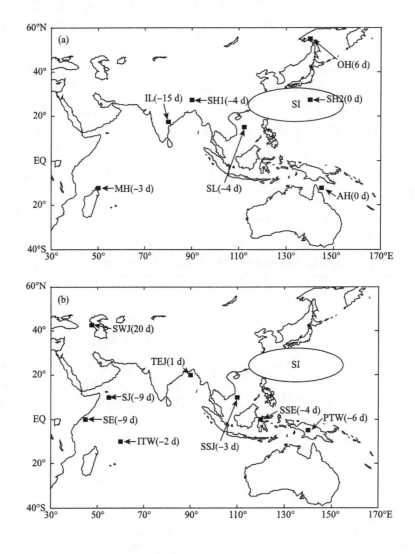

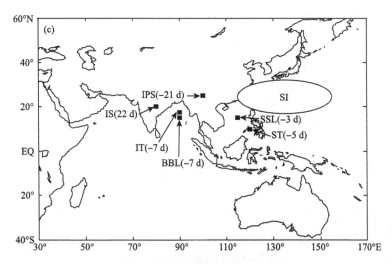

图 2.9　亚洲夏季风系统成员所在关键区位置分布及其与副高的相关特性

a 位势高度场；b 风场；c OLR 和非绝热加热场

### 2.3.1　副高与气压的关联特征

在图 2.9a 中，以副高为中心，各个高、低压成员与其存在着时间差，从响应时间上看，北半球南亚高压主体要先于高压脊 4 d，印度低压要先于南海低压 11 d，南半球马斯克林高压要先于澳大利亚高压 3 d。再结合前面图 2.1b 和图 2.2b 中副高面积指数与位势高度场显著相关区的演变过程，可以发现它们之间存在着密切关联：由冬入夏，由于大陆增暖较快，南亚地区由孟加拉湾开始渐渐扩展成一个低压带，印度热低压大大加深，南亚高压跳上青藏高原，南半球马斯克林地区有反气旋生成，约 11 d 后，南亚高压主体增强，稳定于高原上空，与此同时，南海的低压环流也发展加强，1 d 后，南半球马斯克林高压发展至最强，3 d 后，澳大利亚高压和副高同时增强，并伴随着南亚高压东部脊的东扩，6 d 后，鄂霍茨克海地区气压升高。

### 2.3.2　副高与季风的关联特征

一般来说，南亚和东亚夏季风有一次突然加强阶段，称为"季风暴发"，在季风暴发阶段，南亚 500 hPa 以下大范围地区盛行西南风。图 2.9b 给出了副高对于不同高、低空风场成员的响应时间。值得注意的是，副高对索马里越赤道气流和急流的响应要比副高对南海越赤道气流和急流早。前面的分析也指出，在 850 hPa 低空风场上，无论是纬向风，还是经向风，和副高显著相关的区域最早出现在孟加拉湾，然后是东非沿岸的索马里半岛，最后才是南海地区。为了更直观地讨论低空西南风的爆发和推进对副高强度的影响过程，参照图 2.4b 和图 2.5b 中显著相关区的位置，选取了如图 2.10 所示的孟加拉湾、索马里、南海和西太平洋 4 个地区的西风急流和越赤道气流，图 2.10 为这 4 个地区平均的纬向风和经向风逐日距平序列与副高面积指数从超前 32 d 到滞后 32 d 相关系数的变化曲线，在一定程度上可以反映它们在各个时刻对副高影响力的相对大小。为了方便叙述，将超前副高变化的时段称为"前期"，与副高同步变化称为"同期"，滞后副高变化的时段称为"后期"。

就纬向风而言，无论超前还是滞后，所选区域的纬向风与副高的相关性都十分显著，从 −32 d 到 −12 d，孟加拉湾西风急流对副高影响占较大的优势（相关系数大）；索马里急流从

—20 d开始增加,至—9 d其影响力显著增大,并占较大优势;南海急流的影响力在—3 d增至最大。总的来说,前期,这3个地区的相关系数较大,数值接近,即它们对副高作用相当。后期,孟加拉湾西风急流的影响力显著下降,而西太平洋急流的影响力逐渐增大,成为主导因子。依据它们与副高面积指数的最大相关系数及其对应的时延天数,可知它们的先后顺序为:孟加拉湾(—12 d)、索马里(—9 d)、南海(—3 d)和西太平洋(26 d)西风急流。

就经向风而言,图2.10所示的这4个地区都是越赤道气流的主要通道,其中索马里越赤道气流对副高的影响最显著,尤其是在前期占较大的优势,另外,从—32 d到—9 d,孟加拉湾的南风也是重要的影响因子,这一分布与西风急流相似;后期,南海和印尼地区的越赤道气流的影响力逐渐增大,成为主导因子。同样按照它们与副高面积指数的最大相关系数及其对应的时延天数,可知它们的先后顺序为:孟加拉湾(—9 d)、索马里(—9 d)、印尼(—5 d)和南海(—3 d)越赤道气流。

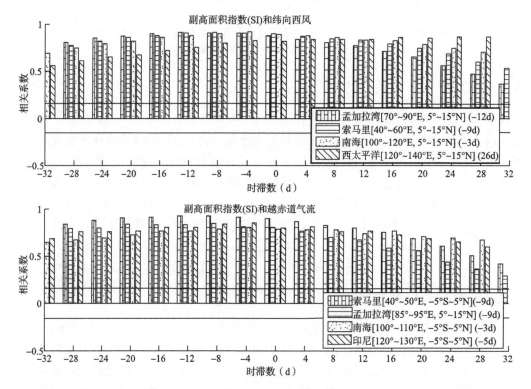

图2.10 850 hPa风场中4个关键区平均纬向西风和越赤道气流逐日距平与副高面积指数的相关系数演变
(实线为95%的信度曲线)

根据上述分析,可以基本再现南半球冷空气活动所造成的西南季风爆发和推进的过程。在季风爆发前,南亚地区以孟加拉湾为中心的低压带上,往往有气旋性涡旋迅速加深和发展,涡旋南部的西南气流增强。3 d后,起源于南半球的气流越过赤道到达东非高地后加速并转为一支强劲的西南低空急流,沿索马里海岸进入阿拉伯海,索马里急流加强。这支西南气流经印度半岛、孟加拉湾、中南半岛东传至南海地区。与此同时,源自澳洲北侧的南太平洋信风,在南海、印尼附近越过赤道也汇集到这支西南气流中,6 d后,南海急流加强。1 d后,受南半球马斯克林高压增强的影响,南印度洋信风加强,2 d后,副高增强,对流层上部热带东风急流也于1 d后加速。

### 2.3.3　副高与对流活动的关联特征

　　南亚和东亚夏季风的爆发的明显特征,除了前面讨论的西南风突然加强之外,还包括这些地区的对流增强和大范围降水的增加。为了更直观地讨论夏季风的爆发对副高强度的影响过程,参照图 2.6b 和图 2.8b 中显著相关区的位置,选取了孟加拉湾东部、印度半岛、南海和西太平洋 4 个地区,并以这 4 个地区平均的 OLR 和降水率逐日距平资料与副高面积指数作相关,得到如图 2.11 所示的相关系数的变化曲线。从图可以看出两点,一是孟加拉湾东部,靠中南半岛一侧的对流和降水对副高的影响在前期占较大的优势,而孟加拉湾西部,靠印度半岛一侧的对流和降水对副高的影响在后期占较大的优势;二是如果按照它们对副高影响先后排序,这恰好与 4 个地区夏季风爆发的时间顺序相一致,即:夏季风开始于孟加拉湾东部、中南半岛西侧海区,然后推进到南海,最后到达印度半岛和西太平洋地区。

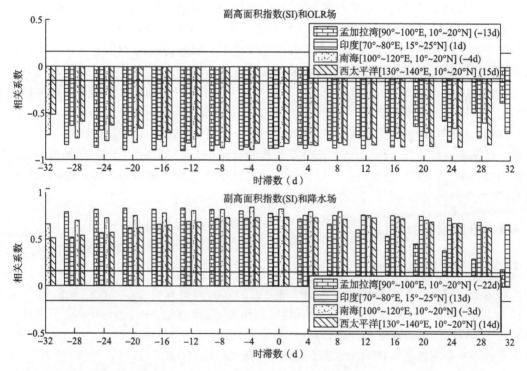

图 2.11　850 hPa 风场中 4 个关键区平均 OLR 和降水率逐日距平与副高面积指数的相关系数演变

　　上面的分析结果,结合图 2.9c 给出的副高与 OLR 和非绝热加热场成员的响应时间,可以得到它们之间所存在的密切关联:伴随印度季风槽的形成,印度半岛地区的感热加热一直维持较大值,而中南半岛北部地区的感热加热迅速降低,同时中南半岛西侧海区的对流活动增强,降水凝结潜热增大,大约 14 d 后,印度季风槽继续加深,孟加拉湾地区对流频繁、降水增多,约 2 d 后,南海季风槽发展,对流活动强烈,南海夏季风暴发,又过了 15 d,印度半岛西侧海区的凝结潜热迅速增大,表明印度夏季风暴发,相应的降水增强使得印度半岛地区感热加热降低。此时由于南海季风槽的东移,西太平洋夏季风暴发。

## 2.4　副高异常活动年份的时延相关特征

有许多学者对副高与东亚夏季风系统成员间相互影响与反馈的事实特征进行了分析研究。张庆云等(1999)研究指出夏季副高脊线的二次北跳现象与低层赤道西风二次北跳及赤道对流向北推移密切相关;徐海明(2001a)、许晓林(2007)等认为孟加拉湾对流的发展加强,一方面使南海—西太平洋附近的对流活跃中断,同时使副高西部脊加强西伸;任荣彩等(2003)的研究表明副高短期变异的动力和热力机制与南亚高压的异常活动和中高纬度环流系统的异常有着密切的联系;张韧等(1995,2000a)分别对太阳辐射加热、季风降水和季风槽降水对流凝结加热等热力因素对副高形态和稳定性的影响进行了分析研究;对东—西太平洋副高的遥相关现象进行了诊断分析和动力学机理讨论(张韧,2002a,2002b);对南海和印度洋地区的季风扰动与副高位置和进退活动的关系进行了分析诊断(张韧,2003b,2004b)。

上述研究多是针对副高与夏季风系统中某几个重要因子进行分析讨论。然而副高活动受多种因子的共同影响制约,彼此共处于非线性系统之中。因此,各个影响因子间的相关特征及其对副高异常的作用尚有待进一步深入揭示,如今却缺少将它们作为一个有机整体而开展的综合分析研究。副高作为东亚夏季风系统的重要成员,将其作为夏季风系统子系统加以分析是当前副高研究的主流和趋势。

洪梅、张韧等(2013b)采用时滞相关分析方法分别讨论印度夏季风系统和东亚夏季风系统成员与副高面积指数、脊线指数和西脊点指数的时延相关性,筛选出它们之间典型的相关特征和相关因子,研究构建夏季西太平洋副高活动与夏季风系统变化的基本体系框架和统计关联特征。

### 2.4.1　研究资料与特征指数

#### 2.4.1.1　研究资料

利用美国国家环境预报中心(NCEP)和美国国家大气研究中心(NCAR)提供的1982—2011年共30年5—10月逐日的再分析资料进行研究,包括:850 hPa,200 hPa水平风场和位势高度场,500 hPa位势高度场,海平面气压场资料,分辨率为2.5°×2.5°;地表感热和对流降水率资料的高斯网格资料;NOAA卫星观测的外逸长波辐射(OLR)资料。

#### 2.4.1.2　特征指数

为进一步揭示亚洲夏季风系统成员和副高的相关特征,采用中央气象台(1976)定义的表征副高形态和活动的特征指数为研究对象:

(1)副高面积指数(SI)——用以表征副高范围和强度形态

在2.5°×2.5°网格的500 hPa位势高度图上,10°N以北,110°～180°E范围内,平均位势高度大于588 dagpm网格点数为副高面积指数,其值越大,代表副高的范围越广或者强度越大。

(2)副高脊线指数(RI)——用以表征副高脊线的南北位置

在2.5°×2.5°网格的500 hPa位势高度图上,取110°～150°E范围内17条经线(间隔2.5°),对每条经线上的位势高度最大值点所在的纬度求平均,所得的值定义为副高脊线指数。

其值越大,副高脊线位置越偏北。

(3)副高西脊点指数(WI)——用以表征副高西伸脊点位置

在 $2.5° \times 2.5°$ 网格的 500 hPa 位势高度图上,取 $90° \sim 180°E$ 范围内的 588 dagpm 等值线最西端位置所在的经度定义为副高的西脊点,指数其值越大,代表副高的西伸活动越显著。

夏季风系统成员较多,本章 2.3 节筛选出与副高关系密切的有 21 个因子之多,考虑到其复杂性,首先将这 21 个因子与副高三个指数求其相关性,从中筛选出相关性最好的 10 个因子做进一步研究,这 10 个因子分别是:

(1)马斯克林高压强度指数(MH):$[40° \sim 60°E, 25° \sim 35°S]$ 区域范围内的海平面气压格点平均值;

(2)澳大利亚高压强度指数(AH):$[120° \sim 140°E, 15° \sim 25°S]$ 区域范围内的海平面气压格点平均值;

(3)中南半岛感热通量指数(C1):$[95° \sim 110°E, 10° \sim 20°N]$ 区域范围内的感热通量的格点平均值;

(4)索马里低空急流指数(D):$[40° \sim 50°E, 5°S \sim 5°N]$ 区域范围内 850 hPa 经向风格点平均值;

(5)南海低空急流指数(E1):$[100° \sim 110°E, 5°S \sim 5°N]$ 区域范围内 850 hPa 经向风格点平均值;

(6)印度季风潜热通量指数(FLH):$[70° \sim 85°E, 10° \sim 20°N]$ 区域范围内的潜热通量的格点平均值;

(7)印度季风 OLR 对流指数(FULW):$[70° \sim 85°E, 10° \sim 20°N]$ 区域范围内的外逸长波辐射 OLR 格点平均值;

(8)热带 ITCZ 对流指数:$[120° \sim 150°E, 10° \sim 20°N]$ 区域范围内 OLR 的格点平均值;

(9)青藏高压活动指数(XZ):200 hPa 位势高度 $[95° \sim 105°E, 25° \sim 30°N]$(东部型)、$[75° \sim 95°E, 25° \sim 30°N]$ 西部型范围格点平均值;

(10)孟加拉湾经向风环流指数(J1V):$[80° \sim 100°E, 0° \sim 20°N]$ 区域范围内的 850 hPa 经向风与 200 hPa 经向风之差的格点平均值。

## 2.4.2 副高面积指数与夏季风系统的关联特征

### 2.4.2.1 2010 年夏季副高活动的基本事实

不同年份的副高季节内变化与平均状况相比会有很大出入,特别是一些年份出现的副高"异常"活动往往造成东亚地区副热带环流异常和我的极端天气事件。基于此,我们先对典型副高活动个例进行筛选和分析。2010 年是副高活动异常较突出年份,该年 5—9 月,副高面积指数都在均值以上,且在 7—8 月达到近 10 年来的最大峰值。正是副高强度的这种异常,造成了 2010 年我国气候非常异常,全年气温偏高,降水偏多,极端高温和强降水事件发生之频繁、强度之强、范围之广实为历史罕见。特别是 6—8 月出现的有气象记录以来最为强大的西太平洋副高,直接造成了华南、江南、江淮、东北和西北东部出现罕见的暴雨洪涝灾害;特别是 5—7 月华南、江南遭受 14 轮暴雨袭击,7 月中旬—9 月上旬北方和西部地区遭受 10 轮暴雨袭击。故选择 2010 年夏季副高异常变化过程作为副高强度异常的研究案例。

## 2.4.2.2 时滞相关分析

将 2010 年 5—10 月的副高面积指数和前面选取的相应时间段夏季风系统成员中的 10 个因子进行时滞相关分析,分析的结果如表 2.2 所示。

表 2.2 各影响因子与副高面积指数的时滞相关分析

| 序号 | 夏季风系统主要成员 | 最大相关系数(时延天数) |
|---|---|---|
| 1 | 马斯克林高压(MH) | 0.85(8 d) |
| 2 | 澳大利亚高压(AH) | 0.61(4 d) |
| 3 | 中南半岛感热(C1) | 0.50(5 d) |
| 4 | 索马里低空急流指标(D) | 0.90(6 d) |
| 5 | 南海低空急流指标(E1) | 0.51(2 d) |
| 6 | 印度季风潜热通量(FLH) | 0.87(4 d) |
| 7 | 印度季风 OLR(FULW) | −0.83(3 d) |
| 8 | 青藏高压(东部型)(XZ) | −0.76(−2 d) |
| 9 | 热带 ITCZ | 0.60(0 d) |
| 10 | 孟加拉湾经向季风环流(J1V) | 0.91(2 d) |

(注:时延天数中正数表示季风成员变化超前副高面积指数变化;负数表示滞后)

从表上可以看出,相关性较好的 5 个因子分别是马斯克林高压(MH)、索马里低空急流指标(D)、印度季风潜热通量(FLH)、印度季风 OLR(FULW)和孟加拉湾经向季风环流(J1V),相关系数均能达到 0.8 以上。南半球马斯克林高压在早期就对副高增强产生影响,两者关系十分密切且呈正相关,相比较而言,澳大利亚高压与副高增强的相关程度远不如它。这与薛峰等(2003)所做的研究基本一致。索马里低空急流指标(D)、印度季风潜热通量(FLH)、印度季风 OLR(FULW)和孟加拉湾经向季风环流(J1V)与副高强度关系密切与王会军(2003)、余丹丹(2007a)等做的研究也是基本相符的。这里印度季风 OLR(FULW)与其他几个因子不同的是其相关系数是负相关,这是因为感热的变化虽然受太阳辐射的季节变化影响较大,但受降水凝结潜热的季节变化的影响也是相当明显的,降水的增多会使得地表降温,从而导致地表感热减弱,也就是说地表感热和降水凝结潜热的变化对副高的影响是相反的,感热强,则副高弱;凝结潜热强,则副高强。

通过上面的时滞相关分析,在筛选出与副高相关密切因子的同时,还可以按照各因子超前、滞后副高的时延天数排序,抽取出 2010 年副高强度与季风系统基本的关联结构和一个较为完整的天气学框架,如图 2.12 所示,影响 2010 年西太平洋副高强度的主要是亚洲夏季风系统中的一个子系统——印度季风系统中的五个主要成员。而另外一个子系统——东亚季风系统则对 2010 年西太平洋副高的强度的影响不大。

从副高与印度季风系统的五个主要成员的响应时间差来看,马斯克林高压主体要先于索马里低空急流 2 天,索马里低空急流又先于印度季风潜热通量 2 天,印度季风潜热通量又先于印度季风 OLR 1 天,印度季风 OLR 又超前孟加拉湾经圈环流 1 天,最后孟加拉湾经圈环流超前副高强度增强 2 天。结合前面的分析,可以发现它们之间存在着密切关联:首先是马斯克林地区的高压暴发,有较强烈的反气旋生成,使东南信风增强,约 2 天后,越过赤道到达东非高地后加速并转为一支强劲的西南低空急流,沿索马里海岸进入阿拉伯海,索马里急流加强。而马高的低频振荡也会引起越赤道气流(即索马里低空急流)的振荡,并通过平流过程进一步影响到副高的强度。再约 2 天后,索马里低空急流继续加强,经过印度半岛,促使印度季风潜热通量增强暴发。再过 1 天后,潜热通量影响地表感热,造成印度季风 OLR 的增强。印度夏季风暴发晚,故印度半岛的非绝热加热变化与副高在中后期的相关性更为突出。该地区对流活动强烈,降水增多,地表感热减弱,进而副高增强。再约 2 天后,赤道印度洋地区西风明显加强并向东扩展,从印度次大陆南端穿过孟加拉湾,从而使孟加拉湾地区的经向环流暴发。最后经过 2 天,孟加拉湾经向环流通过平流过程进一步影响副高的强度,副高增强暴发。孟加拉湾地区经向环流与副高超前相关性很显著,因此它可能是影响副高增强的一个重要的前期信号。

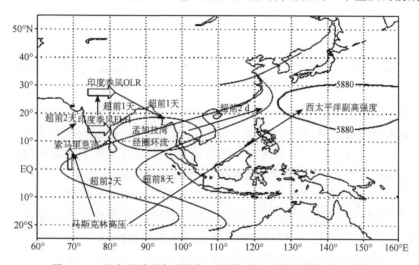

图 2.12　西太平洋副高强度与亚洲夏季风系统成员演变示意图

又选择了 1983、1988、1998、2003 年 4 个西太平洋副高强度异常增强的年份和 1982、1984、1985、1986、2000 年 5 个西太平洋副高强度异常减弱的年份,同样进行时滞相关分析,得出结论与 2010 年基本一致,虽然超前时间各个年份不太一样,但影响西太平洋副高强度的同样主要是印度季风系统中的这 5 个主要成员。

### 2.4.3　副高脊线指数与夏季风系统的关联分析

研究副高异常北跳或南落的年份,这里选择 1998 年。关于 1998 年西太平洋副高异常的特征与原因,前人(陶诗言 等,2001a;黄荣辉 等,1998;孙淑清 等,2001;陈烈庭,2001)已经做了大量的探索,取得了许多研究成果。该年 4 月 1 日—10 月 31 日,副高共有 3 次明显的北跳,6 月初,副高脊线第 1 次北跳,跳过 20°N,此时江淮梅雨开始;7 月初,副高第 2 次北跳,跳过 25°N,这时长江流域梅雨期结束;7 月 10 日左右,副高脊线突然南撤至 25°N 以南,其后一直稳定在 20°N 附近,长江中下游开始"二度梅";8 月初,副高脊线第 3 次北跳,脊线越过 25°N,华北雨季开始。特别是该年 5—9 月,副高脊线指数均在均值以下,且在 7—8 月达到近 30 年来的最小峰谷,表现为副高的异常南落,对应的天气现象在长江流域出现了百年未遇的洪涝灾害,造成了巨大的经济损失。故选择 1998 年夏季副高异常变化过程作为副高脊线异常的研究案例。

采用上述计算方法,将 2010 年 5—10 月的副高脊线指数和前面选取的相应时间段夏季风系统成员中的 10 个因子进行时滞相关分析。分析的结果如表 2.3 所示。

表 2.3　各影响因子与副高脊线指数的时滞相关分析表

| 序号 | 夏季风系统主要成员 | 最大相关系数(时延天数) |
|---|---|---|
| 1 | 马斯克林高压(MH) | 0.91(16 d) |
| 2 | 澳大利亚高压(AH) | 0.51(12 d) |
| 3 | 中南半岛感热(C1) | 0.47(14 d) |
| 4 | 索马里低空急流指标(D) | 0.90(13 d) |
| 5 | 南海低空急流指标(E1) | 0.49(8 d) |
| 6 | 印度季风潜热通量(FLH) | 0.94(9 d) |
| 7 | 印度季风 OLR(FULW) | −0.85(7 d) |
| 8 | 青藏高压(东部型)(XZ) | −0.62(−2 d) |
| 9 | 热带 ITCZ | 0.68(1 d) |
| 10 | 孟加拉湾经向季风环流(J1V) | 0.92(4 d) |

(注:时延天数中正数表示季风成员变化超前副高面积指数变化;负数表示滞后)

　　从表上可以看出,相关性较好的五个因子分别是马斯克林高压(MH)、索马里低空急流指标(D)、印度季风潜热通量(FLH)、印度季风 OLR(FULW)和孟加拉湾经向季风环流(J1V),相关系数均能达到 0.85 以上。说明副高脊线指数与这五个显著因子之间的相关性显著。以马斯克林高压为例,6 月下旬—8 月下,马高有 5～6 次加强和减弱过程,即呈现显著的准双周期振荡现象,与副高中期活动周期一致。特别是 6 月中下旬有次极为明显的加强过程与副高最强的一次北跳存在密切关联。其他 4 个因子与副高南北位置变化的关系密切与前人(Yu Dandan *et al*,2007;余丹丹 等,2007a)做的研究也是基本相符的。

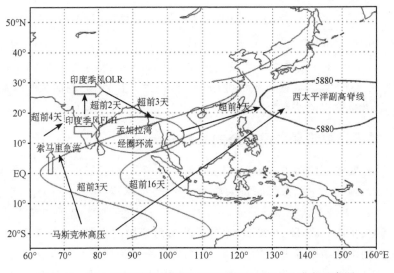

图 2.13　西太平洋副高脊线与亚洲夏季风系统成员演变示意图

　　在此基础上,也可以抽取出 1998 年副高脊线与季风系统基本的关联结构和一个较为完整的天气学框架(如图 2.13 所示)。影响 1998 年西太平洋副高脊线异常南落的主要是亚洲夏季风系统中的一个子系统——印度季风系统中的五个主要因子。而另外一个子系统——东亚季风系统则对 1998 年西太平洋副高的脊线异常南落的影响不大。这与前面本章 2.3 节中影响 2010 年副高强度的因子一致。不同的是五个因子超前副高脊线异常南落的时间较长,比如马斯克林高压暴发要超前副高脊线异常南落16天,在2010年时其超前副高强度异常增强只有8天。这说明较副高强度而言,印度季风系统对副高脊线的影响要更超前一些,由于副高与印度季风系统成员之间互为作用,当副高强度突然增强,就会影响印度季风系统成员,使其更强,对流活动更显著,之后印度季风系统成员又会反作用于副高,使其出现北跳等异常活动。

又选择了1987、1993、1999、2001年4个西太平洋副高脊线异常南落的年份和1984、1985、1994、1995、2010年5个西太平洋副高脊线异常北跳的年份,同样进行时滞相关分析,得出结论与1998年基本一致,虽然各个年份超前时间不太一样,但影响西太平洋副高脊线(北跳或者南落)的主要是印度季风系统中的5个主要因子。

## 2.4.4　副高西脊点与夏季风系统成员关联分析

这里选择2006年作为研究副高异常西伸或东退的年份,该年5—9月,副高西脊点指数均在均值以下,6月中旬—8月下旬,副高显著向西伸展至110°E以西,其中7月下旬—8月下旬的3次西伸均达到90°E以西。5月份的副高第1次西伸到120°E,直接造成5月5日—12日长江中下游的早梅雨。6月第4候,随着副高的第2次西伸到110°E,长江中下游地区出现继2005年连续第2个空梅,雨带出现在淮河流域。此时副高很不稳定,脊线在30°N附近振荡。在7月初完成第三次西伸北跳后,脊线很快回落到25°N以南,降水带重新在华南至江南地区出现。在此期间,6月29日0602号热带风暴"杰拉华"登陆我国广州,造成一条南北走向的雨带。7月份以后,特别是7—8月西脊点指数更是远小于平均值,说明在7—8月期间,副高稳定少动,位置偏西,使得华南北部和江淮流域的降水明显偏少,川渝地区由于长时间处于副高控制之下,空气下沉增温和晴空条件下的辐射加热,使气温持续异常偏高。这也是2006年夏季川渝地区持续高温伏旱的直接原因。故选择2006年夏季副高异常变化过程作为副高西脊点异常的研究案例。

将2006年5—10月的副高西脊点指数和前面选取的相应时间段夏季风系统成员中的10个因子进行时滞相关分析。分析的结果如表2.4所示。

表2.4　各影响因子与副高西脊点指数的时滞相关分析表

| 序号 | 夏季风系统主要成员 | 最大相关系数(时延天数) |
|---|---|---|
| 1 | 马斯克林高压(MH) | 0.5(13 d) |
| 2 | 澳大利亚高压(AH) | 0.88(12 d) |
| 3 | 中南半岛感热(C1) | 0.82(10 d) |
| 4 | 索马里低空急流指标(D) | 0.66(10 d) |
| 5 | 南海低空急流指标(E1) | 0.82(9 d) |
| 6 | 印度季风潜热通量(FLH) | 0.59(5 d) |
| 7 | 印度季风OLR(FULW) | −0.53(4 d) |
| 8 | 青藏高压(东部型)(XZ) | −0.87(−2 d) |
| 9 | 热带ITCZ | 0.87(0 d) |
| 10 | 孟加拉湾经向季风环流(J1V) | 0.57(2 d) |

(注:时延天数中正数表示季风成员变化超前副高面积指数变化;负数表示滞后)

从表上可以看出,相关性较好的5个因子分别是澳大利亚高压AH、中南半岛感热C1、南海低空急流指标E1、青藏高压XZ(东部型)和热带ITCZ,相关系数均能达到0.8以上。以热带 ITCZ 为例,2006 年夏季的低纬西风明显偏强,5 月初在 5°N 以南就有赤道西风发展,6 月中旬东西风切变增强,热带 ITCZ 开始活跃,并逐步北抬,较常年平均偏北 5 个纬度左右。2006 年热带 ITCZ 的明显偏强、偏北、偏早,有利于热带 ITCZ 的加强,致使 2006 年夏季热带气旋明显偏多,并促使副高位置发生显著西伸,而登陆台风又阻挡了副高的东退,因此,2006 年夏季热带 ITCZ 偏强偏北可能是副高西伸异常的原因之一。其他 4 个因子与副高西伸脊点位置变化的关系也与前人(陶诗言 等,2006;卫捷 等,2004)所做的研究基本相符。

在此基础上,也可以抽取出 2006 年副高西脊点与季风系统基本的关联结构和一个较为完整的天气学框架(如图 2.14 所示)。从副高与东亚季风系统的 5 个主要成员的响应时间差来看,澳大利亚高压主体要先于中南半岛感热 2 天,中南半岛感热又先于南海低空急流指标 1 天,南海低空急流指标又先于热带 ITCZ 9 天,而热带 ITCZ 与副高西脊点的西伸增强同步,青藏高压 XZ(东部型)则滞后副高西脊点西伸增强 2 天。结合前面的分析,也可以发现它们之间存在着密切关联:首先是 2006 年的澳大利亚高压较常年偏强,随着澳高暴发,此时有较强烈的反气旋生成,其低频振荡促使越赤道气流的振荡加强,约 2 天后,越赤道气流进入南海地区和中南半岛,造成中南半岛感热增加。再约 1 天后,南海季风暴发,南海低空急流指标迅速增强。源自澳洲北侧南太平洋信风,在南海、印尼附近越过赤道也汇集到这支西南气流中。强对流中心(OLR≤180 W·m⁻²)从南海地区不断移动增强,特别是低纬西风明显偏强造成了热带 ITCZ 的暴发,几乎是同时,副高出现了显著的西伸运动。滞后 2 天后,在北半球副热带地区,伊朗高原上空负距平,青藏高原上空正距平,表明 2006 年南亚高压呈现青藏高压模态,高压东伸明显。由上面的分析可知热带异常活跃的对流可能与副高的西伸密切相关。

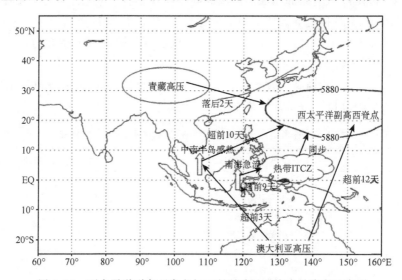

图 2.14 西太平洋副高西脊点与亚洲夏季风系统成员演变示意图

由此可见,影响 2006 年西太平洋副高异常西伸的主要是亚洲夏季风系统中的一个子系统——东亚季风系统中的 5 个主要因子。而另外一个子系统——印度季风系统则对 2006 年西太平洋副高的异常西伸的影响不大。这与前面 2.4.2 和 2.4.3 节中影响 2010 年副高增强和 1998 年副高南落的因子不一致,说明影响副高西脊点的系统与影响副高强度、脊线的系统是不同的。

又选择了 1998、2002、2003、2010 年 4 个西太平洋副高异常西伸的年份和 1984、1985、

1994、1995、2008 年 5 个西太平洋副高异常东退的年份,同样进行时滞相关分析,得出结论与 2006 年基本一致,虽然超前时间各个年份不太一样,但影响西太平洋副高西脊点(西伸或者东退)的主要是东亚季风系统中的这 5 个主要因子。

### 2.4.5　副高形态与夏季风系统的时延关联特征

本节将副高和夏季风系统作为一个有机整体而开展的综合分析研究,初步分析了异常年份的副高的强度、脊线和西脊点三个主要特征指数与东亚夏季风系统主要成员的响应关系,得出了如下一些结论:

异常年份的副高强度增大和减弱以及脊线的北跳和南落的主要影响因素是亚洲夏季风系统中的一个子系统——印度季风系统的 5 个主要成员,分别是马斯克林高压(MH)、索马里低空急流指标(D)、印度季风潜热通量(FLH)、印度季风 OLR(FULW)和孟加拉湾经向季风环流(J1V),其相关系数均能达到 0.8 以上。从副高与印度季风系统的 5 个主要成员的响应时间差,可以画出其演变示意图,发现它们之间存在着密切关联:首先是马斯克林地区的高压暴发,有较强烈的反气旋生成,使东南信风增强,越过赤道到达东非高地后加速并转为一支强劲的西南低空急流,沿索马里海岸进入阿拉伯海,索马里急流加强;随后经过印度半岛,促使印度季风潜热通量增强暴发和印度地区 OLR 增强;接着赤道印度洋地区西风明显加强并向东扩展,从印度次大陆南端穿过孟加拉湾,从而使孟加拉湾地区的经向环流暴发;最后孟加拉湾经向环流通过平流过程进一步影响副高的强度,副高增强暴发。

异常年份的副高西伸和东退的主要影响因素是亚洲夏季风系统中的另外一个子系统——东亚季风系统中的 5 个主要因子,分别是澳大利亚高压(AH)、中南半岛感热(C1)、南海低空急流指标(E1)、青藏高压(东部型)(XZ)和热带 ITCZ,相关系数均能达到 0.8 以上。它们之间也存在着密切联系:随着澳大利亚高压暴发,生成较强烈的反气旋,其低频振荡促使越赤道气流的振荡加强,越赤道气流进入南海地区和中南半岛,造成中南半岛感热增加和南海季风的暴发,南海低空急流指标迅速增强;强对流中心从南海地区不断移动增强,特别是低纬西风明显偏强造成了热带 ITCZ 的暴发,几乎是同时,副高出现了显著的西伸运动。副高西伸运动之后,在北半球副热带地区,青藏高原上空出现正距平,表明南亚高压呈现青藏高压模态,高压东伸明显。

## 2.5　本章小结

本章从气候意义上较为全面细致地研究了副高与夏季风系统成员之间的相关性、依存性和反馈性。文中先从众多要素场(位势高度场、风场、OLR 场和空间非绝热加热场)中,提取出与副高密切相关的夏季风系统成员因子,后分类讨论了它们与副高活动的关联特征,最后分析了在副高异常年份里,副高强度、脊线和西脊点与东亚夏季风系统主要成员的响应关系,揭示出一些有意义的现象特征并做了相应的天气学意义解释,主要分析结果如下:

(1)南亚高压和副高之间存在非常密切的关系,且这种关系是相互的,南亚高压主体增强,东部脊向东伸展,有利于副高增强;反过来,副高增强使西太平洋上空的位势高度值增大,南亚高压进一步东伸。

(2)前期印度低压和南海低压加深都会使副高增强,而且副高的进一步增强还会影响到南海低压的强度。南半球马斯克林高压在早期就对副高产生影响,两者关系十分密切,而且这种关系是相互作用的,相比较而言,澳大利亚高压与副高的相关程度远不如它。

(3)副高强度与高空两支急流的关系有所不同,副热带西风急流显著加强在副高增强之后,而热带东风急流与副高变化几乎同步。

(4)不同地区的越赤道气流和西风急流对副高的影响不同,显著相关区域最早出现在孟加拉湾,然后是索马里半岛,最后才是南海地区。其中索马里地区的影响区域最广,影响时间也最长,这与马斯克林高压与副高的密切联系有关;孟加拉湾地区的西风和南风与副高超前相关性很显著,它可能是影响副高增强的一个重要的前期信号;而南海地区的西风和南风与副高存在明显的滞后性。

(5)无论从相关范围,还是相关时间跨度上,南海季风槽上的对流活动与副高强度的相关程度都不及印度季风槽,这说明就副高强度而言,印度季风活动的影响力要大于南海季风活动。

(6)若南海夏季风暴发早,则前期中南半岛一带的非绝热加热变化会提前影响到副高;若印度夏季风暴发晚,则印度半岛的非绝热加热变化与副高在中后期的相关性更为突出。

(7)根据副高与夏季风系统要素场的时滞相关分析结果,选取并计算亚洲夏季风系统成员活动关键区的距平序列,将其与副高面积指数作定量化讨论。在得到与副高超前、同时以及滞后密切相关因子的同时,还可以按照各成员超前、滞后副高的时延天数排序,抽取出副高与季风系统基本的关联结构和一个较为完整的天气学框架(如图 2.15 所示)。

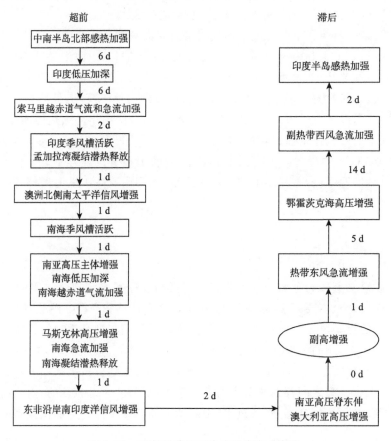

图 2.15 亚洲夏季风系统成员演变示意图

(8)副高与气压场成员存在着密切关联:南亚地区由孟加拉湾开始逐渐扩展成一个低压带,印度热低压随之加深,南亚高压跳上青藏高原,马斯克林地区有反气旋生成,约 11 d 后,南亚高压主体增强,稳定于高原上空,同时,南海的低压环流也发展加强,1 d 后,马斯克林高压发展至最强,3 d 后,澳大利亚高压和副高同时增强,并伴随着南亚高压东部脊的东扩,6 d 后,鄂霍茨克海地区气压升高。

(9)根据副高对不同风场成员的响应时间差,可以基本再现南半球冷空气活动所造成的西南季风爆发和推进的过程:在季风爆发前,孟加拉湾南部的西南气流增强,3 d 后,越赤道气流在东非高地加速,沿索马里海岸进入阿拉伯海,索马里西南低空急流加强,这支西南气流经印度半岛、孟加拉湾、中南半岛东传至南海地区,与此同时,源自澳洲北侧南太平洋信风,在南海、印尼附近越过赤道也汇集到这支西南气流中,6 d 后,南海急流加强。1 d 后,受马斯克林高压增强的影响,南印度洋信风加强,2 d 后,副高增强,对流层上部热带东风急流也于 1 d 后加速。

(10)OLR、地表感热和降水都是反映夏季风活动的重要指标,从它们与副高的相关分析中,可以了解不同的夏季风系统对副高影响过程,继而间接得出夏季风暴发和推进的过程:夏季风开始于孟加拉湾东部、中南半岛西侧海区,然后推进到南海,最后到达印度半岛和西太平洋地区。

(11)在副高异常活动的年份里,对副高强度变化和南北位置影响较大的是亚洲夏季风系统中的印度季风系统,其中 5 个主要成员分别是马斯克林高压(MH)、索马里低空急流指标(D)、印度季风潜热通量(FLH)、印度季风 OLR(FULW)和孟加拉湾经向季风环流(J1V);而对副高东西位置影响较大的是亚洲夏季风系统中的东亚季风系统,其中 5 个主要成员分别是澳大利亚高压(AH)、中南半岛感热(C1)、南海低空急流指标(E1)、青藏高压(东部型)(XZ)和热带 ITCZ。

以上研究在证实前人研究成果的基础上,进一步完善了副高与季风系统的相关特征。此外,本章基于实况资料,定义和完善了若干表征夏季风系统成员及热力、环流因子的特征指数,使夏季风系统活动特征被诸多符合天气实际的定量指数予以描述和刻画。

# 第 3 章  副高与东亚夏季风系统的时频特征分析

    副高与东亚夏季风系统成员的相互影响与反馈机制已为许多天气事实和分析研究所揭示。目前,诊断研究中讨论较多的是从大尺度环流的角度对气候极端年份的副高异常事件进行特征分析。然而,各影响因子间的相关特征及其对副高异常的作用贡献尚有待进一步揭示,此外还缺乏将它们作为一个有机整体而开展的综合分析研究。

    副高作为东亚夏季风系统的重要成员,将其作为夏季风系统子系统加以分析研究是当前副高研究的主流趋势。小波分析能够揭示非平稳信号的时频结构特征,在气象资料时间序列分析中得到广泛的应用,但小波分析只能讨论单个时间序列信号,难以分析多要素序列信号间的相互影响和时频相关性;交叉谱和凝聚谱分析也只能在时间序列全局意义上提供两个要素序列的频谱相关和位相信息,而对具体的时频相关细节特征和周期信号起始、衰减情况仍然难以描述。交叉小波变换是一种新的多信号分析技术,能有效诊断不同信号间的相关性、时延性和位相结构,适宜于分析揭示副高与东亚夏季风指数相互影响的时延相关特征和时频位相关系。

    2006 年夏季副高持续异常偏西、偏强,造成了我国长江流域酷暑和川渝地区 50 年不遇的高温伏旱。本章针对 2006 年的副高异常活动,采用 Morlet 小波函数对副高和东亚夏季风系统成员的特征指数进行交叉小波变换,通过对其交叉小波功率谱和小波相干谱的分析,对东亚夏季风系统成员与副高形态和变异的相互影响与反馈特征进行了分析研究(余丹丹 等,2007b)。

## 3.1  资料说明

    利用美国国家环境预报中心(NCEP)和美国国家大气研究中心(NCAR)提供的 1980—2006 年 5—8 月的 2.5°×2.5°逐日再分析资料和同期 NOAA 卫星观测的 OLR 资料进行研究。研究对象采用中央气象台(1976)定义的副高脊线指数(RI)和副高西脊点指数(WI)。

## 3.2  基本理论与方法

### 3.2.1  连续小波变换(CWT)

    Torrence C(1998)等对小波分析的原理和步骤作过详细说明,下面简要概括本章所要用到的一些概念。

    本章选用的 Morlet 小波是一个复数形式小波,在应用上比实数形式的小波有更多优点,它可以将小波变换系数的模和位相分离出来,模代表某一尺度成分的多少,位相可以用来研究信号的奇异性和即时频率。其母函数为：

$$\psi_\circ(\eta) = \pi^{-1/4} e^{i\omega_0 \eta} e^{-\eta^2/2} \tag{3.1}$$

这里 $\omega_0$ 是无量纲频率，对于 Morlet 小波，取 $\omega_0=6.0$ 时，它的 Fourier 周期 $\lambda$ 近似等于伸缩尺度 $s(\lambda=1.03\ s)$，可以保证时域和频域分辨能力达到最佳平衡。

CWT 是利用小波对时间序列进行带通滤波，即将时间序列分解成一系列小波函数的叠加，而这些小波函数都是由一个母小波函数经过平移与尺度伸缩得来的。下式是时间序列 $X_n$ $(n=1,2,\cdots,N)$ 的连续小波变换，即时间序列与选定的小波函数族的卷积，

$$W_n^X(s) = \sqrt{\frac{\delta t}{s}} \sum_{n'=1}^{N} x_{n'} \psi_0^* \left[ (n'-n)\frac{\delta t}{s} \right] \tag{3.2}$$

其中"*"表示复共轭，$s$ 为伸缩尺度，$\delta t$ 为时间步长。

类似于 Fourier 功率谱，可定义单个时间序列的小波功率谱（能量谱）密度为 $|W_n^X(s)|^2$，$W_n^X(s)$ 的复角即代表局部位相。由于时间序列的数据有限，以及小波在时域上并非完全局部化，所以小波变换要受到边界效应的影响，而且尺度越大，边界效应越明显。于是引入影响锥曲线（COI），在该曲线以外的功率谱由于受到边界效应的影响而不予考虑。

小波功率谱图可以显示任意时刻最显著尺度和各尺度变化贡献的大小，因而可以从谱曲线中的谱值最大来确定局部时间范围内的主要振荡及其对应的周期，然而是否有统计意义还需做显著性检验。如果设时间序列 $X_n$ 的谱估计 $M$，假设的总体谱是某一随机过程的谱，记为 $E(M)$，则

$$\frac{M}{\dfrac{E(M)}{v}} = \chi_v^2 \tag{3.3}$$

遵从自由度为 $v$ 的 $\chi^2$ 分布。本章连续小波功率谱检验是通过与红噪声过程作比较来进行的，红噪声过程即一阶自回归模型，它的 Fourier 功率谱为：

$$P_k = \frac{1-\alpha^2}{|1-\alpha e^{-2i\pi k}|^2} \tag{3.4}$$

其中 $k$ 是 Fourier 频率，$k_{-1}=\lambda$，$\alpha$ 是落后自相关系数。当选取实小波时，自由度 $v=1$，选取复小波时，自由度 $v=2$，因此对于 Morlet 小波，式（3.3）可转化为：

$$\frac{|W_n^X(s)|^2}{\sigma^2} = \frac{1}{2} P_k \chi_2^2 \tag{3.5}$$

其中 $\sigma^2$ 为时间序列 $X_n$ 的方差，则式（3.5）左端为时间序列的标准功率谱。求出红噪声功率谱的 95% 的置信限上界，当式（3.5）左端超过置信限，则认为通过了显著水平 $\alpha=0.05$ 下的红噪声标准谱的检验，该周期振荡显著存在。

## 3.2.2　交叉小波变换（XWT）

交叉小波变换（Grinsted *et al*，2004）是一种将小波变换与交叉谱分析相结合的新的信号分析技术，可以从多时间尺度的角度来研究两个时间序列在时频域中的相互关系。设 $W_X(s)$、$W_Y(s)$ 分别是给定的两个时间序列 $X$ 和 $Y$ 的连续小波变换，则定义它们的交叉小波谱为 $W_n^{XY}(s)=W_n^X(s)W_n^{Y*}(s)$，其中"*"表示复共轭，$s$ 为伸缩尺度，对应交叉小波功率谱密度为 $|W_n^{XY}(s)|$，其值越大，表明两者具有共同的高能量区，彼此相关越显著。

对连续交叉小波功率谱的检验也是与红噪声标准谱作比较，假设两个时间序列 $X$ 和 $Y$ 的

期望谱均为红噪声谱 $P_k^X$ 和 $P_k^Y$，则交叉小波功率谱分布有如下关系式：

$$\frac{|W_n^X(s)W_n^{Y*}(s)|}{\sigma_X\sigma_Y} = \frac{Z_v(P)}{v}\sqrt{P_k^X P_k^Y} \tag{3.6}$$

其中 $\sigma_X$ 和 $\sigma_Y$ 分别为时间序列 $X$ 和 $Y$ 各自的标准差，Morlet 小波变换，自由度 $v$ 取 2，$Z_v(P)$ 是与概率 $P$ 有关的置信度，在显著水平 $\alpha=0.05$ 下，$Z_2(95\%)=3.999$。先求出红噪声功率谱的 95% 的置信限上界，当式(3.6)左端超过置信限，则认为通过了显著水平 $\alpha=0.05$ 下的红噪声标准谱的检验，两者相关显著。

### 3.2.3 交叉小波位相角

$W_n^{XY}(s)$ 的复角可以描述时间序列 $X$ 和 $Y$ 在时频域中的局部相对位相关系。计算两个时间序列各尺度成分间的位相差，需要估计位相差的均值和置信区间。在超过 95% 置信度，影响锥曲线以内区域里，采用圆形平均位相角来定量的描述两者的位相关系。设有 $n$ 个角度 $\alpha_i(i=1,2,\cdots,n)$，令 $\bar{a}$ 表示角的样本均数，简称平均角，其计算公式为

$$\bar{\alpha} = \arg(\bar{x},\bar{y}); \quad \bar{x} = \sum_{i=1}^n \cos(\alpha_i); \quad \bar{y} = \sum_{i=1}^n \sin(\alpha_i) \tag{3.7}$$

$q=\sqrt{-2\ln(r/n)}$ 可称为圆标准差或角离差，$q$ 表示其离散趋势量度，其值的范围在 $0\sim\infty$ 之间。$r=\sqrt{\bar{x}^2+\bar{y}^2}$ 表示角度资料的集中趋势量度，$r$ 值的范围在 $0\sim1$ 之间。$q$ 和 $r$ 本质上是一回事，当一组数据中所有 $\alpha_i$ 都等于同一数值，则这组数据无变异，$q=0$，而 $r=1$；当一组数据中的 $\alpha_i$ 均匀地分布在圆周上，则 $r=0$，而 $q$ 则因平均角不存在而无法计算；但当 $r$ 趋向于 0 时，$q$ 则趋向于无穷大。采用 Von Mises 分布假设检验方法，计算平均角及其 95% 置信区间，文中给出位相差的形式为平均角±角离差。

下面通过一个具体例子来说明交叉小波变换方法，构造两个分段正弦周期信号 $y_1$ 与 $y_2$，波形如图 3.1 所示，在任意一个的时域空间（Ⅰ、Ⅱ、Ⅲ、Ⅳ）里，信号 $y_1$ 与 $y_2$ 周期相同，只是存在位相差异。图 3.1 给出了两者的小波交叉谱（填充色）和相对位相差（箭头），粗黑线包围的

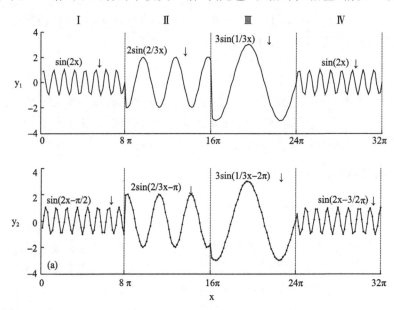

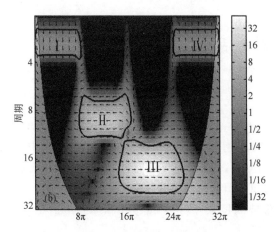

图 3.1　两个正弦周期信号的小波交叉谱

范围通过了显著性水平 $\alpha=0.05$ 下的红噪声标准谱的检验,细黑线为影响锥曲线(COI)。图中可以明显地看到三个周期成分并存,另外通过位相差的箭头方向可以判断两个时间序列各尺度成分间的时滞相关性。在第 I 时域内,设定信号 $y_2$ 先于 $y_1$ 1/4 个周期,即两者位相差为 90°,对应频域中箭头方向垂直指向下;在第 II 时域内,设定信号 $y_2$ 先于 $y_1$ 1/2 个周期,即两者反位相,位相差为 180°,对应频域中箭头方向水平指向左;在第 III 时域内,设定信号 $y_2$ 先于 $y_1$ 1 个周期,即两者位相差为 360°,对应频域中箭头方向水平指向右;在第 IV 时域内,设定信号 $y_2$ 先于 $y_1$ 3/4 个周期,即两者位相差为 270°,对应频域中箭头方向垂直指向上。

### 3.2.4　小波相干谱(WTC)

基于两个时间序列的连续小波变换(CWT)的交叉小波变换(XWT),可揭示它们共同的高能量区与位相关系。另一有用的工具是小波相干谱,它是用来度量时-频空间中两个时间序列的局部相关密切程度,即使在交叉小波功率谱中低能量值区,两者在小波相干谱中的相关性也有可能很显著。定义两个时间序列 $X$ 和 $Y$ 的小波相干谱为:

$$R_n^2(s) = \frac{\left| S(s^{-1} W_n^{XY}(s)) \right|^2}{S(s^{-1} \left| W_n^X(s) \right|^2) \cdot S(s^{-1} \left| W_n^Y(s) \right|^2)} \qquad (3.8)$$

这种定义类似于传统意义上相关系数表达式,它是两个时间序列在某一频率上波振幅的交叉积与各个振动波的振幅乘积之比,这里 S 是平滑器,

$$S(W) = S_{\text{scale}}(S_{\text{time}}(W_n(s))) \qquad (3.9)$$

其中 $S_{\text{scale}}$ 表示沿着小波伸缩尺度轴平滑,$S_{\text{time}}$ 则表示沿着小波时间平移轴平滑。对于 Morlet 小波的平滑器表达式如下:

$$S_{\text{time}}(W) \mid_s = (W_n(s) * c_1^{-t^2/2s^2}) \mid_s$$
$$S_{\text{scale}}(W) \mid_n = (W_n(s) * c_2 \prod (0.6 s)) \mid_n \qquad (3.10)$$

其中 $c_1$ 和 $c_2$ 是标准化常数,$\prod$ 是矩形函数,参数 0.6 是根据经验确定的尺度,与 Morlet 小波波长的解相关。小波相干谱的显著性检验采用 Monte Carlo 方法。交叉小波功率谱和小波相干谱两种方法都可以确定位相角,最主要的区别在于后者使用了平滑函数。需要说明的是,文中给出的平均角及其 95% 置信区间是针对小波相干谱而言的,而且小波相干谱中只标示出 $R_n^2(s) \geqslant 0.5$ 的位相差箭头。

## 3.3　2006年夏季副高活动的基本事实

### 3.3.1　天气事实

图3.2a是2006年5—8月,沿110°~120°E平均的586 dagpm等高线纬度-时间分布(实线),用来表征副高的北跳和南撤,长虚线为多年平均值,图中阴影区表示OLR距平≤－20 W·m$^{-2}$的纬度-时间分布,表示热带强对流活动区以及对流降水区的位置。图3.2b是沿27.5°~33.5°N平均的500 hPa位势高度经度-时间分布,表征副高脊线的西伸和东退,图中阴影区由浅入深表示位势高度大于586 dagpm和588 dagpm区域,长虚线为多年平均的586 dagpm线。

结合图3.2a,b看,2006年夏季副高西伸北跳活动比较频繁,5月初—8月末,副高存在6次西伸、北跳、5次南退、东撤。6月中旬至8月下旬,副高显著向西伸展至110°E以西,其中7月下旬—8月下旬的3次西伸(图3.2a中D,E,F点)均达到90°E以西。5月5日副高586 dagpm特征线移至25°N,副高脊西伸到120°E,标志着副高第一次西伸北跳(A),造成5月5日—12日长江中下游的早梅雨。5月第3候,南海季风暴发,副高东撤出南海地区,此时0601号台风"珍珠"经过南海,图3.2a上110°~120°E范围内的强对流活动中心从3.5°N突然北跳到了13.5°N附近。5月第4候—6月第3候,副高稳定位于20°N到25°N之间,这时对流降水维持在华南至江南南部。6月第4候,随着副高的第二次西伸北跳(B),586 dagpm特征线移至35°N,副高脊西伸到110°E,长江中下游地区出现继2005年连续第二个空梅,雨带出现在淮河流域。此时副高很不稳定,脊线在30°N附近振荡,在7月初完成第三次西伸北跳(C)后,很快回落到25°N以南,降水带重新在华南至江南地区出现,在此期间,6月29日0602号热带风暴"杰拉华"登陆我国广州,造成一条南北走向的雨带。7月中旬副高出现2006年最强的一次西伸北跳(D),586 dagpm特征线均移至40°N,雨带主要出现在华北,7月17—18日连续有两个热带气旋先北进后西行,对副高的加强北抬起了重要作用,使副高更为偏强、位置异常偏西。直到8月底,副高又有两次西伸北跳(E,F),分别是7月底和8月第2候,586 dagpm特征线均移到40°N,副高脊西伸到90°E以西。虽然7月第4候和8月第1候各有一次强台风活动,促使副高有两次短暂的南退东撤。但是在这期间副高稳定少动,位置偏北偏西,使得华南北部和江淮流域的降水明显偏少,川渝地区长时间处于副高控制之下,空气下沉增温和晴空条件下的辐射加热,使得气温持续异常偏高,这也是2006年夏季川渝地区持续高温伏旱的直接原因。图3.2a上几条南北走向狭长降水带显示华南南部地区有较多的降水,这主要是受台风的影响。从2006年的例子看出,副高西伸北跳的平均周期为15~20 d,随着副高的西伸北跳或南退东撤,我国东部雨带出现明显的调整。

### 3.3.2　时频特征

为描述和刻画副高的上述活动特征,对副高指数进行小波分析。图3.2c,d分别是副高脊线和西脊点指数的小波功率谱,从图中可以看到副高活动存在季节内中、短期变化,主要表现为半月左右(10~20 d)的中期活动和一周左右(3~10 d)的短期活动,且该中、短期活动彼此交杂。具体来说,6月下旬—7月底,副高脊线在10~20 d周期范围内出现一个显著的能量高值区,而且周期以 7 月中旬为界,由 10～14 d 向 14～20 d 转变;8 月以后主要以 3～7 d 和 7～10 d 的短周期振荡叠加为主(如图 3.2c 所示)。副高西脊点指数 14～20 d 周期振荡的能量高值区出现在 7 月份,7～10 d 周期振荡的能量高值区出现在 7 月底—8 月中下旬,这一点与副高脊线活动基本类似,不同的是副高西脊点的中期变动在整个夏季始终叠加有 3～7 d 的短期变动(如图 3.2 d 所示)。

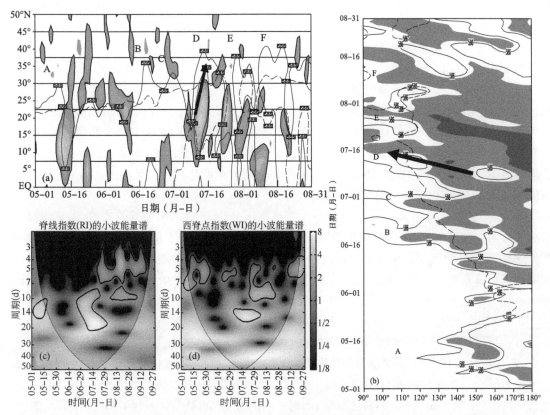

图 3.2　2006 年 5—8 月沿 110°～120°E 586 dagpm 等高线纬度-时间分布(a),沿 27.5°～33.5°N 500 hPa 高度经度-时间分布(dagpm)(b)及副高脊线指数(c)和副高西脊点指数(d)的小波功率谱

对比小波功率谱和 586 dagpm 等高线分布,发现副高在 5 月中旬完成第一次西伸北跳,分别对应副高脊线、西伸脊点功率谱上的 10 天左右和 3～7 d 的短期振荡周期;5 月中旬—6 月中旬的副高稳定少动期间则对应着功率谱中的低值;6 月中旬—7 月底,副高共有 4 次西伸、北跳,分别是 6 月第 4 候、7 月初、7 月中旬和 7 月底,活动周期大约为半个月左右,副高的上述跳跃均与小波功率谱中副高能量高值区对应的周期相吻合;8 月以后副高 586 dagpm 特征线基本位于 35°～40°N 之间,振荡周期缩短,这种情形与副高脊线功率谱中 8 月以后主要以 3～7 d 和 7～10 d 为主的短周期振荡一致。上述小波功率谱分析表明,2006 年夏季的副高活动具有复杂的时频结构和多周期尺度特征。其中,该年副高活动最显著特点是在 7 月 14—18 日有一次很强的西伸、北跳过程,此后副高稳定维持于我国偏北、偏西地区,正是副高的这次跳跃和维持导致了我国长江流域和川、渝地区的持续高温、干旱天气。

以下针对此次副高跳跃典型过程(简称过程 1,图 3.2 中箭头方向),进行季风系统环境的相关性时延-位相分析,以期揭示导致此次副高跳跃的影响因子和特征机理。

## 3.4　副高西伸、北跳与季风系统成员的关联分析

### 3.4.1　南半球大气环流与副高活动的关联特征

2006 年夏季(6—8 月平均)的资料分析如图 3.3 所示,其中有 3 个明显的越赤道气流通道,它们分别位于 45°E,105°E 和 130°E,急流中心在 950~850 hPa 之间,其中 40°~60°E 索马里急流处的越赤道气流偏强,风速在 10 m·s⁻¹ 以上,同时,该越赤道气流非常深厚,从地面一直延伸到 300 hPa 以上(如图 3.3a 所示)。图 3.3b 中 2006 年 5 月第 3 候在南半球有一支偏东气流越过赤道在 5°N 附近转为西南风,第 4 候维持偏南气流,并逐步向北推进直至 20°N 附近,这个过程与副高第一次西伸北跳相联系,第 5 候这支西南气流继续向北推进,强度加大,北界到达 30°N 附近,并一直维持到 6 月底,期间华南沿海地区降水偏多。7—8 月,我国东部不断有来自南半球的越赤道气流转成西南气流,但主要活跃于较低纬度,向北推进很弱,比气候平均落后 10 个纬度左右,在 20°N 附近,这与此时副高位置偏北、偏西,夏季风在华南地区长时间滞留有关。

图 3.3c 表明,6 月下旬—8 月下旬,马斯克林高压有 5~6 次加强和减弱过程,即呈现显著的准双周期振荡现象,与副高中期活动周期一致。特别是 6 月中下旬这次极为明显的加强过程(见图 3.3c 中 A)与副高最强的一次西伸北跳(过程 1)存在密切关联。下面重点分析这次过程中相关环流系统的变化。图 3.3 d 中阴影区由浅入深表示南风大于 4 m·s⁻¹ 的区域,由图可知,120°~140°E 处的越赤道气流是除索马里急流外,变化最显著的越赤道气流。通过对 925 hPa 分别在上述 2 个通道 5°S~5°N 之间经向风平均风速随时间变化(如图 3.3e 所示)分析得出:索马里急流[40°~60°E,5°S~5°N]分别在 5 月下旬和 6 月下旬各有一次显著的增强过程,尤其是在 6 月下旬(见图 3.3d 中 E),这支东南风在马高暴发时(见图 3.3c 中 A)得到加强而成为低空急流并伸向赤道,由于 Rossby 波的频散效应,马高加强后 5 天左右,其下游的澳大利亚高压(见图 3.3c 中 B)亦随之加强,同时 7 月初南海急流[120°~140°E,5°S~5°N]加强(见图 3.3d 中 F)。

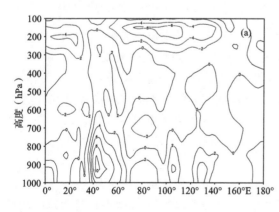

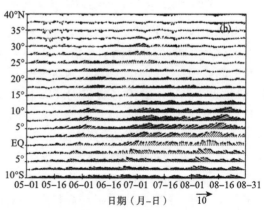

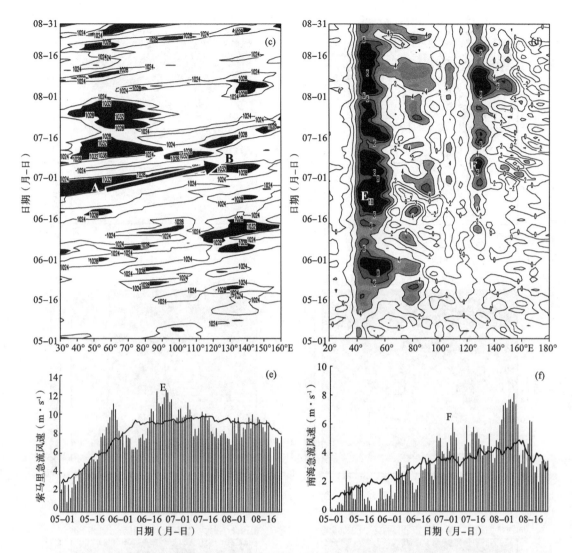

图 3.3  2006 年夏季沿赤道经向风经度-高度剖面(单位:m·s⁻¹)(a),2006 年 5—8 月沿 45°～140°E 平均的 850 hPa 矢量风纬度-时间剖面(b),沿 30°S 的海平面气压场的经度-时间剖面(单位:hPa)(c),沿赤道的 925 hPa 经向风经度-时间剖面(d)及索马里急流和南海急流风速变化(e)

为揭示副高对南半球环流的响应,本章根据多年气候平均的海平面气压场(图略),参照前人的工作,将马高和澳高的强度分别定义为[25°～35°S,40°～90°E]和[25°～35°S,120°～150°E]的标准化海平面气压区域平均值(杨修群 等,1989)。从它们的小波功率谱可以分析出:澳高的活动周期具有不确定性,5 月主要为 5～10 d 的短期振荡,6—7 月周期变长,主要以 10～20 d 中期振荡为主,8 月周期又缩短为 7～10 d(如图 3.4b 所示),而马高最显著的能量极值区恰好对应副高脊线、西伸脊点功率谱上高值区(如图 3.4a 所示),为此进一步通过交叉小波功率谱和小波相干谱分析它与副高脊线和西脊点指数的位相关系。6 月中旬—7 月中旬,在 10～15 d 的周期尺度上,马高与副高脊线具有较好的相关关系(如图 3.4c,d 所示),两者的位相差为 357°±40°,这意味着在 10～15 d 的时间尺度范围内,两者同步或马高变化先于副高脊线活动一个周期。图 3.4e,f 中,副高西脊点在整个 7 月份最显著振荡周期为 14～20 d,它与马高的

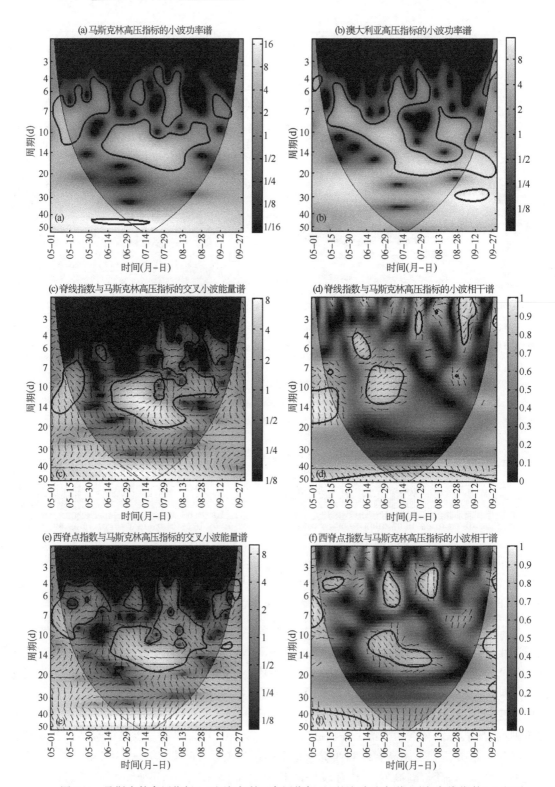

图 3.4　马斯克林高压指标(a)和澳大利亚高压指标(b)的小波功率谱,副高脊线指数(c)和西
脊点指数(e)与马斯克林高压指标的交叉小波功率谱及副高脊线指数(d)和西脊点指数(f)与马斯
克林高压指标的小波相干谱

位相差为 $351°\pm37°$，表明两者亦是同时变化或马高的加强和减弱会提前 $14\sim20$ d 影响副高西伸和东退。对比图 3.2a,b 和图 3.4c 不难看出，马高暴发的周期与副高西伸北跳的周期相吻合。以过程 1 为代表，当马高增强 $10\sim15$ d 后，副高出现北跳，由于副高西伸落后于北跳大约 5 d，副高西伸与马高存在着 $14\sim20$ d 的滞后相关关系，因此两者之间的上述时延相关性具有较好的预报征兆意义。对其影响过程和机理可大致解释为：马高的低频振荡引起澳高及越赤道气流的振荡，并通过平流过程进一步影响到副高。

### 3.4.2  热带对流活动与副高活动的关联特征

OLR 是卫星观测的地气系统外逸长波辐射，它可以反映对流发展的强弱及大尺度垂直运动信息。图 3.5a 是 2006 年夏季（6—8 月平均）OLR 距平分布，其中阴影区表示多年平均 $OLR\leqslant210$ W·$m^{-2}$ 的区域。由图可知，对于热带地区而言，多年平均 OLR 分布在 $15°N$ 附近存在两个明显的低值中心（阴影区），一个位于孟加拉湾中东部，另一个位于南海至菲律宾以东，对比 2006 年距平分布，这两个热带地区的对流较常年有所增强，后者 OLR 低值区明显向东延伸。图中另一个显著增强的地区位于中太平洋赤道以南。另外，在北半球副热带地区，伊朗高原上空负距平，青藏高原上空正距平，表明 2006 年南亚高压呈现青藏高压模态，高压东伸明显；南半球的 OLR 高正距平区表明 2006 年澳高较常年偏强；我国东部地区为大范围的正距平，这说明副高西端西伸且位置偏北。由此可见热带异常活跃的对流可能与副高的西伸北跳密切相关。

图 3.5b 为 2006 年 5—8 月逐日沿 $100°\sim160°E$ 平均的 850 hPa 纬向风纬度-时间剖面，可以看出 2006 年夏季的低纬西风明显偏强，5 月初在 $5°N$ 以南就有赤道西风发展，6 月中旬东西风切变增强，热带 ITCZ 开始活跃，并逐步北抬，较常年平均偏北 5 个纬度左右。因此，2006 年热带 ITCZ 的明显偏强、偏北、偏早，有利于热带 ITCZ 的加强，致使 2006 年夏季热带气旋明显偏多，并促使副高位置发生显著北抬，而登陆台风又阻挡了副高的东退南撤，所以 2006 年夏季热带 ITCZ 偏强偏北可能是副高异常的原因之一。

从 OLR 经度-时间剖面图（如图 3.5c 所示）也可以看出，5 月第 4 候南海季风暴发后，强对流中心（$OLR\leqslant180$ W·$m^{-2}$ 的阴影区）从南海地区不断西移，第 5 候移至中南半岛至孟加拉湾地区，5 月底又位于印度半岛西部。6 月第 4 候，孟加拉湾对流的发展加强，一方面使南海—西太平洋附近的对流活跃中断，同时也通过纬圈环流使西太平洋下沉支西伸增强，从而使副高西部脊加强西伸。这个过程与副高第二次西伸北跳（见图 3.2a 中 B）相联系。整个夏季，孟加拉湾地区（$85°\sim105°E$）的对流活动表现出明显的 $10\sim15$ d 周期振荡现象。热带 ITCZ（$120°\sim150°E$）从 7 月初到 8 月中旬，共经历 3 次加强和 2 次减弱过程，准双周期振荡现象也很明显。7 月初热带 ITCZ 开始移动（见图 3.5b,c 中箭头方向），7 月第 3 候增至最强，此时副高出现 2006 年最强的一次西伸北跳（见图 3.2a 中 D）。

针对上述天气变化，分别计算孟加拉湾北部 $[85°\sim105°E,10°\sim20°N]$、热带 ITCZ $[120°\sim150°E,10°\sim20°N]$ 和赤道中太平洋 $[150°\sim180°E,10°S\sim10°N]$ 三个地区 OLR 区域平均值，标准化后用来表示该地区的对流指标。图 3.5d,e,f 指出这三个地区的对流指标的小波功率谱的大值轴线都集中在 $15\sim20$ d 周期，其中孟加拉湾北部和赤道中太平洋地区的大值带分布在早期 5 月中旬—8 月中旬；而热带 ITCZ 地区的大值带出现在后期 7 月以后。此外，热带 ITCZ 地区的另一个准 30 天周期在 7 月以后变得特别明显。

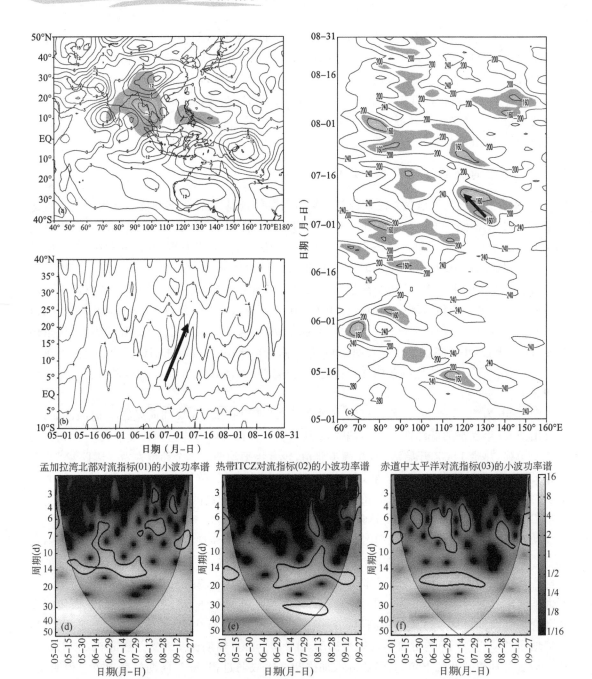

图 3.5  2006 年夏季 OLR 距平分布(单位:W·m⁻²)(a),2006 年 5—8 月沿 100°～160°E 平均的
850 hPa 纬向风纬度-时间剖面(单位:m·s⁻¹)(b),沿 10°～20°N 平均的 OLR 经度-时间剖面(c)及孟加
拉湾北部对流指标(d)、热带 ITCZ 对流指标(e)和赤道中太平洋对流指标(f)的小波功率谱

上述分析表明热带 ITCZ 地区的对流活动与过程 1 关系最密切,图 3.6 给出了该地区的
对流指标与副高脊线指数、西脊点指数的交叉小波功率谱、相干谱和位相差。在 14～20 d 时
间尺度范围内,功率谱和相干谱的极值分布表明在整个 7 月份它与副高两个指数都存在密切
的联系。图 3.6a,b 中的箭头几乎都是水平指向右的,这意味着副高脊线与热带 ITCZ 地区的
对流活动同时变化。它和西脊点的变化也存在类似的联系,只是副高西伸落后于北跳大约 5

天,因此在位相分布上有所差异,图 3.6c,d 中两者的位相差为 96°±19°,意味着热带 ITCZ 地区的对流活动要超前副高西伸,超前的时间在 1/4 周期左右,这与副高西伸落后于北跳的时间相当。比较图 3.2 和图 3.5 中箭头的指向,亦可看出热带 ITCZ 移动与副高活动同步。因此,7 月初热带 ITCZ 开始活跃,副高随着该地区强对流北上,继而西伸,整个过程大约需要 14～20 d。

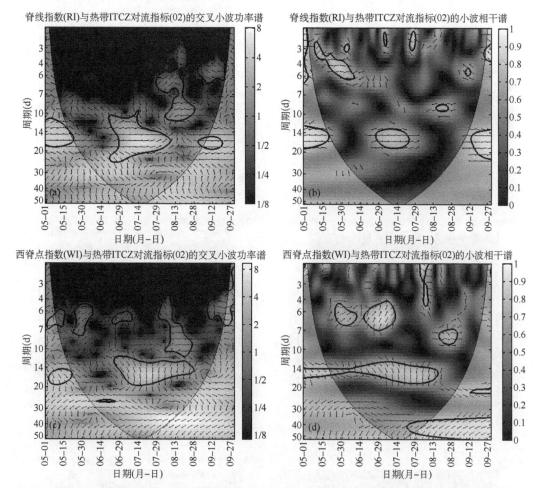

图 3.6 副高脊线指数(a)、西脊点指数(c)与热带 ITCZ 地区的对流指标的交叉小波功率谱及
副高脊线指数(b)、西脊点指数(d)与热带 ITCZ 地区的对流指标的小波相干谱

### 3.4.3 华南夏季风降水与副高活动的关联特征

前面的分析表明,2006 年热带 ITCZ 明显偏强、偏北,台风频频生成,而且登陆台风数的比例高于往年,副高南侧热带风暴引起的强降水产生的凝结潜热加热,对于副高北进起着显著的作用。受热带风暴的影响,2006 年夏季我国华南地区降水偏多,为此我们对华南地区对流降水率的演变与副高活动的关系进行初步分析。图 3.7a 为 2006 年 5—8 月逐日华南地区[105°～120°E,20°～27°N]平均降水率的演变曲线,7 月间华南地区出现 3 次明显的降水过程,而且华南降水量的小波功率谱(如图 3.7b 所示)也证明了在 7 月间它与副高脊线具有相同的周期分布。图 3.8 揭示了华南降水与副高活动存在密切的关系,7 月份在 14～20 d 时间尺度左右。如图 3.7a 所示,对应过程 1,在副高北跳之后华南降水确实有一次增强过程,继而副高西伸。

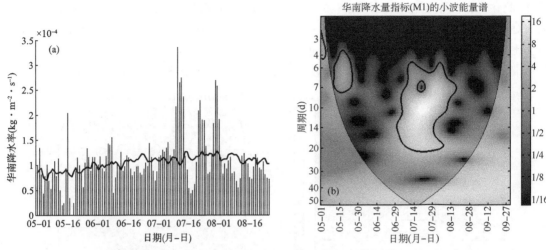

图 3.7　2006 年 5—8 月华南地区平均降水率的演变(单位:kg·m⁻²·s⁻¹)(a)及
华南降水指标的小波功率谱(b)

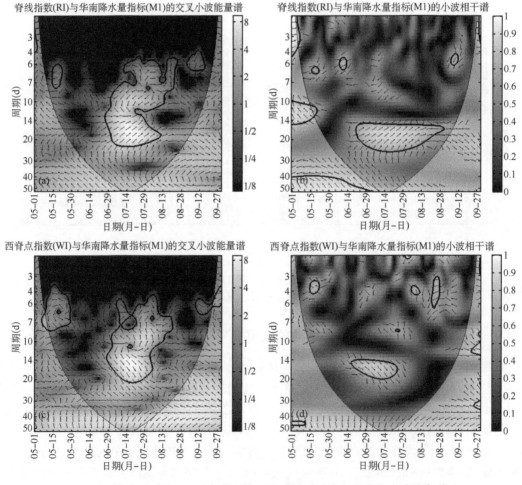

图 3.8　副高脊线指数(a)、西脊点指数(c)与华南降水指标的交叉小波功率谱及
副高脊线指数(b)、西脊点指数(d)与华南降水指标的小波相干谱

这说明副高与外围的雨带之间可能存在内在的关联,且这种关联是互为反馈的:副高北跳,利于华南地区降水发生,使该地区对流降水增强;反之,雨带的产生和维持又利于诱导副高进一步西伸。

### 3.4.4 副热带高空急流与副高活动的关联特征

图 3.9a 是 2006 年 5—8 月沿 110°~120°E 平均的 200 hPa 西风分量纬度-时间分布,表示高空副热带高空西风急流位置在我国东部的南北变化,图中虚线为多年平均。如图所示,在东亚地区,副高脊线的南北变化趋势与高空急流中心的变化趋势基本一致,7 月上旬以前急流比较稳定,急流中心位于 30°~45°N 之间,7 月中旬急流迅速北跳到 45°N 以北,并一直维持到 8 月底,急流轴比多年平均(40°N)略偏北,从而导致副高自 7 月中旬伴随急流北跳后,位置一直居北不下。图 3.9b 是急流与副高配置图,粗实线为 500 hPa 588 dagpm 线,带阴影实线为 200 hPa 全风速线(单位:m·s⁻¹),箭矢为 850 hPa 风场。可以看出,在此期间东亚的高空急流轴位于 45°N 附近,急流核位于[45°N,90°E]附近,急流平均风速超过 35 m·s⁻¹。而 850 hPa 低空急流主要活跃于印度西部沿岸和我国南海等低纬度地区,在 20°N 附近,比气候平均落后 10 个纬度左右,且向北推进很弱。由于高空急流中心北移至高纬度地区,中低纬西风急流偏弱,副高易北上西进,此时副高向北跳至 30°N 以南,向西伸至 120°E 以西,588 dagpm 线控制长江流域。

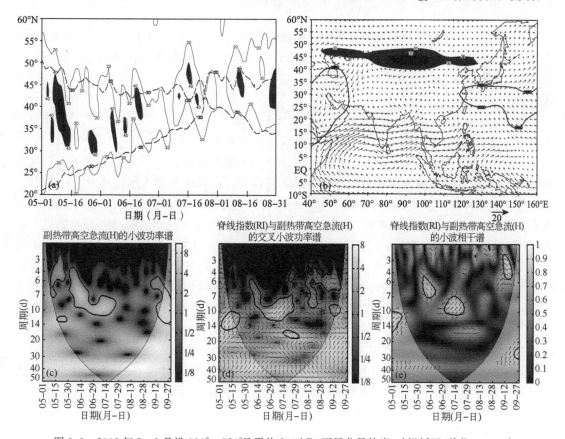

图 3.9 2006 年 5—8 月沿 110°~120°E 平均 200 hPa 西风分量纬度-时间剖面(单位:m·s⁻¹)(a);2006 年 7 月 15 日—8 月 31 日平均急流与副高配置图(b);高空副热带西风急流指标的小波功率谱(c);副高脊线指数与高空副热带西风急流指标的交叉小波功率谱(d)和小波相干谱(e)

计算副热带地区[110°~120°E,35°~45°N]200 hPa 西风的区域标准化平均值,用来表征高空副热带西风急流强度,从其小波功率谱(如图 3.9c 所示)可以看出,6—7 月间西风带活动存在 5~10 d 显著的周期振荡,这与图 3.9a 所示高空急流中 20 m·s⁻¹ 等风速线演变周期相吻合,而且 6 月中旬和 7 月中旬的两次高空急流显著北移分别对应功率谱上的能量极值。对比副高 586 dagpm 等高线演变(见图 3.2a),发现高空急流两次显著北移与副高两次北跳时间基本一致。

6 月底—7 月中旬,副高脊线在 7~10 d 周期范围内出现一个显著的能量高值区,此时副热带西风急流在同样周期范围内也存在能量极值,在两者的交叉小波功率谱和小波相干谱上(如图 3.9 d,e 所示),7~10 d 周期范围内均显示出强相关性。计算该周期尺度上,副高脊线与副热带西风急流的位相差为 328°±11°,表明两者几乎同位相变化,副高脊线的北跳都伴随高空急流的加强,急流的响应时间滞后不超过 1 天。相比而言,副高西脊点和副热带西风急流的能量极值出现的周期范围和时间尺度不相符,两者在交叉小波功率谱和相干谱上的相关性也不显著(图略)。因此,2006 年夏季副热带西风急流与副高西伸并没有表现出明显的关联性,但是在短周期尺度上,高空急流位置的南北变化与副高脊线的南北振荡存在很好的对应关系。

### 3.4.5 南亚高压的演变与副高活动的关联特征

研究表明,高空强负涡度平流的存在是副热带高压内出现下沉运动的主要强迫机制(任荣彩,2003)。为此,选取[25°~35°N,120°~150°E]为关键区,并根据该关键区 200 hPa 相对涡度的变化来表征南亚高压的东西活动,当该区域负涡度值增大(减小),说明南亚高压东伸(西撤)过程。

图 3.10a,b 分别是 200 hPa,500 hPa 高度场和涡度场的经度-时间剖面,反映了南亚高压和副高的演变,图中实线为等高线,阴影区由浅入深表示负涡度小于 $-2×10^{-5}$ s⁻¹ 和 $-4×10^{-5}$ s⁻¹ 的区域。图 3.10a 中自 6 月 1 日以后,200 hPa 南亚高压从 70°E 以西伴随着负涡度区不断向东伸展,负涡度区从高原一直可以向东伸展到 120°E 以东甚至更远的地方。6 月底—8月初南亚高压共有 3 次明显的东伸过程,而且每一次东伸对应着一次负涡度的东移过程,周期为 15 d 左右,与高层对应,副高也有几次明显的西伸过程,而且每次西伸都伴随着负涡度的西移,但并不明显(如图 3.10b 所示),南亚高压与副高所表现出的"相向而行"的过程特点与陶诗言(2006)等的研究结果一致。副高西伸脊点在整个 7 月份,最显著振荡周期为 14~20 d,这与南亚高压在 7 月份的活动周期近似(如图 3.10c 所示),在两者的交叉小波功率谱和小波相干谱上(如图 3.10 d,e 所示),它们之间的位相差为 252°±67°,表明对于中期活动,南亚高压要先于副高东西进退 10~15 d。如图 3.10b 中箭头所示,在 7 月中旬副高最强的一次西伸活动之前 15 d 左右,也就是在 7 月初,图 3.10a 中的南亚高压有一次明显的东伸过程;副高西伸脊点 7~10 d 的短期振荡出现在 8 月份,此时南亚高压也存在显著的能量极值,两者的位相差为 30°±32°,表明对于短期活动,南亚高压要提前副高东西进退 1~2 d。

上述诊断结果表明,对于 2006 年的副高活动,对流层高层南亚高压的东伸,高层的辐散流场东伸,负涡度东移,导致东亚大陆副热带地区的垂直下沉运动增强,进而诱导副高西伸加强。因此,南亚高压的上述异常东伸和相应的负涡度下传可能是导致 2006 年夏季副高异常西伸和维持的重要原因和机理之一。

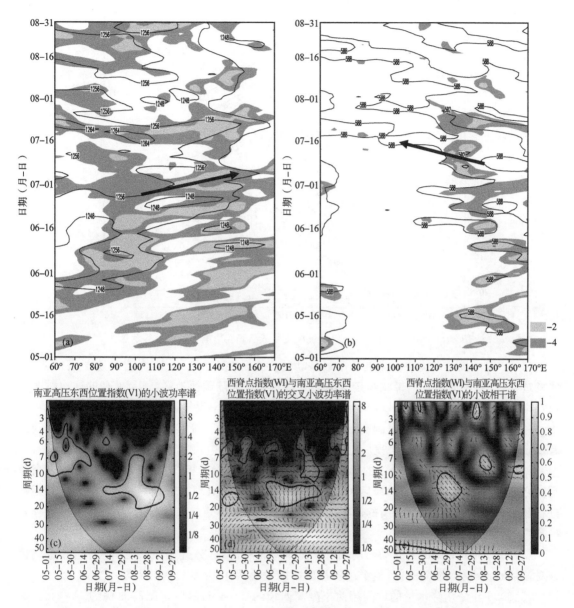

图 3.10　2006 年 5—8 月沿 27.5°~33.5°N 平均 200 hPa(a)、500 hPa(b)高度场(单位:dagpm)和
涡度场(单位:10<sup>-5</sup> s<sup>-1</sup>)的经度-时间剖面,南亚高压东西位置指数的小波功率谱(c),副高西脊点指数与
南亚高压东西位置指数的交叉小波功率谱(d)和小波相干谱(e)

## 3.5　本章小结

　　东亚夏季风环流系统涉及南北半球、中低纬度和高低层诸多环流和天气因素,各因素之间彼此相互关联、互为影响制约,共处于一个复杂的非线性系统之中。副高的形态与活动,特别是副高的异常无疑与夏季风系统其他成员存在着密切的联系,是夏季风系统共同调制作用的结果。通过上述天气分析和交叉小波诊断,大致可给出 2006 年夏季副高与东亚夏季风系统一些主要成员相互影响与反馈过程的示意图(如图 3.11 所示),并得出如下几点分析结果:

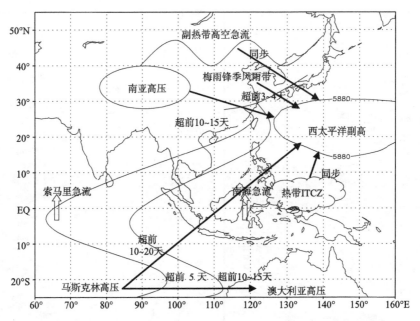

图 3.11　副高与东亚夏季风系统中主要成员相互影响与反馈过程示意图

(1)2006 年夏季西太平洋副高活动最显著的特点是在 7 月 14—18 日有一次显著的西伸、北跳过程,此后副高呈东西带状稳定少动地维持于我国大陆偏西地区,正是副高的这次跳跃和稳定维持导致了我国长江流域和川、渝地区的持续高温、干旱天气。

(2)基于天气分析结果,对副高形态指数进行了小波分析,证实 2006 年夏季的副高活动具有复杂的时频结构和多周期尺度特征,尤其以 7 月份 14～20 d 的周期振荡最为突出。

(3)2006 年南半球马高暴发的周期与副高西伸北跳的周期相符,都为 14～20 d,且副高与马高之间存在大约一个周期的滞后关系,因此,马高的活动对副高有较好的预报征兆,其影响过程和机理大致可解释为:马高的低频振荡引起澳高及越赤道气流的振荡,并通过平流过程进一步影响到副高。

(4)2006 年热带 ITCZ 移动与副高活动同步,当热带 ITCZ 开始活跃时,副高随着该地区强对流活跃而北上,继而西伸,整个过程与副高的一次西伸、北跳过程的周期相当。

(5)2006 年华南降水量的增强超前于副高西伸约 3～4 d,落后于副高北跳约 1～2 d。这说明副高与外围的雨带之间可能存在互为反馈的关联:副高北跳,利于华南地区降水发生,使该地区的对流降水增强;反之,雨带的产生和维持又利于诱导副高进一步西伸。

(6)在 7～10 d 短周期尺度上,2006 年高空急流位置的南北变化与副高脊线的南北振荡存在很好的对应关系,两者几乎同位相变化,副高脊线的每次北跳都伴随高空急流的加强,急流的响应时间滞后不超过 1 d。

(7)无论是 14～20 d 的中期活动还是 7～10 d 的短期活动,2006 年南亚高压的东西进退都要先于副高变化。对流层高层南亚高压的东伸,使高层的辐散流场东伸,负涡度东移,导致东亚大陆副热带地区的垂直下沉运动增强,进而诱导副高西伸并加强。因此,南亚高压的异常东伸和相应的负涡度下传可能是导致 2006 年夏季副高异常西伸和维持的重要原因和机理之一。

以上研究仅从大尺度环流特征对 2006 年夏季副高的异常特征作了概括性论述,初步分析了它对东亚夏季风系统主要成员的响应关系,各个因子对副高的影响机理有待深入分析。本章的主要特点是将交叉小波变换方法的新思想、新方法有效地应用于诊断副高与东亚夏季风成员相互影响的时延相关特征和时频位相关系,为诊断揭示副高与季风系统成员之间实际存在的非线性关联提供了新的技术手段。

# 第4章 亚洲季风与副高活动的小波包能量诊断

西太平洋副高作为东亚季风环流系统中的重要成员,其强度变化和进退活动(尤其是季节内活动)无疑与亚洲夏季风活动密切相关。有关亚洲季风与西太平洋副高的关系已有不少的现象特征与机理揭示的研究。强夏季风年西太平洋副高偏北、偏弱、偏东;弱夏季风年西太平洋副高偏南、偏强、偏西(彭加毅,1999)。亚洲夏季风强弱变化与北太平洋副高的位置和活动有很好的相关性:强夏季风年,500 hPa 副高脊线位于 30°N 以北,并分裂成为两个中心,印度低压偏强;弱夏季风年,副高脊线位于 30°N 以南,表现为从太平洋中部高压中心向西伸展的高压脊,印度低压偏弱(陶诗言 等,2001b)。

以上研究揭示出的亚洲夏季风与西太平洋副高的对应关系特征,使对副高与亚洲季风相互关联的认识进了一步。本章在前人研究基础上,对亚洲夏季风(印度季风和南海季风)与夏季西太平洋副高的位置状况、伸缩进退等问题开展了进一步的研究和探讨,在实用意义上率先引入、定义和建立了定量诊断和预测副高活动的小波包频域能量判据,并进行了相应的特征诊断分析(张韧 等,2003b;张韧 等,2004b)。

## 4.1 小波包分解重构思想

以上资料分析表明,印度夏季风总体偏强或偏弱时,西太平洋副高的平均位置偏北或偏南,这与陶诗言等(1963,1964)的研究结论基本一致。除此之外还发现印度夏季风扰动偏强或偏弱时,西太平洋副高的南北进退活动分别对应有多变或稳定的特征。资料分析只能进行描述性解释,缺乏准确的度量指标,因此分析研究深度有限。许多研究均已发现,印度夏季风存在多种活动周期(如 30~50 d 振荡、准双周振荡等),而一般分析中通常提到的季风强弱的概念实际上是一个比较笼统的提法,前面资料分析所揭示出的夏季风及其扰动强弱与副高的对应关系问题只有给其赋予了定量的含义才可能进一步作深入的量化研究。

小波分析是研究非平稳时频信号的一个强用力工具,小波包分解以二进制形式对信号频率进行精密的层次划分,并能根据被分析信号的特征,自适应地选择相应频带,使之与信号频谱相匹配。由于小波包分解重构可以准确地对各个波动周期的扰动强弱和能量分布情况分别进行讨论,在下面的研究中,我们拟采用该方法对印度夏季风时间序列信号进行主要频率周期范围的分解重构变换,构造它们的能量特征值向量以对副高的形态活动进行对比量化分析和特征判别。

本章选择 Daubechies 小波基函数 db1 和 Shannon 熵进行 4 层小波包分解重构。该小波基具有良好的正交性和紧支撑性,可以较好地表现各频率段信号的连续性和突变性(李建平,1997;胡昌华,1999)。

小波包分解主要步骤如下:

(1)首先用 db1 小波基对夏季风时间序列信号进行 4 层小波包分解,分别提取其第 4 层从低频到高频 16 个频率成分的信号特征(如图 4.1 所示)。由于本章分析采用的是逐日资料,所以信号时间序列的最大采样频率为 1(次/日)。

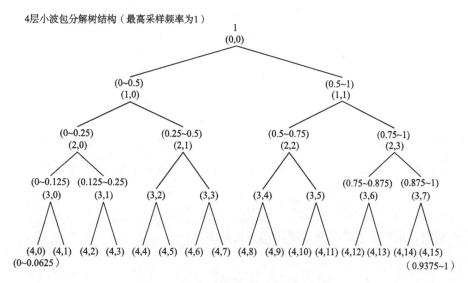

图 4.1 4 层小波包分解树结构示意图

(2)然后对第 4 层的小波包分解系数进行重构,提取各频带范围的信号特征。基于上述小波包分解的不同频段相当于带宽均等的带通滤波器,分解重构关系为:

$$S = S_{40} + S_{41} + S_{42} + S_{43} + S_{44} + S_{45} + S_{46} + S_{47} + S_{48} + S_{49} +$$
$$S_{410} + S_{411} + S_{412} + S_{413} + S_{414} + S_{415} \tag{4.1}$$

其中 $S$ 为实际夏季风信号,各分解层所占具体带宽为:

| | 频率带宽 | 对应周期 | | 频率带宽 | 对应周期 |
|---|---|---|---|---|---|
| $S_{40}$ | $0 \sim 0.0625$ | $>16$ d | $S_{48}$ | $0.5 \sim 0.5625$ | $1.8 \sim 2$ d |
| $S_{41}$ | $0.0625 \sim 0.125$ | $8 \sim 16$ d | $S_{49}$ | $0.5625 \sim 0.625$ | $1.6 \sim 1.8$ d |
| $S_{42}$ | $0.125 \sim 0.1875$ | $5.6 \sim 8$ d | $S_{410}$ | $0.625 \sim 0.6875$ | $1.5 \sim 1.6$ d |
| $S_{43}$ | $0.1875 \sim 0.25$ | $4 \sim 5.6$ d | $S_{411}$ | $0.6875 \sim 0.75$ | $1.3 \sim 1.5$ d |
| $S_{44}$ | $0.25 \sim 0.3125$ | $3.2 \sim 4$ d | $S_{412}$ | $0.75 \sim 0.8125$ | $1.2 \sim 1.3$ d |
| $S_{45}$ | $0.3125 \sim 0.375$ | $2.6 \sim 3.2$ d | $S_{413}$ | $0.8125 \sim 0.875$ | $1.1 \sim 1.2$ d |
| $S_{46}$ | $0.375 \sim 0.4375$ | $2.3 \sim 2.6$ d | $S_{414}$ | $0.875 \sim 0.9375$ | $1.06 \sim 1.1$ d |
| $S_{47}$ | $0.4375 \sim 0.5$ | $2 \sim 2.3$ d | $S_{415}$ | $0.9375 \sim 1$ | $1 \sim 1.06$ d |

以上频率-周期分解结构可以看出,4 层小波包分解具有非常精细的带宽结构和周期分辨率(尤其对高频部分更是如此)。因此,不同频带(周期)的分解信号可以较为准确地表现实际信号中各频率周期活动的生消和强弱演变。

(3)求各频带信号的总能量。设 $S_{4j}(j=0,1,2,\cdots,15)$ 对应的能量为 $E_{4j}(j=0,1,2,\cdots,15)$,则有:

$$E_{4j} = \int |S_{4j}(t)|^2 \, \mathrm{d}t = \sum_{k=1}^{n} |x_{jk}|^2 \tag{4.2}$$

其中，$x_{jk}(j=0,1,2,\cdots,15,k=0,1,2,\cdots,n)$ 表示重构信号 $S_{4j}$ 的离散点幅值，$n$ 为采样点。

（4）构造特征向量。季风系统（包括季风大小、季风扰动和西太平洋副高活动）在正常和异常状况时，由于各频域（周期）信号的相互混淆，季风时间序列信号从整体上可能看不出有什么实质性差别。但事实上正常、异常情况下季风信号各频带的能量特征应该是不同的（如 30~50 d 振荡或准双周振荡的强弱就有可能不同），因而通过计算各频带的季风能量特征值可以度量不同年份不同周期扰动的季风活动强弱，进而用以诊断判别相应的副高活动是否正常。

下面以各频段季风分解重构信号为元素构造一个特征向量 $T$：

$$T=[E_{40},E_{41},E_{42},E_{43},E_{44},E_{45},E_{46},E_{47},E_{48},E_{49},E_{410},E_{411},E_{412},E_{413},E_{414},E_{415}] \quad (4.3)$$

当能量较大时，$E_{4j}(j=0,1,2,\cdots,15)$ 通常是一个较大的数值，在分析上或许会有不便。因此，还可以视具体情况对向量 $T$ 进行归一化处理，取 $E=(\sum_{j=0}^{15}|E_{4j}|^2)^{\frac{1}{2}}$，则

$$T'=\left[\frac{E_{40}}{E},\frac{E_{41}}{E},\frac{E_{42}}{E},\frac{E_{43}}{E},\frac{E_{44}}{E},\frac{E_{45}}{E},\frac{E_{46}}{E},\frac{E_{47}}{E},\frac{E_{48}}{E},\frac{E_{49}}{E},\frac{E_{410}}{E},\frac{E_{411}}{E},\frac{E_{412}}{E},\frac{E_{413}}{E},\frac{E_{414}}{E},\frac{E_{415}}{E}\right] \quad (4.4)$$

向量 $T'$ 即为归一化后的季风各频域特征能量向量。

## 4.2 印度夏季风扰动与副高南北进退活动

印度夏季风暴发及推进与西太平洋副高季节性北跳及强度、位置等基本状况的关系早已为人们所共识，但定量的诊断研究仍有待继续深入。为此，本章拟首先对此问题进行资料分析，然后引入定量的小波包分解重构方法，以探讨印度夏季风强弱和季风扰动对夏季西太平洋副高位置状况和进退活动的影响约束及相应频域能量特征判据。研究资料为 NCEP/NCAR 500 hPa 位势高度场及 850 hPa 纬向风逐日再分析资料，前者用于副高分析，后者用于季风分析，时间范围为 1980—1997 年（其中 1982、1983 年资料缺失）。

### 4.2.1 印度夏季风强弱与副高南北活动特征

取 5 月 26 日—8 月 16 日[60°~90°E,5°~15°N]区域格点平均值表示印度洋地区夏季风（简称印度夏季风，下同）的强度和扰动变化；取 6 月 16 日—8 月 26 日以 120°E 为中心的时间-纬度剖面图描述西太平洋副高南北方向的位置平均状况和进退变化。图 4.2 是 1987 年 5—8 月印度夏季风变化的时间序列，6 月 1 日—7 月 20 日 850 hPa 西风风速大致在 10~12 m·s⁻¹ 之间，且西风扰动幅度较小、扰动过程较为平缓；7 月 21 日以后西风风速基本降至 10 m·s⁻¹ 以下。从上述特征看，该年属弱夏季风年。与此对应，该年的西太平洋副高活动如图 4.3 所示，5880 位势高度线主体位于 30°N 以南，5900 及 5920 位势高度线的中心大致位于 25°N 左右，副高中心位置随时间在南北方向上变化不明显，因此该年夏季西太平洋副高的基本特征是副高总体偏南、南北移动幅度小、北跳不明显。上述分析显示，弱夏季风和弱季风扰动年份对应的夏季西太平洋副高具有位置偏南且南北进退活动不明显的现象特征。

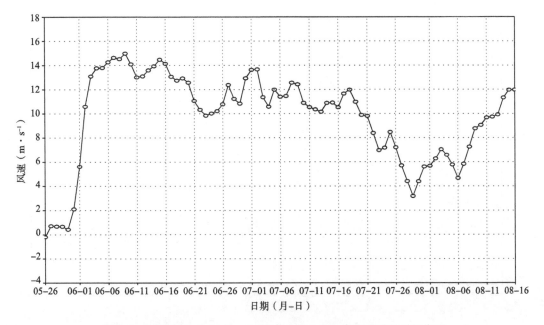

图 4.2　1987 年 5 月 26 日—8 月 16 日 850 hPa 印度夏季风时间序列

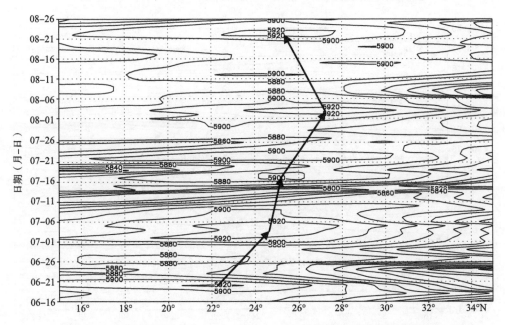

图 4.3　1987 年 6 月 16 日—8 月 26 日 500 hPa 位势高度场纬度-时间剖面图

　　图 4.4 是 1989 年 5—8 月印度夏季风时间序列变化,西风风速大致在 $10\sim12\ \mathrm{m\cdot s^{-1}}$ 之间,总体强度也属偏弱,但与 1987 年不同的是它的西风扰动较为显著,扰动幅度较大。与此对应,该年夏季西太平洋副高的活动状况如图 4.5 所示,除 7 月 8—18 日及 8 月 10—15 日 5880 线范围短时伸展至 30°N 以北外,副高中心 5900 线范围主要位于 26°~28°N 之间,总体亦处于较为偏南的位置。与 1987 年副高活动特征不同的是,1989 年副高在南北方向存在较为显著的北跳,如 7 月 3 日 5900 位势中心从约 23°N 突然增强为 5920 并于 7 月 14 日跳跃至 28°N 附近;随后 7 月 18 日又跳至 31°N。即 1989 年夏季西太平洋副高南北移动及北跳明显。

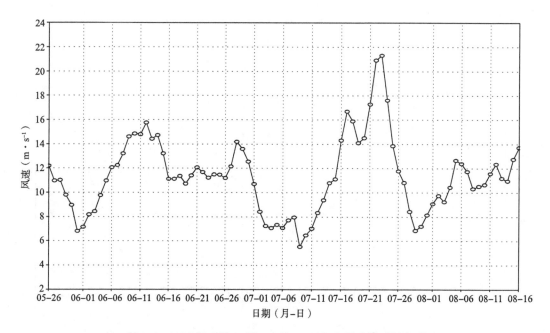

图 4.4　1989 年 5 月 26 日—8 月 16 日印度夏季风时间序列

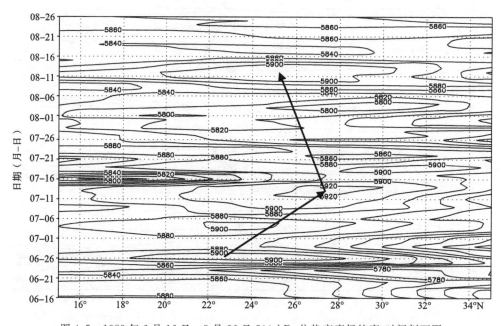

图 4.5　1989 年 6 月 16 日—8 月 26 日 500 hPa 位势高度场纬度-时间剖面图

　　上述两个夏季风偏弱年份的对比分析表明,在印度夏季风整体偏弱的状况下,若存在较大幅度的西风扰动,则该年副高平均位置偏南但可能有较大幅度的南北移动或北跳;相反若其西风扰动也很弱,则该年夏季的西太平洋副高可能是位置偏南且南北向稳定少动。

　　相对于上述印度夏季风偏弱的情况,我们对印度夏季风偏强时的西太平洋副高活动状况作对比分析。图 4.6 是 1986 年 5—8 月印度夏季风时间变化曲线,自 6 月 8 日起西风平均风速基本维持在 12～14 m·s⁻¹之间,且存在较大幅度的西风扰动。即 1986 年印度夏季风的特征是西风强盛且西风扰动显著。与此对应,该年夏季西太平洋副高的活动特征如图 4.7 所示,该年 6 月初—8 月末副高 5880 位势高度线范围普遍延伸至 30°N 以北,副高中心位置偏北。此外,副高 5900 位势高度中心随时间的南北方向移动也较显著,总体移动幅度在 10 个纬度以上。

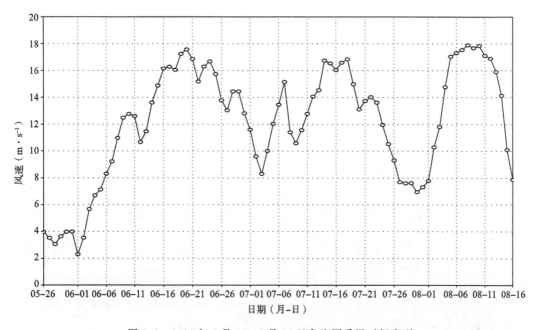

图 4.6  1986 年 5 月 26—8 月 16 日印度夏季风时间序列

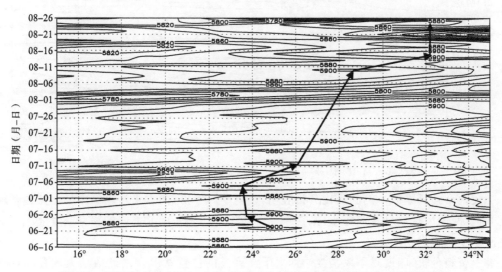

图 4.7  1986 年 6 月 16 日—8 月 26 日 500 hPa 位势高度场纬度-时间剖面图

图 4.8 是 1994 年 5—8 月印度夏季风时间变化,其特征也是西风偏强(风速大致在 12~14 m·s⁻¹)但西风扰动幅度较小。与此对应,该年西太平洋副高的基本状况和活动特征如图 4.9,该年副高偏强、中心位置偏北(7 月初—8 月末 5900 和 5920 位势高度中心均位于 30°N 以北),但副高中心位置在南北方向却相对稳定,移动幅度不如前者显著。

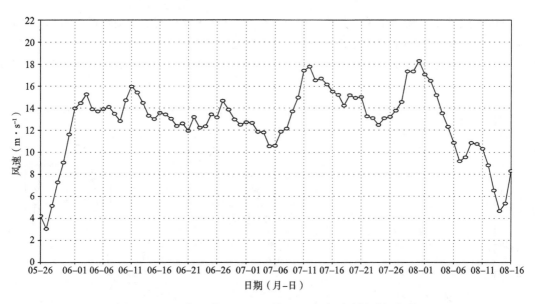

图 4.8  1994 年 5 月 26 日—8 月 16 日印度夏季风时间序列

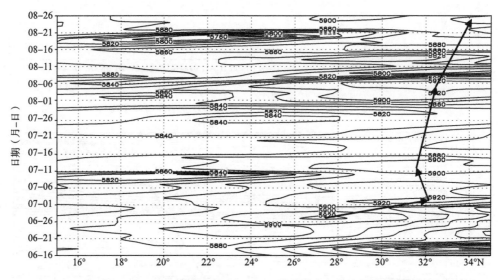

图 4.9  1994 年 6 月 16 日—8 月 26 日 500 hPa 位势高度场纬度-时间剖面图(125°E)

上述两个强夏季风个例的对比分析表明,强夏季风年份,西太平洋副高中心位置通常较为偏北;若此时西风扰动显著或弱小,则该年夏季西太平洋副高南北方向的移动或者北跳可能相对活跃多变或稳定少动。

综上资料分析,印度夏季风与夏季西太平洋副高的位置状况和南北活动大致存在这样的对应关系:印度洋地区夏季风强盛或弱小的年份,其夏季西太平洋副高的平均位置则相对偏北或偏南;印度夏季风扰动幅度显著或平缓,则夏季西太平洋副高在南北方向进退活动相对活跃或稳定。

## 4.2.2  小波包第 1 能量特征值与副高南北形态

采用 NCEP/NCAR 逐日再分析资料,选择 1980—1997 年(1982、1983 年资料缺失)共 16

年的夏季西太平洋副高个例进行对比试验。选取印度洋区域平均的纬向风小波包频域特征能
量向量 $S_{40}, S_{41}, S_{42}, S_{43}, S_{44}$（计算时段为 6 月 1 日—8 月 15 日），考虑到本章所研究问题的特
点和书写方便，周期小于 3 d 的高频段分解重构信号特征值不予讨论（下同）。

表 4.1　1980—1997 年 6 月 1 日—8 月 15 日印度夏季风小波包频域特征能量向量

| 年份 | 实际副高状况 | 特征判别结果 | 小波包频域特征能量向量各分量对应的周期（前 5 个特征值） | | | | |
|---|---|---|---|---|---|---|---|
| | | | >16 d | 8～16 d | 5.6～8 d | 4～5.6 d | 3.2～4 d |
| 1994 | 偏北 | 偏北 | 115.240 | 16.453 | 6.860 | 6.495 | 2.467 |
| 1984 | 偏北 | 偏北 | 111.973 | 14.681 | 11.262 | 16.578 | 2.137 |
| 1980 | 偏南 | 偏北 * | 109.804 | 8.373 | 12.153 | 13.142 | 4.210 |
| 1986 | 偏北 | 偏北 | 107.514 | 25.358 | 13.728 | 14.246 | 4.688 |
| 1993 | 偏南 | 偏北 * | 106.059 | 12.686 | 10.218 | 15.710 | 3.396 |
| 1990 | 偏北 | 偏北 | 105.102 | 8.031 | 11.536 | 15.318 | 2.903 |
| 1981 | 偏北 | 偏北 | 104.322 | 20.234 | 13.825 | 11.222 | 2.477 |
| 1985 | 偏北 | 偏北 | 103.556 | 10.788 | 11.471 | 15.739 | 2.492 |
| 1991 | 偏北 | 偏北 | 103.396 | 8.948 | 13.094 | 19.048 | 2.066 |
| 1996 | 偏南 | 偏南 | 101.958 | 27.220 | 16.903 | 13.798 | 6.102 |
| 1992 | 偏南 | 偏南 | 100.375 | 17.729 | 14.823 | 17.197 | 4.613 |
| 1988 | 偏北 | 偏南 * | 97.136 | 16.879 | 9.926 | 12.254 | 2.700 |
| 1989 | 偏南 | 偏南 | 96.690 | 21.790 | 12.541 | 12.426 | 3.098 |
| 1997 | 偏南 | 偏南 | 96.270 | 18.472 | 11.932 | 5.371 | 3.249 |
| 1995 | 偏南 | 偏南 | 94.369 | 16.803 | 9.576 | 10.285 | 2.310 |
| 1987 | 偏南 | 偏南 | 90.926 | 8.070 | 7.876 | 13.608 | 2.990 |

注：* 表示特征判别结果与实际状况不同。1982、1983 年资料缺失。

表 4.1 中可以看出，第 1 能量特征值，即周期在 16 d 以上的活动占据了季风活动能量的
绝大部分，且该特征值的大或小与前面分析的副高偏北或偏南年份有较好的对应关系。因此，
可用季风活动的第 1 能量特征值来描述和表征夏季西太平洋副高的南北基本位置状况及偏北
偏南特征。

若以 120°E 附近 5880 位势中心或 5900 位势高度范围伸展维持于 30°N 以北表征西太平
洋副高基本状况偏北；以 5880 或 5900 位势中心活动维持于 30°N 以南表征副高基本状况偏南
（后面所提副高偏北、偏南含义相同）。则根据计算结果，大于 103 的第 1 能量特征值可大致判
别夏季西太平洋副高基本状况偏北；小于 102 的第 1 能量特征值可大致判别夏季西太平洋副
高基本状况偏南。根据印度夏季风活动第 1 能量特征值和上述判别标准，这 16 年夏季西太平
洋副高平均位置状况的诊断判别结果如表 4.1 所示，除少数年份（1980，1993，1988 三年）判别
失误外（表中标 *），其余 13 年的能量特征值判别结果与副高实际状况是基本相符的。

上述诊断结果表明，基于小波包分解重构的频域识别方法和第 1 特征值能量判据对夏季
西太平洋副高中心位置基本状况的识别和判断在相当程度上是正确的，从而进一步证实了前
面资料分析的结果：即印度夏季风偏强或偏弱（周期在 16 d 以上的低频活动能量偏大或偏
小）的年份，西太平洋副高中心的基本位置状况则相应偏北或偏南（如图 4.3，4.5，4.7，4.9
所示）。这也表明了频域能量特征值诊断判别方法具有客观、定量、可重复性和较为准确可

靠的特点。

上述计算由于采用的是每年 6 月 1 日至 8 月 15 日的时间序列资料,判据分析结果只有诊断意义。基于预报目的的考虑,我们将特征向量 **T** 的计算时段由 6 月 1 日—8 月 15 日缩短为 6 月 1 日—7 月 31 日。对上述相同年份个例的印度夏季风各频域特征值进行计算,按第 1 能量特征值(代表印度夏季风周期在 16 d 以上的低频活动强弱)大小顺序排列,并以第 1 能量特征值大于 90 表征副高偏北,小于 88 表征副高偏南,则夏季西太平洋副高实际状况与特征值诊断判别的对比结果如表 4.2 所示。

表 4.2　1980—1997 年 6 月 1 日—7 月 31 日印度夏季风小波包频域特征能量向量

| 个例年份 | 实际副高状况 | 特征判别结果 | 小波包频域特征能量向量对应的周期(前 5 个特征值) | | | | |
|---|---|---|---|---|---|---|---|
| | | | >16 d | 8～16 d | 5.6～8 d | 4～5.6 d | 3.2～4 d |
| 1994 | 偏北 | 偏北 | 104.610 | 10.439 | 11.723 | 9.440 | 3.149 |
| 1984 | 偏北 | 偏北 | 100.869 | 7.400 | 9.591 | 12.884 | 4.273 |
| 1980 | 偏南 | 偏北 * | 100.529 | 11.796 | 8.219 | 11.784 | 4.667 |
| 1993 | 偏南 | 偏北 * | 94.983 | 8.330 | 7.971 | 15.917 | 3.287 |
| 1986 | 偏北 | 偏北 | 94.849 | 21.859 | 10.521 | 4.090 | 5.522 |
| 1990 | 偏北 | 偏北 | 94.493 | 10.158 | 6.957 | 9.442 | 3.124 |
| 1985 | 偏北 | 偏北 | 93.546 | 8.372 | 5.170 | 7.693 | 1.983 |
| 1991 | 偏北 | 偏北 | 92.317 | 11.053 | 12.383 | 16.265 | 2.208 |
| 1981 | 偏北 | 偏北 | 91.057 | 14.370 | 7.762 | 10.323 | 4.652 |
| 1996 | 偏南 | 偏南 | 87.942 | 28.576 | 16.968 | 13.443 | 6.909 |
| 1992 | 偏南 | 偏南 | 87.918 | 19.258 | 13.639 | 14.396 | 5.946 |
| 1995 | 偏南 | 偏南 | 86.882 | 16.587 | 10.708 | 7.389 | 3.490 |
| 1988 | 偏北 | 偏南 * | 86.460 | 16.350 | 12.164 | 8.781 | 4.460 |
| 1989 | 偏南 | 偏南 | 86.359 | 23.648 | 8.457 | 9.604 | 4.533 |
| 1987 | 偏南 | 偏南 | 86.322 | 10.787 | 6.300 | 5.351 | 3.499 |
| 1997 | 偏南 | 偏南 | 83.543 | 12.820 | 6.659 | 11.989 | 3.844 |

注:* 表示特征判别结果与实际状况不同。1982、1983 年资料缺失。

与表 4.1 相比,两者分类判别结果完全一致,也是除 1980,1993,1988 三年判别失误外,其余判别结果与实际状况基本相符,只是按特征值大小排序的年份略有差异)。这表明,通过计算 6—7 月印度洋纬向风的第 1 能量特征值,通过检测和度量印度夏季风周期在 16 d 以上的低频活动强弱可以大致推测 7—8 月西太平洋副高南北位置的基本状况,前者时间超前后者近一个月,因此特征值判别结果有一定的参考预报意义。

进一步将特征向量 **T** 的计算时段调整为每年 5 月 15 日—7 月 15 日。则其第 1 能量特征值的计算结果如表 4.3 所示。若以第 1 特征值大于 80 表征副高偏北;小于 80 表征副高偏南。则表 4.3 的判别正确率与前两种情况相同(仅 1980,1988,1991 三年判别有误),但误判个例略有不同。

表 4.3　1980—1997 年 5 月 5 日—7 月 15 日印度洋纬向风小波包频域特征能量向量

| 个例年份 | 实际副高状况 | 特征判别结果 | 小波包频域特征能量向量对应的周期(前 5 个特征值) | | | | |
|---|---|---|---|---|---|---|---|
| | | | >16 d | 8～16 d | 5.6～8 d | 4～5.6 d | 3.2～4 d |
| 1990 | 偏北 | 偏北 | 90.962 | 7.854 | 12.763 | 5.211 | 4.759 |
| 1984 | 偏北 | 偏北 | 89.262 | 14.432 | 11.986 | 4.983 | 3.940 |
| 1994 | 偏北 | 偏北 | 88.003 | 6.341 | 10.959 | 11.659 | 4.041 |
| 1985 | 偏北 | 偏北 | 87.990 | 24.090 | 11.533 | 8.711 | 3.883 |
| 1980 | 偏南 | 偏北 * | 87.884 | 14.183 | 12.074 | 8.228 | 4.245 |
| 1986 | 偏北 | 偏北 | 81.970 | 15.238 | 7.503 | 11.511 | 5.897 |
| 1981 | 偏北 | 偏北 | 81.711 | 14.871 | 10.208 | 11.175 | 2.606 |
| 1989 | 偏南 | 偏南 | 78.855 | 13.511 | 6.998 | 7.291 | 2.944 |
| 1993 | 偏南 | 偏南 | 78.204 | 14.035 | 12.165 | 12.048 | 4.661 |
| 1987 | 偏南 | 偏南 | 76.368 | 12.314 | 9.402 | 10.371 | 5.187 |
| 1988 | 偏北 | 偏南 * | 74.173 | 5.120 | 7.309 | 8.288 | 3.210 |
| 1995 | 偏南 | 偏南 | 72.807 | 18.307 | 12.437 | 14.813 | 6.762 |
| 1992 | 偏南 | 偏南 | 71.641 | 17.036 | 10.322 | 8.261 | 5.200 |
| 1991 | 偏北 | 偏南 * | 70.659 | 10.195 | 8.431 | 15.670 | 3.861 |
| 1996 | 偏南 | 偏南 | 65.529 | 21.573 | 13.079 | 12.947 | 6.411 |
| 1997 | 偏南 | 偏南 | 64.404 | 15.515 | 11.022 | 10.975 | 4.987 |

注:＊表示特征判别结果与实际状况不同。1982、1983 年资料缺失。

上述结果表明,5 月中旬—7 月中旬印度洋地区纬向风的大小和低频振荡强弱对夏季西太平洋副高的基本状况同样具有非常显著的影响。根据前期印度洋地区夏季风低频活动的能量特征,可在一定程度上定量、客观地判断和推测其后 6—8 月西太平洋副高的南北基本状况。

### 4.2.3　小波包第 2 能量特征值与副高南北活动

基于前面资料分析所揭示出的事实特征,即印度洋地区夏季风扰动幅度显著或平缓,夏季西太平洋副高南北方向的进退活动相对活跃或稳定。我们同样采用计算夏季风频域能量特征向量 **T** 的方法对其作量化分析和判别。

通过分析 120°E 附近 500 hPa 位势高度场时间-纬度剖面图的特征变化,比较不同年份 5880 及 5900 位势中心的进退活动,在 1980—1997 年共 16 个年份中(1982、1983 年资料缺失),副高活动大致有 9 个年份属南北进退活跃、7 个年份属稳定少动(如表 4.4 所示)。与印度夏季风各频域能量特征值的对比结果发现,第 2 能量特征值(对应周期在 8～16 d 的夏季风准双周振荡)的大小与副高的南北进退活动有较好的对应关系:第 2 能量特征值偏大或偏小的年份,夏季西太平洋副高的南北摆动则相对活跃或稳定,即印度夏季风准双周振荡显著的年份,夏季西太平洋副高的南北进退活动则相对活跃,印度夏季风准双周振荡弱小的年份,夏季西太平洋副高南北向则相对稳定少动。

因此,夏季风扰动的第 2 能量特征值可用于表征和判别夏季西太平洋副高的南北活动。若以第 2 特征值大于 15 表征夏季西太平洋副高南北摆动活跃,特征值小于 15 表征夏季西太平洋副高南北向稳定少动,则夏季西太平洋副高活动的实际状况与特征值判别结果的比较如表 4.4 所示(按第 2 特征值大小排序)。

表 4.4　1980—1997 年 6 月 1 日—8 月 15 日印度洋纬向风小波包频域特征能量向量

| 个例年份 | 实际副高南北进退 | 特征值判别的状况 | 小波包频域特征能量向量对应的周期(前 5 个特征值) | | | | |
|---|---|---|---|---|---|---|---|
| | | | >16 d | 8~16 d | 5.6~8 d | 4~5.6 d | 3.2~4 d |
| 1996 | 活跃 | 活跃 | 101.958 | 27.220 | 16.903 | 13.798 | 6.102 |
| 1986 | 活跃 | 活跃 | 107.514 | 25.358 | 13.728 | 14.246 | 4.688 |
| 1989 | 活跃 | 活跃 | 96.690 | 21.790 | 12.541 | 12.426 | 3.098 |
| 1981 | 活跃 | 活跃 | 104.322 | 20.234 | 13.825 | 11.222 | 2.477 |
| 1997 | 少动 | 活跃* | 96.270 | 18.472 | 11.932 | 5.371 | 3.249 |
| 1992 | 活跃 | 活跃 | 100.375 | 17.729 | 14.823 | 17.197 | 4.613 |
| 1988 | 活跃 | 活跃 | 97.136 | 16.879 | 9.926 | 12.254 | 2.700 |
| 1995 | 活跃 | 活跃 | 94.369 | 16.803 | 9.576 | 10.285 | 2.310 |
| 1994 | 活跃 | 活跃 | 115.240 | 16.453 | 6.860 | 6.495 | 2.467 |
| 1984 | 少动 | 少动 | 111.973 | 14.681 | 11.262 | 16.578 | 2.137 |
| 1993 | 少动 | 少动 | 106.059 | 12.686 | 10.218 | 15.710 | 3.396 |
| 1985 | 少动 | 少动 | 103.556 | 10.788 | 11.471 | 15.739 | 2.492 |
| 1991 | 活跃 | 少动* | 103.396 | 8.948 | 13.094 | 19.048 | 2.066 |
| 1980 | 少动 | 少动 | 109.804 | 8.373 | 12.153 | 13.142 | 4.210 |
| 1987 | 少动 | 少动 | 90.926 | 8.070 | 7.876 | 13.608 | 2.990 |
| 1990 | 少动 | 少动 | 105.102 | 8.031 | 11.536 | 15.318 | 2.903 |

注:*表示特征判别结果与实际状况不同。1982、1983 年资料缺失。

除 1991,1997 年存在明显误判外,大多数特征值判别结果与资料分析的实际情况是基本相符的。如 1980 年和 1987 年 6—8 月印度夏季风准双周活动较弱(第 2 能量特征值仅为 8.373 和 8.070),则对应的夏季副高南北活动也相对稳定少动(见图 4.10、图 4.3);1986 年和 1989 年 6—8 月印度夏季风准双周活动较强(第 2 能量特征值高达 25.358 和 21.790),则对应的夏季副高南北活动也相对活跃(见图 4.7、图 4.5)。根据表中特征值判据还可正确判定 1993 年夏季西太平洋副高南北向稳定少动(如图 4.11 所示),1988 年夏季西太平洋副高南北进退活跃(如图 4.12 所示)。

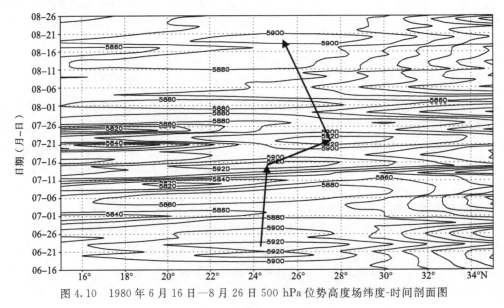

图 4.10　1980 年 6 月 16 日—8 月 26 日 500 hPa 位势高度场纬度-时间剖面图

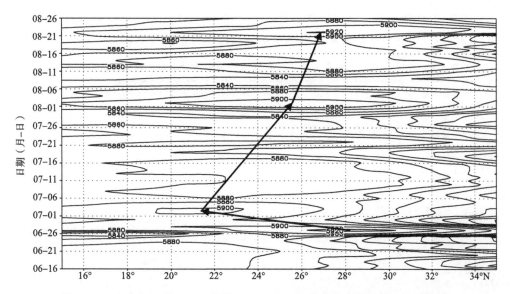

图 4.11　1993 年 6 月 16 日—8 月 26 日 500 hPa 位势高度场纬度-时间剖面图

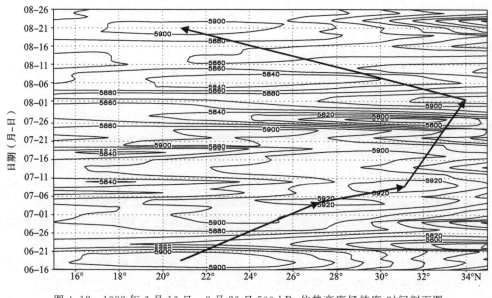

图 4.12　1988 年 6 月 16 日—8 月 26 日 500 hPa 位势高度场纬度-时间剖面图

综上讨论与比较,基于小波包分解重构的印度夏季风第 2 能量特征值判据所表征识别的西太平洋副高夏季南北活动状况在较大程度上与天气事实是基本相符的,因此,这种诊断判别方法及其所揭示的现象是可信的。这也进一步证实和完善了本章资料分析所揭示的印度夏季风准双周振荡强盛或弱小,则夏季西太平洋副高南北进退活跃或少动的对应关系特征。

基于预报意义考虑,我们将夏季风第 2 能量特征值(准双周活动频域)的计算时段缩短至每年 6 月 1 日—7 月 31 日,对相同年份个例进行计算并取大于 14 的第 2 能量特征值表征夏季西太平洋副高南北活动活跃;小于 14 的第 2 能量特征值表征夏季西太平洋副高南北向稳定少动。副高活动实况与特征值判别的对比结果如表 4.5 所示。

与表 4.4 相比,两者的分类判别结果基本一致,判别正确率相同,也有两个年份判别失误,但具体个例不同,特征值大小排序的年份也略有差异。这表明 6—7 月较早的印度夏季风准双周振荡的能量特征值对夏季西太平洋副高的南北活动状况也同样具有较好的诊断预报意义。

表 4.5  1980—1997 年 6 月 1 日—7 月 31 日印度夏季风小波包频域特征能量向量

| 个例年份 | 实际副高南北进退 | 特征值判别的状况 | 小波包频域特征能量向量对应的周期(前 5 个特征值) | | | | |
|---|---|---|---|---|---|---|---|
| | | | >16 d | 8~16 d | 5.6~8 d | 4~5.6 d | 3.2~4 d |
| 1996 | 活跃 | 活跃 | 87.942 | 28.576 | 16.968 | 13.443 | 6.909 |
| 1989 | 活跃 | 活跃 | 86.359 | 23.648 | 8.457 | 9.604 | 4.533 |
| 1986 | 活跃 | 活跃 | 94.849 | 21.859 | 10.521 | 4.090 | 5.522 |
| 1992 | 活跃 | 活跃 | 87.918 | 19.258 | 13.639 | 14.396 | 5.946 |
| 1995 | 活跃 | 活跃 | 86.882 | 16.587 | 10.708 | 7.389 | 3.490 |
| 1988 | 活跃 | 活跃 | 86.460 | 16.350 | 12.164 | 8.781 | 4.460 |
| 1981 | 活跃 | 活跃 | 91.057 | 14.370 | 7.762 | 10.323 | 4.652 |
| 1997 | 少动 | 少动 | 83.543 | 12.820 | 6.659 | 11.989 | 3.844 |
| 1980 | 少动 | 少动 | 100.529 | 11.796 | 8.219 | 11.784 | 4.667 |
| 1991 | 活跃 | 少动* | 92.317 | 11.053 | 12.383 | 16.265 | 2.208 |
| 1987 | 少动 | 少动 | 86.322 | 10.787 | 6.300 | 5.351 | 3.499 |
| 1994 | 活跃 | 少动* | 104.610 | 10.439 | 11.723 | 9.440 | 3.149 |
| 1990 | 少动 | 少动 | 94.493 | 10.158 | 6.957 | 9.442 | 3.124 |
| 1985 | 少动 | 少动 | 93.546 | 8.372 | 5.170 | 7.693 | 1.983 |
| 1993 | 少动 | 少动 | 94.983 | 8.330 | 7.971 | 15.917 | 3.287 |
| 1984 | 少动 | 少动 | 100.869 | 7.400 | 9.591 | 12.884 | 4.273 |

注:*表示特征判别结果与实际状况不同。1982、1983 年资料缺失。

将夏季风能量特征值的计算时段进一步提前至 5 月 15 日—7 月 15 日,并以特征值大于 15 表征副高南北进退活跃,小于 15 表征副高南北稳定少动。副高实况与特征值判别对比结果如表 4.6 所示。表中可以看出,此时的特征值判别正确率已大大降低,有 7 个年份判别失误,这表明过于超前的夏季风特征值难以准确描述和表征其后的西太平洋副高活动。

综合以上三种时段的诊断判别效果,6 月 1 日—7 月 31 日时段的夏季风能量特征值既有较好的诊断预报准确率,又有一定的预报时效,因此,在实际应用中应以它为最佳选择。

表 4.6  1980—1997 年 5 月 15 日—7 月 15 日印度夏季风小波包频域特征能量向量

| 个例年份 | 实际副高南北进退 | 特征值判别的状况 | 小波包频域特征能量向量对应的周期(前 5 个特征值) | | | | |
|---|---|---|---|---|---|---|---|
| | | | >16 d | 8~16 d | 5.6~8 d | 4~5.6 d | 3.2~4 d |
| 1985 | 少动 | 活跃* | 87.990 | 24.090 | 11.533 | 8.711 | 3.883 |
| 1996 | 活跃 | 活跃 | 65.529 | 21.573 | 13.079 | 12.947 | 6.411 |
| 1995 | 活跃 | 活跃 | 72.807 | 18.307 | 12.437 | 14.813 | 6.762 |
| 1992 | 活跃 | 活跃 | 71.641 | 17.036 | 10.322 | 8.261 | 5.200 |
| 1997 | 少动 | 活跃* | 64.404 | 15.515 | 11.022 | 10.975 | 4.987 |
| 1986 | 活跃 | 活跃 | 81.970 | 15.238 | 7.503 | 11.511 | 5.897 |

续表

| 个例年份 | 实际副高南北进退 | 特征值判别的状况 | 小波包频域特征能量向量对应的周期(前5个特征值) | | | | |
|---|---|---|---|---|---|---|---|
| | | | >16 d | 8~16 d | 5.6~8 d | 4~5.6 d | 3.2~4 d |
| 1981 | 活跃 | 少动* | 81.711 | 14.871 | 10.208 | 11.175 | 2.606 |
| 1984 | 少动 | 少动 | 89.262 | 14.432 | 11.986 | 4.983 | 3.940 |
| 1980 | 少动 | 少动 | 87.884 | 14.183 | 12.074 | 8.228 | 4.245 |
| 1993 | 少动 | 少动 | 78.204 | 14.035 | 12.165 | 12.048 | 4.661 |
| 1989 | 活跃 | 少动* | 78.855 | 13.511 | 6.998 | 7.291 | 2.944 |
| 1987 | 少动 | 少动 | 76.368 | 12.314 | 9.402 | 10.371 | 5.187 |
| 1991 | 活跃 | 少动* | 70.659 | 10.195 | 8.431 | 15.670 | 3.861 |
| 1990 | 少动 | 少动 | 90.962 | 7.854 | 12.763 | 5.211 | 4.759 |
| 1994 | 活跃 | 少动* | 88.003 | 6.341 | 10.959 | 11.659 | 4.041 |
| 1988 | 活跃 | 少动* | 74.173 | 5.120 | 7.309 | 8.288 | 3.210 |

注:* 表示特征判别结果与实际状况不同。1982、1983 年资料缺失。

## 4.3　南海—西太平洋夏季风扰动与副高西伸

夏季太平洋副高除了南北进退外,还存在西伸的活动特征。陶诗言等(2006)指出,夏季北太平洋副高的季内活动有两种模态:第一种表现为副高系统以 20~30 d 的周期从北太平洋中东部的副高中心一次次地向西扩张、西伸,这类过程大多出现在亚洲夏季风强度偏弱的年份;第二种模态表现为副高系统以 20~30 d 的周期从东向西扩充、西伸的同时,有时在东经 125°~155°E 之间停滞,这类过程大多出现在亚洲夏季风强度偏强的年份。关于太平洋副高的西伸问题,许多学者在 20 世纪 80—90 年代也进行了研究,指出北太平洋副高的变化首先出现在中、东太平洋地区,然后以一种低频波的形式向西传播(喻世华 等,1999;Luo Jian et al,1995;Li Xingling et al,1996)。

上述研究大多提及亚洲夏季风与副高西伸的关系,揭示出一些现象和事实,但进一步的细致分析和诊断研究仍有待深入探讨。前面讨论了印度洋地区夏季风与西太平洋副高南北活动的关系。分析中我们还发现太平洋副高的纬向基本状况和副高西伸与南海及赤道西太平洋地区夏季风(简称南海夏季风,下同)的强度和扰动关系密切:南海夏季风偏强或偏弱年份的太平洋副高位置相对较为偏东或偏西;南海夏季风的强扰动过程往往对应太平洋副高的显著西伸。为此我们作进一步的研究,重点探讨南海夏季风强弱及夏季风扰动与太平洋副高纬向状况及西伸过程的对应关系特征,研究资料与 4.2 节相同。

### 4.3.1　南海夏季风强弱与副高纬向基本状况

取 6 月 6 日—8 月 26 日[100°~130°E,5°~15°N]格点平均值用以表示南海夏季风的强度和扰动变化;取 6 月 16 日—8 月 26 日以 30°N 为中心的时间-经度剖面图描述西太平洋副高的东西平均状况和西伸过程。图 4.13、图 4.14 分别为 1984 和 1985 年 5—8 月南海夏季风变化的基本状况。图中可以看出,这两年的南海夏季风均较为强盛,大部分时段风速均在 5~6 m·s⁻¹ 以上。与此对应,1984 和 1985 年 6 月 16 日—8 月 26 日北太平洋副高的纬向基本状况如图 4.15、图 4.16 所示。图中可见,这两年夏季太平洋副高主体位置均较为偏东,6—8 月 5900 位势高度中心均处于 140°E 以东,5880 位势区域也主要位于 130°E 以东。

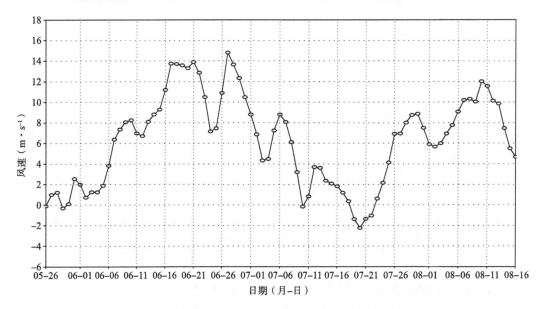

图 4.13　1984 年 5 月 26 日—8 月 16 日南海夏季风时间序列

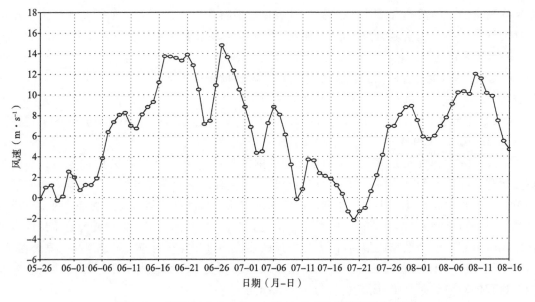

图 4.14　1985 年 6 月 6 日—8 月 26 日南海夏季风时间序列

　　图 4.17、图 4.18、图 4.19 分别是 1980,1992,1995 年 5—8 月南海夏季风变化的基本状况。这三年的南海夏季风均相对较弱,绝大部分时段的风速均在 6 m·s$^{-1}$ 以下。与此对应,1980,1992,1995 年 6 月 16 日—8 月 26 日北太平洋副高的纬向基本状况如图 4.20、图 4.21、图 4.22 所示。图中可见,这三年夏季 6—8 月期间太平洋副高的主体位置均较为偏西,5880及 5900 位势米区域均可西伸至 110°E 以西。

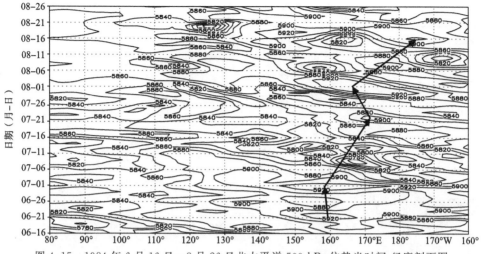

图 4.15 1984 年 6 月 16 日—8 月 26 日北太平洋 500 hPa 位势米时间-经度剖面图

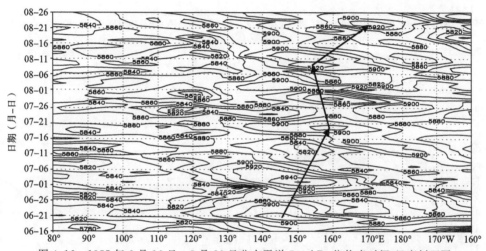

图 4.16 1985 年 6 月 16 日—8 月 26 日北太平洋 500 hPa 位势米时间-经度剖面图

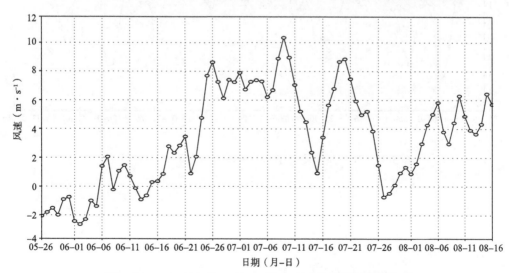

图 4.17 1980 年 5 月 26 日—8 月 16 日南海夏季风时间序列

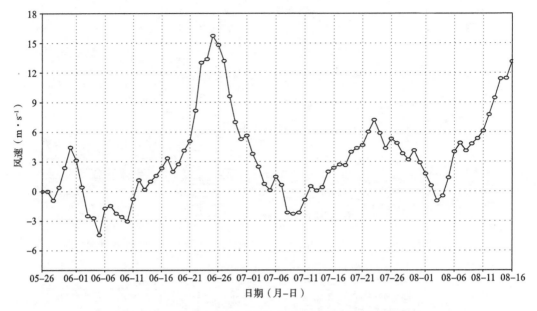

图 4.18　1992 年 5 月 26 日—8 月 16 日南海夏季风时间序列

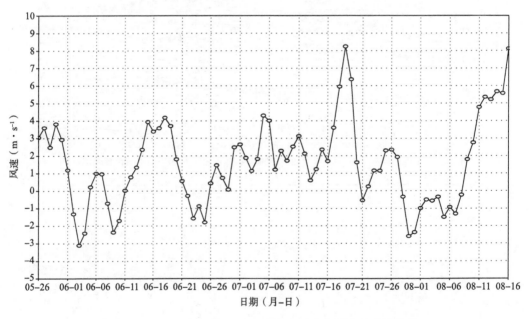

图 4.19　1995 年 5 月 26 日—8 月 16 日南海夏季风时间序列

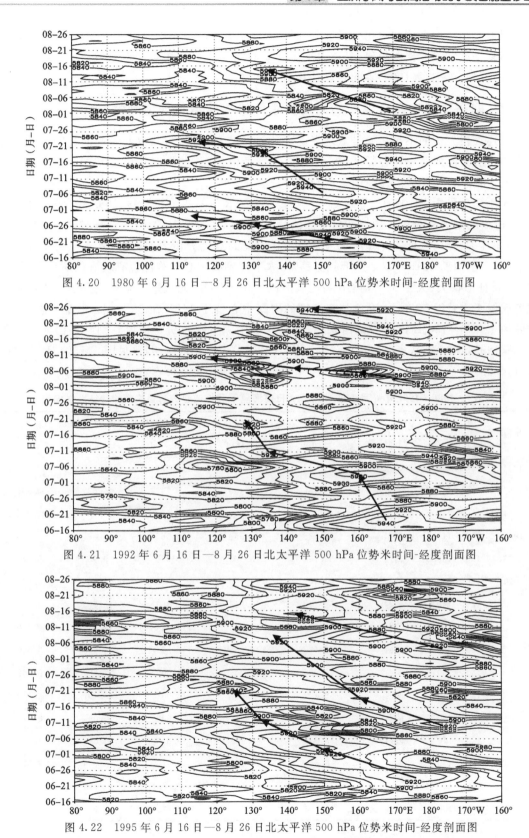

图 4.20  1980 年 6 月 16 日—8 月 26 日北太平洋 500 hPa 位势米时间-经度剖面图

图 4.21  1992 年 6 月 16 日—8 月 26 日北太平洋 500 hPa 位势米时间-经度剖面图

图 4.22  1995 年 6 月 16 日—8 月 26 日北太平洋 500 hPa 位势米时间-经度剖面图

以上 5 个年份个例的对比分析表明,南海夏季风与太平洋副高之间存在这样的对应关系:即南海夏季风偏强或偏弱年份,夏季太平洋副高的纬向位置则相对偏东或偏西。这与陶诗言(1963,1964)、彭加毅(1999)等的观点是基本一致的。

### 4.3.2　副高位置偏东或偏西的南海夏季风第 1 能量特征值判据

上述资料分析的不足之处是缺乏客观定量的标准和判据,为此我们采用同样的小波包分解重构方法对南海夏季风各频域(周期)的能量特征值进行计算,以找出与夏季北太平洋副高纬向基本状态密切相关的诊断因子和判据。

表 4.7 是采用 1980—1997 共 16 年 NCEP/NCAR 逐日再分析资料(1982 年、1983 年资料缺失)所作的南海夏季风各频域能量特征值计算与副高实际状况的对比,计算时段为每年 6 月1 日—8 月 15 日。特征值计算结果与副高实际状况的对比分析表明,南海夏季风第 1 能量特征值(对应于周期在 16 d 以上的低频振荡)与太平洋副高中心平均位置有较好的对应关系:第1 能量特征值偏大(大于 53)或偏小(小于 53)的年份,对应的北太平洋副高主要活动中心位置偏东或偏西。若以 5880 及 5900 位势高度的副高中心位于 140°E 以东为偏东状态;副高中心伸展到 120°E～130°E 以西为偏西状态,则表 4.7 中除少数年份特征值判别结果误差较大外(1988,1993,1994 年),多数年份的诊断判别结果与实际情况基本相符(见图 4.15,4.16,4.20,4.21,4.22)。

表 4.7　1980—1997 年 6 月 1 日—8 月 15 日南海夏季风小波包分解重构频域特征能量向量

| 年份 | 实际副高中心位置 | 特征值的判别结果 | 小波包频域特征能量向量对应的周期(前 5 个特征值) | | | | |
|---|---|---|---|---|---|---|---|
| | | | ＞16 d | 8～16 d | 5.6～8 d | 4～5.6 d | 3.2～4 d |
| 1994 | 120°～140°E | 偏东 * | 61.318 | 11.639 | 11.259 | 10.216 | 2.425 |
| 1985 | 140°～160°E | 偏东 | 60.769 | 20.445 | 9.715 | 11.632 | 3.994 |
| 1984 | 150°～170°E | 偏东 | 54.669 | 16.657 | 11.980 | 13.003 | 3.964 |
| 1981 | 150°～170°E | 偏东 | 53.735 | 19.552 | 9.965 | 17.967 | 2.652 |
| 1996 | 130°～150°E | 偏西 | 52.794 | 13.160 | 10.979 | 9.955 | 5.215 |
| 1990 | 130°～150°E | 偏西 | 52.484 | 14.390 | 8.046 | 10.682 | 1.968 |
| 1986 | 120°～140°E | 偏西 | 52.140 | 13.912 | 14.393 | 13.575 | 2.240 |
| 1997 | 130°～150°E | 偏西 | 48.611 | 9.686 | 11.544 | 14.142 | 3.350 |
| 1989 | 130°～150°E | 偏西 | 42.437 | 18.966 | 13.288 | 12.653 | 3.390 |
| 1987 | 130°～150°E | 偏西 | 41.986 | 23.201 | 11.709 | 7.625 | 6.002 |
| 1991 | 120°～140°E | 偏西 | 39.429 | 25.287 | 13.052 | 12.407 | 4.419 |
| 1993 | 140°～160°E | 偏西 * | 39.195 | 13.717 | 4.622 | 16.090 | 3.010 |
| 1992 | 120°～140°E | 偏西 | 38.633 | 9.128 | 6.818 | 20.080 | 4.210 |
| 1980 | 130°～150°E | 偏西 | 36.386 | 16.191 | 4.910 | 8.069 | 2.512 |
| 1988 | 160°～180°E | 偏西 * | 31.114 | 13.061 | 7.045 | 16.125 | 3.246 |
| 1995 | 130°～150°E | 偏西 | 14.223 | 8.954 | 7.728 | 8.117 | 3.084 |

注:＊表示特征判别结果与实际状况不同。1982、1983 年资料缺失。

　　但上述对应关系也有例外的年份,如 1994 年南海夏季风较强(如图 4.23 所示),但该年对应的北太平洋副高并非特征值判别的偏东,实际上是偏西的(如图 4.24 所示);1988 年南海夏季风较弱(如图 4.25 所示),但对应的北太平洋副高并非偏西而是偏东(如图 4.26 所示)。

　　上述分析和特征值诊断计算,较为客观地论证了南海夏季风偏强或偏弱年份,夏季北太平洋副高中心位置则相对偏东或偏西这一对应关系的存在。1988 和 1999 年个例说明南海夏季风的强弱状况是影响夏季北太平洋副高东、西位置状态的重要因素,但不是决定因素,当其他影响因子或机理起主要作用时,上述南海夏季风强弱与副高位置偏东偏西的对应关系或相关特征就有可能削弱甚至消失。

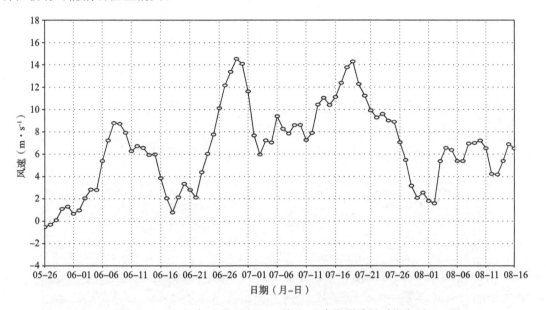

图 4.23　1994 年 5 月 26 日—8 月 16 日南海夏季风时间序列

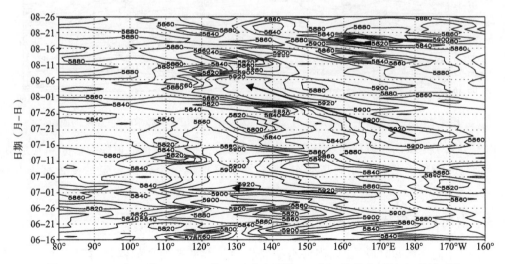

图 4.24　1994 年 6 月 16 日—8 月 26 日北太平洋 500 hPa 位势米时间-经度剖面图

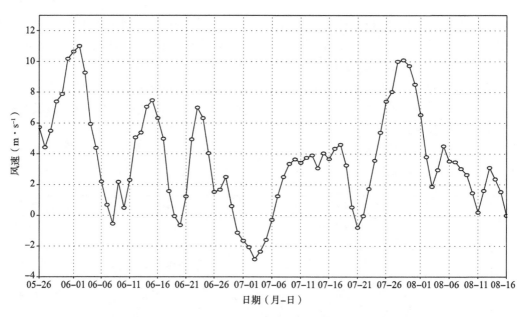

图 4.25　1988 年 5 月 26 日—8 月 16 日南海夏季风时间序列

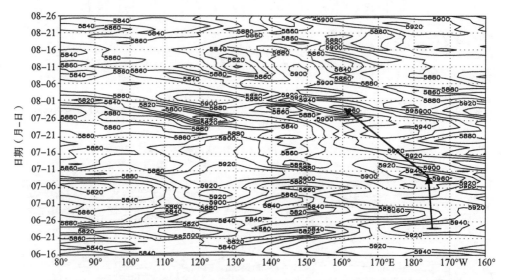

图 4.26　1988 年 6 月 16 日—8 月 26 年北太平洋 500 hPa 位势米时间-经度剖面图

　　由于引入了定量的频域能量特征值,所以通过确立一个临界特征值作为诊断和判别指标,就有可能为分析夏季西太平洋副高的东、西基本状况提供一个较为定量的衡量标准和预报参考。

### 4.3.3　南海夏季风扰动与副高西伸特征

　　取上述相同区域和时段,比较南海夏季风扰动与太平洋副高的西伸过程。图 4.27 和图 4.28 分别是 1987 和 1991 年 5 月 26 日—8 月 16 日南海夏季风的时间序列变化。可以看出,这两年南海夏季风均存在较大幅度的扰动起伏。与此对应,1987 和 1991 年 6 月 16 日—8 月 26 日的北太平洋副高的活动情况如图 4.29 和图 4.30 所示。

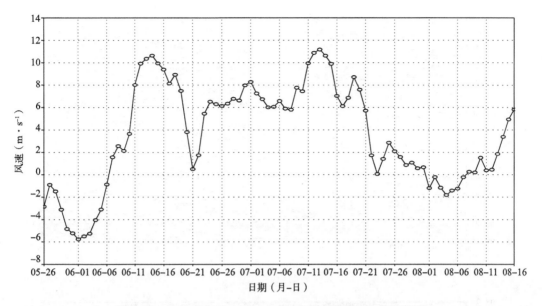

图 4.27　1987 年 5 月 26 日—8 月 16 日南海夏季风时间序列

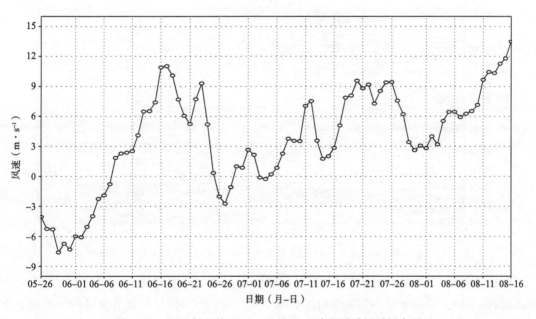

图 4.28　1991 年 5 月 26 日—8 月 16 日南海夏季风时间序列

　　这两年夏季北太平洋副高均存在显著的西伸过程,其中 1987 年夏季北太平洋副高有 3 次明显的西伸,即 6 月 18 日—7 月 1 日、7 月 1 日—7 月 25 日、8 月 1 日—8 月 12 日,其前两次西伸过程与图 4.27 中两次季风增强扰动过程(6 月 1 日—6 月 20 日、6 月 20 日—7 月 20 日)有较好的时滞对应(随着副高主体西伸,两者相滞间隔有所缩短);1991 年夏季副高有 2 次较明显的西伸,即 6 月 25 日—7 月 10 日、8 月 1 日—8 月 12 日,它们分别与图 4.28 中两次季风增强扰动过程(6 月 1 日—6 月 26 日、7 月 15 日—8 月 1 日)有较好的时滞对应。上述分析表明,南海夏季风出现一次显著的增强扰动后,太平洋副高大多对应有一次相应的西伸过程。

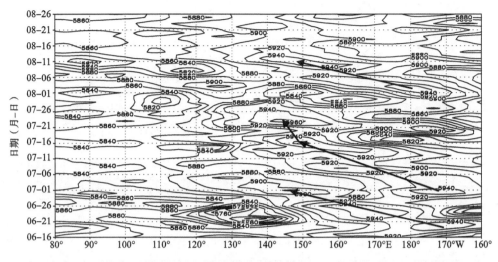

图 4.29　1987 年 6 月 16 日—8 月 26 日北太平洋 500 hPa 位势米时间-经度剖面图

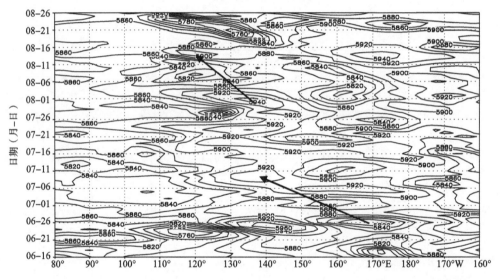

图 4.30　1991 年 6 月 16 日—8 月 26 日北太平洋 500 hPa 位势米时间-经度剖面图

　　1988 和 1995 年 5—8 月南海夏季风时间序列变化的特点是没有较大尺度和幅度的季风涨落过程,多是一些振幅较小的短周期扰动(见图 4.25、图 4.19)。与此对应,1988 和 1995 年夏季太平洋副高均没有明显的西伸过程。其中 1988 年夏季副高除在 7 月 20 日—8 月 1 日左右有一次小范围的西伸外,其余时段副高中心位置偏东少动(见图 4.26);1995 年副高中心位置偏西,除 6 月 20 日—7 月 5 日有一次西伸外,此后无明显西伸过程(见图 4.22)。这说明南海夏季风潮较弱或夏季风多为小尺度扰动的年份,太平洋副高的西伸过程也相应较弱,也从另外一个角度证明了南海夏季风的强扰动增长过程利于太平洋副高向西伸展。

## 4.3.4　太平洋副高西伸的南海夏季风第 2 能量特征值判据

　　采用小波包分解重构的第 2 能量特征值计算(如表 4.8 所示)有助于我们进一步分析南海夏季风扰动与副高西伸的对应关系及相应的定量诊断。

表 4.8  1980—1997 年 6 月 1 日—8 月 15 日南海夏季风小波包分解重构频域特征能量向量

| 年份 | 实际副高活动状况 | 特征值判别结果 | 小波包频域特征能量向量对应的周期(前 5 个特征值) | | | | |
|------|------|------|------|------|------|------|------|
| | | | >16 d | 8~16 d | 5.6~8 d | 4~5.6 d | 3.2~4 d |
| 1991 | 西伸明显 | 西伸明显 | 39.429 | 25.287 | 13.052 | 12.407 | 4.419 |
| 1987 | 西伸明显 | 西伸明显 | 41.986 | 23.201 | 11.709 | 7.625 | 6.002 |
| 1985 | 西伸弱缓 | 西伸明显 * | 60.769 | 20.445 | 9.715 | 11.632 | 3.994 |
| 1981 | 西伸明显 | 西伸明显 | 53.735 | 19.552 | 9.965 | 17.967 | 2.652 |
| 1989 | 西伸明显 | 西伸明显 | 42.437 | 18.966 | 13.288 | 12.653 | 3.390 |
| 1984 | 西伸明显 | 西伸明显 | 54.669 | 16.657 | 11.980 | 13.003 | 3.964 |
| 1980 | 西伸明显 | 西伸明显 | 36.386 | 16.191 | 4.910 | 8.069 | 2.512 |
| 1990 | 西伸弱缓 | 西伸弱缓 | 52.484 | 14.390 | 8.046 | 10.682 | 1.968 |
| 1986 | 西伸明显 | 西伸弱缓 * | 52.140 | 13.912 | 14.393 | 13.575 | 2.240 |
| 1993 | 西伸弱缓 | 西伸弱缓 | 39.195 | 13.717 | 4.622 | 16.090 | 3.010 |
| 1996 | 西伸明显 | 西伸弱缓 * | 52.794 | 13.160 | 10.979 | 9.955 | 5.215 |
| 1988 | 西伸弱缓 | 西伸弱缓 | 31.114 | 13.061 | 7.045 | 16.125 | 3.246 |
| 1994 | 西伸弱缓 | 西伸弱缓 | 61.318 | 11.639 | 11.259 | 10.216 | 2.425 |
| 1997 | 西伸弱缓 | 西伸弱缓 | 48.611 | 9.686 | 11.544 | 14.142 | 3.350 |
| 1992 | 西伸明显 | 西伸弱缓 * | 38.633 | 9.128 | 6.818 | 20.080 | 4.210 |
| 1995 | 西伸弱缓 | 西伸弱缓 | 14.223 | 8.954 | 7.728 | 8.117 | 3.084 |

注:＊表示特征判别结果与实际状况不同。1982、1983 年资料缺失。

通过分析以 30°N 为中心的 500 hPa 位势高度场时间-经度剖面图,根据 5880 以上位势米中心随时间的东西向活动情况,我们将 1980—1997 共 16 年(1982、1983 年资料缺失)夏季(6月 16 日—8 月 26 日)的北太平洋副高东西向活动状况大致分为西伸明显和西伸弱缓两种类型。对比分析发现,南海夏季风小波包分解重构特征向量的第 2 特征值(对应活动周期 8~16 d)大小与太平洋副高西伸过程关系较为密切。从表 4.8 中按第 2 特征值大小排序所对应的副高东西向活动状况,大致有这样的对应关系:第 2 特征值大(大于 15)或小(小于 15)(即南海夏季风准双周活动强或弱)的年份,则对应的北太平洋副高有西伸明显或西伸弱缓的特点。

但表 4.8 中也有例外的情况,如 1986,1996 年的第 2 特征值较小(准双周活动弱),但该年副高实际上西伸明显。对照副高稳定少动的年份,不仅第 2 特征值偏小,且第 3 特征值(对应活动周期 5.6~8 d)也偏小(如 1988,1993,1995 年)。而 1986 和 1996 年尽管第 2 特征值偏小,但其第 3 特征值相对较大,即准双周活动较弱但 5~8 天周期活动较强。因此,第 3 特征值也可作为一个辅助值用以诊断副高的西伸活动。对第 2、第 3 特征值分别采用 0.60 和 0.40 权重系数进行加权平均后所得特征判据(从大到小排列)与副高东西活动状况的对比情况如表4.9 所示。

表 4.9　1980—1997 年 6 月 1 日—8 月 15 日南海夏季风小波包分解重构特征向量第 2、3 分量加权平均值

| 年份 | 实际副高活动状况 | 第2、第3特征分量加权平均值 | 特征值诊断判别结果 |
|---|---|---|---|
| 1991 | 西伸明显 | 20.393 | 西伸明显 |
| 1987 | 西伸明显 | 18.604 | 西伸明显 |
| 1989 | 西伸明显 | 16.695 | 西伸明显 |
| 1985 | 西伸弱缓 | 16.153 | 西伸明显 * |
| 1981 | 西伸明显 | 15.717 | 西伸明显 |
| 1984 | 西伸明显 | 14.786 | 西伸明显 |
| 1986 | 西伸明显 | 14.104 | 西伸明显 |
| 1996 | 西伸明显 | 12.288 | 西伸明显 |
| 1990 | 西伸弱缓 | 11.852 | 西伸弱缓 |
| 1980 | 西伸明显 | 11.679 | 西伸弱缓 * |
| 1994 | 西伸弱缓 | 11.487 | 西伸弱缓 |
| 1997 | 西伸弱缓 | 10.429 | 西伸弱缓 |
| 1988 | 西伸弱缓 | 10.655 | 西伸弱缓 |
| 1993 | 西伸弱缓 | 10.079 | 西伸弱缓 |
| 1995 | 西伸弱缓 | 8.464 | 西伸弱缓 |
| 1992 | 西伸明显 | 8.204 | 西伸弱缓 * |

注：* 表示特征判别结果与实际状况不同。1982、1983 年资料缺失。

从表中可见,加权平均后的特征值较单纯的第 2 特征值更能恰当地表现南海夏季风扰动与北太平洋副高东西进退的对应关系:即南海夏季风 8～16 d 及 5～8 d 扰动强盛或弱小的年份,北太平洋副高西伸明显或西伸弱缓。

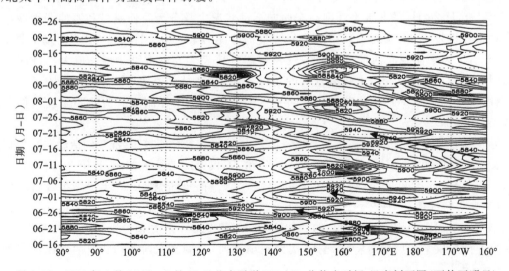

图 4.31　1993 年 6 月 16 日—8 月 26 日北太平洋 500 hPa 位势米时间-经度剖面图(西伸不明显)

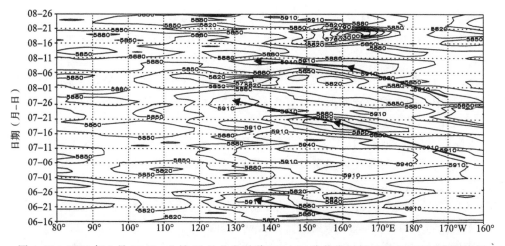

图 4.32　1986 年 6 月 16 日—8 月 26 日北太平洋 500 hPa 位势米时间-经度剖面图(西伸明显)

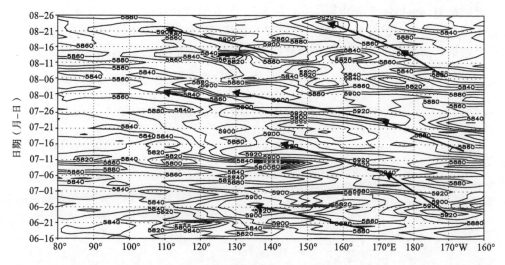

图 4.33　1996 年 6 月 16 日—08 月 26 日北太平洋 500 hPa 位势米时间-经度剖面图(西伸明显)

## 4.4　本章小结

利用 NCEP/NCAR 500 hPa 位势高度场和 850 hPa 纬向风场 16 个年份 5—8 月的逐日再分析资料及基于 Daubechies 小波基函数 db1 和 Shannon 熵的 4 层小波包分解重构方法,较为深入细致地研究和讨论了北印度洋、南海及西太平洋地区的夏季风强度和夏季风扰动对季内西太平洋副高南北方向和北太平洋副高东西方向位置状况和进退伸缩的影响及两者间的对应相关关系。首先通过资料分析,定性描述出夏季风活动与太平洋副高状况的一些对应关系和相关特征,然后用小波包分解重构方法作进一步频域能量特征值计算和定量的诊断判别。揭示出了一些有意义的现象和规律,主要结果:

(1)印度洋地区的夏季风强弱(周期在 16 d 以上的低频波活动)与夏季西太平洋副高南北向位置状况有较明显的相关特征:印度夏季风强盛或弱小的年份,西太平洋副高位置通常较为偏北或偏南。

(2)印度洋地区夏季风扰动(8～16 d 的准双周振荡)与夏季西太平洋副高的南北进退活动关系密切:印度夏季风扰动强盛或弱小的年份,西太平洋副高南北进退活动通常较为活跃或平稳。

(3)南海及热带西太平洋地区的夏季风强弱(周期在 16 d 以上的低频波活动)与夏季北太平洋副高活动中心的东西位置状况有较好的对应关系:南海夏季风强盛或弱小的年份,太平洋副高活动中心的位置大多较为偏东或偏西。

(4)南海夏季风扰动(8～16 d 及 5～8 d 的周和准双周振荡)与夏季北太平洋副高东西方向的活动及副高西伸过程相关性显著:南海夏季风扰动强盛或弱小年份,则相应的太平洋副高西伸过程大多较为显著或弱缓。

(5)综上讨论,在亚洲夏季风(印度季风和南海季风)强盛的年份,太平洋副高通常偏北、偏东;亚洲夏季风弱小的年份,太平洋副高大多偏南、偏西。

以上研究既证实了前人的研究成果,同时也赋予了一些新的内涵和观点,如揭示了夏季风扰动与副高伸缩进退活动的关联特征等。除此之外,在研究中还引入了较为客观、定量的小波包分解重构方法和判别标准,使夏季风活动较为笼统的定性描述被相对精确的定量计算取代,因而研究结果对副高的诊断分析和预报有一定的定量化参考意义。

# 第 5 章　副高与夏季风系统季节内振荡模态与传播特征

　　亚洲夏季风系统包括高、中、低层以及热带、副热带和南半球多个子系统,彼此相互影响和制约,这使其季节内变化表现出极大的复杂性和不确定性。副高作为东亚夏季风系统中的重要成员,在随季节做南北移动时,存在周期约为半个月的中期活动和周期约为一周的短期活动,表现为高压脊线的南北位移和西端脊点的西伸或东撤。夏季风的季节变化主要指季风的暴发、活跃、中断以及撤退等变化过程。天气事实和研究均表明,夏季副高的季节内强度变化和进退活动与季风活动密切相关。自 20 世纪 70 年代 Madden R D(1971)以及 Krishnamurti(1976)等发现热带大气的低频振荡现象之后,进一步研究发现,这些低频振荡与季风区的环流变化关系密切,喻世华(1995)、毕慕莹(1989)、李兴亮(1996)等将低频振荡与副高活动联系起来,从不同角度分别开展了研究。研究发现,副高的季节性跳动、中期异常进退与低频振荡现象关系密切,低频振荡影响制约着副高活动及其形态变异。因此,研究夏季风环流的季节内变化和低频振荡与副高中短期活动的关系,有重要的科学意义和应用价值。

　　4—9 月是东亚夏季风最显著的时期,也是副高异常变化的关键时期,前面主要着眼于副高与东亚夏季风系统成员的特征指数研究,本章主要从副高与夏季风系统要素场变化特征入手,采用经验正交函数分解(EOF)、小波分析和线性相关分析等方法,对副高活动区域的位势高度场和东亚夏季风系统环流场进行时空特征分析和时频周期分析,找出副高与东亚夏季风系统季节内变化的基本模态及相关性,进一步揭示副高与季风系统的相互作用规律。随后,进一步引入能反映时间变化特征和空间传播特征的复经验正交函数方法(CEOF)来讨论副高和夏季风环流系统中季节内振荡的传播特征(余丹丹 等,2010b)。

## 5.1　资料与方法

### 5.1.1　资料说明

　　采用 1980—2006 年 4—9 月 NCEP/NCAR 逐候再分析资料,需要说明的是,本章关注副高季节内变化,拟研究副高半月左右的准周期振荡和 30~60 d 的低频振荡,故先对原始资料进行滤波,这里采用 Lanczos 滤波方法,保留 18 候(90 d)以下的周期振荡。Ianczos 带通滤波器(简称为 L. F. )常用作季节内振荡研究中的滤波工具,近年来 L. F. 在国内外大气科学领域得到了日益广泛的应用(Sperber K R *et al*,1997;陈兴跃 等,2000)。下文对各要素场的时空分解都是建立在滤波基础上的。

### 5.1.2　方法介绍

　　EOF 经验正交函数分析方法,又称为主分量分析或主成分分析,在气象和海洋资料分析中较为常用。其功能是把原变量场分解为正交函数的线性组合,构成为数很少的不相关典型模态,代替原始变量场,达到降低资料维数的目的(黄嘉佑,2000)。EOF 的应用有很多不同形式,如本章在分析副高整层变化时用到的多变量场相结合的 EOF 分解技术,以及在分析风场变化时用到了气象向量场的 EOF 分解技术(王盘兴,1981)。EOF 方法可以分析空间特征中局地变化的正负特征,但只具有显示系统驻波振荡功能,而没有显示系统传播的功能,因此,本章在研究副高振荡特征时,引入了 CEOF 方法。

CEOF 复经验正交函数分析方法,最早由 Rasmuson(1981)引入用来研究气象问题,国外 Barnett T P(1984)对此方法的原理及应用做了系统性阐述,国内黄嘉佑对此做了详细的介绍。我国还有很多学者(黄嘉佑,1988;王钟睿 等,2003;吕雅琼 等,2006)用 CEOF 方法分析和研究气象场的时空变化特征。设置一个包含系统移动信息的虚部场集,通过复数域上的 EOF 分析,得到复数域上的特征向量及其时间系数,所以 CEOF 方法可以分析空间特征中的尺度特征,时间特征中的移动特性和引起场变化的源和汇,而且具有显示系统驻波振荡及行波传播的双重功能。

需要说明的是,为了更清楚直观地表示出气候变率强度的地理差异,这里采用距平场为分析对象,而且结果显示中空间型是归一化的特征向量乘以特征值的平方根,时间系数作标准化处理,这样空间型的量值就可以反映出分析对象的距平大小(吴洪宝 等,2005)。

## 5.2  副高系统的时空特征分析

以副高为研究对象,多利用位势高度场进行 EOF 分解,这里以 500 hPa 和 850 hPa 位势高度场为代表,分别用于对流层中、下层副高异常模态的研究。水平空间区域选取东亚季风区和中、西太平洋海域[90°~180°E,0°~50°N],这也是副高的主要活动区域。另外,还利用多层资料来对副高进行分析,目的为滤去只存在于单个层面上的小扰动,来更好地表征出副高垂直结构的异常变化。具体来讲是把 1000 hPa,850 hPa,700 hPa 和 500 hPa 位势高度的距平序列排列在一个资料矩阵内做 EOF 分析,所得到的主成分是这 4 个场共有的,每一个主成分按 4 个场的格点排列序号组成 4 个对应的空间型,反映这 4 个场相互配合变化的距平的空间结构。

表 5.1 列出了 500 hPa,850 hPa 和整层高度场 EOF 分解后,前 4 个模态的方差和累积方差贡献百分率。可见,前 2 个模态都占到总方差的 45%以上,其中第 1 个模态都超过 30%,远较其他特征向量所占的比重大,这表明该 EOF 分析的结果是比较理想的。由于前 2 个模态的方差贡献比较集中,这里主要分析前 2 个模态的分布情况。

表 5.1  不同层面上的副高 EOF 分解的方差贡献(%)

| 模态 | 850 hPa 层面 | 500 hPa 层面 | 整层 |
|---|---|---|---|
| 1 | 32 | 30 | 31 |
| 2 | 16 | 17 | 15 |
| 3 | 14 | 15 | 14 |
| 4 | 10 | 11 | 10 |
| 累计方差 | 72 | 73 | 70 |

图 5.1 是对流层中层(500 hPa)前 2 个模态对应的副高异常的空间分布和相应的时间系数的小波能量谱分布。

第 1 模态空间分布(如图 5.1a 所示)反映的是以 30°N 为界大致南北反位相分布,负距平中心和正距平中心分别在阿留申群岛和中太平洋附近,这种空间型反映的是季节转化过程中阿留申低压和副高系统反位相的变化趋势,当阿留申低压发展加深时,副高向西伸展增强。从第 1 模态对应的时间系数的小波能量谱(如图 5.1b 所示)看,能量主要集中在低频频段,而且呈现非常明显的年际变化。关于小波能量谱已在前面的章节有过介绍,这里需要说明的是靠右侧的全小波能量谱图,它实际是小波能量谱在时间域内作了积分,虚线是原假设为红噪声谱,$\alpha=0.05$ 的显著性检验曲线。如图所示,6~12 候(30~60 d)范围内的周期达到了信度标准,主要存在 8 候(40 d)周期的谱峰,这表明第 1 模态以 30~60 d 周期振荡为主。第 2 模态空间分布(如图 5.2c 所示)的明显特征为鄂霍茨克海与西北太平洋地区的位势高度呈反位相变化,这种空间型反映的是鄂霍茨克海阻高和副高系统反位相的变化趋势,鄂霍茨克海地区的负距平表明阻塞高压形势减弱,从中东太平洋向我国东部沿海地区延伸的正距平表明副高西部脊伸入我国大陆,意味着副高在我国东部势力增强。第 2 模态对应的时间系数的小波能量谱(如图 5.2d 所示)上,4~6 候(20~30 d)范围内的周期达到了信度标准,主要存在 5 候(25 d)周期的谱峰,这表明第 2 模态以 20~30 d 周期振荡为主。

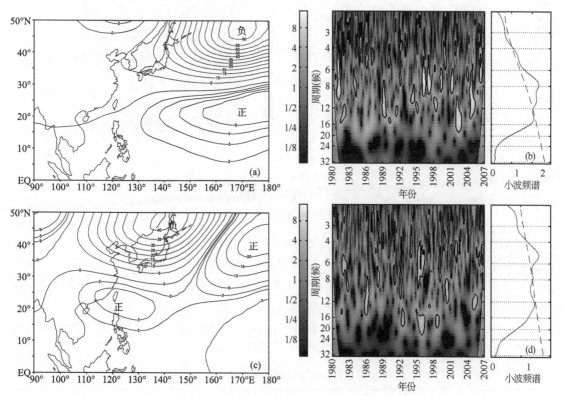

图 5.1　500 hPa 位势高度场 EOF 分解

a,b 分别为第 1 模态的空间分布及相应的时间系数的小波能量谱;

c,d 分别为第 2 模态的空间分布及相应的时间系数的小波能量谱

　　图 5.2 是对流层低层(850 hPa)第 1、第 3 模态对应的副高异常的空间分布和相应时间系数的小波能量谱分布。对比图 5.1 可知对流层中、低层的空间型分布比较相似,只是显著异常中心强弱有所差异。另外,对流层低层第 3 模态的时间系数在 5 候(25 d)和 9 候(45 d)的周期尺度上,各有一个谱峰出现。这里未给出 850 hPa 的第 2 模态的空间型分布是因为它与 500 hPa 的第 2 模态的空间型分布有一定的差异。可以看出 850 hPa 的第 3 模态与 500 hPa 第 2 模态

的时间系数非常相似,因此,以对流层中层第 2 模态和对流层低层第 3 模态共同反映鄂霍茨克海阻高减弱(或增强)和副高西进、增强(或东退、减弱)的变化趋势。

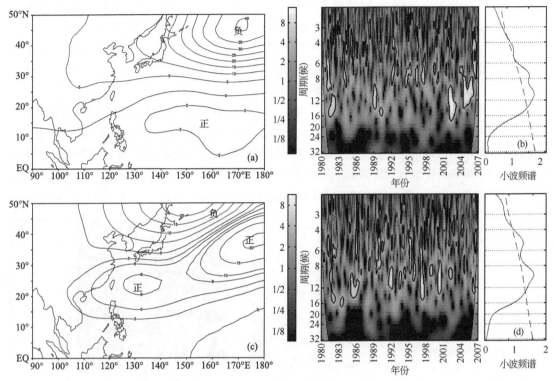

图 5.2　850 hPa 位势高度场 EOF 分解

a,b 分别为第 1 模态的空间分布及相应的时间系数的小波能量谱;

c,d 分别为第 3 模态的空间分布及相应的时间系数的小波能量谱

　　用 1000 hPa,850 hPa,700 hPa 和 500 hPa 4 层作为一个整体进行 EOF 分解,所得到的前 2 个模态的时间系数与前面各层 EOF 分解得到的时间系数的相关系数如表 5.2 所示。可以清楚地看到,副高整层 EOF 分解所得到的两个模态,与前面分层 EOF 的模态有非常好的一致性。而且整层与分层 EOF 空间型分布比较相似,只是显著异常中心强弱有所差异。这里仅给出整层 EOF 分解前 2 个模态各高度层对应的副高异常的空间型和相应的时间系数的小波能量谱(图 5.3),图中各模态空间分布图中的等值线为不等间距。

表 5.2　不同层上副高的主模态的时间系数之间的相关系数

| | 500 hPa EOF 分解第 1 模态的时间系数 | 500 hPa EOF 分解第 2 模态的时间系数 | 整层 EOF 分解第 1 模态的时间系数 | 整层 EOF 分解第 2 模态的时间系数 |
|---|---|---|---|---|
| 500 hPa EOF 分解第 1 模态的时间系数 | | | 0.95 | 0.17 |
| 500 hPa EOF 分解第 2 模态的时间系数 | | | 0.10 | 0.89 |
| 850 hPa EOF 分解第 1 模态的时间系数 | 0.81 | 0.16 | 0.96 | 0.16 |
| 850 hPa EOF 分解第 2 模态的时间系数 | 0.32 | 0.26 | 0.18 | 0.58 |
| 850 hPa EOF 分解第 3 模态的时间系数 | 0.14 | 0.67 | 0.06 | 0.68 |

注:下划线数字表示该值通过 0.01 的显著性检验。

　　总体上看,第1模态空间分布图上(见图5.3左侧),以 30°N 为界大致南北反位相分布,正负距平中心位于中太平洋附近,这种空间型反映的是季节转换过程中西风带低压槽和副热带高压之间的反位相的变化趋势。由冬入夏,环绕极地的西风带明显北移,等高线变稀,低压槽强度减弱,而副高却加强并北上。这一空间模态强调的是绕极地西风带的低压槽和副热带高压在季节转化过程中的整体特征,异常中心由低层向高层依次增强,表明西风带槽脊和副高系统随高度增加而增强。从第1模态对应的时间系数的小波能量谱看,能量主要集中在低频频

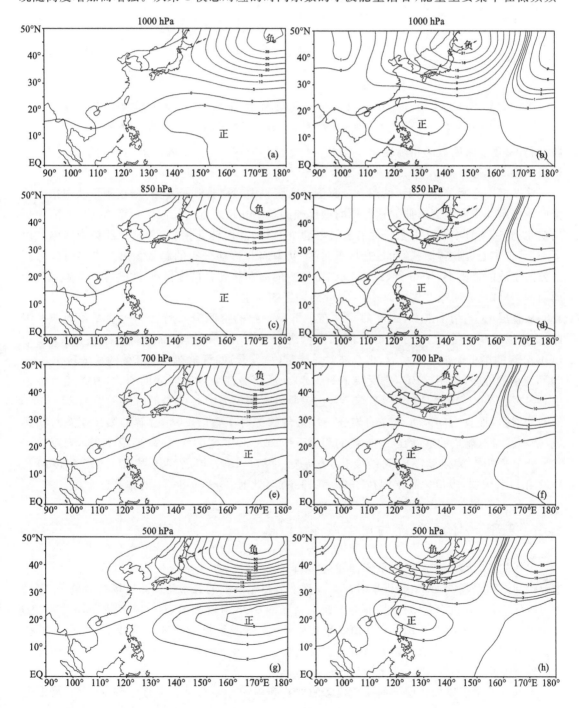

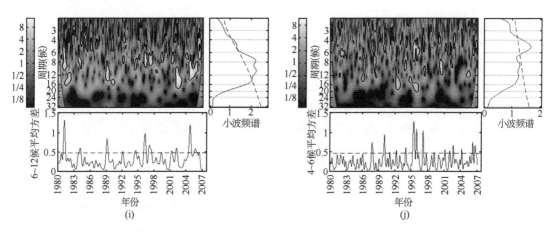

图 5.3　1000 hPa(a,b),850 hPa(c,d),700 hPa(e,f)和 500 hPa(g,h)位势高度场整层 EOF 分解
a,c,e,g,i 为第 1 模态的空间分布及相应的时间系数的小波能量谱;b,d,f,h,j 为第 2 模态结果

段,而且呈现非常明显的年际变化。其中 6～12 候(30～60 d)范围内的周期达到了信度标准,
这表明第 1 模态以 30～60 d 周期振荡为主。

第 2 模态空间分布图上(见图 5.3 右侧),负距平中心西移到日本附近,正距平从中东太平
洋向我国东部沿海地区延伸。这种空间型反映的是 140°E 附近的长波槽和副高反位相的中短
期变化趋势,当日本及其以东洋面有长波槽建立时,副高西伸北抬,在我国东部势力增强。由
下至上,正中心(副高)增强,而且有从东向西、从南向北移动分布的趋势。第 2 模态对应时间
系数的小波能量谱上,4～6 候(20～30 d)范围内的周期达到了信度标准,主要存在 5 候(25 d)
周期的谱峰,这表明第 2 模态以 20～30 d 周期振荡为主。

从整层 EOF 结果来看,副高的确存在中下层一致的空间分布特征和时间变化规律。因
此,下面以副高整层 EOF 分解的时间系数做进一步研究。根据前面分析的结果,对于整层
EOF 分解的第 1 模态时间系数,把小波对总能量(总方差)的贡献在 6～12 候的积分看作 30～
60 d 变率的方差(见图 5.3i),它反映了 30～60 d 低频振荡强度随时间的变化,方差相对极值
中心出现在 1981,1989,1996 和 2005 年,这表明以这些年为中心的局部时段周期为 30～60 d
的振动增强,而且有间隔 8 年左右增强一次的规律。对于整层 EOF 分解的第 2 模态时间系
数,把小波对总能量的贡献在 4～6 候的积分看作 20～30 d 变率的方差(见图 5.3j),它反映了
20～30 d 低频振荡强度随时间的变化,方差在 1987—1997 年之间较强,在 1987 年以前和
1997 年以后较弱,极值中心出现在 1995 和 1996 年,此时 30～60 d 变率的方差也大。

## 5.3　夏季风环流系统的时空变化特征

风场的变化涉及许多天气系统,同时也影响环流系统,环流系统变化是风场变化的反应,
本节拟通过对风场的 EOF 分析来研究亚洲夏季风环流系统的异常特征。风场是向量场,它是
由东西分量 $u$ 和南北分量 $v$ 组成,根据气象向量场的 EOF 分解技术,对[60°～160°E,0°～60°N]
夏季风活动区域内的 200 hPa,500 hPa 和 850 hPa 上 $u$,$v$ 风场分别进行 EOF 分解,所得的空
间模态基本包括了夏季风系统的高低空主要成员,二维风场的异常模态反映了夏季风环流系
统的异常变化。

表 5.3 给出了风场各层的前 4 个模态的方差和累积方差贡献百分率。可见,除了第 1 模

态的方差贡献率相对大些,其他模态的方差贡献率都非常接近,为此选取各层前 3 个模态进行分析。

表 5.3　不同层面上的风场 EOF 分解的方差贡献(%)

| 各模态方差 | 200 hPa 层面 | 500 hPa 层面 | 850 hPa 层面 | 整层 |
|---|---|---|---|---|
| 第 1 模态 | 19 | 16 | 19 | 17 |
| 第 2 模态 | 15 | 15 | 13 | 15 |
| 第 3 模态 | 13 | 13 | 11 | 12 |
| 第 4 模态 | 11 | 10 | 10 | 10 |
| 累计方差 | 58 | 54 | 53 | 54 |

图 5.4 是 200 hPa 风场前 3 个模态对应的对流层高层夏季风系统异常的空间分布和相应时间系数的小波能量谱分布。第 1 模态(如图 5.4a 所示)反映的是纬向型环流异常,最显著的特征是位于东亚的强反气旋性环流(A)东西两侧各有一个气旋性环流(C),这表明高层的南亚高压从高原向东移动,在江淮上空维持了一个暖性的反气旋。从第 1 模态对应的时间系数的小波能量谱(如图 5.4b 所示)看,能量主要集中在 4～12 候(20～60 d)的低频频段上,10 候(50 d)周期的谱峰较明显,而且低频振荡强度自 20 世纪 90 年代以后有增强的趋势。第 2 模态(如图 5.4c 所示)反映的是经向型环流异常,在 15°～35°N 的整个经度范围是强反气旋环流,异常中心位于长江中下游,在其南北两侧各有一个气旋性环流,这表明随着高层的南亚高压东移至长江流域上空,反气旋环流加强了南北两侧的气压梯度,使其北侧的西风急流和南侧的东风急流明显加强。第 2 模态对应的时间系数的小波能量谱上(如图 5.4 d 所示),4～16 候(20～80 d)范围内的周期达到了信度标准,12 候(60 d)周期的谱峰最显著,低频振荡表现出明显的年际变化,1980—1989 年以 8～16 候(40～80 d)范围内的周期为主,1990—1999 年周期缩短,主要为 4～8 候(20～40 d)范围内的周期。在第 3 模态空间分布图上(如图 5.4e 所示),西太平洋上空狭长的气旋环流西伸至我国大陆,在[100°～120°E,25°～30°N]范围内形成一个闭合的气旋性环流异常,从而切断了中纬地区的反气旋性环流,使得两个反气旋性环流异常中心呈左右对称分布在帕米尔高原(75°E)和日本海(135°E)上空,这样的风场配置反映出副高西伸时,南亚高压分裂成两个中心,一个位于伊朗高原上,另一个则表现为青藏高压脊的东伸。第 3 模态对应的时间系数的小波能量谱上(如图 5.4f 所示),能量主要集中在 6～16 候的低频频段上。

图 5.5 是 500 hPa 风场前 3 个模态对应的对流层中层夏季风系统异常的空间分布和相应时间系数的小波能量谱分布。第 1 模态的空间分布图上(如图 5.5a 所示),基本包括了夏季风系统的主要环流,有低纬的印度气旋性环流,高纬的贝加尔湖以西的反气旋性环流,控制我国南方的副热带反气旋性环流,以及它们之间位于日本海地区的气旋性环流。这样的风场配置表明贝加尔湖以西地区的阻高增强,印度低压加深,有利于副高西进、增强。第 2 模态的空间分布图上(如图 5.5c 所示),以 35°N 为界南北两侧各有一个异常环流,中心分别在蒙古东部和西北太平洋上,这种经向环流配置关系反映的是东亚大陆夏季热低压和副高系统的耦合关系。两者变化趋势一致,热低压加深,副高增强,位置偏西偏北。第 3 模态的空间分布图上(如图 5.5e 所示),在中高纬地区巴尔喀什湖和日本海附近的各有一个反气旋性异常环流,而在菲律宾以东洋面存在一个气旋性异常环流,这反映了热带辐合带和副高的关系,热带辐合带中对流

活动增强,副高位置偏北。将上述 3 个模态对应的时间系数的小波能量谱(如图 5.5b,d,f 所示)分别与图 5.4b,d,f 作对比,可知 200 hPa 和 500 hPa 风场各主要模态的低频振荡的周期分布均很相似,仅存在强弱的差异。

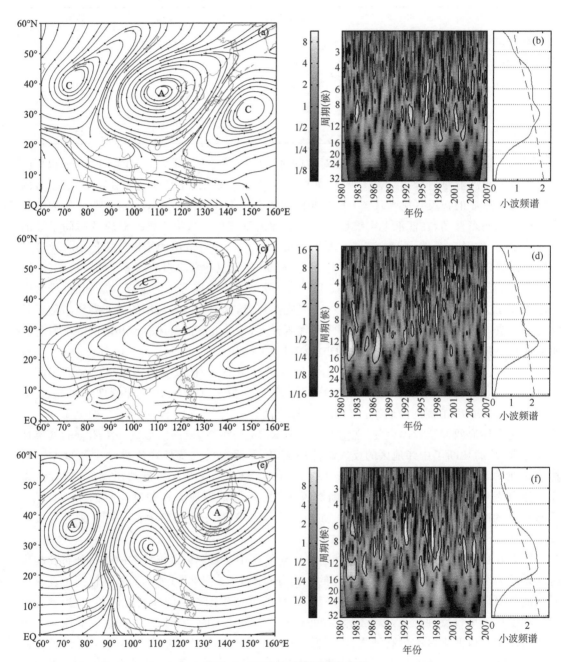

图 5.4  200 hPa 风场 EOF 分解

a,b 分别为第 1 模态的空间分布及相应的时间系数的小波能量谱;

c,d 为第 2 模态结果;e,f 为第 3 模态结果

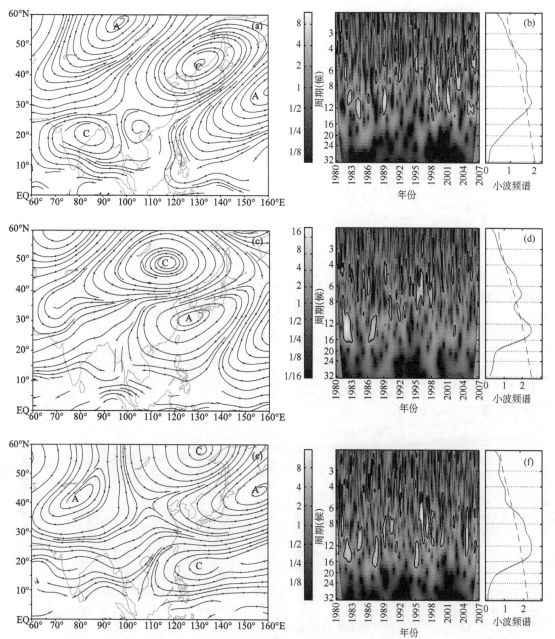

图 5.5　500 hPa 风场 EOF 分解

a,b 分别为第 1 模态的空间分布及相应的时间系数的小波能量谱；

c,d 为第 2 模态结果；e,f 为第 3 模态结果

图 5.6 是 850 hPa 风场前 3 个模态对应的对流层低层夏季风系统的空间分布和相应时间系数的小波能量谱分布。第 1 模态的空间分布图上(如图 5.6a 所示),最显著的环流是控制我国南方的强大的副热带反气旋环流,副高西部脊可伸至 90°E,副高南侧以及南亚低纬地区均为东风距平,说明西南风偏弱,可见,弱的热带夏季风环流有利于副高偏强,位置偏南偏西。从第 1 模态对应的时间系数的小波能量谱看(如图 5.6b 所示),能量分布与上述中高层有所不同,

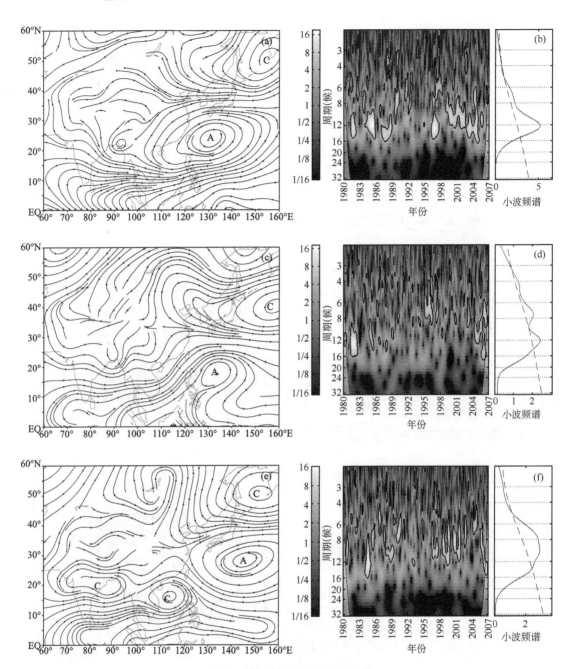

图 5.6  850 hPa 风场 EOF 分解

a,b 分别为第 1 模态的空间分布及相应的时间系数的小波能量谱;

c,d 为第 2 模态结果;e,f 为第 3 模态结果

能量主要集中在 8~16 候(40~80 d)的低频频段上,出现 12 候(40 d)周期的强谱峰,这表明第 1 模态的低频振荡以更长的周期存在。第 2 模态(如图 5.6c 所示)反映的是热带气旋与副高之间相互制约的关系,图中在副高南侧热带辐合带上有一小的气旋性环流异常,其北侧反气旋性环流的西端明显北抬,这表明西行北上的热带气旋,对副高的加强北抬起了重要作用。第 2 模态对应的时间系数的小波能量谱上(如图 5.6d 所示),3~14 候(15~70 d)范围内的周期均

达到了信度标准,4 候(20 d)、7 候(35 d)和 12 候(60 d)周期的谱峰都很显著。第 3 模态的空间分布图上(如图 5.6e 所示),印度半岛和南海附近各有一个气旋性环流,其南侧表现为西风异常。西太平洋上是反气旋性环流,贝加尔湖地区也有一个弱的反气旋性环流,两者之间是异常中心位于鄂霍次克海的气旋性环流。这种典型的低层夏季风环流场分布与 500 hPa 风场第 1 模态分布很相似,贝加尔湖地区的阻高、印度和南海低压以及副高都是夏季风环流系统中的成员,它们的强弱变化和位置移动,均可影响到整个环流系统的变化。第 3 模态对应的时间系数的小波能量谱上(如图 5.6f 所示),能量主要集中在 5~14 候(25~70 d)的低频频段上。

为了研究整层风场垂直整层的异常特征,这里采用与副高相同的方法,将 850 hPa,500 hPa 和 200 hPa 风场的距平场作为一个整体进行 EOF 分解,得到整层风场的前 3 个模态,其方差贡献分别为 17%、15% 和 12%,大小与单层分解相当,其时间系数分别记为 UVpc1、UVpc2 和 UVpc3,将其与整层位势高度场时间系数 Hpc1 和 Hpc2 求相关,发现 Hpc1 与 UVpc3 和 Hpc2 与 UVpc2 之间的相关系数分别为 0.42 和 0.37(达到 99% 的信度),可见副高与风场垂直整体的异常在时间上存在较好的正相关关系。图 5.7 给出了第 2、第 3 模态各高度层对应的副高异常的空间型和相应时间系数的小波能量谱,可以清楚地看到,对风场整层做 EOF 分解所得到的这两个模态,与前面分层 EOF 的模态有非常好的一致性。第 2 模态反映的是风场经向环流配置关系,从高层到低层,蒙古东部地区为一气旋性环流异常,我国东部沿海地区为一反气旋性环流异常,表现出南亚高压、大陆热低压和副高三者之间相互制约的关系。当大陆热低压加深,南亚高压增强东移,加强了其北侧的西风急流和南侧的东风急流,此时副高增强西进。小波分析结果表明第 2 模态以 4~16 候(20~80 d)范围内的周期振荡为主,存在 30 d 和 60 d 周期的双谱峰,低频振荡在 1980—1989 年以 8~16 候(40~80 d)范围内的长周期为主,1990—1999 年以 4~8 候(20~40 d)范围内的短周期为主。把小波对总能量的贡献分别在 4~8 候和 8~16 候积分看作 20~40 d 和 40~80 d 变率的方差(见图 5.7g),它反映了不同低频频段振荡强度随时间的变化,其中 20~40 d 方差相对极值中心出现在 1982,1992,1995,1996,2000 和 2002 年,表明以这些年为中心的局部时段周期为 20~40 d 的振动增强,特别是在 1990—1999 年有增强的规律。而 40~80 d 方差相对极值中心出现在 1981 和 1986 年,表明以这两年为中心的局部时段周期为 40~80 d 的振动增强。前面分析指出风场整层分解的第 2 态与副高整层分解的第 2 模态的相关性较好,综合对比图 5.3 中副高整层分解的第 2 模态空间型和时间系数的小波能量谱,发现副高系统以 20~30 d 的周期向西扩张,夏季风环流系统也存在该频段的低频振荡,而且在 1995 和 1996 年出现局部增强,为此通过交叉小波功率谱分析两者在 1995—1998 年的局部位相关。如图 5.8a 所示,1995 和 1996 年,在 4~6 候的周期尺度上,箭头几乎都是水平指向右,这意味着副高与夏季风环流系统的 20~30 d 周期的低频变化几乎同步。

风场整层分解第 3 模态反映的是风场纬向环流配置关系,高中低三层表现为南亚高压东部脊、热带辐合带和副高三者之间相互制约的关系,当南亚高压东部脊向东伸展,热带辐合带对流增强,副高增强西进。小波分析结果表明第 3 模态以 6~16 候(30~80 d)范围内的周期振荡为主。对 6~16 候低频波段求积分,得到 30~80 d 变率的方差(见图 5.7h 下方),它反映了该低频频段振荡强度随时间的变化,以 1996,1997 年振动最强,前面分析指出风场整层分解第 3 模态与副高整层分解的第 1 模态的相关性较好,综合对比图 5.3 中副高整层分解的第 1 模态空间型和时间系数的小波能量谱,可知当副高系统以 30～60 d 的周期变化时,夏季风环流系统也存在着相应频段的低频振荡,两者在 1996 和 1997 年出现局部增强。可通过交叉小波功率谱分析两者在 1995—1998 年的局部位相关系。如图 5.8b 所示,1996 和 1997 年,在 6～12 候的周期尺度上,Hpc1 与 UVpc3 具有较好的相关关系,两者的位相差为 355°±17°,表明两者同时变化或夏季风的加强和减弱会提前一个周期(30～60 d)影响副高强弱。

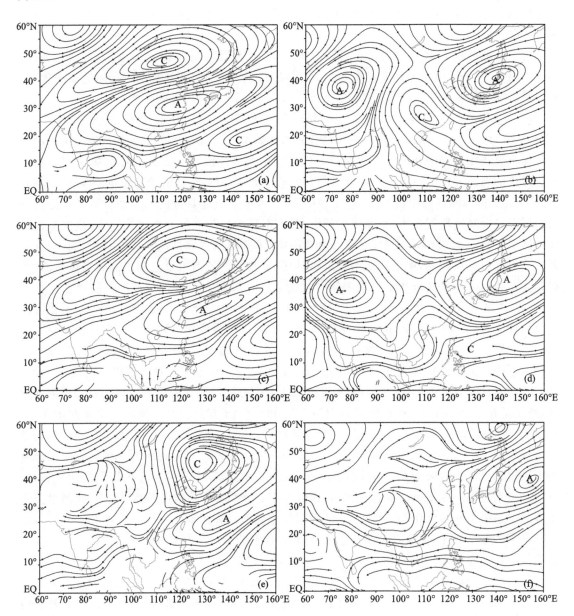

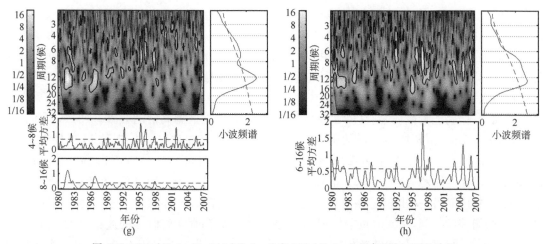

图 5.7　200 hPa(a,b),500 hPa(c,d)和 850 hPa(e,f)风场整层 EOF 分解

a,c,e,g 为第 2 模态的空间分布及相应的时间系数的小波能量谱;b,d,f,h 为第 3 模态结果

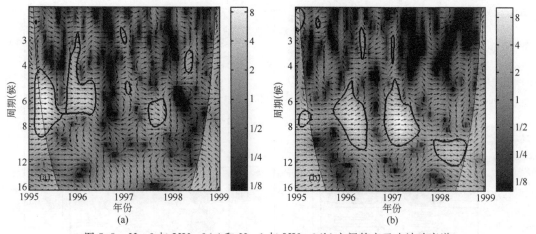

图 5.8　Hpc2 与 UVpc2(a)和 Hpc1 与 UVpc3(b)之间的交叉小波功率谱

## 5.4　高度场和风场季节内振荡的纬向传播特征

1997—1998 年是历史上一次很强的 El Niño 事件,由上面的分析可知,此次事件爆发之前,高度场和环流场都出现极其明显的 20～30 d 和 30～60 d 低频振荡异常增强的现象。本节将进一步分析在这次事件过程中季节内振荡的传播特征。

### 5.4.1　500 hPa 上低频位势波的纬向传播

500 hPa 位势高度场被广泛用来描述西太平洋副高,一般说来,夏季 6—8 月副高脊线有明显季节内突变性北跳,而且在由南向北的移动过程中,还存在东西进退。为此采用 Lanczos 滤波方法先对 1980—2006 年 6—8 月 500 hPa 位势高度资料作 5～60 d 带通滤波处理,然后采用 CEOF 方法得到时空振幅位相(AP)图(王盘兴 等,1993,1994),截取 1995—1998 年来分析低频位势波沿 30°N 的特征路径的传播特征。

由于第 1 特征向量占总方差的 31%,所以第 1 特征对于认识夏季低频位势波的特点来说是重要的。图 5.9a 给出了 1995—1998 年夏季 90°～180°E 500 hPa 位势高度沿 30°N 的
CEOF 分解的第一特征 AP 图,它表明:(1)从传播的方向看,低频位势波沿 30°N 传播的方向
存在地区差异,120°～155°E 之间西传占优势,东传是局部的,120°E 以西和 155°E 以东比较平
稳,低频位势波传播特征不明显。(2)从空间振幅看,振荡强度存在明显区域变化,强振荡中心
出现在西太平洋西部(115°～125°E)和中部(150°～160°E),一般来说,振荡能量加大,副高南
北摆动加剧,振荡能量减弱,副高就比较平稳,可见这两个地区副高活动频繁。(3)从时间振幅
看,不同年份不同月份,振荡能量的强弱和传播的持续性存在差异,在 El Niño 事件发生前,
1995 和 1996 年 6 月—7 月中旬都出现了强振荡,而且这期间 120°～155°E 之间西传特征明
显,在 El Niño 事件发生当年(1997 年)的 6—8 月强度减弱,持续性也变弱,在 El Niño 事件发
生后 1998 年的 6 月,又出现了振荡能量自东向西传播特征,同年其他月份不显著。喻世华
(1995)、张韧等(2002a,2002b)也曾发现,东—西太平洋副高存在着时延的遥相关关系,而且这
一遥相关可能通过低频位势波的传播加以联系和实现。本节由 CEOF 分析,从另一个角度说
明了低频位势波西传对副高的活动和异常的影响。

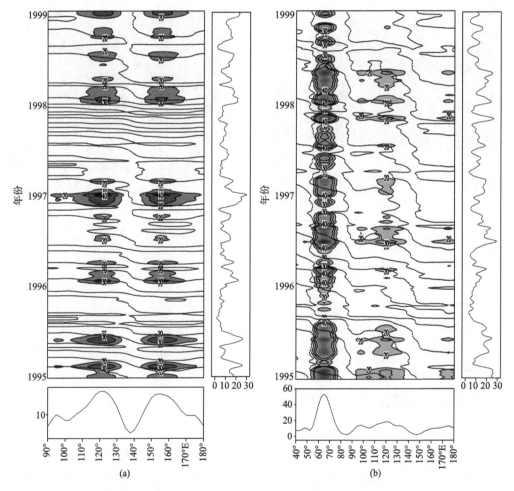

图 5.9  90°～180°E 500 hPa 位势高度沿 30°N(a)和 40°～180°E 850 hPa
动能沿 15°N(b)的 CEOF 分解的第一特征 AP 图
实线为等振幅线,虚线为等位相线,下方的小图为空间振幅函数图,右侧的小图为时间振幅函数图(单位:d)

### 5.4.2　850 hPa 上动能 $K$ 的纬向传播

东亚地区处于副高的西北侧,副高的东西进退与东亚季风关系密切,副高振荡能量存在区域和时间变化,下面对这一现象与低纬西南季风的低频扰动是否有关进行分析。考虑风场是天气系统发生发展和移动的最好标志,利用代表环流状况的对流层低层的风场资料,综合风场的纬向和经向分量的特征,以表达风场主要特征的动能 $K(K=0.5(u^2+v^2))$ 作为风场扰动的指标,讨论 850 hPa 动能沿 15°N 的特征路径的传播特征。资料处理方法同上,图 5.9b 是 40°～180°E 850 hPa 动能沿 15°N 的 CEOF 分解的第一特征 AP 图(方差贡献占 21%),图中可以看到:(1)就振荡强度而言,强振荡中心主要分布在 4 处,阿拉伯海(60°～70°E)最强,南海(115°～125°E)次强,孟加拉湾(90°～100°E)和中太平洋(170°E～180°)较弱。(2)就传播的方向而言,在 60°～90°E 和 120°～150°E 两处主体表现为西传,但在西传的过程中也出现局部东传的现象,90°～120°E 之间和 150°E 以东比较平稳。这表明,风场的扰动能量起源于中太平洋,向西经南海到达孟加拉湾东部,再向西传至阿拉伯海,而且在传播的过程中扰动能量不断增强。这一结论一方面与上文副高在 120°～155°E 之间西传特征相吻合,两者在 115°～125°E 的强能量中心重合,说明副高振荡能量可能来源于太平洋低纬地区的动能扰动,而且东亚和我国沿海是副高和夏季风活动最活跃的地区;另一方面,尽管关于热带季风变化源地和扰动传播方向等问题目前尚有争议(Huang Ronghui,1994;穆明权 等,2000;Chen Longxun,2001),但从本章的分析可以初步认为,在东亚季风系统中,沿 15°N 的西南季风的扰动,传播方向是由东向西的,这也表明天气系统是由东向西传播的。(3)虽然振荡的强度和传播特征存在明显的年际变化,但与 El Niño 事件的年际异常相关性不显著。

## 5.5　1995 年夏季低频位势波对副高的影响

考虑到 1995 年副高与夏季风环流系统 20～30 d 周期的低频变化最显著,而且振荡西传的持续性较好,故采用 CEOF 方法结合天气实况来具体分析 1995 年夏季低频位势波和副高的关系。

### 5.5.1　CEOF 分解的结果分析

图 5.10 给出了 1995 年 6 月 1 日—8 月 31 日共 92 d,500 hPa 位势高度场资料经过 5～60 d Lanczos 带通滤波后进行 CEOF 分解的第 1 模态(方差贡献占 42%)结果。

从空间振幅函数分布来看(如图 5.10a 所示),振荡能量的高值区位于中高纬,高值中心出现在中太平洋,次中心在贝加尔湖附近,这两个变异中心反映了西风带槽脊活动对高度场变化的重要影响。相对而言,副热带地区高度场变异较小,为振荡能量的低值区。结合时间振幅函数来看(如图 5.10b 所示),在 6 月中旬和 7 月中旬各对应一个能量峰值,与气候上副高的两次北跳时间相符,表明在此期间西风带槽脊的异常活跃会造成副高南北摆动加剧。另外,在 6 月下旬—7 月中旬有一段低振荡能量时期,长江中下游梅雨一般发生在这一段时间,表明在此期间西风带平直,副高比较稳定。

由空间位相函数分布可知(如图 5.10c 所示),大约以 35°N 为界,南北位相分布呈现出相反的态势,高纬地区位相西高东低,中低纬地区位相东高西低,以位相减少的方向为低频振荡的传播方向。不难发现低频位势波在高纬地区有东传的特性,在中低纬地区有西传的特性,在中太平洋中低纬地区有北传的特性,在贝加尔湖高纬地区有南传的特性(图上箭头所示),可见,中太平洋中低纬地区和贝加尔湖高纬地区是两个低频高位势中心,也是低频位势波的源地。结合时间位相函数来看(如图 5.10d 所示),位相随时间有明显减少的趋势,360°到 0°的位相转换有明显的周期性振荡,6 月 21 日、7 月 13 日、8 月 1 日和 8 月 21 日分别为位相转换期,可见夏季高度场共出现 4 次振荡,对应振荡周期的长短各异,分别为 21 d,22 d,19 d 和 20 d,平均为 20 d,这反映出低频位势波有 20 d 左右的振荡周期。另外,从曲线还可以看出,20 d 周期活动上还叠加有 5~10 d 的小扰动,而且扰动频率随时间增强,周期随时间缩短。陶诗言等(2006)指出夏季副高往往以 20~30 d 周期由东向西扩展,5~10 d 的短期活动受西风带活动的影响。可见,低频位势波的传播周期和方向与副高活动的周期性振荡及其位相西传的特征相一致。

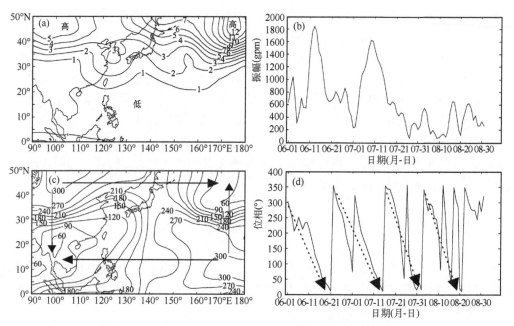

图 5.10　1995 年 6—8 月 500 hPa 位势高度场 CEOF 分析

a,b,c,d 分别为第 1 模态的空间振幅、时间振幅、空间位相、时间位相

### 5.5.2　副热带地区的低频位势波对副高的影响

对照 1995 年副高活动的天气实况,进一步验证和说明副热带地区的低频位势波西传对副高的活动和异常的影响。图 5.11 用 115°~125°E、150°~160°E 和 170°E~180°平均 586 特征线的纬向分布分别来表征副高西、中和东部的北跳和南撤,用 30°N 的 500 hPa 位势高度的经向分布,来表征副高的西伸和东退。阴影区由浅入深表示位势高度大于 586 和 588 dagpm 区域,虚线为多年平均的 586 特征线。如图 5.11d 上箭头所示,1995 年夏季北太平洋副热带地区有两次较明显的副高西伸过程(6 月 21 日—7 月 13 日和 7 月 13 日—8 月 1 日)和一次较弱的副高西伸过程(8 月 1 日—8 月 21 日),而反映副高西、中和东部南北位置的 586 特征线的波峰位置及其位相差分布也正好与这三次副高的西伸过程相对应(如图 5.11a,b,c 上箭头所示)。实际上,5 月底—6 月 21 日还有一次副高西伸过程,由于图 5.11 d 是沿 30°N 的剖面没

有显示出来,在图 5.11a,b 上可看到这次过程。

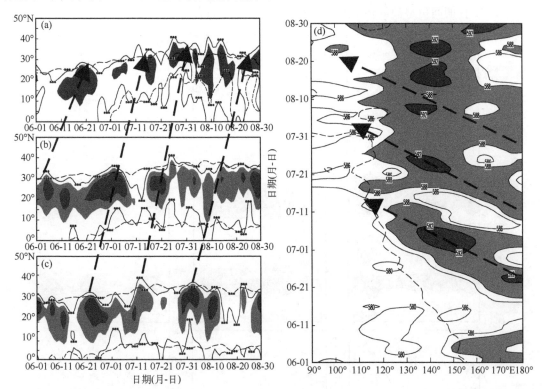

图 5.11　1995 年 6—8 月沿 115°~125°E(a)、沿 150°~160°E(b)、沿 170°E~180°(c)586 等高线纬度-时间剖面;沿 30°N(c)500 hPa(d)高度经度—时间剖面(单位:dagpm)

对比图 5.10 和图 5.11,可以发现:(1)图 5.11a 上,6 月 10—20 日,副高由 20°N 北跳到 30°N,7 月 1—13 日,副高由 25°N 北跳到 35°N,南北摆动剧烈,对应时间振幅函数上的两个能量峰值(见图 5.10b),7 月中下旬以后,副高位置相对稳定,只是西端脊出现短周期小幅振荡,这在时间振幅函数上表现为能量偏弱,在时间位相函数上表现为 5~10 d 小扰动;(2)上述 4 次副高西伸北跳过程的初始时间和图 5.10 d 上的位相转换期对应得较好,表明低频位势波的传播与该地区副高中心的活动关系密切;(3)副高东部增强、脊线北跳的时间总是先于副高西部约 20 天,这与低频位势波的振荡周期相近。总的来看,夏季北太平洋副热带地区位势高度场存在比较显著的周期为 20 d 左右的低频波,副高的强弱变化和活动西伸主要受它的影响和制约,中、西太平洋位势高度场的遥相关可能是通过它的传播来联系和实现的。

### 5.5.3　不同纬度上的低频位势波对副高的影响

上一小节主要讨论了夏季副高的活动与副热带地区的低频位势波的西传密切相关,事实上,图 5.10c 中高纬地区还存在低频位势波东传的特性。前面的分析指出,500 hPa 位势高度场上,太平洋中部和东亚高纬的阻塞形势是两个强变异中心,是由来自东西两个方向的低频位势波汇集于西太平洋地区而形成的。为此本小节将继续讨论低频位势波在不同纬度上的传播,以及它与副高异常的关系的问题。

图 5.12a,b,c 分别为 1995 年夏季 500 hPa 位势高度沿 15°N,30°N 和 45°N 的 CEOF 分解

的第一特征 AP 图。三幅图相同之处在于振荡能量在 6 月中旬和 7 月中旬都存在峰值,6 月 1
日至 7 月 21 日期间位势波的传播持续性较好,不同之处如表 5.4 所示。

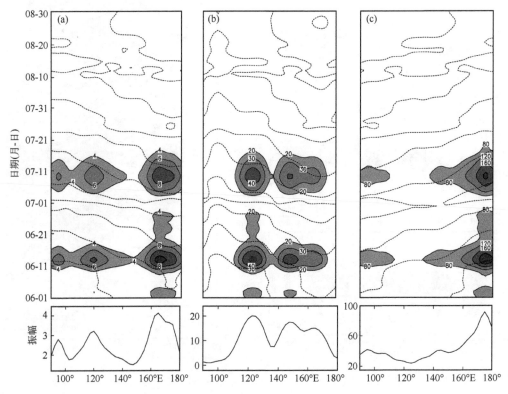

图 5.12　1995 年 6—8 月 90°～180°E 500 hPa 位势高度沿 15°N(a)、沿 30°N(b)、
沿 45°N(c)的 CEOF 分解的第一特征 AP 图

实线为等振幅线,虚线为等位相线,下方小图为空间振幅函数图(单位:d)

表 5.4　不同纬度上的低频位势波的传播特征

| 特征 | 15°N | 30°N | 45°N |
|---|---|---|---|
| 强振荡能量中心 | 孟加拉湾(90°E)<br>南海(120°E)<br>中太平洋(170°E) | 东南沿海(120°E)<br>西太平洋中部(150°E) | 贝加尔湖(90°E)<br>中太平洋(175°E) |
| 振荡强度 | 弱 | 较强 | 强 |
| 传播方向 | 西传特征明显 | 主体西传,局部东传 | 东传特征明显 |

从低纬到高纬,90°E～180°范围里都有低频位势波的存在,热带、副热带地区西传,高纬地
区东传,这与图 5.10c 所示结果一致。位势波的传播方向表明了天气系统的传播方向,热带地
区低频位势波的西传反映了热带天气系统中的低频涡旋自中太平洋扰动源地,经南海—西太
平洋向孟加拉湾地区传播和汇集,高纬地区低频位势波的东传反映了欧亚大陆上空西风带的
波动自贝加尔湖扰动源地,向中太平洋地区的传播和汇集。从图中点划线与水平线的斜率可
以估计出传播速度,热带和高纬地区位势波的传播速度比副热带地区的要快,所以热带和高纬
地区位势波主要从小尺度上影响副高。一般说来,位势高度是位能的量度,低频位势波的传播
也是扰动位能的传播,副热带地区是热带和高纬地区的过渡带,来自南北两侧的扰动能量聚集

到西太平洋副热带地区,加强了这里的振荡能量,使得副高西端南北摆动、东西进退加剧。

由 1995 年实况分析可知,副高西端 5~10 d 的短期过程是叠加在主体 20 d 左右的中期变动之上的,副热带地区低频位势波影响和制约着副高主体 20 d 左右的中期变动,而副高西端 5~10 d 的短期过程则与热带和高纬地区低频位势波扰动能量在西太平洋地区聚集有关。综上所述,副高的强弱变化和活动西伸可通过低频位势波的振幅涨消和位相传播表现出来,低频位势波的活动可能成为季节内中、西太平洋副高遥相关的一种联系机理。

## 5.6　本章小结

本章继关于副高与亚洲夏季风系统成员的讨论之后,首先采用 EOF 方法,提取出副高和夏季风环流系统的主要异常模态进行比较,进而研究副高季节内异常变化特征及其与夏季风环流的关系。随后在对异常模态进行时频周期分析时,发现副高和夏季风环流系统都存在明显的 20~30 d 和 30~60 d 低频振荡现象,故采用 CEOF 方法来讨论位势高度场和风场季节内振荡的纬向传播特征。结合 1995 年天气实况,具体分析该年夏季低频位势波和副高的关系。主要结论如下:

(1)通过分层(500 hPa,850 hPa)与整层(4 层)的副高异常态分析,提取出 2 个含有垂直结构的副高的基本模态,并发现整层与分层 EOF 得到的模态有很好的一致性,这说明副高的确存在中下层一致的空间分布特征和时间变化规律。

(2)整层 EOF 得到的第 1 模态空间场的正负异常中心呈南北向分布,反映的是绕极地西风带的低压槽和副热带高压在季节转化过程中的整体特征,异常中心由低层向高层依次增强,表明西风带槽脊和副高系统随高度增加而增强;小波分析结果表明这一模态是以 30~60 d 周期振荡为主。第 2 模态空间场反映了 140°E 附近的长波槽和副高的中短期变化趋势,由下至上正中心(副高)增强,而且有从东向西、从南向北移动分布的趋势;小波分析结果表明这一模态以 20~30 d 周期振荡为主。

(3)风场整层与分层的 EOF 分解结果有非常好的一致性,提取整层的两个最显著的模态,发现它们的时间系数与副高主要模态的时间系数相关性较高,这说明副高与风场垂直整体的异常变化存在非常密切的联系。

(4)风场整层 EOF 的第 2 模态反映的是风场经向环流配置关系,从高层到低层,表现出南亚高压、大陆热低压和副高三者之间相互制约的关系。这一模态以 4~16 候(20~80 d)范围内的周期振荡为主,存在 30 d 和 60 d 周期的双谱峰,振荡周期有较明显的年际变化。它与副高整层分解的第 2 模态的相关性较好,且都存在以 20~30 d 为周期的低频振荡。应用交叉小波功率谱分析两者在 1995 和 1996 年的局部位相关系,发现副高与夏季风环流系统的 20~30 d 周期的低频变化几乎同步。风场整层 EOF 的第 3 模态反映的是风场纬向环流配置关系,高中低三层表现为南亚高压东伸脊、热带辐合带和副高三者之间相互制约的关系。这一模态以 6~16 候(30~80 d)范围内的周期振荡为主,它与副高整层分解的第 1 模态的相关性较好,且都存在以 30~60 d 为周期的低频振荡,在 1996 和 1997 年出现局部增强,位相上两者同时变化或夏季风的加强和减弱会提前一个周期(30~60 d)影响副高强弱。

(5)重点分析 1997—1998 年 El Niño 事件过程中 500 hPa 上低频位势波沿 30°N 的路径传播特征以及 850 hPa 上动能沿 15°N 的路径传播特征,发现风场的扰动能量起源于中太平洋,向西经南海到达孟加拉湾东部,再向西传至阿拉伯海,而且在传播的过程中扰动能量不断增强。这与副高在 $120°\sim155°E$ 之间的西传特征相吻合,而且两者在 $115°\sim125°E$ 的强能量中心重合,这说明副高振荡能量可能来源于太平洋低纬地区的动能扰动。

(6)1995 年副高与夏季风环流系统的 $20\sim30\ d$ 周期低频变化最显著,而且振荡西传的持续性较好,故对该年 500 hPa 位势高度场进行 CEOF 分解。分析表明不同纬度上的低频位势波表现出不同的传播特征,从低纬到高纬,$90°E\sim180°$ 范围内都有低频位势波的存在,热带、副热带地区西传,高纬地区东传。其中热带地区低频位势波的西传,反映了热带天气系统中的低频涡旋,自中太平洋扰动源地经南海—西太平洋向孟加拉湾地区传播和汇集;高纬地区低频位势波的东传,反映了欧亚大陆上空西风带的波动,自贝加尔湖扰动源地向中太平洋地区传播和汇集。来自南北两侧的扰动能量聚集到西太平洋副热带地区,加强了这里的振荡能量,使得副高西端南北摆动、东西进退加剧。

(7)1995 年不同纬度上的低频位势波对副高的影响也不同。副热带地区低频位势波影响和制约着副高主体 20 d 左右的中期变动,而副高西端 $5\sim10\ d$ 的短期过程则与热带和高纬地区低频位势波扰动能量在西太平洋地区聚集有关。1995 年副高的强弱变化和西伸可以通过低频位势波的振幅涨消和位相传播表现出来,因而低频位势波的活动可能成为季内中、西太平洋副高遥相关的一种联系机理。

本章基于副高与东亚夏季风系统彼此关联耦合的研究思想,研究探讨了季节内的振荡现象、传播特征和能量转换机制,揭示出了一些新的现象特征。此外,从气候学角度,采用整层 EOF 分解方法提取含有垂直结构的副高和夏季风系统的基本模态,引入小波能量谱讨论其周期特征,也是本章研究的特色之处。诊断揭示了低频位势波对副高活动的影响制约的可能机理,既印证了前人的一些研究成果,也提出了新的观点见解,如热带和高纬地区低频位势波扰动能量在西太平洋地区的聚集与副高西端 $5\sim10\ d$ 短期过程的关联特征等。

# 第6章　副高东西活动异常与东亚夏季风环流的关联性

西太平洋副高位置存在显著的季节变化,这种季节变化在亚洲季风区表现得最为显著。东亚季风降水主要集中在夏季风盛行的4—9月,相关研究表明,副高的季节性移动与东亚季风及季风雨带有着密切关联,尤其副高的东西向位置和南北向进退直接影响着东亚季风的建立、长江流域降水的丰欠和华北、华南地区的气温和旱涝灾害。一般来说,6月中旬副高第一次北跳,由于副高西伸脊点的东西摆动,华南地区交替出现西南和东南气流,此时华南前汛期结束,长江流域梅雨开始,夏季形势基本建立;7月中旬副高的第二次北跳决定了长江流域梅雨的结束时间。因此,江淮地区6—7月入梅、出梅的时间,梅雨期的长短,雨量的多少与副高的两次北跳过程以及副高东西振荡密切相关(周曾奎,1996;温敏 等,2000)。

副高的季节变化不仅表现为南北进退,还表现出明显的东西振荡,从副高中心以季节内振荡的形式逐渐向西扩展。然而迄今为止,对副高东西向活动的研究尚不多,夏季副高东西位置异常时,季风区热带、副热带和中高纬度环流之间的联系及其特征还不十分清楚。因此,有必要进一步研究揭示副高异常时大气环流演变过程中各系统的变化特征以及副高向西扩展的物理成因(余丹丹,2008a)。

## 6.1　资料和方法

利用美国国家环境预报中心(NCEP)和美国国家大气研究中心(NCAR)提供的1980—2006年6—7月的2.5°×2.5°逐日再分析资料和同期NOAA卫星观测的OLR资料进行研究。

### 6.1.1　副高东西位置指标的确定

为了讨论副高的东西位置,首先要定义一个描述其东西位置的合理的指标,通常用500 hPa上某一条等高线(如586 dagpm等高线)最西端点所在的经度作为描述副高西脊点的指标,但用这种方法定义的指标受人为因素的影响很大。为此首先绘制1980—2006年共27年6月和7月平均500 hPa位势高度场(图略),发现多年平均的副高脊线6月位于20°N,7月北移到25°N,而588特征线最西端点均位于125°E附近。这表明平均而言,6,7月份副高脊线位置南北差别较大,东西差别较小。故选取[120°~130°E,15°~25°N]和[120°~130°E,20°~30°N]分别作为6,7月份的关键区,并且根据该关键区500 hPa位势高度的变化来定义副高的西伸东撤过程。当该区域位势高度值增大时,副高西伸;当该区域位势高度值减小时,副高东撤。也有学者尝试用副高西部变动频繁的地区的涡度距平来界定副高是否偏东或是偏西(Yang Hui et al,2003)。经比较,两种定义所确定的副高东西位置异常年是十分接近的。本章选择位势高度的距平来界定主要是考虑到这样定义比较直观,计算也相对简单。

## 6.1.2 副高东西位置异常年型的划分

图 6.1 为 6,7 月份关键区位势高度的标准化距平值。异常偏西、偏东是指距平值大于等于或小于等于 0.8 个标准差。表 6.1 为副高在 1980—2006 年期间异常偏西、偏东年型的划分。(注:6,7 月份各自的异常年不一定相同)

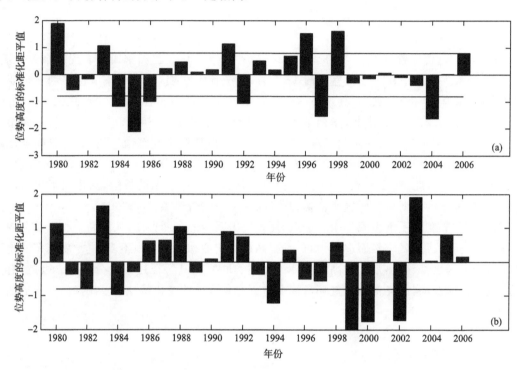

图 6.1   1980—2006 年 6 月(a)、7 月(b)关键区 500 hPa 位势高度的标准化序列

表 6.1   1980—2006 年副高异常偏西、偏东年型的划分

| 月份 | 偏西 | | | | | | 偏东 | | | | | |
|------|------|------|------|------|------|------|------|------|------|------|------|------|
| 6 月 | 1980 | 1983 | 1991 | 1992 | 1998 | 2006 | 1984 | 1985 | 1986 | 1992 | 1997 | 2004 |
| 7 月 | 1980 | 1983 | 1988 | 1991 | 2003 | 2005 | 1982 | 1984 | 1994 | 1999 | 2000 | 2002 |

500 hPa 高度场分析表明(如图 6.2 所示),在气候平均情况下,6 月份副高脊线位于 20°N 左右,588 特征线的西侧在 125°E 附近,而偏西年份 588 特征线最西侧到达了 115°E,平均西伸了 10°,588 特征线所包围的副高中心也明显偏西。而副高偏东年份,588 特征线退至 145°E,588 特征线所包围的副高中心明显东退。相比较而言,7 月份副高脊线要偏北 5 个纬度,正常年份和偏西年份 588 特征线的西侧到达的经度与 6 月份相近,只是副高偏东年份,东退更加明显,588 特征线退至 150°E。可见用上述定义的指数描述高度场上副高东西位置的变动具有一定的合理性。

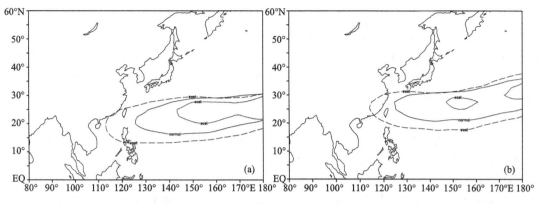

图 6.2　6 月(a)、7 月(b)正常年(实线)、偏西年(长虚线)和偏东年(短虚线)588 特征线东西位置的变动

## 6.2　副高东西位置异常时季风区高低空环流特征

### 6.2.1　对流层低层 850Pa 流场特征

图 6.3 是 6 月副高偏西、偏东年份 850 hPa 流场及距平场。如图所示,偏西年副高西侧的

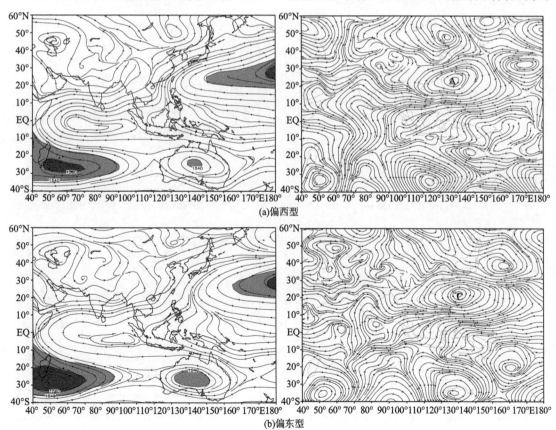

图 6.3　副高东西位置异常年型 6 月 850 hPa 平均流场(左)和距平场(右)

转向气流到达 120°E 以西,脊线位于 20°N 附近,对应距平图上,[130°E,20°N]附近是一闭合的反气旋性距平环流,说明此时东亚夏季风环流偏弱,副高加强西伸,位置偏南。南半球澳大利亚高压明显偏弱,索马里(45°E)、苏门答腊(85°E)、南海(105°E)、西太平洋(125°E)和巴布亚新几内亚(150°E)的越赤道气流处均出现北风距平,表明这几股越赤道气流都偏弱。热带西太平洋在副高控制之下,盛行偏东风,季风槽不发展,仅限于南海地区,强度较弱。偏东年西太平洋反气旋性环流在 130°E 附近由东南气流转为西南气流,脊线位于 25°N 左右,对应距平图上,[130°E,20°N]附近出现气旋性距平环流,其北侧为反气旋性环流异常,说明此时东亚夏季风环流偏强,副高位置明显偏东偏北。除了索马里气流偏弱之外,其余几股越赤道气流皆偏强,尤其是南半球澳大利亚东部出现南风异常,表明澳大利亚高压偏强,南半球冬季风偏强。热带西太平洋受越赤道转向气流的影响,盛行偏西风,季风槽向东伸展至 150°E,呈西北—东南走向。

同样对 7 月副高东西位置异常年做 850 hPa 矢量风距平合成图(如图 6.4 所示),发现环流特征与 6 月基本相似:即,7 月副高偏西或偏东时,850 hPa 矢量风距平场上东亚热带地区出现反气旋性或气旋性距平环流,东亚夏季风环流减弱或加强。不同之处在于,由于副高脊线变化存在季内北移东撤现象,其中心位置比 6 月略偏北,西脊点位置比 6 月略偏东。此外,南半球马斯克林高压范围和强度比 6 月有所增大,澳大利亚高压却相对减小,受南半球高压的影响,越赤道气流强弱特征也略有不同。

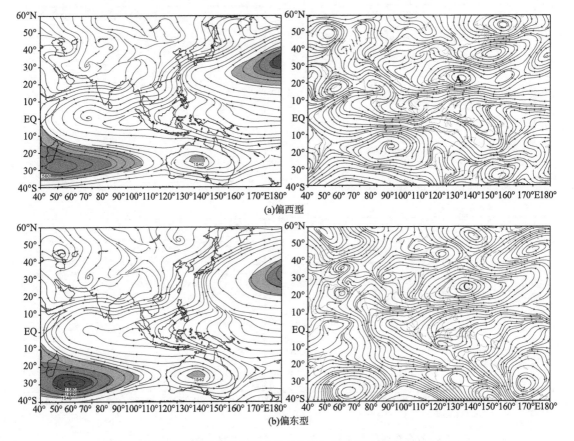

图 6.4　副高东西位置异常年型 7 月 850 hPa 平均流场(左)和距平场(右)

为了更清楚地反映与副高东西位置异常时越赤道气流的强弱特征,表 6.2 统计了 $40°\sim$ $50°E(45°E)$、$80°\sim90°E(85°E)$、$100°\sim110°E(105°E)$、$120°\sim130°E(125°E)$ 和 $145°\sim155°E$ $(150°E)$ 等 5 个经度带 $5°S\sim5°N$ 之间的经向风距平的格点平均值,以此表征夏季 5 支越赤道气流的强度。可以看到,6 月偏西年越赤道气流不活跃,5 支皆偏弱;偏东年恰好相反,除了索马里气流偏弱外,其余 4 支越赤道气流明显偏强,尤其以西太平洋越赤道气流增强最明显。7 月偏西年索马里、苏门答腊气流偏强,这与 7 月马斯克林高压强度增强有关;偏东年越赤道气流变化与 6 月偏东年相似。可见,在对流层低层,副高的东西位置与季风槽的强度和位置以及南半球环流变化(尤其是马斯克林高压、澳大利亚附近的环流变化和越赤道气流异常)密切相关,也可以说与亚澳季风系统成员的相互作用有关。

为了进一步考察副高东西位置与东亚夏季风的关系,首先根据陶诗言等(2001b)东亚季风指数定义,计算 1980—2006 年间,$[100°\sim150°E,10°\sim20°N]$ 区域的 6—8 月平均 850 hPa 的 U 分量与 $[25°\sim35°N,100°\sim150°E]$ 区域的 6—8 月平均 850 hPa 的 U 分量之差,按照标准化距平值大于等于或小于等于 1 个标准差为异常年的原则,选取出 1981,1984,1985,1986,1994,1997,2002 和 2004 是强夏季风年;1980,1983,1988,1995,1998 和 2003 是弱夏季风年。对比表 6.1,发现大多数副高偏西的年份,都是弱夏季风年,而副高偏东的年份,则对应强夏季风年。由此可见,副高东西位置的年际变化反映了亚洲夏季风强弱的变化。

表 6.2　副高异常年型越赤道气流强度

| 月份 | 异常年型 | 45°E | 85°E | 105°E | 125°E | 150°E |
|---|---|---|---|---|---|---|
| 6 月 | 偏西型 | −0.03 | −0.60 | −0.31 | −0.39 | −0.21 |
| | 偏东型 | −0.07 | 0.05 | 0.27 | 0.38 | 0.12 |
| 7 月 | 偏西型 | 0.28 | 0.23 | −0.15 | 0.03 | −0.29 |
| | 偏东型 | −0.22 | 0.43 | 0.42 | 0.16 | 0.71 |

下面再将前面定义的副高指数分别在同期 6 月 850 hPa 纬向风场和经向风场上进行线性投影(如图 6.5 所示),按照回归系数与相关系数符号一致的原则,图 6.5 中的正相关区表示在副高偏西时西风增强东风减弱,副高偏东时东风增强西风减弱,反之亦然。如图 6.5a 所示,在 20°N 以南赤道西风区为大面积的负相关区,负中心在南海—菲律宾一带,台湾以北到江淮流域为显著的正相关区。这表明在副高偏东时,南海和中南半岛西风增强,则南海—西太平洋热带季风偏强,而江淮流域西风减弱,副热带夏季风偏弱,有利于副高位置偏北,该地区少雨偏旱。同理,当副高偏西时,南海和中南半岛西风减弱,南海夏季风偏弱,而江淮流域西风增强,副热带夏季风偏强,有利于副高位置南压,该地区降水偏多易涝。再来看看经向风的情况。如图 6.5b 所示,在热带越赤道气流的几个主要通道处出现了几个明显的负相关区,这说明当副高偏西时,北风增强,越赤道气流偏弱,相应的南海夏季风偏弱。而印度半岛东部及我国江南、华南地区为显著的正相关区,副高偏西时,该地区南风增强,其东侧负涡度发展,进一步使得副高西伸。菲律宾以东洋面为负相关区,表明当该地区南风增强时,副高东退。以上分析说明:当 6 月份副高位置偏西偏南时,相应的南海夏季风偏弱,副热带夏季风偏强;副高偏东偏北时,南海夏季风偏强,副热带夏季风偏弱。图 6.6 显示了 7 月副高指数与 850 hPa 纬向风、经向风的相关关系,可以看出与 6 月相似。上述分析表明,副高东西位置与东亚夏季风的关系与大多数研究结论是一致的,同时也从另一个侧面说明我们给出的关于副高东西位置的指标是合理的、可靠的。

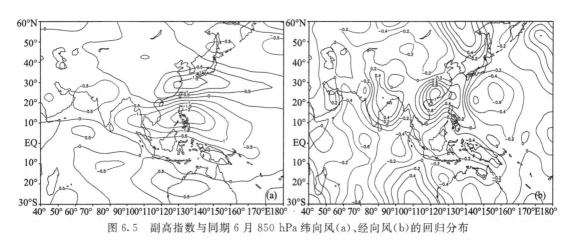

图 6.5　副高指数与同期 6 月 850 hPa 纬向风(a)、经向风(b)的回归分布

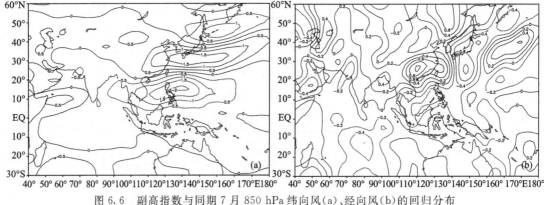

图 6.6　副高指数与同期 7 月 850 hPa 纬向风(a)、经向风(b)的回归分布

## 6.2.2　对流层高层 200Pa 流场特征

　　图 6.7 是 6 月副高偏西、偏东年份 200 hPa 流场及距平场。从图 6.7a 上可以看到偏西年,南亚高压偏强,中心在 90°E 以东,脊线在 25°N 附近,高压脊东伸至 120°E 以西,到达我国江淮上空。南半球高空反气旋的强度也有所加强,中心仍位于太平洋上空,在这两个强的高空反气旋之间是一致的东北气流。对应距平图上,在[130°E,30°N]附近是一闭合的反气旋性距平环流,其北侧[110°E,50°N]、东侧[170°E,40°N]和南侧[130°E,15°N]附近各有一气旋性距平环流,说明南亚高压偏东偏强,西风带长波槽(贝加尔湖大槽和太平洋中部大槽)发展加深,赤道地区出现偏西风距平,说明高空亚澳越赤道气流较弱。南半球马斯克林地区和澳大利亚东部上空各有一高空脊,对应地面马斯克林和澳大利亚高压偏强。如图 6.7b 所示,偏东年南亚高压中心和脊线位置与偏西年相近,但强度偏弱,高压脊东伸也不明显。200 hPa 环流距平场与偏西年正好相反,此时南亚高压偏西偏弱,贝加尔湖大槽和太平洋中部大槽较弱。赤道地区出现偏东风距平,说明高空亚澳越赤道气流较强。南半球索马里地区和澳大利亚东部上空均有一闭合的气旋性距平环流,说明地面两大高压偏强。图 6.8 是 7 月副高偏西、偏东年份 200 hPa 流场及距平场。从流场分布来看,从 6 月到 7 月南亚高压位置和强度都有明显的变化,6 月脊线位置还在 25°N 附近,7 月已经跳过 30°N,而且高压脊更加东伸。从距平场来看,7 月份偏西年和偏东年环流场的反相分布特征更加明显,偏西年南亚高压发展强盛,南半球马斯克林和澳大利亚高压相对更弱,偏东年则与之相反。

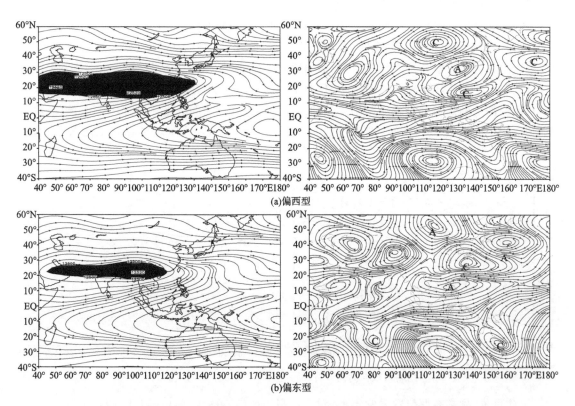

图 6.7 副高东西位置异常年型 6 月 200 hPa 平均流场(左)和距平场(右)

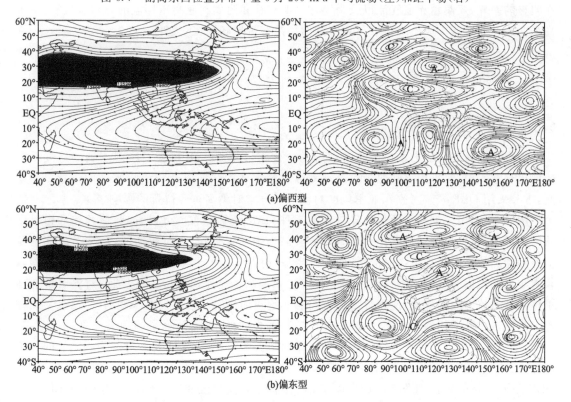

图 6.8 副高东西位置异常年型 7 月 200 hPa 平均流场(左)和距平场(右)

图 6.9a 是副高指数与同期 6 月 200 hPa 纬向风的线性回归场,正相关区表示在副高偏西时西风增强,东风减弱;副高偏东时,东风增强,西风减弱。负相关区则正好相反,即副高偏西时,东风增强,西风减弱;副高偏东时,西风增强,东风减弱。从图中看出,从西太平洋和南海北部地区到我国华南为显著的负相关区,长江流域及以北地区为正相关区,这表明当副高偏西时,对流层高层的热带东风急流和副热带西风急流都增强北抬,南亚高压相应偏东偏强;副高偏东时,情况正好相反。同样,副高指数与同期 7 月 200 hPa 纬向风也存在上述关系,且图 6.9b 上两条横贯东西的带状相关区域更加明显。

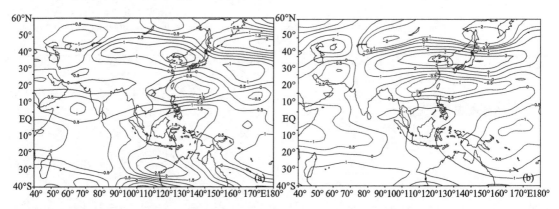

图 6.9 副高指数与同期 6 月(a)、7 月(b)200 hPa 纬向风的回归分布

由此可见,副高东西位置异常年型,对流层高层的南亚高压、西风带长波槽的位置、强度存在明显的差异,亚澳越赤道气流以及南半球马斯克林和澳大利亚高压环流的异常也反映了,副高东西进退与亚澳季风系统各成员之间的活动是有机地联系在一起的。

## 6.3 副高东西位置异常时季风区对流活动特征

### 6.3.1 OLR 变化特征

副高东西振荡与亚洲季风区热带系统的变化密切相关。OLR 是卫星观测到的地气系统的射出长波辐射,它可以反映热带对流活动区对流发展的强弱以及对流降水区的位置。鉴于此,本节采用 OLR 资料考察东亚季风区对流活动异常对副高东西位置的影响。

图 6.10 给出了副高东西位置异常年型 6 月 OLR 距平分布。可以看到,偏西年赤道以南从印度洋、印尼群岛到中太平洋地区,OLR 值都小于气候平均,为对流活跃区,赤道以北阿拉伯海和孟加拉湾南部也是强对流区,而中南半岛、南海—西太平洋皆为正值区。这表明当副高较常年偏西偏南时,该区域受副高控制,对流受到抑制。此外,我国江淮流域的对流云带加强了该地区对流潜热的释放,使得淮河流域高层非绝热加热率增强。根据全型涡度方程(吴国雄等,1999a,1999b),热源下方南风加强,使得副高加强西伸,进而解释了前面关于副高偏西年,江南、华南地区出现南风异常的原因。偏东年则与偏西年相反,除西北太平洋为一明显的负值区外,上述几个热带地区的对流活动皆偏弱,副高较常年偏东偏北。值得注意的是,7 月份 OLR 距平的分布图上(如图 6.11 所示),偏西年整个环流系统北移,副高所对应的 OLR 高值带轴线显著北跳,其中心向西北移动,正值区范围向西扩大,占据我国中西部。该高值带南北

两侧的低值带也相应地向北伸展,分别对应热带辐合带对流活跃和江淮及日本梅雨期降水。偏东年,仅在100°E以东,10°~30°N之间为大面积的负值区,其南北两侧为正值区,同样说明了当副高偏东时,热带地区的对流活动偏弱,南海—西太平洋季风槽活跃,副高偏北的特征。

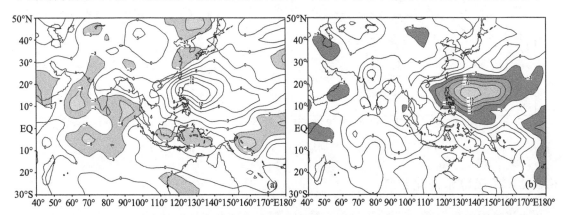

图 6.10 副高偏西年型(a)和偏东年型(b)6 月 OLR 距平场

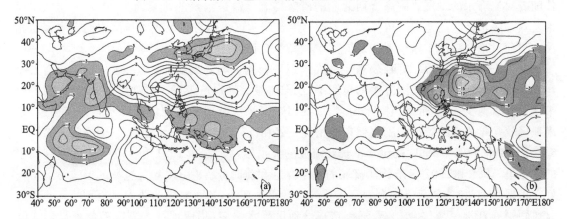

图 6.11 副高偏西年型(a)和偏东年型(b)7 月 OLR 距平场

有研究表明,孟加拉湾北部是夏季全球热源中心(Hoskins B J *et al*,1995),孟加拉湾热源异常对副高存在显著的影响(张艳焕 等,2005;许晓林 等,2007),孟加拉湾对流的发展加强,一方面使南海—西太平洋附近的对流活跃中断,同时使太平洋副热带高压西部脊加强西伸(徐海明 等,2001a)。为了更清楚地揭示孟加拉湾、南海—西太平洋对流异常与副高西伸之间的关系,图 6.12 给出了副高指数与同期 OLR 的线性回归场,正相关区表示在副高偏西时 OLR 值增大,对流减弱;副高偏东时,OLR 值减小,对流增强。负相关区则正好相反,即副高偏西时,OLR 值减小,对流增强;副高偏东时,OLR 值增大,对流减弱。图 6.12 中正负相关区的分布与图 6.10a 副高偏西年型 OLR 距平场分布相似,赤道印度洋和孟加拉湾一带为负相关区,台湾以北到江淮流域也为负相关区,而南海—西太平洋地区为显著的正相关区(7 月份,正负相关区都显著北移)。这说明孟加拉湾对流发展增强时,南海—西太平洋的对流活动会明显受到抑制,并逐渐和副高控制区贯通,从而诱使副高西伸。至于热带地区对流异常活跃与副高位置异常有何联系,下文相关的章节还将重点讨论。

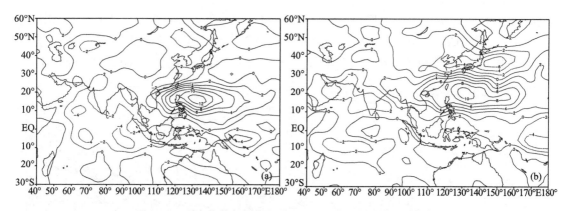

图 6.12　副高指数与同期 6 月(a)、7 月(b)OLR 的回归分布

### 6.3.2　季风降水变化特征

上述分析可知,副高东西位置异常关系到东亚夏季风环流的变化,而东亚夏季风的建立总伴随着对流降水的发展。副高脊西北侧的西南气流是输送水汽的重要通道,而其南侧的东风带是热带降水活跃的地方。可见副高与热带对流降水区的位置以及夏季风降水的多寡密切相关。下面讨论与副高东西位置相对应的季风降水变化特征。

图 6.13 是 6 月副高偏西、偏东年份降水距平合成。副高偏西时,在东亚从南海—西太平洋到我国华南地区为大范围降水的负距平,江淮流域为降水正距平。可见副高偏西时,南海热带季风降水减少,副热带季风降水增多,故我国东部降水出现了江淮流域降水较常年偏多,华南地区较常年偏少的特征。副高偏东的情况正好相反,江淮流域降水较旱,华南地区较涝。表 6.1 中副高偏西的年份里,就包含了长江流域的大水年,如 1980,1991 和 1998 年,而副高偏东的年份里,1985 和 1997 年是长江流域的旱年。这和前面分析的 850 hPa 风场的形式对应得很好。当副高偏西时,副高位置上为一个反气旋性距平环流,其西北侧的西南风距平和其北侧西北风距平在江淮流域辐合,上升气流造成该地区降水偏多,华南地区为副高控制不易形成降水。副高偏东年份情况则不同,30°N 以南为气旋性距平环流,长江中下游地区为辐散气流控制,不利于江淮流域降水,而华南地区由于受气旋性距平环流的影响,降水较常年偏多。从图中南亚地区降水分布则可以看出:副高偏西时,印度半岛—孟加拉湾西部出现降水的正距平,

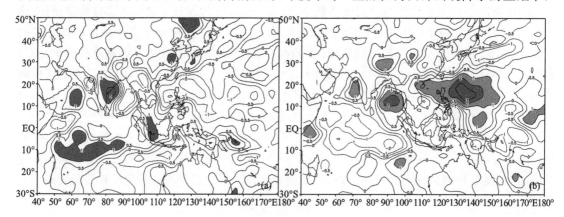

图 6.13　副高偏西年型(a)和偏东年型(b)6 月降水距平场

表明印度季风降水增多;副高偏东时,降水正距平中心东移到孟加拉湾东部,表明随着副高主体减弱东退,西南风进一步东扩,孟加拉湾雨季来临。

7月份,随着副高的季节内北跳,我国主要雨带的分布情况与6月有所不同。如图6.14所示,当副高偏西时,在东亚我国长江以南大部分地区为大范围降水的负距平,印度半岛、孟加拉湾及南海南部等热带地区出现降水正距平,另外,韩国和日本也出现降水正距平。可见当副高偏西时,由于7月中旬副高脊线北跳至30°N,江淮梅雨结束,韩国和日本梅雨降水增多。当副高偏东时,降水多集中在西北太平洋上,江淮和日本梅雨降水偏少。当副高偏西时,在南亚阿拉伯海至印度半岛一带出现强降水,副高南侧的东风带上也出现热带降水;当副高偏东时,强降水中心消失,只有孟加拉湾还存在降水正距平。

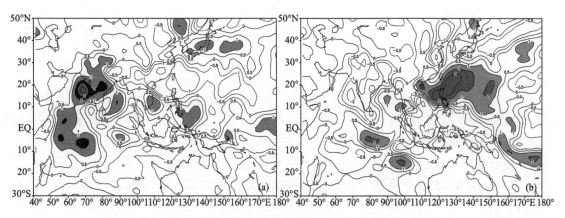

图6.14　副高偏西年型(a)和偏东年型(b)7月降水距平场

季风异常活动常伴随着降水异常,季风区降水的多寡是衡量季风强弱的一个重要指标,由此也验证了前面的分析结果:副高偏西或偏东时,南海夏季风偏弱或偏强,副热带夏季风和印度季风偏强或偏弱。

## 6.4　本章小结

本章根据关键区500 hPa位势高度的变化定义了副高东西位置指标,从副高东西位置的年际变化特征出发,对比分析了副高东西位置异常年亚洲季风区大尺度环流背景场,揭示了副高东西进退与东亚夏季风系统活动的关系,并得出如下几点分析结果:

(1)根据夏季6,7月份副高脊线南北位置的差异,分别选取关键区[120°~130°E,15°~25°N]和[120°~130°E,20°~30°N]内的500 hPa位势高度的变化来表示6,7月份副高的西伸东撤过程。当该区域位势高度值增大时,副高西伸;当该区域位势高度值减小时,副高东撤。

(2)副高东西位置异常年份,对流层低层的季风槽的强度和位置、南半球环流变化(尤其是马斯克林高压、澳大利亚附近的环流变化和越赤道气流异常)以及对流层高层的南亚高压、西风带长波槽的位置和强度存在明显的差异,这些差异反映了副高的东西进退与亚澳季风系统各成员之间的相互作用有关。6,7月的环流特征相似之处如表6.3所示。

(3)6,7月份环流特征的不同之处在于:由于副高脊线变化存在季内北移东撤现象,7月副高中心位置比6月略偏北,西脊点位置比6月略偏东。此外,低空南半球马斯克林高压范围和强度比6月有所增大,澳大利亚高压却相对减小。受南半球高压的影响,越赤道气流强弱特征

也略有不同。7月南亚高压脊线更加偏北,高压脊更加东伸,距平场上,偏西年和偏东年环流
场的反相分布特征更加明显。

表 6.3　6,7 月的环流特征异同点

| 诊断要素 | 偏西型 | 偏东型 |
| --- | --- | --- |
| 东亚[130°E,20°N]附近 | 反气旋性距平环流 | 气旋性距平环流 |
| 西太平洋副高 | 偏南偏强 | 偏北偏弱 |
| 低空越赤道气流 | 偏弱 | 偏强 |
| 马斯克林和澳大利亚高压 | 偏弱 | 偏强 |
| 季风槽 | 不发展,强度较弱 | 向东伸展,强度较强 |
| 南亚高压 | 偏东偏强 | 偏西偏弱 |
| 西风带长波槽 | 发展加深 | 不发展 |
| 高空亚澳越赤道气流 | 偏弱 | 偏强 |
| 热带东风急流和副热带西风急流 | 增强北抬 | 减弱南落 |

(4)OLR 距平场分布很好地说明了副高东西振荡与亚洲季风区热带地区对流异常变化的
密切关系。偏西年,副高偏南,从印度洋、印尼群岛到中太平洋地区为对流活跃区,阿拉伯海和
孟加拉湾南部也是强对流区,而中南半岛、南海—西太平洋区域受副高影响,对流受到抑制。
偏东年则与偏西年相反,副高偏北,上述几个热带地区的对流活动皆偏弱。

(5)分析副高东西位置指数与同期 OLR 的线性回归分布图得出,孟加拉湾和南海—西太
平洋两个地区呈反相分布,即孟加拉湾对流发展增强,南海—西太平洋的对流活动会明显受到
抑制,并逐渐和副高控制区贯通,从而诱使副高西伸。关于孟加拉湾、南海—西太平洋对流异
常与副高西伸之间的关系在第 7 章还将深入研究。

(6)6 月份,东亚地区副高偏西时,南海热带季风降水减少,副热带季风降水增多,故我国
东部降水出现了江淮流域降水偏多,华南地区偏少的特征,副高偏东时情况正好相反。南亚地
区副高偏西时,印度季风降水增多;副高偏东时,降水正距平中心东移到孟加拉湾东部。7 月
份,主要雨带分布随着副高的季节内北跳发生变化,副高偏西时,江淮梅雨结束,韩国和日本梅
雨降水增多,阿拉伯海至印度半岛一带出现强降水,副高南侧的东风带上也出现热带降水,而
副高偏东时情况正好相反。

(7)副高东西活动异常反映了东亚夏季风强弱的变化。当副高位置偏西偏南或偏东偏北
时,相应的南海夏季风偏弱或偏强,副热带夏季风偏强或偏弱。

本章详细分析对比了夏季 6,7 月份副高在西进和东退时,季风区相应的环流及对流活动
的差异,得到的结论既证实了前人的研究成果,也揭示出一些新特征,提出了一些新见解:如强
调了南半球环流变化以及热带地区对流异常活动对副高东西进退活动的影响制约等。此外,
本章紧紧围绕东亚夏季风系统的有机体思想展开分析研究,所得结论为第 7 章探讨影响副高
西伸因子提供了参考依据。

# 第7章　东亚夏季风系统与副高东西进退的合成分析

如前所述,西太平洋副高在作季节性南北移动时,还存在周期约半个月的中期活动和周期约一周的短期活动,表现为高压脊线的南北位移和西端脊点的西伸或东撤。副高的这种中短期异常活动常常会导致我国中东部地区出现极端天气和洪涝灾害。近年来,随着季风研究的深入,人们对副高和季风系统有了新的认识和见解,澳大利亚冷高、南海越赤道气流、南海—西太平洋ITCZ雨带、西太平洋副高、东亚季风雨带、青藏高压、热带东风急流等均被纳入东亚夏季风系统的有机整体之中。作为东亚夏季风系统重要成员,西太平洋副高的东西进退活动与季风系统其他成员之间相互作用、互为反馈,共处于一个非线性系统之中(余丹丹 等,2007a)。过去对副高东西进退的研究,比较偏重于从个例分析和天气学角度来探讨副高西伸前后大尺度大气环流的演变特征(罗玲 等,2005;赵兵科 等,2005)。目前,将副高作为东亚夏季风系统的子系统加以综合研究已成为副高研究的趋势和共识(吴国雄 等,2002a)。

本章根据500 hPa位势高度场副高活动关键区的变化,定义了副高的东西变化特征指标,选择了1980—2006年间发生在6,7月份的12次副高西伸过程,并对这12次过程进行了合成分析,得到副高西伸过程中对流层高低空的环流配置关系和垂直环流结构,阐述了南半球环流系统、热带对流活动和南亚高压东移与副高西伸活动的关联特征,弄清季节内尺度上副高西伸前后东亚夏季风系统成员的时空演变特征及其与副高的时滞相关性,并进一步探讨了副高西伸的可能机制(余丹丹 等,2008a)。

## 7.1　资料说明

本章使用了美国国家环境预报中心(NCEP)和美国国家大气研究中心(NCAR)提供的1980—2006年6—7月逐日再分析资料,包括200 hPa和850 hPa的风场、位势高度场以及NOAA卫星观测的OLR资料,空间分辨率为2.5°×2.5°。

## 7.2　副高西伸过程的合成方法

根据上一章定义的副高东西位置指标,即选取[120°~130°E,15°~25°N]和[120°~130°E,20°~30°N]关键区位势高度的距平来分别表征6,7月副高东西位置。副高的西伸必然导致关键区500 hPa位势高度的增大,由此在选择副高西伸个例时,以关键区的位势高度变化为准,若位势高度持续(大于7 d)增大,则将此过程作为研究个例。表7.1给出了本章所选取的1980—2006年间发生在6,7月份的各12次副高西伸过程,可以看出,副高西伸个例的选取不一定都选自每个副高偏西年,也有选自每个同一年不同时段的西伸个例,而且副高西伸过程的持续时间是有差别的,最长的可达10 d。

为讨论方便,分别将表 7.1 中发生在 6,7 月份的各 12 次副高西伸过程进行了合成,以揭示副高西伸的普遍特征。合成时以关键区位势高度达到最大时为准,并定为 0 d,位势高度达到最大值之前的时间为负,之后为正。

表 7.1　副高西伸过程的时间

| 年份 | 1980 | 1983 | 1987 | 1988 | 1994 | 1994 |
| --- | --- | --- | --- | --- | --- | --- |
| 关键区高度增大的时段(6月) | 06—14 日 | 18—24 日 | 13—20 日 | 01—07 日 | 01—08 日 | 18—24 日 |
| 持续时间(d) | 9 | 7 | 8 | 7 | 8 | 7 |
| 年份 | 1995 | 1998 | 1999 | 2002 | 2003 | 2003 |
| 关键区高度增大的时段(6月) | 11—20 日 | 21—27 日 | 20—27 日 | 15—23 日 | 06—13 日 | 15—21 日 |
| 持续时间(d) | 10 | 7 | 8 | 9 | 7 | 7 |
| 年份 | 1980 | 1982 | 1983 | 1990 | 1992 | 2000 |
| 关键区高度增大的时段(7月) | 10—15 日 | 14—19 日 | 12—18 日 | 01—05 日 | 06—12 日 | 07—11 日 |
| 持续时间(d) | 9 | 7 | 8 | 7 | 8 | 7 |
| 年份 | 2001 | 2003 | 2003 | 2004 | 2006 | 2006 |
| 关键区高度增大的时段(7月) | 17—22 日 | 06—12 日 | 18—24 日 | 17—21 日 | 13—18 日 | 24—30 日 |
| 持续时间(d) | 10 | 7 | 8 | 9 | 8 | 7 |

图 7.1 给出了合成的关键区位势高度值随时间的变化。6 月份,0 d 位势高度值达到最大值,−6~0 d 位势高度值逐渐增大,0 d 之后减小;7 月份,位势高度值由低到高的转折点在 −5 d。

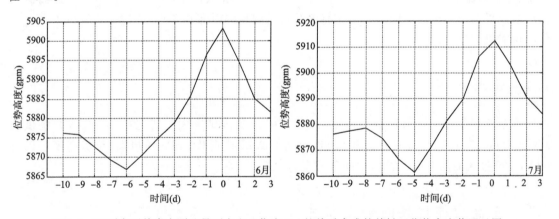

图 7.1　以副高西伸脊点到达最西点之日作为 0 d 的前后合成的关键区位势高度值逐日图

为确定关键区位势高度的这种合成变化特征是否可以反映副高的西伸过程,采用同样的方法将 500 hPa 位势高度场进行了合成(如图 7.2 所示)。由图可知,6 月份副高脊线位于 20°N 左右,7 月份副高脊线要偏北 5 个纬度。以 6 月为例,−6 d,副高 588 特征线的西端还在 130°E 附近;−4 d,588 特征线西伸至 120°~130°E 之间的洋面上;−2 d,588 特征线已向西扩展到台湾,西伸脊点位于 117°E 附近;0 d,588 特征线西伸至我国大陆。平均来讲,从 −6~0 d,副高西伸脊点以 5°/2 d 的速度向西移动。7 月情况类似,0 d 副高脊显著北跳,588 特征线向西扩展,占据我国东部大范围地区。可见,关键区位势高度的增加对应着副高的西伸过程,当位势高度达到最大时,副高西伸至最西点。这意味着由上述方法合成的西伸过程具有一定的合理性和普适性。6,7月份,副高脊线所处的纬度不同,对应的环流形势也有差异,为此下面通过将发生在6,7月份的两次合成的副高西伸过程进行对比分析,来研究在副高西伸过程中,东亚季风系统成员的时空演变特征。

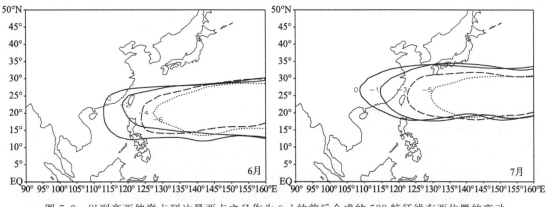

图7.2　以副高西伸脊点到达最西点之日作为0 d的前后合成的588特征线东西位置的变动

## 7.3　副高西伸过程中对流活动特征的合成分析

图7.3　给出了6月副高西伸过程中500 hPa高度场及OLR在−6~0 d的合成结果。

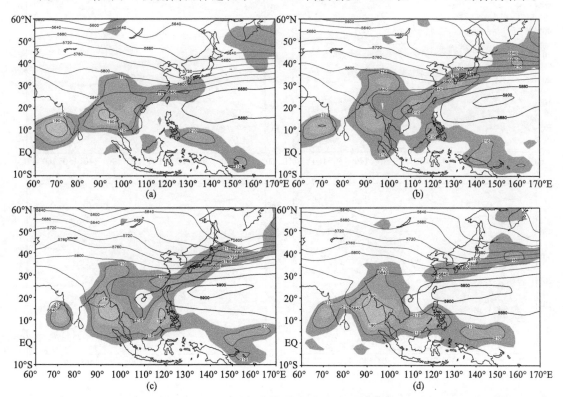

图7.3　1980—2006年6月逐日合成的500 hPa高度场(单位:gpm)及OLR(阴影为OLR≤220 W·m⁻²区域)分布图
(a)−6 d;(b)−4 d;(c)−2 d;(d)0 d

-6 d,自阿拉伯海东南部经孟加拉湾到中南半岛以及我国台湾以北长江以南为较强的对流活动区,但我国南海地区对流并不活跃,而副高控制区在菲律宾以东洋面上。-4 d,副高持续西伸,孟加拉湾东部对流活跃区范围扩大,向北我国东部—日本南部有一条 OLR 低值带,它对应着副热带季风槽上的对流活动,向南从南海北部至热带西太平洋,同样分布着一条西北—东南向的低值带,这就是南海季风槽区,而在两者之间为副高。-2 d,副高的西端已西伸至我国东南沿海地区,此时,南海季风槽和副热带季风槽上的对流活动增强,印缅槽加深,孟加拉湾出现强对流中心并与同纬度南海北部的对流活跃区打通。0 d,随着印度低压的发展增强,孟加拉湾以及副高南侧的南海季风槽区的对流活动仍很活跃,但是由于此时副高 588 线到达最西端 115°E 附近,我国南海北部和华南地区为一致的 OLR 高值区,此时副热带季风槽区的对流受到抑制。

同样从 7 月副高西伸过程中 500 hPa 高度场及 OLR 在-5~0 d 的合成图上(如图 7.4 所示),也可以发现与 6 月基本相似的特征。而不同之处在于:7 月副高脊线北抬,其中心位置比 6 月大约偏北 5°N,南海季风槽区的 OLR 低值带也相应北移,随着副高持续西伸,受其影响,图中我国江淮、东部沿海地区到日本一带为 OLR 高值区,副热带季风槽上的对流活动明显减弱,OLR 低值仅出现在日本东部洋面上;7 月印度低压发展增强,并形成闭合单体,低压中心与 OLR 低值中心重合,孟加拉湾东部对流活动比 6 月有所增强,而阿拉伯海东部的对流活跃区范围缩小。以上分析表明,副高西伸过程中,伴随着热带地区对流的发展增强,尤其是孟加拉湾地区强对流中心的变化。

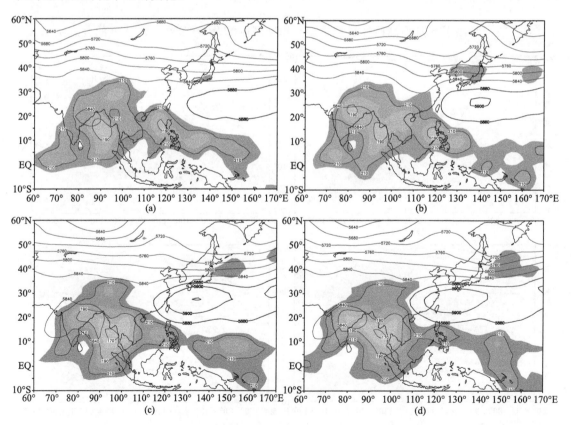

图 7.4　1980—2006 年 7 月逐日合成的 500 hPa 高度场(单位:gpm)及 OLR(阴影为 OLR≤220 W·m⁻²区域)分布图
(a)-5 d;(b)-3 d;(c)-1 d;(d)0 d

为了更清楚地揭示热带对流异常活跃与副高西伸之间的关系,图 7.5 和图 7.6 分别给出了 6,7 月 OLR 场以副高西伸脊点到达最西点之日作为 0 d 的前后逐日合成结果。先看 6 月,图 7.5a 中由左至右的三条明显的低值带,分别对应着阿拉伯海(65°～75°E)、孟加拉湾(85°～105°E)和南海东部—菲律宾地区(115°～120°E)对流活动的时间演变,不难看出孟加拉湾地区的对流发展最为旺盛,在它们之间的两条相对高值带分别为印度半岛和中南半岛—南海西部地区。如图所示,−8 d,阿拉伯海地区的 OLR 值开始减小,3 天后,即−5 d,OLR 值达到最低 195 W·m$^{-2}$;副高西伸之前孟加拉湾 OLR 值一直处于低值,并在−8 d 达到最低 185 W·m$^{-2}$,随后增大,并于−4 d 开始逐渐减小,直至 1 d 达到极值;−4 d,南海东部—菲律宾 OLR 值开始减小,−2 d 达到最低 200 W·m$^{-2}$。图 7.5b 中,−4 d,热带西太平洋地区的 OLR 值开始减小,并逐渐向东伸至 160°E,这说明南海季风槽范围扩大。可见,−6～0 d,即从副高开始西伸到西脊点到达最西点这段时间内,热带地区对流活动始终存在于副高逐渐西移的整个过程中,首先是在−5 d,阿拉伯海对流活跃,然后−4 d,孟加拉湾和南海东部—菲律宾地区对流同时发展加强,南海季风槽向东伸展,强度增强。

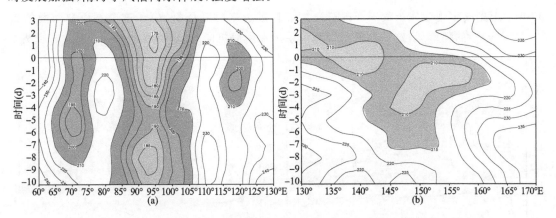

图 7.5　1980—2006 年 6 月逐日合成 OLR 沿 12.5°～17.5°N(a)和沿 0°～5°N(b)
(阴影为 OLR≤220 W·m$^{-2}$区域)的时间演变分布图

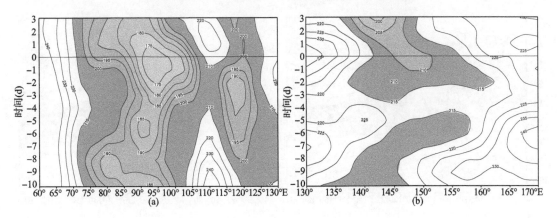

图 7.6　1980—2006 年 7 月逐日合成 OLR 沿 12.5°～17.5°N(a)和沿 0°～5°N(b)
(阴影为 OLR≤220 W·m$^{-2}$区域)的时间演变分布图

再看 7 月与 6 月的差异,图 7.6a 中,阿拉伯海的低值带基本消失;孟加拉湾地区的对流活动更为活跃,OLR 低值范围东西跨度增大,中心强度增强,在−6 d 出现一个低值中心,−4 d

又继续减小,直至−2 d达到极值175 W·m$^{-2}$;南海东部—菲律宾对流活动也明显增强,早在−8 d,OLR值就开始减小,−5 d达到最低200 W·m$^{-2}$。图7.6b中OLR低值分布同样说明了,在副高西伸前南海季风槽发展,可以向东伸展至热带西太平洋地区。上述分析表明,热带地区对流活跃可能是副高增强西伸的一个重要的前期信号。后面还将进一步讨论它们之间的关系。

## 7.4 副高西伸过程中高低空流场配置的合成分析

由上面分析可知,副高西伸与对流活动关系密切,对流活跃又必然伴随着上升气流,故以下按副高西伸过程中的四个时段,对高低空流场配置进行讨论。

### 7.4.1 850 hPa层流场配置

图7.7显示了6月副高西伸过程中850 hPa高度场、经向风场及上升运动的情况。−6 d,850 hPa上副高表现为从东太平洋的高压中心伸展过来的高压脊,位于这个高压脊西面的是大于4 m·s$^{-1}$的强南风,这表明低空的西南季风在南海折向北,流到我国东部和日本。此外,

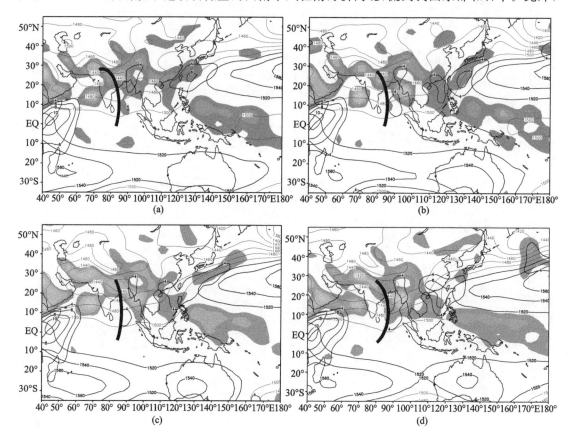

图7.7 1980—2006年6月逐日合成的850 hPa高度场(细实线,单位:gpm)、经向风场
(粗实线,单位:m·s$^{-1}$)及上升运动(阴影为≤−2×10$^{-4}$Pa·s$^{-1}$区域)分布图
(a)−6 d;(b)−4 d;(c)−2 d;(d)0 d

印度半岛出现一个很明显的闭合低压中心,并伴有南风急流,南半球马斯克林高压发展增强,索马里越赤道气流也在增强。850 hPa 上升气流的分布与 500 hPa OLR 低值区相对应:副高西北边缘从我国西南到江淮一带均为上升气流,南亚印度半岛—孟加拉湾也为上升气流,位于副高南侧的南海季风槽具有强辐合性,槽区的上升气流也很强。-4 d,副高 152 dagpm 线已西伸至 135°E,印缅槽加深,槽前的偏南风增强,南海上空也出现大于 4 m·s$^{-1}$ 的强南风。这两股来自副高西面的偏南气流再与副高西侧的西南气流汇合,加强了这里的热带西南季风气流,使得我国东南沿海至日本南部出现上升气流,南海季风槽槽区的上升气流北移并加强。南半球马斯克林高压范围向东扩大,其下游的澳大利亚高压亦随之加强。-2 d,随着副高持续西伸,我国东南沿海的弱上升运动被下沉运动所代替,南半球马斯克林高压持续加强,而澳大利亚高压有所减弱。0 d,副高 152 dagpm 线已西伸至我国东南沿海,导致其西侧的偏南气流加强,副热带季风槽区的辐合上升运动减弱,而南海季风槽区的辐合上升运动进一步增强,其槽前的偏东气流汇入副高东南侧,南半球两高压均减弱。7 月情况与 6 月基本相似(如图 7.8所示)。

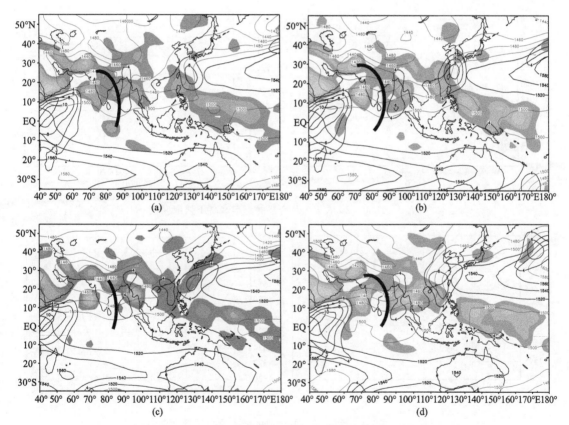

图 7.8　1980—2006 年 7 月逐日合成的 850 hPa 高度场(细实线,单位:gpm)、经向风场(粗实线,单位:m·s$^{-1}$)及上升运动(阴影为≤-2×10$^{-4}$Pa·s$^{-1}$区域)分布图

(a)-5 d;(b)-3 d;(c)-1 d;(d)0 d

　　副高西伸必然导致其西侧的偏南气流加强,而影响副高西侧的西南气流主要来自其西面和南面。西面主要是印缅槽前的西南气流,南面则可追溯到南半球越赤道气流和南海季风槽前的偏东气流。低层的流场演变表明,从副高开始西伸到西脊点到达最西点这段时间内,印缅

槽一直存在。上文在分析该地区 OLR 的演变时，已指出在副高开始西伸之前，孟加拉湾对流有一次增强过程，之后随着副高增强西伸，孟加拉湾对流由弱到强，两者同步发展。

另外，影响副高西端的西南气流还有来自南面的气流，这与南半球冷空气活动有关，而且在副高西伸的过程中，南半球马斯克林、澳大利亚高压始终存在。为了研究它们的强度变化对副高的西伸的影响，选取 850 hPa [40°～70°E，25°～35°S]和[120°～150°E，25°～35°S]区域，以该区域的位势高度值变化来分别考察马斯克林和澳大利亚高压强度变化对副高活动的影响。结果表明，在 6 月副高西伸的过程中，马斯克林高压要强于澳大利亚高压，前者有两次加强过程，分别于－7 d 和－4 d 达到最强；后者在－4 d，强度最强，随后减弱(如图 7.9 所示)；在 7 月副高西伸的过程中，马斯克林高压于－6 d 达到最强并维持；澳大利亚高压－6 d，强度最强，随后减弱，－2 d 开始反弹(如图 7.10 所示)。尽管 6，7 月这两次合成的副高西伸过程中，南半球高压的演变存在差异，但是事实上，副高西伸脊点到达最西点之前，马斯克林和澳大利亚高压都经历了一次增强过程，高压引发的冷空气活动对东亚夏季风有重要作用，季风槽的移动相应地引起副高的移动，因此，副高脊线的活动也就间接受到了南半球系统的影响。

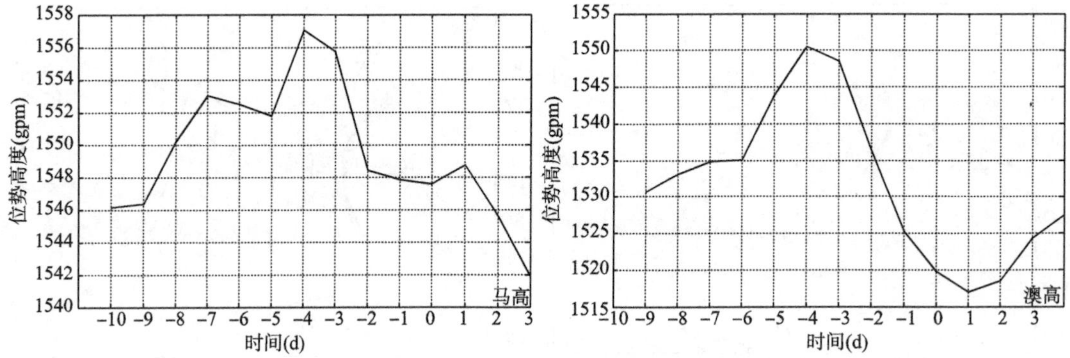


图 7.9　1980—2006 年 6 月合成的南半球高压强度变化

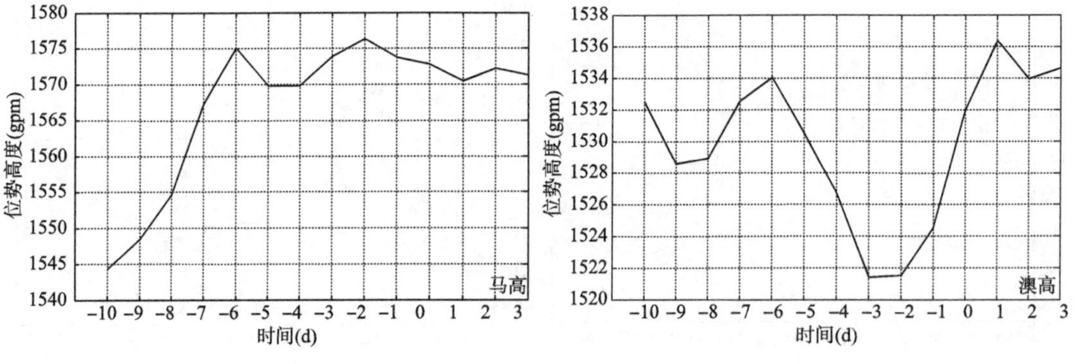


图 7.10　1980—2006 年 7 月合成的南半球高压强度变化

为了更直观地讨论南半球冷空气活动对副高西伸的影响过程，下面主要以 6 月合成的副高西伸过程为例，选取如图 7.11 所示的几个关键区的经向风来描述马斯克林和澳大利亚冷空气活动所造成的经向风扰动向北传播的过程(如图 7.12 所示)。－7 d，马斯克林高压增强，其北侧的冷空气爆发，[60°E，10°S]处的风速增强达到最大；－6 d，在东非地形强迫下形成索马里越赤道低空急流[55°E，0°]，索马里越赤道气流使得赤道印度洋地区西风明显加强并向东扩

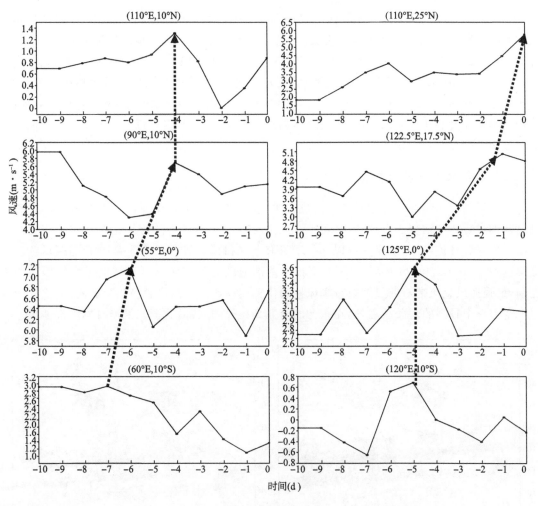

图 7.11 副高西伸过程时段内各个关键区经向风速的变化

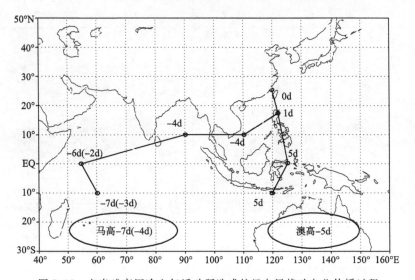

图 7.12 南半球高压冷空气活动所造成的经向风扰动向北传播过程

展;—4 d,孟加拉湾[90°E,10°N]和南海[110°E,10°N]地区的经向风相应地依次增强;—5 d,澳大利亚高压发展,其北侧[120°E,10°S]的经向风风速增强达到最大,并迅速越过赤道[125°E,0°];此后—1 d,到达季风槽北侧[122.5°E,17.5°N],东南季风增强,最后,最强南风扰动北传到我国华南沿海一带[120°E,25°N],其东侧负涡度发展,从而诱使副高西伸。这个传播过程表明,源于南半球高压北部的冷空气可向北传播,影响副高西侧的偏南气流。也就是说南半球环流,特别是马斯克林和澳大利亚高压,对副高东西振荡有重要影响,也更进一步表明东亚季风系统各个成员的变化存在密切的联系。

### 7.4.2 200 hPa 层流场配置

再来看高层的情况。采用同样的合成方法,分别考察 6,7 月南亚高压及其两侧的急流在副高西伸过程中的演变。由图 7.13 可见,—6 d,200 hPa 最显著的特征是存在位于印度北面的南亚反气旋环流系统,南亚高压以北位于里海上空和其东部位于 90°~110°E 的西风急流强度都达到 35 m·s⁻¹。另外,我国江淮至日本南部地区也为南亚高压北侧的强大的偏西气流控制,最强西风急流带与低层副热带季风槽的位置相一致。强西风急流出口区南侧,除我国新疆上空有一个较强的辐散区之外,在东伸的南亚高压脊的北部,我国江淮至日本南部地区还有

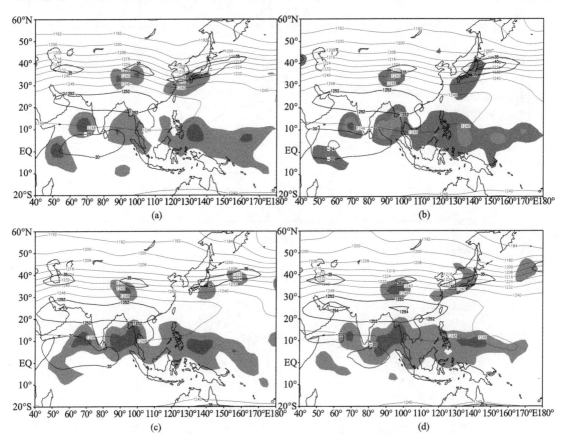

图 7.13　1980—2006 年 6 月逐日合成的 200 hPa 高度场(细实线,单位:gpm)、纬向风场
(粗实线,单位:m·s⁻¹)及散度(阴影为≥3×10⁻⁶s⁻¹区域)分布图
(a)—6 d;(b)—4 d;(c)—2 d;(d)0 d

一个辐散区。这是南亚高压东伸,偏北气流辐散南下的结果,它与低层江淮流域副热带季风槽区的辐合上升运动相配合。南亚高压南侧阿拉伯海、孟加拉湾及南海、热带西太平洋地区均处于南亚高压南侧的偏东气流控制之下,也为强的辐散区。最强的东风急流位于印度洋上,它与低层印缅槽、南海季风槽区的辐合上升运动相配合。可见,这样的高低空配置很容易使低层对流和上升运动得以建立和加强。-4 d 和-2 d,南亚高压中心的位置变化不大,其高压脊却明显向东伸展,故南亚高压东北侧的西风急流加强,中心移至日本以东,急流南侧的辐散区也一起东移,移出了我国江淮流域。这一点恰好对应了该地区低层上升气流的减弱。南亚高压南侧的偏东气流增强,辐散区范围扩展,对应低层对流活跃,辐合加强。0 d,南亚高压强度增大,在 50°E 和 100°E 附近各出现一个中心,高压脊进一步向东扩展。南亚高压两侧的辐散场分布基本上没有什么变化,无论是南海季风槽,还是副热带季风槽都表现为低层辐合上升,高层辐散,但前者强于后者。

上述分析表明在副高西伸过程中,南亚高压向东伸展,在高压北侧副热带西风急流附近和东伸的高压脊东北侧偏北气流南下之处,有较强的辐散中心,此辐散区恰好与低层副高西北侧的上升运动区相对应,而我国江淮流域至日本南部的对流活跃区正处于它的下方。南亚高压东北侧的辐散区加强了对流层中下层辐合上升运动。这对其东侧副高的维持和发展所造成的影响,在后面还将进一步讨论。

以上是对 6 月合成的副高西伸过程的分析,而 7 月的情况有所不同(如图 7.14 所示),主

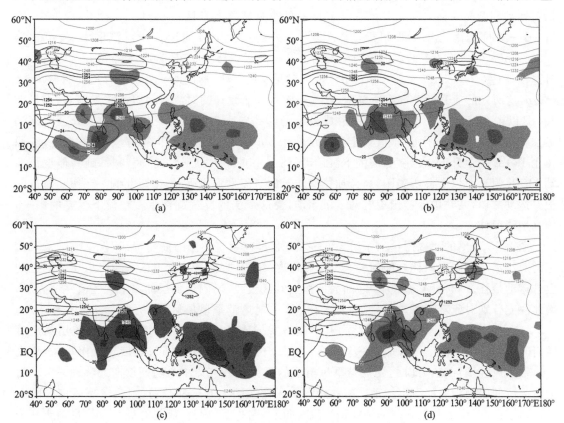

图 7.14　1980—2006 年 7 月逐日合成的 200 hPa 高度场(细实线,单位:gpm)、纬向风场
(粗实线 m·s⁻¹)及散度(阴影为≥3×10⁻⁶ s⁻¹区域)分布图
(a)-5 d;(b)-3 d;(c)-1 d;(d)0 d

要表现在南亚高压位置和强度都有明显的变化,脊线位置 6 月还在 25°N 附近,7 月已经跳过 30°N,而且高压中心强度有所增强。南亚高压南北侧的急流也相应显著北移,其中北侧的西风急流移到 40°N 以北,但中心强度减弱;南侧的东风急流也向北移动了 10 个纬度,而且中心强度增强。值得注意的是,位于南亚高压脊北部我国江淮至日本南部地区的辐散区范围明显缩小,这与低层副高位置偏北,副热带季风槽区对流不活跃,上升运动减弱相对应。另外,−1 d,最显著的特征是西北太平洋副热带上空出现一个小的反气旋环流中心,位于日本南面附近 [130°E,27.5°N]。0 d,这个反气旋与东伸的南亚高压脊打通相连,使脊进一步发展加强,但是南亚高压中心基本上没有什么变化。日本东南部的反气旋与副高西伸也有一定联系,后面还将继续讨论这个问题。

## 7.5　副高西伸过程中垂直环流特征的合成分析

为了进一步了解副高西伸过程中周围环流的垂直环流结构特征,沿表征副高东西位置的关键区做垂直剖面。图 7.15 是 6 月以副高西伸脊点到达最西点之日作为 0 d 的前后逐日合成的沿 15°~25°N 和沿 120°~130°E 垂直环流及垂直运动分布。

图 7.15 左侧的 4 幅图给出了沿 15°~25°N 纬向垂直环流的演变特征,它反映了热带地区对流活动和副高西伸之间的关系。−6 d,有两处明显的上升区,一处位于孟加拉湾 90°E 附近,另一处位于南海 120°E 附近,其中南海一处的最大上升速度位于对流层中层,可达到 0.0006 hPa·s$^{-1}$。−4 d,孟加拉湾一处的上升运动区东移至 95°E 附近,在 500 hPa 附近的上升速度高达 0.0008 hPa·s$^{-1}$,这表明该地区对流发展旺盛,而南海一处的上升运动明显减弱。−2 d,这两处的上升运动都有所减弱,尤其是南海—菲律宾的对流活动明显受到抑制,而且在 130°E 以东有较弱的下沉运动,从而形成一个弱的纬向垂直环流。0 d,最强的上升区东移到孟加拉湾东部 100°E 附近,最大的上升速度位于 500 hPa,下沉区也向西移动了 10 个经度,原位于 120°E 的上升运动已变为弱的下沉运动,纬向垂直环流得到发展,而此时,副高伸至最西端 115°E 附近。以上分析表明,当孟加拉湾北部的对流发展增强时,南海北侧—菲律宾附近的上升运动减弱,并在中低层出现弱的下沉运动,受这个弱的反气旋性垂直环流下沉支的影响,副高增强西伸。

图 7.15 右侧的 4 幅图给出了沿 120°~130°E 经向垂直环流的演变特征,它反映了季风槽区的对流活动和副高西伸之间的关系。−6 d,0°~30°N 之间皆为上升区,尤其以 20°N 附近的上升运动最强。−4 d,0°~30°N 之间大面积上升区被 20°N 附近低层的弱下沉气流一分为二,南北两支分别对应着南海季风槽区(5°~15°N)和副热带季风槽区(25°~35°N)的上升运动。−2 d,这两处的上升运动都有所增强,其中南海季风槽区强大的上升气流到达对流层高层后转而向南,在 5°S 以南下沉,维持一个闭合的经圈环流。这个环流圈与热带季风相联系,称之为热带季风经圈环流。此时,副热带季风槽区的最大上升气流中心随高度向北移动,20°N 附近对流层低层仍为弱的下沉运动。0 d,南海季风槽区的上升运动减弱,副热带季风槽区的上升运动增强,气流上升至高空约 200 hPa 后转向南,在 20°N 附近(副高脊处)下沉,也构成一个闭合的经圈环流。这个环流圈与副热带季风相联系,称之为副热带季风经圈环流。可见,在 6 月副高西伸的过程中,其北侧副热带季风槽区的上升气流在副高脊内下沉,形成的副热带季风垂直环流圈,是制约副高位置变化的原因之一。

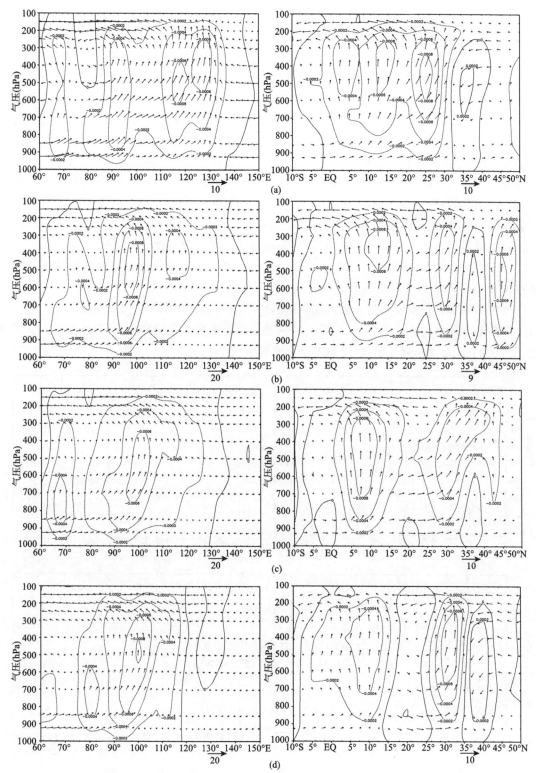

图 7.15　1980—2006 年 6 月逐日合成的沿 15°～25°N(左)和沿 120°～130°E(右)的垂直环流
(箭头)及垂直运动分布(单位:hPa·s⁻¹;虚线表示上升;实线表示下沉)

(a)－6 d;(b)－4 d;(c)－2 d;(d)0 d

图 7.16 是 7 月以副高西伸脊点到达最西点之日作为 0 d 的前后逐日合成的沿 $20°\sim30°N$ 和沿 $120°\sim130°E$ 的垂直环流及垂直运动分布。图 7.16 左侧的四幅图给出了沿 $20°\sim30°N$ 纬向垂直环流的演变特征,它反映了我国东部降水和副高西伸之间的关系。$-5 d$,我国东部有两处明显的上升区,分别位于 $100°E$ 和 $120°N$ 附近。$-3 d$,最强的上升区位于 $110°E$ 和 $120°N$ 之间,在 500 hPa 附近的上升速度达到 $0.0006$ hPa·$s^{-1}$,而在 $130°E$ 以东有较弱的下沉运动,从而形成一个弱的纬向垂直环流。$-1 d$ 和 $0 d$,上升区西移到 $100°E$ 和 $110°N$ 之间,上升运动有所增强,下沉区也向西移动了 10 个经度,原位于 $120°E$ 的上升运动已变为弱的下沉运动,纬向垂直环流得到发展。而此时,副高伸至最西端 $110°E$ 附近。这表明我国大陆东部地区对流性降水增强,使得该地区出现上升气流,受纬向垂直环流的影响,气流在 $120°E$ 附近下沉,有利于副高增强西伸。7 月份经向垂直环流的演变特征如图 7.16 右侧 4 幅图所示,与 6 月存在明显的差异,这主要是由于副高的季节内北移,南海季风槽区的位置向北推进了 $5°N$,而副热带季风槽区的上升运动明显减弱,甚至被弱的下沉运动所代替。

以上分析表明,6 月份孟加拉湾地区的对流发展增强可能通过纬向垂直环流诱使副高增强西伸;7 月份副高西伸可能是由上升区位于我国大陆东部,下沉区位于我国沿海—西北太平洋附近的纬向垂直环流所驱使。副高北侧的副热带季风槽区的上升气流在副高脊内下沉,形成的副热带季风垂直环流圈,对 6 月份副高强度位置变化有一定的影响,但 7 月份副热带季风槽不活跃,上升运动明显减弱,因此这不是主要影响因子。

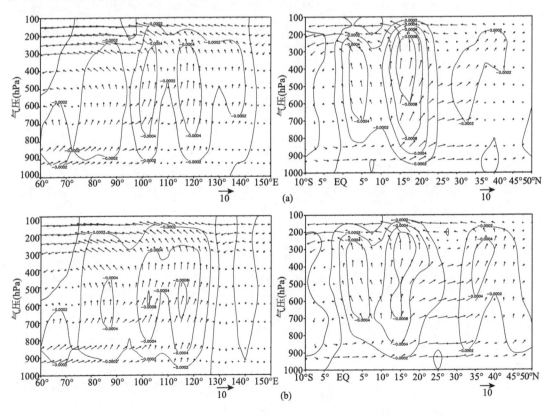

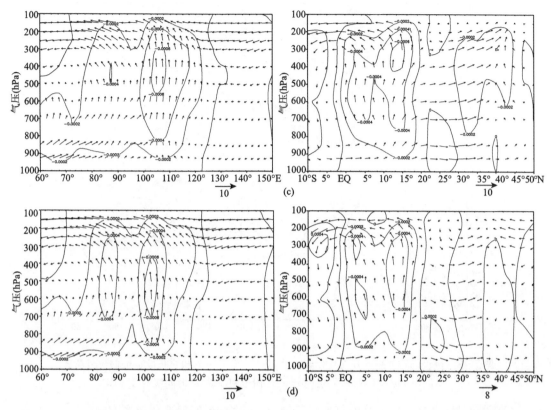

图 7.16　1980—2006 年 7 月逐日合成的沿 20°～30°N(左)和沿 120°～130°E(右)的垂直环流(箭头)及垂直运动分布(单位:hPa・s$^{-1}$;虚线表示上升;实线表示下沉)
(a)—5 d;(b)—3 d;(c)—1 d;(d)0 d

## 7.6　副高西伸与南亚高压东移的关系

陶诗言等(1964)最早发现南亚高压的短期东西振荡与中低层的副高进退密切相关,并且表现出两者相向而行的现象。任荣彩等(2003,2007)在分析 1998 年 7 月副高活动时,也证实了两者的相关性,并进一步指出,南亚高压通过动力和热力两种作用机制影响中层副高的短期变化。前面的分析结果再次验证了他们的结论,鉴于南亚高压对副高影响的重要性,这里单列一节作详细分析。

副高的变化终可归结为负涡度的生消,为此针对副高西伸过程中负涡度的发展,来分析南亚高压的影响过程。图 7.17a,b 分别为 6 月沿 25°N,200 hPa 和 500 hPa 的位势高度及负涡度平流的经度-时间剖面图。

从图中不难看出,—10 d 至—2 d,200 hPa 南亚高压随时间自西向东伸展,并伴随有负涡度中心东移,负涡度平流从高原一直可向东输送到 140°E 以东甚至更远的地方(如图 7.17a 箭头所示)。在 500 hPa 上,与上述东移的高层高压区相对应,其下方中层的副高中心及负涡度区西移(如图 7.17b 箭头所示)。因此,可以认为副高西伸发展期间,其上空出现的负涡度平流与南亚高压的东移有重要关系。

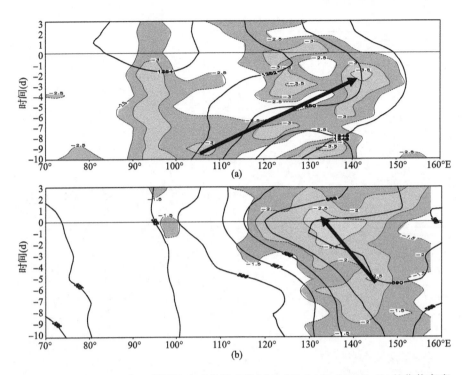

图 7.17　1980—2006 年 6 月逐日合成的沿 25°N 200 hPa(a)和 500 hPa(b)的位势高度
（单位：dagpm，实线）和涡度（$10^{-5}$ s$^{-1}$，阴影和虚线）的时间演变分布图

垂直运动是联系高低层系统的重要纽带，根据 $p$ 坐标中的准地转涡度方程：

$$\frac{\partial \zeta}{\partial t} + V_h \cdot \nabla_h \zeta + \beta v = - f \nabla_h \cdot V \tag{7.1}$$

在不考虑涡度的局地变化时，利用连续方程，有

$$V_h \cdot \nabla_h \zeta + \beta v = f \frac{\partial \omega}{\partial p} \tag{7.2}$$

上式对 $p$ 求导，得：

$$\frac{\partial}{\partial p}(V_h \cdot \nabla_h \zeta) + \beta \frac{\partial v}{\partial p} = f \frac{\partial^2 \omega}{\partial p^2} \infty - f\omega \tag{7.3}$$

即有：

$$\omega \propto \frac{1}{f} \frac{\partial}{\partial p}(- V_h \cdot \nabla_h \zeta) - \beta \frac{\partial v}{\partial p} \tag{7.4}$$

由此式可见，对于某一个时间段而言，副高周围涡度平流和南北风的分布随高度的变化决定着所强迫的垂直运动的性质。首先来看涡度平流项的作用，当高空有明显的负涡度平流时，即高层负涡度平流随高度增强时，可激发下沉运动，利于中低空辐散及负涡度发展，于是反气旋环流发展，副高随之加强。如图 7.17 所示，对流层高层南亚高压的东伸，在高空负涡度平流的动力强迫作用下，垂直下沉运动的范围也东伸，有利于副高的西伸加强。

再来看 $\beta v$ 项的作用。位于南亚高压东北侧的辐散区因高压的东伸，反气旋环流使北风发展，因北风随高度加强，可推出低层辐合上升运动在这里得到发展，上升运动导致了对流层高层水汽的凝结潜热释放，加大了高层的非绝热加热率，这样，高层的加热率显然加大

$\left(\dfrac{\partial Q_{CH}}{\partial z}>0\right)$，由全型涡度方程（吴国雄 等，1999a）可以推知 $\beta v\propto\dfrac{f+\zeta}{\theta_z}\dfrac{\partial Q_{CH}}{\partial z}>0$（刘还珠 等，2006），在 $\beta$ 项作用下，热源下方出现南风，气旋环流在热源西侧得到发展，反气旋环流在热源东侧得到发展，从而使副高得以加强西伸。前面7.4节论及副高西伸过程中，南压高压东伸的高压脊东北侧有较强的辐散区，恰好与低层副高西北侧的上升运动区相对应，而我国江淮流域至日本南部的对流活跃区正处于它的下方。这样的高低空分布形式，有利于高空北风、低空南风的发展，从而导致副高的西伸加强。

由以上分析，得到6月南亚高压东移诱发副高西移的示意图（如图7.18所示），可看出：(1)负涡度平流伴随着南亚高压东移而不断东移，高压南边的辐合下沉气流在中低空辐散，增强了局地的负涡度，诱发副高西伸；(2)南亚高压东移，其东北侧偏北气流在30°N以北辐散，加强了中低空的辐合上升运动，降水得以发展，进而引发了绝热加热在垂直方向的不均匀，热力作用使副高西北侧的偏南风增强，导致了副高的加强和西伸；(3)副高西伸，其西北侧的偏南气流在30°N以北辐合，增强了局地的上升运动，并加剧了江淮地区的暴雨，暴雨的频繁发生又加强了低层的南风和高层的北风，从而使高层东伸的南亚高压和低层西伸的副高在我国东部稳定维持。

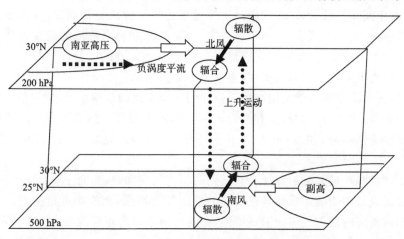

图7.18 1980—2006年6月高层南亚高压东移诱发低层副高加强西移的示意图

前面研究发现，在6,7月份的两次合成的副高西伸过程中，高层环流场演变情况有所不同，因为7月副高位置偏北，高层南亚高压脊东北侧的辐散区范围明显缩小，低层副热带季风槽区对流不活跃，上升运动减弱，所以不能单从南亚高压东移来解释副高西移的原因。7月200 hPa的合成结果中，最显著的特征是：−1 d，在西北太平洋副热带上空出现了反气旋环流中心，0 d，这个反气旋与东伸的南亚高压脊打通相连，使脊进一步发展加强。图7.19a,b分别为7月沿30°N,200 hPa和500 hPa的位势高度及负涡度平流的经度-时间剖面图。对比图7.19a和图7.18a上负涡度的分布（阴影区），可以明显地看到，7月南亚高压的负涡度区稳定少动。−7 d，在高原上空有一个负涡度的大值中心，即为南亚高压中心的位置。−4 d时，在日本南面也有一个负涡度的大值中心，对应高度场上的高压脊。−5 d～0 d，高原东边的负涡度区明显地向西移动，在0 d时和南亚高压的负涡度区打通相连（如图7.19a箭头所示），对应其下方中层的副高西伸（如图7.19b箭头所示）。由此表明，在副高西伸过程中，日本南面反气旋西移并入南亚高压，使南亚高压东侧的高压脊加强。这一结果与罗玲等（2005）的诊断结果相似。可以认为，日本南面反气旋的出现并不是偶然的，它的西移可能对低层副高西伸具有引导作用。

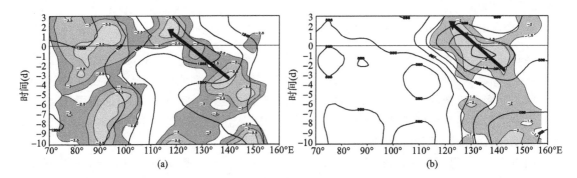

图 7.19　1980—2006 年 7 月逐日合成的沿 30°N 200 hPa(a)和 500 hPa(b)位势高度
（单位：dagpm，实线）和涡度（$10^{-5}$ s$^{-1}$，阴影和虚线）的时间演变分布图

## 7.7　本章小结

　　基于副高西部前缘主要活动区位势高度距平持续增大作为判定副高西伸的方法，对发生在 1980—2006 年间 6,7 月份各 12 次副高西伸过程进行了合成分析，较为深入细致地讨论了在副高西伸过程中，热带对流活动、南半球系统、南亚高压和垂直环流的演变特征及它们与副高东西向活动的关联特征，大致给出它们对副高西伸活动影响的示意图（如图 7.20 所示），并对副高西伸的可能机制作了初步的探讨，得到如下分析结果：

　　(1)热带地区对流活跃可能是副高增强西伸的一个重要的前期信号，阿拉伯海的对流发展增强最先影响副高，之后是孟加拉湾和南海东部—菲律宾地区。热带地区对流活动对副高西进的影响具有季节性差异，初夏（6 月）阿拉伯海地区占优势，盛夏（7 月）孟加拉湾地区成为主导。

　　(2)在副高西伸前，最显著的特征是其西侧的偏南气流加强，西面主要是由印度低压发展、孟加拉湾对流增强及印缅槽加深而导致槽前的西南气流增强，南面则可追溯到南半球越赤道气流和南海季风槽前的偏东气流的明显增强，而这与南半球高压发展及南海季风槽活跃有关。

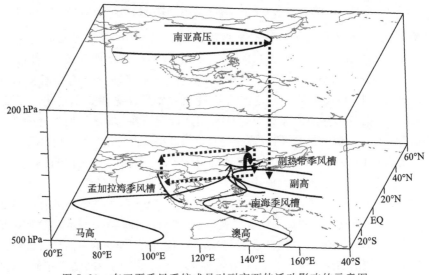

图 7.20　东亚夏季风系统成员对副高西伸活动影响的示意图

（3）在副高西移的整个过程中，南半球马斯克林和澳大利亚高压都经历了一次增强过程，高压引发的冷空气活动所造成的经向风扰动向北传播，可影响到副高西侧的偏南气流，对副高东西振荡有重要作用。

（4）6 月孟加拉湾地区的对流发展增强可能会通过纬向垂直环流诱使副高增强西伸；7 月副高西伸可能是受上升区位于我国大陆东部，下沉区位于我国沿海—西北太平洋附近的纬向垂直环流所驱使。

（5）6 月副高西伸发展与南亚高压的东移有重要关系。一方面负涡度平流伴随着南亚高压东移而不断东移，高压南边的辐合下沉气流在中低空辐散，增强了局地的负涡度，诱发副高西伸；另一方面南亚高压东移，其东北侧偏北气流在 30°N 以北辐散，加强了中低空的辐合上升运动，降水得以发展，进而引发绝热加热在垂直方向上不均匀，热力作用使副高西北侧的偏南风增强，导致了副高的加强和西伸。另外，7 月高层日本东南部的小高压西移并入南亚高压，可能对低层副高西伸具有引导作用。

本章的主要特点是将副高和东亚夏季风系统作为一个有机整体，开展副高西伸过程综合分析研究，较为系统地分析讨论了影响副高西伸的可能机理，并给出了东亚夏季风系统成员对副高西伸活动影响示意图。通过合成分析证实了一些以往个例分析中得到的结论，如南亚高压东移诱发副高西伸的机制等。研究结果除证实了一些共性特征外，还赋予了新的内涵特征，如强调 6，7 月环流形势的差异，指出日本东南部的高压西移对 7 月副高西伸的引导作用；此外，还提出了一些新的观点，如从垂直环流的角度，诊断揭示了孟加拉湾、南海和副热带季风槽上对流活动对副高西进的影响。

# 第8章 赤道中太平洋对流活动与 副高西伸的时延相关

自 20 世纪 80 年代东亚季风系统概念提出以来,围绕着副高东西进退和东亚季风系统之间的关系开展了许多的研究工作。譬如喻世华、张韧等(1999)研究证实了季风活动、南海季风槽降水和东亚大陆季风雨带与副高活动存在一种"自我调整"机制,彼此共处于夏季风系统这一有机整体之中;徐海明等(2001b)研究表明,热带 ITCZ 和孟加拉湾北部对流的异常活跃可能对副高增强和北跳西伸产生影响,赤道中太平洋 ITCZ 中对流异常活跃不仅可导致副高的增强、北移,还可导致副高西伸;黄荣辉等(1988)认为非绝热加热是季风建立和维持的重要机制,副高的活动与非绝热加热密切相关,其南北移动和东西进退在很大程度上取决于非绝热加热的空间分布;喻世华等(1995)研究表明,季节内西太平洋副高异常是整个北太平洋副高异常的结果,且东太平洋副高异常先于西太平洋副高异常,东—西太平洋副高存在时延的遥相关关系;进一步的研究(张韧,2002a,2002b)指出,该遥相关过程与中太平洋副热带地区的低频位势中心的西传关系密切,东—西太平洋副高的遥相关可能通过低频位势波传播加以联系和实现。

上述研究揭示了热带地区对流加热作用对副高活动的影响以及东—西太平洋副高间的相关特性,但其统计特性和波谱规律尚不十分清楚。为此,本章首先分析了夏季西太平洋副高西进东退的气候态特征规律,随后采用 Morlet 小波基函数对副高西脊点指数和热带地区对流指标进行交叉小波变换。通过对其交叉小波能量谱和小波相干谱的分析,重点讨论了赤道中太平洋地区对流活动异常对副高维持与西伸的影响,并运用大气视热源理论和全型垂直涡度方程对副高活动和形态变异的可能机理进行了讨论(余丹丹 等,2008a,2008b)。

## 8.1 资料和方法

使用 NCEP/NCAR 1980—2006 年共 27 年 6—8 月逐日再分析资料以及 NOAA 卫星观测的 1980—2006 年共 27 年全球逐日平均的 OLR 资料,水平分辨率均为 $2.5° \times 2.5°$。本章研究对象采用中央气象台(1976)定义的,表征副高位置东西异常及向西扩展程度的西脊点指数(WI)。拟采用小波和交叉小波方法对副高西脊点指数和热带地区的对流指标作频谱分析,该方法的原理和步骤在第 3 章已作过详细说明。

## 8.2 夏季西太平洋副高的东西变动特征

### 8.2.1 天气事实

副高夏季的几次明显北跳与我国东部雨带的季节性移动密切相关,副高进退异常往往导致该地区出现洪涝和干旱灾害。对于季节内的中短期振荡,副高的东撤伴有南退,西伸伴有北进,因此,对副高的东西向活动特征和规律的研究同样具有重要意义。

图 8.1a 是 1980—2006 多年平均 6—8 月沿 27.5°～32.5°N 平均的 500 hPa 位势高度经度-时间分布图,表示气候平均状况下,副高脊线的西伸和东退,阴影区表示位势高度大于 588 dagpm。如图中所示,夏季 7 月份我国东部地区副高有明显的季节内西伸的特点。其中 7 月 10 日前后,副高 586 dagpm 线西伸至 110°E 附近,对应气候上讲的副高第 2 次北跳。此时梅雨结束,黄淮雨季开始。7 月底副高脊继续西伸北移,造成日本梅雨结束并出现高温酷暑天气。整个 8 月,副高 588 dagpm 线一直位于偏西的位置。

图 8.1b 和图 8.1c 分别是 2005 和 2006 年 6—8 月沿 27.5°～32.5°N 平均的 500 hPa 位势高度经度-时间分布图。图上副高均有几次明显的西伸过程,具体时间略有不同。2005 年夏季 8 月 20 日以前副高有 4 次西伸过程,分别是 6 月底、7 月中旬、7 月底和 8 月中旬(如图 8.1b 中 A,B,C,D 所示),每次 588 dagpm 线都伸至 120°E 以西,呈现出显著的半月左右的准周期振荡。与气候平均情况相比,副高西脊点的位置偏西约 20 个经度,其中 7 月中旬出现该年最强的一次西伸(如图中箭头所示),可以看到副高 7 月初首先在中太平洋地区增强,然后由东向西扩展,大约 15 d 后,副高脊伸至 110°E,此时江淮雨季结束,长江中下游出现高温酷暑天气。

再以 2006 年为例,从 588 dagpm 线的西伸来看,夏季副高西伸活动也很频繁,主体比 2005 年更加偏强、偏西,而且狭长的脊可以向西伸展至 100°E 以西。6 月初—8 月末,副高存在 6 次西伸,5 次东撤,15～20 d 的周期振荡显著。其中 7 月下旬—8 月下旬的 3 次西伸(如图 8.1c 中 A,B,C 所示)均达到 90°E 以西,特别是在 7 月中旬有一次很强的西伸过程(如图中箭头所示)。此后副高稳定少动维持于我国偏北、偏西地区。正是副高的这次西进和维持导致了我国长江流域和川、渝地区的持续高温、干旱天气。因此,上述的天气事实表明,夏季副高西伸平均周期为 15～20 d,7 月中旬前后,出现一次很强的副高西伸过程,588 dagpm 线扩展到 120°E 以西,标志着江淮地区梅雨的结束和伏旱天气的开始。

## 8.2.2　时频特征

为进一步描述和刻画副高东西进退的活动特征,我们对副高西脊点指数(WI)进行了小波分析。图 8.1 d 是气候平均副高西脊点指数的小波能量谱,从图中能量高值区的分布可以看出,副高西伸活动存在季节内中、短期变化,主要表现为半个月左右(10～15 d)的中期活动和一周左右(3～10 d)的短期活动,且该中、短期活动彼此交杂。其中最显著的大值带出现在 7 月中旬—8 月中旬,周期约 10～15 d,并叠加有 3～10 d 的短期变动。另外,5 月间和 8 月底的也存在 3～10 d 的短周期振荡。对比图 8.1a 和图 8.1 d,从 588 dagpm 线变化来看,副高从 6 月末到 8 月初,共有 4 次西伸,分别是 6 月 30 日、7 月 11 日、7 月 21 日和 8 月 1 日前后,(对应图 8.1a 中的数字 2,3,4,5),活动周期大约为 10～15 d 左右,这与小波能量谱中高值区对应的周期相吻合。8 月中旬以后副高 588 dagpm 线基本位于 130°～140°E 之间,振荡周期缩短,这种情形与图 8.1c 中 8 月底主要以 3～10 d 为主的短周期振荡一致。

上述小波能量谱分析表明,从气候上讲,夏季副高西伸活动具有复杂的时频结构和多周期尺度特征。2005 和 2006 年夏季的副高东西进退亦表现出多周期特性。2005 年副高西脊点指数的小波能量谱(如图 8.1e 所示)可以看到副高西脊点指数 7 月中旬以前主要以 3～10 d 的短周期振荡和 20～30 d 长周期振荡叠加为主,7 月中旬以后,活动周期与气候平均情况类似,

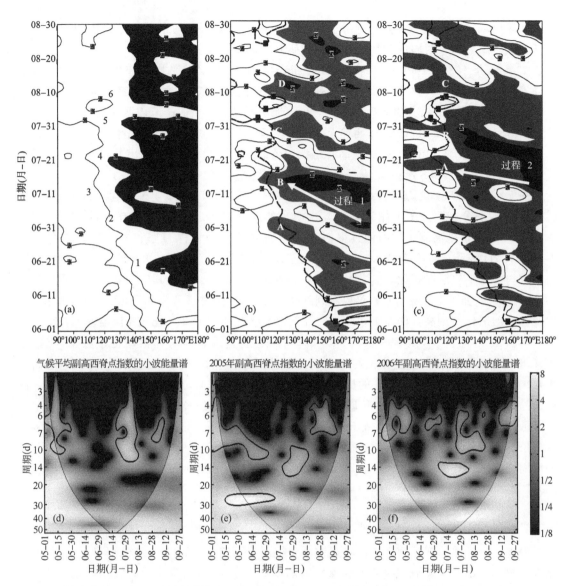

图 8.1 1980—2006 多年平均(a,d)、2005 年(b,e)、2006 年(c,f)6—8 月沿 27.5°~32.5°N
平均的 500 hPa 位势高度经度-时间分布(单位:dagpm)和副高西脊点指数的小波能量谱

以 10~15 d 周期振荡最为显著。2006 年副高西脊点指数 10~15 d 周期振荡的能量高值出现在 7 月,7~10 d 周期振荡的能量高值出现在 8 月,而且副高西脊点的中期变动在整个夏季始终叠加有 3~7 d 的短期变动(如图 8.1f 所示)。

上述频谱分析与天气事实分析表明,夏季 7—8 月期间,副高西脊点指数的小波能量谱高值区所对应的周期和 588 dagpm 线的西伸周期基本一致,即副高东西进退具有半月左右的典型振荡周期。

## 8.3 赤道中太平洋地区对流活动的空间分布和时频特征

上述分析表明,夏季副高的变化首先出现在中太平洋地区,继而以半月左右的周期从北太平洋中部一次次地向西扩张、西伸,7月中旬往往有一次明显的西伸过程。副高的这种西伸与赤道中太平洋上空的对流活动存在的关联。本节从实际的观测资料来分析赤道中太平洋地区对流活动与副高西伸的关系。

OLR是卫星观测到的地气系统的外向长波辐射,它可以反映对流发展的强弱、大尺度垂直运动的信息。图8.2a为1980—2006年逐日OLR资料取多年平均后,在150°E～180°之间

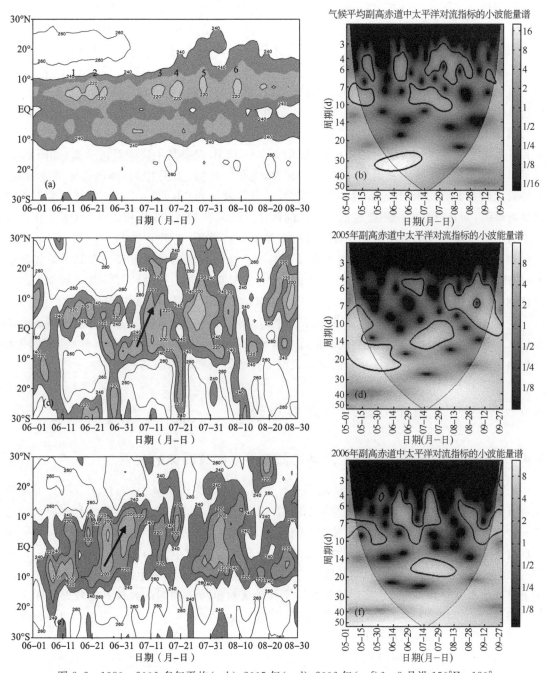

图8.2　1980—2006多年平均(a,b)、2005年(c,d)、2006年(e,f)6—8月沿150°E～180°

平均的OLR纬度-时间剖面图(单位:W·m⁻²)和赤道中太平洋地区对流指标的小波能量谱

取纬向平均得到的纬度-时间剖面图。由图可见,赤道中太平洋上 5°N 附近一直维持着小于
220 W·m⁻² 的小值区,它对应一条对流云带,即 ITCZ,在该云带上不断有强对流的发生、发
展。而且发现 OLR 值小于 220 W·m⁻² 的几次强对流发生发展的时间(用数字在图中标注)
大体上与上述副高几次西进活动时间相对应(见图 8.1a)。基于此,本章定义用赤道中太平洋
[150°E～180°,0°～10°N]地区 OLR 区域平均值标准化后来表示该地区的对流指标,并对其进
行小波分析。在图 8.2b 中,贯穿整个时域的大值轴线集中在 3～10 d 短周期上,值得注意的
是 7 月中旬以后有向 10～15 d 周期转变的趋势。这一点与气候平均副高西脊点指数的小波
能量谱(如图 8.1d 所示)分布相似。另一个大值带出现在 6 月中旬—7 月中旬,周期为准
20 d。

再来讨论 2005 和 2006 年,这两年副高位置比常年均偏西,考虑到赤道对流加强北上,会
引起热带对流活动异常,为此我们分别对 2005 和 2006 年 OLR 场沿 150°E～180°平均做纬度-
时间剖面图。就 2005 年而言,图 8.2c 中太平洋赤道附近的对流活动在 7 月第 2 候、7 月第 5
候和 8 月第 1 候各有一次显著加强过程,周期为 10～15 d,观察其小波能量谱分布(如图 8.2d
所示),可以发现以半月左右周期尺度的大值带出现在 7 月初—8 月中旬,再次验证了该结论。
另外对比图 8.1b 上 588 dagpm 线的时空演变,还可以发现副高的每一次西伸都伴随着南侧对
流显著增强,而且对流的增强要超前于副高的西伸。2006 年与 2005 年相比有所差异,图 8.2e
中赤道中太平洋地区的对流活动早在 6 月第 5 候就开始活跃,表明了 2006 年热带 ITCZ 较早
地得到了加强,然后在 7 月第 3 候、8 月第 1 候各有一次强对流的发生发展。在其小波能量谱
上(如图 8.2f 所示),整个夏季始终叠加有 3～10 d 的短期变动,7 月以后 15～20 d 周期振荡变
得特别明显。同样对比图 8.1c,可以看到几次强对流的发生发展都在副高西伸之前。

由上述的诊断事实和波谱特征可知,7 月中旬—8 月中旬间,赤道中太平洋地区对流活动
表现出半月左右的准周期振荡,与副高活动具有相似的时频结构和周期特征。可见,赤道中太
平洋地区对流活动可能在半月左右的时间尺度上显著影响和制约副高的西伸。

## 8.4 经向热力差异对副高西伸的影响

### 8.4.1 赤道中太平洋地区对流活动与西太平洋副高西伸的关系

副高和赤道中太平洋地区对流活动都具有半月左右的准周期振荡,而且赤道中太平洋地
区对流活动的异常与副高的东西进退关系密切,因此,我们通过交叉小波能量谱和小波相干谱
进一步探讨在该时域上两者的位相关系。图 8.3a 和图 8.3b 分别是气候平均情况下,副高西
脊点指数与赤道中太平洋地区对流指标的交叉小波能量谱和小波相干谱,可以看到,7 月中
旬—8 月中旬,在 10～15 d 的周期尺度上,交叉小波能量谱上出现一个大值区,与其对应小波
相干谱的值都能达到 0.8。这表明赤道中太平洋地区对流活动和副高西伸具有较好的相关关
系。但是它们存在位相差,先将副高西脊点指数的小波位相角定为 0°,因而图中给出的位相差
是相对值,通过计算,两者的位相差为 317°±14°(位相差为平均角±角离差),可以得出在 10～
15 d 的时间尺度范围内,两者几乎同步或者说对流活动先于副高西伸大约一个周期,即赤道
中太平洋地区对流加强和减弱会提前 8～14 d 影响副高西伸和东退。

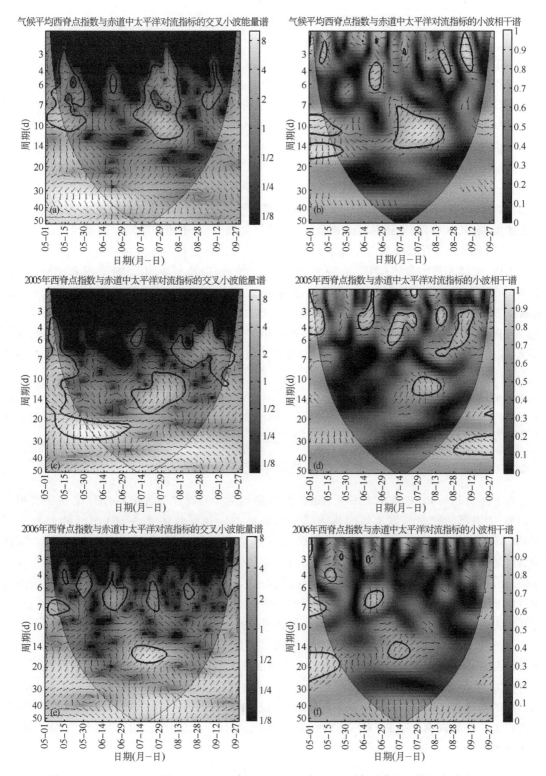

图 8.3　1980—2006 平均(a,b)、2005 年(c,d)、2006 年(e,f)副高西脊点指数与赤道中太平
洋地区对流指标的交叉小波能量谱和小波相干谱

2005 年副高西脊点指数与赤道中太平洋地区对流指标的关系与之类似,在 10～15 d 的范围内,交叉小波能量谱(如图 8.3c 所示)上的大值区,以及小波相干谱(如图 8.3d 所示)大于 0.8 的值主要分布在 7 月中旬—8 月中旬。不同之处表现在,这个时域内的位相差矢量几乎都是垂直指向上的(257°±8°),这意味着赤道中太平洋地区对流活动要超前于副高西伸,超前的时间在 3/4 周期左右,即从赤道中太平洋地区对流开始活跃到副高完成一次西伸北跳大约需要 7～10 d。如图 8.1b 所示,7 月中旬到 8 月中旬之间,副高脊 3 次西伸到最西位置所对应的时间分别是 7 月 15 日、7 月 31 日和 8 月 12 日。而图 8.2c 中,赤道中太平洋上 5°N 附近,对流增强所对应的时间为 7 月 8 日、7 月 21 日和 8 月 4 日。不难看出,副高西伸与对流增强确实存在着 7～10 d 的滞后相关关系。再以 2005 年 7 月中旬的一次副高西伸过程来说明(简称过程 1,如图 8.1b 中箭头所示):7 月初,赤道中太平洋上 5°S 附近的对流开始活跃,副高在中太平洋地区增强,几天后,随着强对流北移至 5°N 附近(如图 8.2c 中箭头所示),副高西伸。

2006 年副高西脊点指数与赤道中太平洋地区对流指标也有上述时延相关性,在 15～20 d 的范围内,交叉小波能量谱(如图 8.3e 所示)上的大值区,以及小波相干谱(如图 8.3f 所示)大于 0.8 的值主要分布在 7 月中旬—8 月初,两者的位相差为 314°±13°,这说明赤道中太平洋地区对流发展会提前 12～16 d 影响副高西进。同样选取 2006 年 7 月中旬的一次副高西伸过程进行分析(简称过程 2,如图 8.1c 中箭头所示):早在 6 月第 5 候中太平洋上赤道附近的对流就开始活跃,7 月初,强对流出现在 5°N 以北(如图 8.2e 中箭头所示),此时副高自东向西扩展并于 7 月 18 日伸至最西端。

以上分析表明,副高西伸是与赤道中太平洋地区对流活动相联系的,7 月中旬—8 月中旬,在半月左右周期振荡尺度上范围内,尽管两者的位相差有所差异,但是总体上对流活动对副高西伸存在着约一个周期的超前影响。两者上述的时延相关性具有较好的预报征兆意义。

## 8.4.2　经向加热影响副高东西位置变异的可能机制

由上述分析可知,赤道中太平洋地区的对流活动对于副高半月左右周期振荡特征有很大的影响,而对流活动是与该地区的热力状况相联系的。初夏时随着热带印度洋西风加强和 120°E 以东越赤道气流建立,西太平洋夏季风暴发,西太平洋季风槽向东伸展,槽上的对流活动显著增强,而且随着赤道强对流北移,副高南侧热带 ITCZ 对流旺盛,局地 Hadley 环流发展增强,在副热带上空下沉从而导致副高增强西伸。因此这种经向的加热异常可能是控制副高季节内东西进退的基本因子。前面分析指出,2005,2006 年 7 月副高具有明显的西伸过程,为此我们进一步分析对流加热引起的非绝热加热对副高异常的影响。

大气视热源 $Q_1$ 采用 Yanai M 等(1973)提出的计算方案。根据吴国雄等(1999a,1999b)给出的全型垂直涡度倾向方程,在不考虑大气内部热力结构的变化、热源本身及摩擦耗散的影响,仅考虑大气视热源 $Q_1$ 作用时,尺度分析表明,垂直运动项以及大气视热源的水平非均匀加热项的量级为 $10^{-12}\sim10^{-11}\,\mathrm{s}^{-2}$,比热源的垂直变化所产生的涡度强迫的量级($10^{-10}$)小一个量级以上。在副高南(北)侧,盛行东(西)风($v=0$),并且在 $x$ 方向上涡度的平流很弱,因此有涡度变率

$$\frac{\partial \xi}{\partial t} = \frac{f + \xi}{\theta_z}\frac{\partial Q_1}{\partial z}$$

$$\theta_z = \frac{\partial \theta}{\partial z}$$

(8.1)

式中 $\theta$ 为位温,其他为气象常用符号。图 8.4a,b 分别给出了 2005,2006 年 6—8 月非绝热加热异常产生的近地面(1000 hPa)涡度变率沿 15°~30°N 平均的经度-时间分布图,阴影区为小于 0 的区域。从图 8.4a 中可以明显地看到 2005 年 6 月 30 日—7 月 20 日,有负涡度平流向西输送至我国东部(图中箭头的指向),对比图 8.1b,可以看到这一次负涡度的西移过程对应着副高明显的西伸过程(过程 1)。图 8.4b 中 2006 年 7 月 9 日—7 月 21 日,箭头的所示负涡度的西移过程与副高西伸过程(过程 2)也相当一致。图 8.4c,d 显示了在这两次负涡度的西移期间,由于非绝热加热率垂直变化引起的 500 hPa 涡度变率的空间分布。2005 年在我国华南

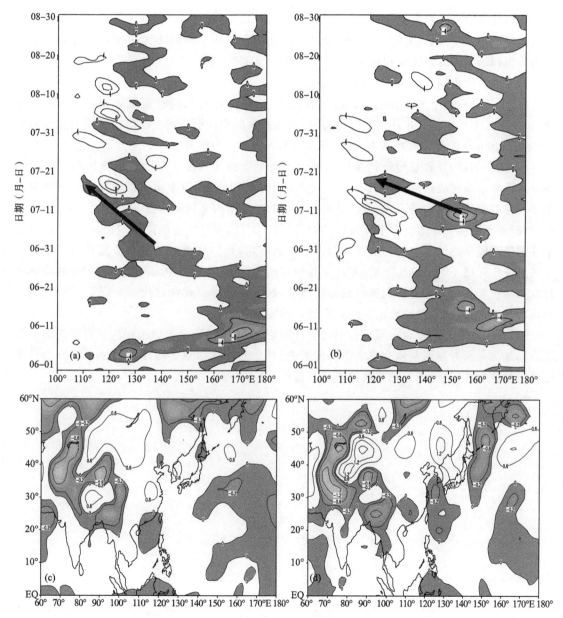

图 8.4　2005 年(a)、2006 年(b)6—8 月 1000 hPa 涡度变率沿 15°~30°N 平均经度-时间剖面图;
2005 年 6 月 30 日—7 月 20 日(c)及 2006 年 7 月 9—21 日(d)平均 500 hPa 涡度变率分布图($10^{-10} \text{s}^{-2}$)

和南海地区表现为负涡度变率距平,有利于副高西伸(如图 8.4c 所示)。2006 年表现更为突出,在我国江南大部到副热带西太平洋地区呈现带状的负涡度变率距平区,这种带状分布区正好与副高稳定西伸的区域吻合(如图 8.4d 所示)。这说明由于非绝热加热的作用,2005,2006 年 7 月上述地区有异常强的反气旋性涡度变率,进一步说明由于非绝热加热导致了副高形态的变异。

## 8.5  本章小结

本章继前面关于热带地区的对流加热作用对副高活动的影响以及东—西太平洋副高之间的相关特性的讨论之后,采用小波和交叉小波方法重点分析了赤道中太平洋地区对流活动以及副高东西活动的时频结构和周期特征,并运用大气视热源理论和全型垂直涡度方程对副高形态变异的可能机理进行了讨论,分析结果如下:

(1)天气分析和小波分析表明,夏季副高东西活动具有复杂的时频结构和多周期尺度特征,特别是在 7 月中旬到 8 月底期间,副高西脊点指数的小波能量谱上的高值区所对应的周期和 588 dagpm 线的西伸周期基本一致,即副高东西进退具有半月左右的准双周振荡。

(2)依据实际 OLR 观测资料探讨了赤道中太平洋地区对流活动与副高突然西伸变化的关系。诊断结果和波谱特征表明,7 月中旬到 8 月中旬期间,赤道中太平洋地区对流活动表现出半月左右的准双周振荡,与副高活动具有相似的时频结构和周期特征。

(3)鉴于副高和赤道中太平洋地区的对流活动均具有半月左右的准双周振荡,且赤道中太平洋地区对流活动的异常与副高的东西进退关系密切,我们又通过交叉小波能量谱和小波相干谱进一步开展了时域位相分析,发现 7 月中旬到 8 月中旬,赤道中太平洋地区对流活动在半月左右的时间尺度上显著影响和制约副高西伸,而且前者对后者存在约一个周期(15 d 左右)的超前影响,两者的这种时延相关性具有较好的预报意义。

(4)运用大气视热源和全型垂直涡度方程理论,分析指出赤道中太平洋地区对流活动引起的经向加热异常对副高西伸有非常重要的影响,异常非绝热加热会在副高西伸区域产生异常的反气旋性涡度,进而诱导副高西伸或位置偏西维持。

# 第二编　副高活动与变异的动力学机理的正问题研究

# 第 9 章　影响副高活动的热力强迫—动力学解析模型

　　西太平洋副高是东亚夏季风系统的重要成员,是影响东亚地区夏季天气气候和导致长江中下游地区出现暴雨和干旱等灾害性天气的重要系统,副高的进退活动与东亚季风雨带和南海季风槽雨带之间存在着密切联系。20 世纪 80 年代初,余志豪等(1983,1984)就关注到了副高与东亚雨带之间相互作用与相互制约的关系。喻世华(1989a,1989b)、张韧(1995,2003a)等提出西太平洋副高与东亚雨带之间是一种彼此相互作用与制约的关系:强调了雨带的热力强迫作用和东亚环流的背景作用对副高活动的制约。喻世华等(1991)研究指出,副高在东亚副热带地区的活动与东亚大陆季风雨带和南海—热带西太平洋地区的季风槽雨带关系密切;Nikaidou Y(1989)也认为副高增强一般发生在热带西太平洋降水增加之后;Hoskins B J 等(1996)推测,北半球夏季副热带高压的存在和增强的基本原因是其东部陆地上季风潜热释放而产生的暖性 Rossby 波与西风气流作用造成的下沉运动。

　　上述研究从不同角度强调了夏季风雨带与副高活动的关系,揭示出了一些有意义的现象,但雨带热力强迫影响副高活动的机理以及雨带的位置与副高活动之间的关系尚未弄清。本章从动力学角度讨论了副高的东西进退活动与南北雨带之间的关系,引入基于多目标规划的最优化方法,在动力学方程中客观引入位势场的空间结构特征,拟合出符合实际的降水场热力分布作为涡度方程外强迫因子。在此基础之上,分析讨论了涡度方程中不同热力状况和雨带位置对副高东西进退活动的影响和制约,揭示出一些了有意义的现象特征(张韧 等,2010a)。

## 9.1　多目标规划算法

　　如何在涡度方程中客观合理地引入雨带的热力强迫作用是问题的核心。为此,我们引入多目标规划理论,对实际降水场和位势场进行曲面正交函数拟合,并将拟合出的位势场空间函数代入涡度方程,以拟合出的降水场空间函数来逼近季风雨带和季风槽雨带的热力强迫空间分布形式。

　　多目标规划的一般形式为:

$$\min_{x \in D} f(x), D = \{x \in E^p \mid g(x) \geqslant 0, h(x) = 0\} \tag{9.1}$$

其中 $f(x) = (f_1(x), f_2(x), \cdots, f_p(x))^T, g(x) = (g_1(x), \cdots, g_m(x))^T, h(x) = (h_1(x), \cdots, h_l(x))^T$。求解多目标规划的基本方法为评价函数法,该方法的基本思想是基于欧氏空间原理,来构造评价函数,从而将多目标优化问题转化为单目标优化问题,然后用单目标优化方法来求解多目标规划的最优解(王凌,2001)。

　　设表示位势场 $\phi$ 和降水场 $Q$ 的空间场函数形式为:

$$f = k(1)\sin[k(2)x] + k(3)\sin[k(4)y] + k(5)\cos[k(6)x] + k(7)\cos[k(8)y] +$$
$$k(9)\sin[k(10)x]\sin[k(11)y] + k(12)\sin[k(13)x]\cos[k(14)y] +$$

$$k(15)\cos[k(16)x]\sin[k(17)y]+k(18)\cos[k(19)x]\cos[k(20)y] \tag{9.2}$$

其中 $f$ 为 $\psi$ 和 $Q$ 的广义形式,$k(i)(i=1,2,3\cdots,20)$ 为待定参数。采用多目标规划优化算法,以实际位势场的平均分布或气候态结构作为拟合目标,进而拟合出 $k(i)(i=1,2,3,\cdots,20)$ 优化参数。

## 9.2 动力学模式

取 500 hPa 正压、无辐散涡度方程来描述副高的活动(吕克利 等,1996),方程中引入了雨带的热力强迫作用项 $Q$。

$$\frac{\partial}{\partial t}\nabla^2\psi+\beta\frac{\partial\psi}{\partial x}+J(\psi,\nabla^2\psi)=Q(x,y,t) \tag{9.3}$$

其中,$\psi$ 为地转流函数,$Q$ 为非绝热强迫。

对方程作无量纲化处理:令 $t=f_0^{-1}t'$,$(x,y)=L(x',y')$,$\psi=L^2 f_0\psi'$,代入式(9.3)并省略撇号,得到无量纲准地转涡度方程:

$$\frac{\partial}{\partial t}\nabla^2\psi+\overline{\beta}\frac{\partial\psi}{\partial x}+J(\psi,\nabla^2\psi)=\overline{Q}(x,y,t) \tag{9.4}$$

其中 $f_0$ 为 $\varphi_0$ 处的柯氏参数,这里取 $\varphi_0=25°N$,$\overline{\beta}$,$\overline{Q}$,$\psi$ 均为无量纲量,$\overline{Q}=Q/f_0^2$。

选择季风暴发后典型的季风降水天气来分析和模拟降水场热力作用对副高活动的影响,通过多目标规划算法,分别拟合出了东亚季风雨带和南海季风槽雨带两种形式下的位势场和降水场的二维多项式函数,并将拟合出的 $\psi$ 和 $Q$ 的空间函数,代入方程(9.4)中,从而得到描述 $\psi$ 变化的微分方程。通过对该微分方程解的性质讨论,得到 $\psi$ 对不同结构 $Q$ 的响应形式和基本特征。

## 9.3 结果分析

选择 1988—1997 年共 10 年平均的第 37 候(7 月上旬)的 500 hPa 位势场和降水场作为 $\psi$ 和 $Q$ 拟合的目标场,研究范围为 $[60°E\sim180°,25°\sim65°N]$。位势场 $\psi$ 的实况场如图 9.1 所示,

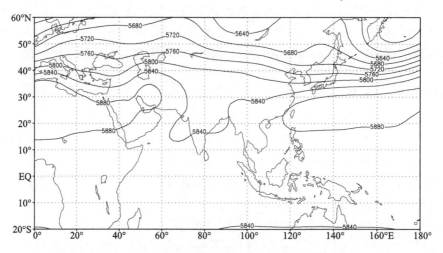

图 9.1 1988—1997 年平均的 7 月 500 hPa 实际位势场(单位:gpm)

图中可以看出,该位势场呈现出典型的副高西伸的态势。降水场 $Q$ 中的降水中心位于[80°E,15°N](图略)。

采用 Matlab 语言及其优化工具箱进行编程计算,求得的拟合函数系数 $k(i)$($i=1,2,3,\cdots,20$)如表 9.1 所示。

表 9.1 拟合函数参数 $k(i)$

| 拟合参数 | $k(1)$ | $k(2)$ | $k(3)$ | $k(4)$ | $k(5)$ | $k(6)$ | $k(7)$ | $k(8)$ | $k(9)$ | $k(10)$ |
|---|---|---|---|---|---|---|---|---|---|---|
| $\psi$ | 1.916 | −0.738 | −1.06 | −3.87 | 0.184 | 2.87 | −0.436 | 7.62 | 27.13 | −0.807 |
| $Q$ | 5.253 | 0.184 | 1.837 | 7.742 | 0.284 | 1.951 | 0.567 | 7.259 | 6.681 | 1.938 |
| 拟合参数 | $k(11)$ | $k(12)$ | $k(13)$ | $k(14)$ | $k(15)$ | $k(16)$ | $k(17)$ | $k(18)$ | $k(19)$ | $k(20)$ |
| $\psi$ | −0.030 | 0.433 | 0.433 | 5.525 | −1.190 | −0.158 | 4.810 | 2.620 | 0.067 | 1.350 |
| $Q$ | 0.257 | 0.554 | 3.028 | 6.420 | 1.090 | −3.650 | −12.600 | 5.420 | 0.490 | −2.000 |

将拟合出的 $k(i)$($i=1,2,3\cdots,20$)代入式(9.4),即可得到拟合出的 $\psi,Q$ 函数等值线。

通过多目标规划算法拟合出的位势场与实际位势场的形势较为接近(如图 9.2 所示),拟合出的表示副高范围的 588 dagpm 线的位置也与实际情况基本相符。因此拟合出的函数可用于逼近实际的位势场空间结构。拟合出的降水场的高低中心和实际降水场也有较好的对应关系(图略)。

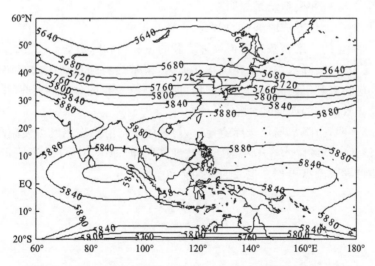

图 9.2 1988—1997 年平均 7 月 500 hPa 拟合位势场(单位:gpm)

将 $\psi$ 和 $Q$ 的函数形式代入方程(9.4),在[60°E~180°,25°~65°N]区域上积分,得到如下微分方程:

$$\frac{d\psi}{dt}=-1.0150979665\psi^2-0.03806277499\,\overline{\beta}\psi-0.2083296157Q \tag{9.5}$$

取 $\overline{\beta}=1.6$,

$$\frac{d\psi}{dt}=-1.0150979665\psi^2-0.06090044000\psi-0.2083296157Q \tag{9.6}$$

当 $Q$ 取负值时,降水场高值中心位于我国华北一带[100°~120°E,30°~40°N]。对应的式(9.6)的解为:

$$y(t) = -0.0300 + 1.4329\tanh(1.4544t + 0.0209) \tag{9.7}$$

其中,tanh 表示双曲正切函数。

若以 25°N 为准,$1/f_0 \approx 1.6 \times 10^4$ 秒 $\approx 0.2$ d $\approx 5$ 小时,$t' = 5$ 即相当于 1 d,$t' = 50$ 积分即相当于积分 10 d,此时位势场呈现正的反馈,且很快达到一个稳定值。模拟计算结果表明,华北加热对东亚地区位势场有明显的增强作用,华北地区降水增强后,相应的位势场得到加强,表征副高活动的 588 dagpm 线已北抬到 40°N 附近,表明华北雨带的加热场可能导致副高北抬。

$Q$ 取正数时,降水场位于赤道地区,加热中心和降水中心一致,其对应的式(9.6)的解为:

$$y(t) = -0.0300 - 1.4322\tan[(1.4537t) - \arctan(0.0209)] \tag{9.8}$$

取 $t = 1 \sim 50$,表示 $1 \sim 10$ d 位势场响应,模拟结果表明,赤道地区降水 8 天后,可能导致副高的加强西伸。

## 9.4 本章小结

采用多目标规划优化算法,对影响副高活动的东亚季风区位势场和季风雨带降水场进行了函数拟合,并用拟合出的场函数作为基函数和热力强迫因子代入正压涡度方程。在动力学方程中较为客观合理地引入了符合天气实际的空间基函数和降水场热力强迫分布。在此基础上,分析讨论和模拟计算了不同的雨带位置和热力结构对方程中位势解的影响及其对应的副高活动的响应形式,分析和模拟结果表明:

(1)多目标规划的优化方法能够较为客观、合理地拟合出动力方程中位势变量逼近实际的空间基函数,可用拟合的二维函数来近似描述实际的位势场和降水场。

(2)模拟计算表明,当降水场位于我国华北地区,雨带热力强迫产生的高层辐散气流的南支下沉的动力效应将有利于副高的西伸和北抬,即中心位于我国华北一带的东亚季风雨带的凝结潜热释放易导致副高的西伸和北抬。

(3)模拟计算表明,当降水场位于赤道地区,雨带的凝结潜热作用既可使副高出现东退,也可使其西伸;若该地区持续降水 8 d,一般可导致副高西伸,即中心位于赤道附近的南海季风槽降水的热力作用可导致副高出现东退和西伸两种可能。

# 第 10 章　凝结潜热和环流结构与副高的非线性稳定性

西太平洋副高与夏季东亚雨带的关系历来受到气象学家的关注与重视。通常人们在讨论副高的季节性跳动和季节内进退与东亚大陆雨带的关联时,常把前者作为后者的原因,后者作为前者的结果。的确,西太平洋副高对东亚大陆雨带的作用无疑十分重要,但是否仅有副高决定雨带的单一的关系这一问题仍有待研究。近年来的一些观测分析、诊断研究和数值模拟从不同角度对此提出了不同看法(喻世华 等,1989a,1989b,1991,1992;Zhang Qihe *et al*,1990;钱贞成 等,1991;张韧 等,1992,1993),它们论证了西太平洋副高与东亚雨带之间并非是单纯前者制约后者这样的简单关系,而是在一定的环流背景条件下,热带西南季风气流涌入东亚大陆造成大陆雨带,雨带凝结加热支持一向南运行的次级辐散环流,与源自南海至西太平洋ITCZ区向北运行的 Hadley 环流在东亚副热带大陆上空汇合成一支下沉辐散气流,诱导副高西伸,副高的西伸先是促使雨带加强和向西发展,随着副高进一步伸入大陆,又将切断热带西南季风气流进入大陆,导致大陆雨带减弱乃至消失,副高随之退出大陆(如图 10.1、图 10.2 所示)。

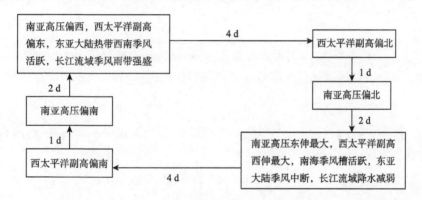

图 10.1　东亚夏季风系统内各成员之间准双周振荡的时间序列关系(喻世华 等,1999)

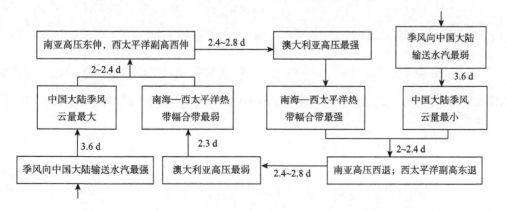

图 10.2　东亚夏季风系统各成员演变关系示意图(刘忠辉 等,1990)

因此,西太平洋副高与东亚雨带之间存在的是一种彼此相互作用与制约关系。上述研究均提出和强调了雨带热力强迫作用和东亚环流背景作用对副高活动的制约和影响,但这种影响作用过程的物理机制和动力学意义尚不清楚。为此,本章采用包含热力强迫和涡动耗散的三维非线性动力学模式,从系统稳定性角度出发,用变分方法研究探讨了夏季东亚副热带地区的环流状况、东亚大陆季风雨带和南海季风槽雨带的凝结潜热加热以及扰动流相互作用等因素对西太平洋副高进退活动的制约和影响(张韧 等,1995,1999)。

## 10.1 三维强迫耗散动力学模式

采用非线性斜压大气动力学方程组来描述副高系统活动,本章主要考虑东亚地区对流降水的凝结潜热强迫作用。取 25°N 为中心纬度,南海季风槽(南雨带)和东亚大陆季风雨带(北雨带)分别为南、北边界,以这特定的东亚副热带纬带范围作为研究区域。则包含热力强迫和水平涡动扩散的三维动力学控制方程组如下:

$$\left(\frac{\partial}{\partial t}+u\frac{\partial}{\partial x}+v\frac{\partial}{\partial y}+\omega\frac{\partial}{\partial p}\right)u-fv=-\frac{\partial \Phi}{\partial x}+k_h\nabla^2 u \tag{10.1}$$

$$\left(\frac{\partial}{\partial t}+u\frac{\partial}{\partial x}+v\frac{\partial}{\partial y}+\omega\frac{\partial}{\partial p}\right)v+fu=-\frac{\partial \Phi}{\partial y}+k_h\nabla^2 v \tag{10.2}$$

$$\frac{\partial u}{\partial x}+\frac{\partial v}{\partial y}+\frac{\partial \omega}{\partial p}=0 \tag{10.3}$$

$$\left(\frac{\partial}{\partial t}+u\frac{\partial}{\partial x}+v\frac{\partial}{\partial y}\right)\frac{\partial \Phi}{\partial p}+\sigma_s\omega=-\frac{RQ}{C_p P} \tag{10.4}$$

式中 $k_h$ 为水平涡动扩散系数,$\sigma_s$ 为静力稳定度参数,$Q$ 为热力强迫项。

由式(10.1)~(10.3)经尺度分析并取第一近似的涡度方程,得到

$$\left(\frac{\partial}{\partial t}+u\frac{\partial}{\partial x}+v\frac{\partial}{\partial y}\right)\zeta+\beta v=f\frac{\partial \omega}{\partial p}+k_h\nabla^2\zeta \tag{10.5}$$

取 $u=\bar{u}(y,p)+u'$,$\Phi=\bar{\Phi}(y,p)+\Phi'$,$v=v'$,$\omega=\omega'$,代入式(10.5)和式(10.4),得到扰动涡度方程和热力方程

$$\left(\frac{\partial}{\partial t}+\bar{u}\frac{\partial}{\partial x}\right)\zeta'+v'\left(\beta-\frac{\partial^2\bar{u}}{\partial y^2}\right)+\left(u'\frac{\partial}{\partial x}+v'\frac{\partial}{\partial y}\right)\zeta'=f\frac{\partial \omega'}{\partial p}+k_h\nabla^2\zeta' \tag{10.6}$$

$$\left(\frac{\partial}{\partial t}+\bar{u}\frac{\partial}{\partial x}\right)\frac{\partial \Phi'}{\partial p}+\left(u'\frac{\partial}{\partial x}+v'\frac{\partial}{\partial y}\right)\frac{\partial \Phi'}{\partial p}-fv'\frac{\partial \bar{u}}{\partial p}+\sigma_s\omega'=-\frac{RQ}{C_p P} \tag{10.7}$$

其中 $\zeta'=\frac{\partial v'}{\partial x}-\frac{\partial u'}{\partial y}$ 为扰动涡度,式(10.7)中已取了地转近似 $\bar{u}=-\frac{1}{f}\frac{\partial \bar{\Phi}}{\partial y}$。模式中近似取 $f=f_0(25°N)$。引用准无辐散近似 $u'=-\frac{\partial \psi'}{\partial y}$,$v'=\frac{\partial \psi'}{\partial x}$($\psi'$ 为扰动流函数),则 $\zeta'=\nabla^2\psi'$。对于我们所讨论地区(25°N 附近)的大尺度运动,可以近似取 $\Phi'\approx f_0\psi'$。将上述近似关系代入(10.6)和(10.7)两式,即得

$$\left(\frac{\partial}{\partial t}+\bar{u}\frac{\partial}{\partial x}\right)\nabla^2\psi'+\left(\beta-\frac{\partial^2\bar{u}}{\partial y^2}\right)\frac{\partial \psi'}{\partial x}+J(\psi',\nabla^2\psi')=f_0\frac{\partial \omega'}{\partial p}+k_h\nabla^4\psi' \tag{10.8}$$

$$\left(\frac{\partial}{\partial t}+\bar{u}\frac{\partial}{\partial x}\right)\frac{\partial \psi'}{\partial p}+J\left(\psi',\frac{\partial \psi'}{\partial p}\right)-\frac{\partial \psi'}{\partial x}\frac{\partial \bar{u}}{\partial p}=-\frac{1}{f_0}\left(\sigma_s\omega'+\frac{RQ}{C_p P}\right) \tag{10.9}$$

采用常用的垂直两层模式(如图 10.3 所示)对(10.8)和(10.9)两式中的垂直变化进行差

分离散,式(10.8)放在第 1(700 hPa)、第 3(300 hPa)两层,式(10.9)放在第 2 层(500 hPa),进行相应的差分运算和常用的差分近似处理。

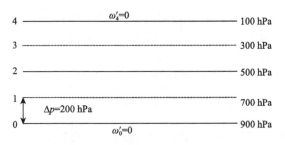

图 10.3　垂直两层模式结构示意图

热力强迫则采用 Charney J G 等(1964)的积云对流参数化方案:$Q = -\dfrac{L\eta^*}{2\Delta p}(\bar{q}_{es1} - \bar{q}_{es3})$

$\omega'_2$,则得到动力模式的控制方程为:

$$\left(\frac{\partial}{\partial t} + \bar{u}_1 \frac{\partial}{\partial x}\right)\nabla^2 \psi_1 + \left(\beta - \frac{\partial^2 \bar{u}_1}{\partial y^2}\right)\frac{\partial \psi_1}{\partial x} + J(\psi_1, \nabla^2 \psi_1) = -\frac{f_0 \omega_2}{2\Delta p} + k_h \nabla^4 \psi_1 \quad (10.10)$$

$$\left(\frac{\partial}{\partial t} + \bar{u}_3 \frac{\partial}{\partial x}\right)\nabla^2 \psi_3 + \left(\beta - \frac{\partial^2 \bar{u}_3}{\partial y^2}\right)\frac{\partial \psi_3}{\partial x} + J(\psi_3, \nabla^2 \psi_3) = \frac{f_0 \omega_2}{2\Delta p} + k_h \nabla^4 \psi_3 \quad (10.11)$$

$$\frac{\partial}{\partial t}(\psi_1 - \psi_3) + \frac{1}{2}(\bar{u}_1 + \bar{u}_3)\frac{\partial}{\partial x}(\psi_1 - \psi_3) - \frac{1}{2}(\bar{u}_1 - \bar{u}_3)\frac{\partial}{\partial x}(\psi_1 + \psi_3) +$$

$$\frac{1}{2}J(\psi_1 + \psi_3, \psi_1 - \psi_3) = -\frac{2\Delta p}{f_0}(\sigma_s - \lambda\eta^*)_2 \omega_2 \quad (10.12)$$

式中为方便起见,已省略扰动量的撇号,且 $\bar{u}_1 = \bar{u}_1(y)$,$\bar{u}_3 = \bar{u}_3(y)$,$(\sigma_s - \lambda\eta^*)_2 = (\sigma_s - \lambda\eta^*)_2$ $(y)$,$\lambda = \dfrac{RL}{2\Delta p C_p P}(\bar{q}_{es1} - \bar{q}_{es3})$,$\eta^*$ 为无量纲加热幅度参数。脚标 1,2,3 分别代表 700,500,300 hPa层次序号。边界条件:$y$ 方向以南、北雨带为边界取固壁条件,$x$ 方向则满足周期边值条件。

## 10.2　总扰动能量的变分问题——能量判据

对应于模式方程组式(10.10)、(10.11)、(10.12)总扰动能量的平衡方程为:

$$\frac{\mathrm{d}E}{\mathrm{d}t} = -k_h D_E + P_E \quad (10.13)$$

式中:

$$E = \frac{1}{2}\left\langle |\nabla\psi_1|^2 + |\nabla\psi_3|^2 + 0.25\left(\frac{f_0}{\Delta p}\right)^2 \sigma(y)|\psi_1 - \psi_3|^2 \right\rangle$$

$$D_E = \left\langle |\nabla^2\psi_1|^2 + |\nabla^2\psi_3|^2 \right\rangle$$

$$P_E = \left\langle \bar{u}'_1 \frac{\partial\psi_1}{\partial x}\frac{\partial\psi_1}{\partial y} \right\rangle + \left\langle \bar{u}'_3 \frac{\partial\psi_3}{\partial x}\frac{\partial\psi_3}{\partial y} \right\rangle + \frac{1}{8}\left(\frac{f_0}{\Delta p}\right)^2 \left\langle \sigma(y)(\bar{u}_1 - \bar{u}_3)\left(\psi_1\frac{\partial\psi_3}{\partial x} - \psi_3\frac{\partial\psi_1}{\partial x}\right)\right\rangle -$$

$$\frac{1}{8}\left(\frac{f_0}{\Delta p}\right)^2 \left\langle \sigma(y)J(\psi_1 + \psi_3, \psi_1 - \psi_3)(\psi_1 - \psi_3)\right\rangle \quad ;$$

$\langle \cdot \rangle = \iint_\Omega [\ \cdot\ ]\mathrm{d}x\mathrm{d}y$,$\Omega = L_x \cdot [-L, L]$,$L_x$ 为 $x$ 方向的一个波长,$L$ 为以 25°N 为中心 $y$ 方向

的南北边界半径,热力因子 $\sigma(y)=1/(\sigma_s-\lambda\eta^*)_2(y)$。一般来说,南、北雨带处的加热作用显著($\sigma(y_1)$,$\sigma(y_3)$较大),而两雨带之间的研究区域则加热作用较弱($\sigma(y_2)$较小)。总扰动能量平衡方程式(10.13)中,$E$ 为单位质量总扰动能量,其中第一部分为扰动动能,第二部分为700~300 hPa 间厚度层的扰动有效位能,$D_E$ 为能量耗散项,主要为涡动扩散所致,$P_E$ 为能量产生项,第一部分为纬向基本流与扰流之间的相互作用,主要用于扰动动能的转化和产生,第二部分与热力因子有关,主要用于有效位能的增长。

由式(10.13)可知,当 $P_E>k_hD_E$ 时,$\dfrac{dE}{dt}>0$。扰动总能量随时间增长,以供应扰动的发展和系统有效位能的增加。一般情况下,$P_E$ 产生的扰动总能量中扰动动能所占的比例是很小的,尤其是与热力作用和斜压性有关项产生的扰动能量主要用于系统有效位能的增加,而大气有效位能的增加在天气学上意味着所在区域位势高度场的抬升,从而表现为利于高压系统维持或增强。相反,$P_E<k_hD_E$ 时,$\dfrac{dE}{dt}<0$,相当程度上表现为有效位能衰减或转化为其他能量形式,从而导致位势高度场下降,原有的高压系统减弱或不利于高压系统维持。

模式中这种扰动总能量增长与衰减过程所反映的东亚地区位势的增强或减弱的变化,势必影响到西太平洋副高在该区域的活动,故有必要对此机制作做一步的动力学分析。

记 $P_E=P_E^*+P_E^{**}$,其中

$$P_E^*=\langle\bar{u}'_1\frac{\partial\psi_1}{\partial x}\frac{\partial\psi_1}{\partial y}\rangle+\langle\bar{u}'_3\frac{\partial\psi_3}{\partial x}\frac{\partial\psi_3}{\partial y}\rangle+\frac{1}{8}\left(\frac{f_0}{\Delta p}\right)^2\langle\sigma(y)(\bar{u}_1-\bar{u}_3)\left(\psi_1\frac{\partial\psi_3}{\partial x}-\psi_3\frac{\partial\psi_1}{\partial x}\right)\rangle;$$

$$P_E^{**}=-\frac{1}{8}\left(\frac{f_0}{\Delta p}\right)^2\langle\sigma(y)J(\psi_1+\psi_3,\psi_1-\psi_3)(\psi_1-\psi_3)\rangle;$$

$P_E^{**}$ 具有如下性质:

(1)若 $\sigma_1=\sigma_2=\sigma_3$,即南、北雨带及其之间区域无热力作用差异时,则 $P_E^{**}\equiv0$;

(2)当沿经向存在热力差异时,

$$|P_E^{**}|\leqslant\frac{1}{8}\left(\frac{f_0}{\Delta p}\right)^2\max(|\sigma_1-\sigma_2|,|\sigma_3-\sigma_2|)\langle|J(\psi_1+\psi_3,\psi_1-\psi_3)|\cdot|\psi_1-\psi_3|\rangle.$$

下面,我们分两步分别对能量产生项 $P_E^*$,$P_E^{**}$ 进行处理。先考虑一些辅助特征值问题,继而用一个嵌入定理来处理 $P_E^{**}$,利用这些结果推导得到一个微分不等式,最后给出系统稳定性的能量判据及扰动能量的衰减估计式。

## 10.2.1　辅助特征值问题

### 10.2.1.1　$k_{h,E}^*=\max(P_E^*/D_E)$

考虑特征值问题:　$\dfrac{1}{\mu}=\dfrac{P_E^*}{D_E}$　即　$\delta(D_E-\mu P_E^*)=0$ $\hfill(10.14)$

其中 $\delta$ 为变分符号,式(10.14)相应的 Euler-Lagrange 方程为:

$$\begin{cases}2\nabla^4\psi_1-\mu\left[-\bar{u}''_1\frac{\partial\psi_1}{\partial x}-2\bar{u}'_1\frac{\partial^2\psi_1}{\partial x\partial y}+\frac{1}{8}\left(\frac{f_0}{\Delta p}\right)^2\sigma(y)(\bar{u}_1-\bar{u}_3)\frac{\partial\psi_3}{\partial x}\right]=0\\2\nabla^4\psi_3-\mu\left[-\bar{u}''_3\frac{\partial\psi_3}{\partial x}-2\bar{u}'_3\frac{\partial^2\psi_3}{\partial x\partial y}-\frac{1}{8}\left(\frac{f_0}{\Delta p}\right)^2\sigma(y)(\bar{u}_1-\bar{u}_3)\frac{\partial\psi_1}{\partial x}\right]=0\end{cases}\hfill(10.15)$$

设波动解 $\psi_1=\varphi_1(y)\exp[ik(x-ct)]$,$\psi_3=\varphi_3(y)\exp[ik(x-ct)]$,代入式(10.15)得

$$\begin{cases} \varphi''''_1 - 2k^2\left(\varphi''_1 - \dfrac{i\mu}{2k}\bar{u}'_1\varphi'_1 - \dfrac{i\mu}{4k}\bar{u}''_1\varphi_1\right) + k^4\varphi_1 - \dfrac{ik}{16}\left(\dfrac{f_0}{\Delta p}\right)^2\mu\sigma(y)(\bar{u}_1 - \bar{u}_3)\varphi_3 = 0 \\ \varphi''''_3 - 2k^2\left(\varphi''_3 - \dfrac{i\mu}{2k}\bar{u}'_3\varphi'_3 - \dfrac{i\mu}{4k}\bar{u}''_3\varphi_3\right) + k^4\varphi_3 - \dfrac{ik}{16}\left(\dfrac{f_0}{\Delta p}\right)^2\mu\sigma(y)(\bar{u}_1 - \bar{u}_3)\varphi_1 = 0 \end{cases} \tag{10.16}$$

下面用两种不同的方法来估计特征值 $\mu$。

第一种方法:作变换，$\varphi_1 = \exp(i\mu\bar{u}'_1/4k)\hat{\Phi}_1$，$\varphi_3 = \exp(i\mu\bar{u}'_3/4k)\hat{\Phi}_3$，将其代入式(10.16)，然后作如下运算:$\displaystyle\int_{-L}^{L}(10.16)(1)\cdot\hat{\Phi}^*_1\exp\left(-\dfrac{i\mu\bar{u}'_1}{4k}\right)dy + \int_{-L}^{L}(10.16)(2)\cdot\hat{\Phi}^*_3\exp\left(-\dfrac{i\mu\bar{u}'_3}{4k}\right)dy$ 推得

$$\sum_{j=1,3}(I^2_{2,j} + 2k^2w^2_{1,j} + k^4w^2_{0,j}) - \dfrac{\mu^2}{8}\int_{-L}^{L}\left[(\bar{u}'_1)^2|\hat{\Phi}_1|^2 + (\bar{u}'_3)^2|\hat{\Phi}_3|^2\right]dy - \dfrac{\mu}{8}k\left(\dfrac{f_0}{\Delta p}\right)^2$$

$$\cdot\int_{-L}^{L}\sigma(y)(\bar{u}_1 - \bar{u}_3)I_m(\varphi_1\varphi^*_3)dy = 0 \tag{10.17}$$

其中 $I^2_{I,J} = \displaystyle\int_{-L}^{L}\left|\dfrac{d^i\Phi_j}{dy^i}\right|^2dy$，$w^2_{i,j} = \displaystyle\int_{-L}^{L}\left|\dfrac{d^i\hat{\Phi}_j}{dy^i}\right|^2dy$，$i = 0,1,2,3$，$j = 1,3$。利用等参不等式 (Joseph D D,1976;GeorgescuA,1985)

$$\begin{cases} I^2_{1,j} \geqslant \lambda^2_1 I^2_{0,j}, I^2_{2,j} \geqslant \lambda^2_2 I^2_{1,j}, I^2_{2,j} \geqslant \lambda^2_3 I^2_{0,j}, j = 1,3 \\ \lambda^2_1 = \dfrac{\pi^2}{4L^2}, \lambda^2_2 = \dfrac{\pi^2}{L^2}, \lambda^2_3 = \left(\dfrac{2.365}{L}\right)^4 \end{cases} \tag{10.18}$$

由式(10.18)推得估计式:

$$k^*_{h,E} \leqslant k^*_{h,E,1} = \dfrac{kL^4\left(\dfrac{f_0}{\Delta p}\right)^4\xi + \sqrt{k^2L^8\left(\dfrac{f_0}{\Delta p}\right)^4\xi^2 + 16[2k^4L^4 + \pi^2L^2k^2 + 2\times(2.365)^4]\eta L^4}}{8[2k^4L^4 + \pi^2L^2k^2 + 2\times(2.365)^4]} \tag{10.19}$$

式中 $\xi = \max(\sigma_1,\sigma_2,\sigma_3)\cdot\max|\bar{u}_1 - \bar{u}_3|$，$\eta = \max[\max(\bar{u}'_1)^2,\max(\bar{u}'_3)^2]$。

若记 $\tilde{k} = kL$，则式(10.19)变为:

$$\dfrac{k^*_{h,E}}{L^3} \leqslant \dfrac{k^*_{h,E,1}}{L^3} = \dfrac{\tilde{k}\left(\dfrac{f_0}{\Delta p}\right)^2\xi + \sqrt{\tilde{k}^2\left(\dfrac{f_0}{\Delta p}\right)^4\xi^2 + 16[2\tilde{k}^4 + \pi^2\tilde{k}^2 + 2\times(2.365)^4]\eta/L^2}}{8[2\tilde{k}^4 + \pi^2\tilde{k}^2 + 2\times(2.365)^4]} \tag{10.20}$$

第二种方法:作运算，$\displaystyle\int_{-L}^{L}(10.16)(1)\cdot\Phi^*_1 dy + \int_{-L}^{L}(10.16)(2)\cdot\Phi^*_3 dy$，

推得:

$$\dfrac{1}{\mu} \leqslant \dfrac{k\cdot\max(\max|\bar{u}'_1|,\max|\bar{u}'_3|)(I_{1,1}I_{0,1} + I_{1,3} + I_{0,3})}{\sum\limits_{j=1,3}(I^2_{2,j} + 2k^2I^2_{1,j} + k^4I^2_{0,j})} +$$

$$\dfrac{\dfrac{1}{8}k\left(\dfrac{f_0}{\Delta p}\right)^2\max(\sigma_1,\sigma_2,\sigma_3)|\bar{u}_1 - \bar{u}_3|_m I_{0,1}I_{0,3}}{\sum\limits_{j=1,3}(I^2_{2,j} + 2k^2I^2_{1,j} + k^4I^2_{0,j})}$$

$$\leqslant k\alpha(k)\sqrt{\eta} + \dfrac{1}{8}k\left(\dfrac{f_0}{\Delta p}\right)^2\xi\cdot g(k) = k^*_{h,E,2}$$

式中

$$\alpha(k) = \begin{cases} \dfrac{1}{\lambda_2\lambda_3 + 2k^2\lambda_2^{-1}\lambda_3 + k^4\lambda_2\lambda_3^{-1}}, & k^2L^2 \leqslant \dfrac{2.365^4}{\pi^2} + \sqrt{\dfrac{2.365^8}{\pi^4} + 2.365^4} \\[3mm] \dfrac{1}{2k^2\sqrt{2k^2 + \dfrac{\pi^2}{L^2}}}, & k^2L^2 \geqslant \dfrac{2.365^4}{\pi^2} + \sqrt{\dfrac{2.365^8}{\pi^4} + 2.365^4} \end{cases}$$

记 $\tilde{k} = k \cdot L$ 可得如下估计式：

$$\frac{k_{h,E}^*}{L^3} \leqslant \frac{k_{h,E,2}^*}{L^3} = \frac{\tilde{k}\alpha(\tilde{k})\sqrt{\eta}}{L} + \frac{1}{8}\tilde{k}\left(\frac{f_0}{\Delta p}\right)^2 \xi \cdot g(\tilde{k}) \tag{10.21}$$

$$\alpha(\tilde{k}) = \begin{cases} \dfrac{1}{2.365^2\pi + 2\tilde{k}^2 \cdot 2.365^2/\pi + \tilde{k}^4\pi \cdot 2.365^{-2}}, & \tilde{k}^2 \leqslant \dfrac{2.365^4}{\pi^2} + \sqrt{\dfrac{2.365^8}{\pi^4} + 2.365^4} \\[3mm] \dfrac{1}{2\tilde{k}^2\sqrt{2\tilde{k}^2 + \pi^2}}, & \tilde{k}^2 \geqslant \dfrac{2.365^4}{\pi^2} + \sqrt{\dfrac{2.365^8}{\pi^4} + 2.365^4} \end{cases}$$

$$g(\tilde{k}) = \frac{1}{2\tilde{k}^4 + \pi^2\tilde{k}^2 \times 2 \times 2.365^4}$$

综合以上两种方法，可得到如下估计：

$$\frac{k_{h,E}^*}{L^3} \leqslant \frac{\min(k_{h,E,1}^*, k_{h,E,2}^*)}{L^3} \tag{10.22}$$

式中 $k_{h,E,1}^*/L^3$ 和 $k_{h,E,2}^*/L^3$ 分别由式(10.20)和(10.21)得出。

10.2.1.2  $\bar{\lambda}_E = \max(\varepsilon/D_E)$

式中 $\varepsilon = \langle |\nabla(\psi_1 + \psi_3)|^2 + |\nabla(\psi_1 - \psi_3)|^2 \rangle + \|D^2(\psi_1 + \psi_3)\|_{L_2}^2 + \|D^2(\psi_1 - \psi_3)\|_{L_2}^2$，$\|\cdot\|_{L_2}$ 为 $L^2$ 模，$\|D^2\psi\|_{L_2}^2 = \langle \left|\dfrac{\partial^2\psi}{\partial x^2}\right|^2 \rangle + \langle \left|\dfrac{\partial^2\psi}{\partial x\partial y}\right|^2 \rangle + \langle \left|\dfrac{\partial^2\psi}{\partial y^2}\right|^2 \rangle$，考虑特征值问题：

$$\frac{1}{\mu} = \frac{\varepsilon}{D_E}, \quad \text{即 } \delta(D_E - \mu\varepsilon) = 0 \tag{10.23}$$

$\delta$ 为变分符号，相应于式(10.23)的 Euler-Lagrange 方程为：

$$\nabla^4(\psi_1 + \psi_3) + 2\mu\left[\nabla^2(\psi_1 + \psi_3) - \frac{\partial^4}{\partial x^4}(\psi_1 + \psi_3) - \frac{\partial^4}{\partial y^4}(\psi_1 + \psi_3) - \frac{\partial^4}{\partial x^2\partial y^2}(\psi_1 + \psi_3)\right] = 0 \tag{10.24}$$

类似于式(10.20)、(10.21)的估计方法可以得出：$\bar{\lambda}_E \leqslant 2 + \dfrac{8L^2}{\pi^2 + 4k^2L^2}$ $\tag{10.25}$

10.2.1.3  $\bar{\bar{\lambda}}_E = \max\left(\dfrac{E}{D_E}\right)$

考虑特征值问题 $\dfrac{1}{\mu} = \dfrac{E}{D_E}$，即 $\delta(D_E - \mu E) = 0$ $\tag{10.26}$

对其进行同样的处理可以得到：$\bar{\bar{\lambda}}_E \leqslant \dfrac{2L^2}{\pi^2 + 4k^2L^2}$ $\tag{10.27}$

10.2.1.4  $\bar{\Lambda} = \dfrac{1}{4L^2}\max\dfrac{\langle f^2 \rangle}{\langle |\nabla f|^2 \rangle}$

其中 $f|_{\pm L} = 0$，$f$ 在 $x$ 方向以 $\dfrac{2\pi}{k}$ 为周期，考虑特征值问题：$\dfrac{1}{\mu} = \dfrac{\langle f^2 \rangle}{4L^2\langle |\nabla f|^2 \rangle}$，即 $\delta(4L^2\langle |\nabla f|^2 \rangle - \mu\langle f^2 \rangle) = 0$，同上处理可得：

$$\overline{\Lambda} \leqslant \frac{1}{4k^2 L^2 + \pi^2} \qquad (10.28)$$

## 10.2.2 嵌入不等式及 $P_E^{**}$ 的处理

根据定理(Joseph D D,1976):假设 $f(x,y)$ 是一个光滑函数,且 $f\mid_{y=\pm L}=0$,在 $x$ 方向以 $2\pi/k$ 为周期,则

$$\langle f^4 \rangle \equiv \int_{-L}^{L} \int_{0}^{2\pi/k} f^4 \,\mathrm{d}x\mathrm{d}y \leqslant \frac{1}{2}\left\{\frac{2kL}{\pi\overline{\Lambda}^{1/2}}+1\right\}\langle f^2\rangle\langle\mid\nabla f\mid^2\rangle \qquad (10.29)$$

据此嵌入不等式,$P_E^{**}$ 可作如下处理:

$$\mid P_E^{**}\mid \leqslant \frac{\sqrt{3}}{4}\left(\frac{f_0}{\Delta p}\right)\frac{1}{\sqrt{\sigma_2}}\max(\mid\sigma_1-\sigma_2\mid,\mid\sigma_3-\sigma_2\mid)\left(\frac{2kL}{\pi\overline{\Lambda}^{1/2}}+1\right)^{1/2}E^{1/2}\varepsilon \qquad (10.30)$$

## 10.2.3 能量判据及扰动能量的衰减估计

综上分析,记 $k_{h,E}^* = \min(k_{h,E,1}^*, k_{h,E,2}^*)$,

则 $\quad \dfrac{\mathrm{d}E}{\mathrm{d}t} = -k_h D_E + P_E = -k_h D_E + P_E^* + P_E^{**}$

$$\leqslant -k_h D_E + P_E^* + \frac{\sqrt{3}}{4}\frac{f_0}{\Delta p}\frac{1}{\sqrt{\sigma_2}}\max(\mid\sigma_1-\sigma_2\mid,\mid\sigma_3-\sigma_2\mid)\left(\frac{2kL}{\pi\overline{\Lambda}^{1/2}}+1\right)^{1/2}E^{1/2}\varepsilon$$

$$\leqslant -D_E(k_h-k_{h,E}^*) + \frac{\sqrt{3}}{4}\frac{f_0}{\Delta p}\frac{1}{\sqrt{\sigma_2}}\max(\mid\sigma_1-\sigma_2\mid,\mid\sigma_3-\sigma_2\mid)\left(\frac{2kL}{\pi\overline{\Lambda}^{1/2}}+1\right)^{1/2}\overline{\lambda}_E E^{1/2} D_E$$

$$\leqslant \left[-(k_h-k_{h,E}^*) + \frac{\sqrt{3}}{4}\frac{f_0}{\Delta p}\frac{1}{\sqrt{\sigma_2}}\max(\mid\sigma_1-\sigma_2\mid,\mid\sigma_3-\sigma_2\mid)\left(\frac{2kL}{\pi\overline{\Lambda}^{1/2}}+1\right)^{1/2}E^{1/2}\overline{\lambda}_E\right]D_E$$

当下列不等式成立时:

$$\frac{k_h}{L^3} > \min\left(\frac{k_{h,E,1}^*}{L^3},\frac{k_{h,E,2}^*}{L^3}\right) = \frac{k_{h,E}^*}{L^3} \qquad (10.31)$$

$$\frac{1}{\sqrt{\sigma_2}}\max(\mid\sigma_1-\sigma_2\mid,\mid\sigma_3-\sigma_2\mid) \leqslant \frac{4}{3}\sqrt{3}\,\frac{4kL^2+\pi^2}{8(1+k^2)L^2+2\pi^2}\left(\frac{2kL}{\pi\overline{\Lambda}^{1/2}}+1\right)^{-1/2}\frac{(k_h-k_{h,E}^*)}{E^{1/2}(0)}\frac{\Delta p}{f_0}$$

$$\qquad (10.32)$$

可得微分不等式:

$$\begin{cases} \dfrac{\mathrm{d}E}{\mathrm{d}t} \leqslant \left[-(k_h-k_{h,E}^*)E + \dfrac{\sqrt{3}}{4}\dfrac{f_0}{\Delta p}\dfrac{1}{\sqrt{\sigma_2}}\max(\mid\sigma_1-\sigma_2\mid,\mid\sigma_3-\sigma_2\mid)\left(\dfrac{2kL}{\pi\overline{\Lambda}^{1/2}}+1\right)^{1/2}\overline{\lambda}_E E^{3/2}\right]/\overline{\overline{\lambda}}_E \\[4mm] E(t)\mid_{t=0} = E(0) \end{cases}$$

$$\qquad (10.33)$$

由式(10.33)可以解得:

$$\frac{E(t)}{[(k_h-k_{h,E}^*)-F(k)E^{1/2}(t)]^2} \leqslant \frac{E(0)}{[(k_h-k_{h,E}^*)-F(k)E^{1/2}(t)]^2}\exp\left[-\frac{(k_h-k_{h,E}^*)}{\overline{\overline{\lambda}}_E}t\right] \qquad (10.34)$$

式中 $F(k)=\dfrac{\sqrt{3}}{4}\dfrac{f_0}{\Delta p}\dfrac{1}{\sqrt{\sigma_2}}\max(\mid\sigma_1-\sigma_2\mid,\mid\sigma_3-\sigma_2\mid)\left(\dfrac{2kL}{\pi\overline{\Lambda}^{1/2}}+1\right)^{1/2}\overline{\lambda}_E$,其中 $E(0)$ 为单位质量的初

始扰动能量。不等式(10.31),(10.32)分别称为系统非线性稳定的第一、第二能量判据。判据成立时,涡旋系统的衰减情况由式(10.34)给出。

## 10.3　能量判据及其影响因子的分析和讨论

由式(10.20)、(10.21)、(10.31)、(10.32)可知,确定系统稳定状况的因子有:$\xi = \max(\sigma_1, \sigma_2, \sigma_3) \cdot \max|\bar{u}_1 - \bar{u}_3|$,$\eta = \max(\max|\bar{u}'_1|^2, \max|\bar{u}'_3|)$以及 $L, k$ 等。其中 $\sigma_1 = 1/(\sigma_s - \lambda\eta^*)_2(y_1)$,$\sigma_2 = 1/(\sigma_s - \lambda\eta^*)_2(y_2)$,$\sigma_3 = 1/(\sigma_s - \lambda\eta^*)_2(y_3)$分别代表南雨带、25°N 纬带和北雨带的热力状况。$\bar{u}'_1 = \partial\bar{u}_1/\partial y$,$\bar{u}'_3 = \partial\bar{u}_3/\partial y$,及 $|\bar{u}_1 - \bar{u}_3|$ 分别反映了 25°N 纬带区域高、低层的基流经向切变和基流斜压性。对能量判据式(10.31)、(10.32)及其影响因子分析可得:

(1)若北雨带或南雨带区域对流降水强盛,凝结加热显著,而介于南、北雨带之间的 25°N 纬带区域加热作用微弱,即上述两者之间热力差异显著时,则研究区域内的系统将趋于不稳定,总扰动能量将随时间增长。可知南、北雨带强盛的凝结加热作用和南、北雨带与其之间 25°N 纬带区域显著的热力差异是促使研究区域内系统总扰动能量不稳定增长的重要因素,因而也是利于东亚上空副高加强和维持的重要因素。

(2)当青藏高压东伸、西太平洋副高西伸,研究区域高层的热带东风及其水平切变加强,低层的西南季风活跃时,$\xi, \eta$ 增大,系统的总扰动能量趋于不稳定增长;当青藏高压进一步东伸、西太平洋副高进一步西伸,两个高压趋于上下重叠,低层转为偏东气流时,或者西太平洋副高东退、青藏高压西撤,高层热带东风减弱时,$\xi, \eta$ 减小,系统趋于稳定,总扰动能量随时间趋于衰减。

(3)对于研究区域内微小尺度天气系统($k$ 趋于 ∞),能量判据表明它们是稳定的,不易得到发展或维持。若研究区域内的超长波天气系统($k$ 趋于 0),初始扰动能量充分小或经向热力差异微弱,则它们为非线性稳定,系统总扰动能量随时间衰减。计算表明,研究区域内最不稳定天气系统的纬向波长范围约为 3000～6000 km,即系统不稳定时,该波域的扰动总能量随时间增长最快,系统稳定时,该波域的扰动总能量随时间衰减最慢。西太平洋副高的纬向尺度即属于此波长范围,因此西太平洋副高是夏季东亚上空表现活跃、易于维持的主要天气系统。

(4)其他条件相同的情况下,南、北雨带的位置分别更趋偏南、偏北($L$ 增大)时,雨带之间的研究区域内的天气系统更易趋于不稳定,且不稳定天气系统的波长范围亦趋于向长波域移动。

## 10.4　扰动位涡拟能的平衡方程

类似于上述能量判据的分析处理,我们针对模式方程组(10.10)～(10.12),引入了反映涡旋系统旋转能力大小的位涡拟能来表征副高系统的非线性稳定性及其增衰变化。位涡拟能的平衡方程可表示为

$$\frac{dM}{dt} = -K_h D_M + P_M \tag{10.35}$$

其中 $M = \frac{1}{2}\langle|\nabla^2\psi_1|^2 + |\nabla^2\psi_3|^2 + \frac{1}{4}\left(\frac{f_0}{\Delta P}\right)^2\sigma(y)|\nabla(\psi_1 - \psi_3)|^2\rangle$,为总扰动位涡拟能。$M$ 的第一、二两项分别为模式区域($L_x \cdot [-L, L]$)的 700, 300 hPa 层的总扰动涡度拟能,它反映了

该层次上涡旋系统的强弱程度。由于西太平洋副高属动力型高压,故对于 500 hPa 层的西太平洋副高而言,其 700 hPa 层主要为负涡度($\zeta_1 = \nabla^2 \psi_1 < 0$)反气旋系统,300 hPa 层多为正涡度($\zeta_3 = \nabla^2 \psi_3 > 0$)气旋系统,且两者的涡度绝对值($|\zeta_1|$,$|\zeta_3|$)越大,其相应的涡度拟能 $|\nabla^2 \psi_1|^2$,$|\nabla^2 \psi_3|^2$ 亦越大,则 500 hPa 层的副高反气旋系统越强盛。$M$ 的第三项为 700 hPa 与 300 hPa 层间的涡旋动能,它反映了该区域涡动运动的强弱。$D_M = \langle |\nabla^3 \psi_1|^2 + |\nabla^3 \psi_3|^2 \rangle$ 为总扰动位涡拟能的耗散项,主要是由于涡动扩散作用所致。

$$P_M = \left\langle \left( \beta - \frac{\partial^2 \bar{u}_1}{\partial y^2} \right) \frac{\partial \psi_1}{\partial x} \cdot \nabla^2 \psi_1 \right\rangle + \left\langle \left( \beta - \frac{\partial^2 \bar{u}_3}{\partial y^2} \right) \cdot \frac{\partial \psi_3}{\partial x} \cdot \nabla^2 \psi_3 \right\rangle - \frac{1}{4} \left( \frac{f_0}{\Delta P} \right)^2 \langle \sigma(y) \cdot$$

$$\left( \bar{u}_3 \frac{\partial \psi_1}{\partial x} - \bar{u}_1 \frac{\partial \psi_3}{\partial x} \right) \nabla^2 (\psi_1 - \psi_3) \rangle - \frac{1}{8} \left( \frac{f_0}{\Delta P} \right)^2 \langle \sigma(y) J(\psi_1 + \psi_3, \psi_1 - \psi_3) \nabla^2 (\psi_1 - \psi_3) \rangle$$

$P_M$ 为总扰动位涡拟能产生项。式中 $\langle \bullet \rangle = \iint_\Omega [\bullet] \mathrm{d}x \mathrm{d}y$,$\Omega = L_X \times [-L, L]$,$L_X$ 为 $X$ 方向的一个波长,$L$ 为 $Y$ 方向的固壁半径,$\sigma(y) = \dfrac{1}{(\sigma_s - \lambda \eta^*)_2 (y)}$ 为 500 hPa 层的层结热力经向分布函数。由平衡方程(10.35)知,位涡拟能的产生大于其耗散时($P_M > K_h D_M$),则 $\dfrac{\mathrm{d}M}{\mathrm{d}t} > 0$,总扰动位涡拟能随时间增长,系统的整体旋转性加强。对应于夏季东亚的特定环境,可表现东亚副热带反气旋系统的发展增强和稳恒维持。反之,则 $\dfrac{\mathrm{d}M}{\mathrm{d}t} < 0$,可表现东亚副热带反气旋系统减弱衰亡或退出东亚上空。

通过分析和研究 $M$ 随时间的长消情况以及对应的物理机制和天气条件,找出其系统稳定性的判据,即可据此分析和预测东亚上空的副高活动及相应的东亚天气。

通过沿经向积分将南、北两侧雨带的热力作用耦合起来,再设立波解,则将稳定性问题转化为复函数特征值及微分不等式问题。记 $P_M = P_M^* + P_M^{**}$,$P_M^{**} = -\dfrac{1}{8} \left( \dfrac{f_0}{\Delta P} \right)^2 \langle \sigma(y) J(\psi_1 + \psi_3, \psi_1 - \psi_3) \nabla^2 (\psi_1 - \psi_3) \rangle$。

若 $\sigma_1 = \sigma_2 = \sigma_3$,无经向热力差异,则 $P_M^{**} \equiv 0$;有经向热力差异时,则

$$|P_M^{**}| \leqslant \frac{1}{8} \left( \frac{f_0}{\Delta P} \right)^2 \max(|\sigma_1^{-1} - \sigma_2^{-1}|, |\sigma_3^{-1} - \sigma_2^{-1}|) \cdot \langle |J(\psi_1 + \psi_3, \psi_1 - \psi_3)| \cdot |\nabla^2 (\psi_1 - \psi_3)| \rangle$$

下面分两步对位涡拟能产生项 $P_M^*$ 和 $P_M^{**}$ 分别进行处理。先考虑一些辅助特征值问题,继而用一个嵌入定理来处理 $P_M^{**}$,利用这些结果推得一个微分不等式,然后用变分原理得到一系列较为细致的估计,最后给出系统非线性稳定性的位涡拟能判据及总扰动位涡拟能的衰减估计。

## 10.5　位涡拟能判据及其相应的衰减估计

### 10.5.1　辅助特征值问题

10.5.1.1　$K_{h,M}^* = \max \left( \dfrac{P_M^*}{D_M} \right)$

考虑特征值问题

$$\frac{1}{\mu} = \frac{P_M^*}{D_M} \quad \Rightarrow \quad \delta(D_M - \mu P_M^*) = 0 \tag{10.36}$$

其中 $\delta$ 为变分符号。记 $G_\sigma = \sigma(y) \cdot (\bar{u}_3 - \bar{u}_1)$，可得相应于变分问题式（10.36）的 Eule-Largrange 方程为：

$$2 \nabla^6 \psi_1 + \mu\left[-\bar{u}_1^{(4)} \frac{\partial \psi_1}{\partial x} - 2\bar{u}_1^{(3)} \frac{\partial^2 \psi_1}{\partial x \partial y} - \frac{1}{4}\left(\frac{f_0}{\Delta P}\right)^2 \left(G_\sigma \frac{\partial}{\partial x} \nabla^2 \psi_3 + G''_\sigma \frac{\partial \psi_3}{\partial x} + 2G'_\sigma \frac{\partial^2 \psi_3}{\partial x \partial y}\right)\right] = 0 \tag{10.37}$$

$$2 \nabla^6 \psi_3 + \mu\left[-\bar{u}_3^{(4)} \frac{\partial \psi_3}{\partial x} - 2\bar{u}_3^{(3)} \frac{\partial^2 \psi_3}{\partial x \partial y} + \frac{1}{4}\left(\frac{f_0}{\Delta P}\right)^2 \left(G_\sigma \frac{\partial}{\partial x} \nabla^2 \psi_1 + G''_\sigma \frac{\partial \psi_1}{\partial x} + 2G'_\sigma \frac{\partial^2 \psi_3}{\partial x \partial y}\right)\right] = 0 \tag{10.38}$$

设波解 $\psi_1 = \varphi_1(y)\exp[ik(x-ct)]$, $\psi_3 = \varphi_3(y)\exp[ik(x-ct)]$, 代入式（10.37），（10.38）得：

$$\varphi_1^{(6)} - 3k^2 \varphi_1^{(4)} - k^6 \varphi_1 + k^4\left(3\varphi''_1 - \frac{1}{2}i\mu k^{-3}\bar{u}_1^{(4)}\varphi_1 - i\mu\bar{u}_1^{(3)}k^{-3}\varphi'_1\right) - \frac{1}{8}\left(\frac{f_0}{\Delta P}\right)^2 ik\mu \cdot$$
$$[G_\sigma(\varphi''_3 - k^2\varphi_3) + G''_\sigma\varphi_3 + 2G'_\sigma\varphi'_3] = 0 \tag{10.39}$$

$$\varphi_3^{(6)} - 3k^2 \varphi_3^{(4)} - k^6 \varphi_3 + k^4\left(3\Phi''_3 - \frac{1}{2}i\mu k^{-3}\bar{u}_3^{(4)}\varphi_3 - i\mu\bar{u}_3^{(3)}k^{-3}\varphi'_3\right) + \frac{1}{8}\left(\frac{f_0}{\Delta P}\right)^2 ik\mu \cdot$$
$$[G_\sigma(\varphi''_1 - k^2\varphi_1) + G''_\sigma\varphi_1 + 2G'_\sigma\varphi'_1] = 0 \quad . \tag{10.40}$$

下面用两种不同的方法来估计特征值 $\frac{1}{\mu}$。

方法 I：作变换

$\varphi_1 = \exp\left(\frac{i\mu\bar{u}_1^{(2)}}{6k^3}\right)\hat{\Phi}_1$, $\varphi_3 = \exp\left(\frac{i\mu\bar{u}_3^{(2)}}{6k^3}\right)\hat{\Phi}_3$, 代入式（10.39），（10.40），然后作如下运算：

$\int_{-L}^{L}(10.39) \cdot \hat{\Phi}_1^* \cdot \exp\left(\frac{-i\mu\bar{u}''_1}{6k^3}\right)\mathrm{d}y + \int_{-L}^{L}(10.40) \cdot \hat{\Phi}_3^* \cdot \exp\left(\frac{-i\mu\bar{u}''_3}{6k^3}\right)\mathrm{d}y$, 推得

$$-\sum_{j=1,3}(I_{3,j}^2 + 3k^2 I_{2,j}^2 + 3k^4 W_{1,j}^2 + k^6 I_{0,j}^2) + \frac{\mu^2}{12k^2}\int_{-L}^{L}[(\bar{u}_1^{(3)})^2|\hat{\Phi}_1|^2 + (\bar{u}_3^{(3)})^2|\hat{\Phi}_3|^2]\mathrm{d}y +$$
$$\mu I(\varphi_1, \varphi_3, G_\sigma) = 0 \tag{10.41}$$

其中

$$I(\varphi_1, \varphi_3, G_\sigma) = -\frac{1}{8}\left(\frac{f_0}{\Delta P}\right)^2 ki\int_{-L}^{L}[(G_\sigma\varphi_3)''\varphi_1^* - k^2\varphi_3\varphi_1^* - (G_\sigma\varphi_1)''\varphi_3^* + k^2\varphi_1\varphi_3^*]\mathrm{d}y \tag{10.42}$$

经计算，

$$I(\varphi_1, \varphi_3, G_\sigma) = \frac{1}{4}\left(\frac{f_0}{\Delta P}\right)^2 k\left[\int_{-L}^{L}G_\sigma I_m(\varphi_3\varphi_1^{*''})\mathrm{d}y - k^2\int_{-L}^{L}I_m(\varphi_3\varphi_1^*)\mathrm{d}y\right] \tag{10.43}$$

利用等参不等式

$$I_{1,j}^2 \geqslant \lambda_1^2 I_{0,j}^2, \quad I_{2,j}^2 \geqslant \lambda_2^2 I_{1,j}^2, \quad I_{2,j}^2 \geqslant \lambda_3^2 I_{0,j}^2 \quad (j = 1,3) \tag{10.44}$$

其中 $I_{i,j}^2 = \int_{-L}^{L}\left|\frac{\mathrm{d}^i\hat{\Phi}_j}{\mathrm{d}y^i}\right|^2 \mathrm{d}y$, $W_{i,j}^2 = \int_{-L}^{L}\left|\frac{\mathrm{d}^i\hat{\Phi}_j}{\mathrm{d}y^i}\right|^2 \mathrm{d}y$ $(i = 0,1,2,3; j = 1,3)$,

$$\lambda_1^2 = \frac{\pi^2}{4L^2}, \quad \lambda_2^2 = \frac{\pi^2}{L^2}, \quad \lambda_3^2 = \left(\frac{2.365}{L}\right)^4$$

可得出估计式

$$\frac{1}{\mu} = \left\{ 12k^2 I(\varphi_1, \varphi_3, G_\sigma) \pm \sqrt{144k^4 I^2(\varphi_1, \varphi_3, G_\sigma) + 48k^2 \sum_{j=1,3}(I_{3,j}^2 + 3k^2 I_{2,j}^2 + 3k^4 W_{1,j}^2 + k^6 I_{0,j}^2)} \right.$$

$$\left. \overline{\int_{-L}^{L}[(\bar{u}'''_1)^2 \mid \hat{\Phi}_1 \mid^2 + (\bar{u}'''_3)^2 \mid \hat{\Phi}_3 \mid^2]\mathrm{d}y} \right\} \Big/ 24k^2 \sum_{j=1,3}(I_{3,j}^2 + 3k^2 I_{2,j}^2 + 3k^4 W_{1,j}^2 + k^6 I_{0,j}^2)$$

$$\frac{1}{\mu} \leqslant \xi(k) + \sqrt{\xi^2(k) + \eta(k)} = K_{h,M,1}^* \tag{10.45}$$

$$\xi(k) = \left(\frac{f_0}{\Delta P}\right)^2 k \mid G_\sigma \mid_{\max} / [32(\lambda_2^2 + 3k^2)^{\frac{1}{2}}(3k^4\lambda_1^2 + k^6)^{\frac{1}{2}}] +$$

$$\left(\frac{f_0}{\Delta P}\right)^2 k^3 / (16\lambda_2^2\lambda_3^2 + 3k^2\lambda_3^2 + 3k^4\lambda_1^2 + k^6)$$

$$\eta(k) = \max(\max \mid \bar{u}'''_1 \mid^2, \max\bar{u}'''_3 \mid^2) / [12k^2(\lambda_2^2\lambda_3^2 + 3k^2\lambda_3^2 + 3k^4\lambda_1^2 + k^6)]$$

方法Ⅱ:作演算

$$\int_{-L}^{L}(10.39)\varphi_1^*(y)\mathrm{d}y + \int_{-L}^{L}(10.40)\varphi_3^*(y)\mathrm{d}y, \text{推得}$$

$$-\sum_{j=1,3}(I_{3,j}^2 + 3k^2 I_{2,j}^2 + 3k^4 I_{1,j}^2 + k^6 I_{0,j}^2) + k\mu\int_{-L}^{L}[\bar{u}'''_1 I_m(\varphi'_1\varphi_1^*) + \bar{u}'''_3 I_m(\varphi'_3\varphi_3^*)]\mathrm{d}y +$$

$$\mu I(\varphi_1, \varphi_3, G_\sigma) = 0$$

由此推得: 
$$\frac{1}{\mu} = \frac{k\int_{-L}^{L}[\bar{u}'''_1 I_m(\varphi'_1\varphi_1^*) + \bar{u}'''_3 I_m(\varphi'_3\varphi_3^*)]\mathrm{d}y + I(\varphi_1, \varphi_3, G_\sigma)}{\sum_{j=1,3}(I_{3,J}^2 + 3k^2 I_{2,j}^2 + 3k^4 I_{1,j}^2 + k^6 I_{0,j}^2)}$$

$$\leqslant 2\xi(k) + \frac{k\max(\mid\bar{u}'''_1\mid_{\max}, \mid\bar{u}'''_3\mid_{\max})(I_{0,1}I_{1,1} + I_{0,3}I_{1,3})}{\sum_{j=1,3}(I_{3,J}^2 + 3k^2 I_{2,j}^2 + 3k^4 I_{1,j}^2 + k^6 I_{0,j}^2)}$$

$$\leqslant 2\xi(k) + \frac{k\max(\mid\bar{u}'''_1\mid_{\max}, \mid\bar{u}'''_3\mid_{\max})}{2(\lambda_3^2 + 3k^4)^{\frac{1}{2}}(k^6 + 3k^2\lambda_3^2)^{\frac{1}{2}}} = 2\xi(k) + \theta(k)$$

即得估计式

$$\frac{1}{\mu} \leqslant 2\xi(k) + \theta(k) = K_{h,M,2}^* \tag{10.46}$$

综合式(10.45),(10.46),得到:$K_{h,M}^* \leqslant \min(K_{h,M,1}^*, K_{h,M,2}^*)$ \hfill (10.47)

**10.5.1.2** $\bar{\lambda}_M = \max\left(\frac{\varepsilon}{D_M}\right)$

其中 $\varepsilon = \langle \mid\nabla(\psi_1 + \psi_3)\mid^2 + \mid\nabla(\psi_1 - \psi_3)\mid^2\rangle + \parallel D^3(\psi_1 + \psi_3)\parallel_{L_2}^2 + \parallel D^3(\psi_1 - \psi_3)\parallel_{L_2}^2$

这里 $\parallel \cdot \parallel_{L_2}$ 是 $L^2$ 的模, $\parallel D^3\Phi\parallel_{L_2}^2 = \left\langle \left|\frac{\partial^3\Phi}{\partial x^3}\right|^2 + \left|\frac{\partial^3\Phi}{\partial y^3}\right|^2 + \left|\frac{\partial^3\Phi}{\partial x^2\partial y}\right|^2 + \left|\frac{\partial^3\Phi}{\partial x\partial y^2}\right|^2\right\rangle$

考虑特征值问题

$$\frac{1}{\mu} = \frac{\varepsilon}{D_M} \quad \Rightarrow \quad \delta(D_M - \mu\varepsilon) = 0 \tag{10.48}$$

$\delta$ 为变分符号,式(10.48)对应的 Euler-Lagrange 方程为

$$\nabla^6(\psi_1 + \psi_3) - 2\mu\Big[\nabla^2(\psi_1 + \psi_3) + \frac{\partial^6}{\partial x^6}(\psi_1 + \psi_3) + \frac{\partial^6}{\partial x^4\partial y^2}(\psi_1 + \psi_3) +$$

$$\frac{\partial^6}{\partial x^2\partial y^4}(\psi_1 + \psi_3) + \frac{\partial^6}{\partial y^6}(\psi_1 + \psi_3)\Big] = 0 \tag{10.49}$$

应用式(10.46)类似的估计法可以估计出

$$\bar{\lambda}_M \leqslant 2 + \frac{\max(2+k^4, 2k^2)}{\min(3k^4 + \lambda_3^2, k^6 + 3k^2\lambda_3^2)} \tag{10.50}$$

10.5.1.3 $\quad \bar{\bar{\lambda}}_M = \max\left(\dfrac{M}{D_M}\right)$

考虑特征值问题

$$\frac{1}{\mu} = \frac{M}{D_M} \quad \Rightarrow \quad \delta(D_M - \mu M) = 0 \tag{10.51}$$

其对应的 Euler-Lagrange 方程为：

$$\nabla^6 \psi_1 + \mu\left\{\nabla^4 \psi_1 - \frac{1}{4}\left(\frac{f_0}{\Delta P}\right)^2 \left[\sigma(y) \nabla^2 (\psi_1 - \psi_3) + \sigma'(y)\frac{\partial}{\partial y}(\psi_1 - \psi_3)\right]\right\} = 0 \tag{10.52}$$

$$\nabla^6 \psi_3 + \mu\left\{\nabla^4 \psi_3 - \frac{1}{4}\left(\frac{f_0}{\Delta P}\right)^2 \left[\sigma(y) \nabla^2 (\psi_3 - \psi_1) + \sigma'(y)\frac{\partial}{\partial y}(\psi_3 - \psi_1)\right]\right\} = 0 \tag{10.53}$$

由式(10.52),(10.53)得到

$$\nabla^6 (\psi_1 - \psi_3) + \mu\left\{\nabla^4 (\psi_1 - \psi_3) - \frac{1}{2}\left(\frac{f_0}{\Delta P}\right)^2 \left[\sigma(y) \nabla^2 (\psi_1 - \psi_3) + \sigma'(y)\frac{\partial}{\partial y}(\psi_1 - \psi_3)\right]\right\} = 0$$

类似式(10.46)的推导,得到

$$\bar{\bar{\lambda}}_M \leqslant \frac{1}{\lambda_1^2 + k^2} + \frac{|\sigma(y)|_{\max} \cdot (I_{0,j}^2 + I_{1,j}^2)}{I_{3,j}^2 + 3k^2 I_{2,j}^2 + 3k^4 I_{1,j}^2 + k^6 I_{0,j}^2}$$

$$\leqslant \frac{1}{\lambda_1^2 + k^2} + \frac{|\sigma(y)|_{\max}}{(\lambda_3^2 + 3k^4)^{1/2}(3k^2\lambda_3^2 + k^6)^{1/2}} \tag{10.54}$$

## 10.5.2　嵌入不等式及 $P_M^{**}$ 的估计

定理(Joseph,1976;Georgescu A,1985)：假设 $f(x, y)$ 是一个光滑函数,且 $f|_{y=\pm L} = 0$,在 $x$ 方向以 $2\pi/k$ 为周期,则

$$\langle f^4 \rangle \equiv \int_{-L}^{L}\int_0^{2\pi/k} f^4 \,\mathrm{d}x\mathrm{d}y \leqslant \frac{1}{2}\left\{\frac{2kL}{\pi \bar{\Lambda}^{1/2}} + 1\right\}\langle f^2 \rangle \langle |\nabla f|^2 \rangle \tag{10.55}$$

其中 $\bar{\Lambda} = 1/(4k^2 L^2 + \pi^2)$,据此嵌入不等式(10.55),$P_M^{**}$ 可得到估计式

$$|P_M^{**}| \leqslant \frac{\sqrt{3}}{4}\left(\frac{f_0}{\Delta P}\right)\frac{1}{\sqrt{\sigma_2}}\max\left(\left|\frac{\sigma_2 - \sigma_1}{\sigma_1}\right|, \left|\frac{\sigma_3 - \sigma_2}{\sigma_3}\right|\right)\left(\frac{2kL}{\pi\bar{\Lambda}^{1/2}} + 1\right)^{1/2} \cdot M^{1/2} \cdot \varepsilon \tag{10.56}$$

## 10.5.3　位涡拟能稳定性判据及其相应的衰减估计

综上可得到以位涡拟能为正定量(或数学上称之为的 Liapounov 函数)。

$$K_h > \min(K_{h,M,1}^*, K_{h,M,2}^*) = K_{h,M}^* \tag{10.57}$$

$$\frac{1}{\sqrt{\sigma_2}}\max\left(\left|\frac{\sigma_3 - \sigma_2}{\sigma_3}\right|, \left|\frac{\sigma_1 - \sigma_2}{\sigma_1}\right|\right) \leqslant \frac{4}{3}\sqrt{3}\bar{\lambda}_M^{-1}\left\{\frac{2kL}{\pi\bar{\Lambda}^{1/2}} + 1\right\}^{-1/2} \cdot \frac{(K_h - K_{h,M}^*)}{M(0)^{1/2}} \cdot \frac{\Delta P}{f_0} \tag{10.58}$$

其中 $K_{h,M,1}^*$, $K_{h,M,2}^*$, $\bar{\lambda}_M$ 分别由式(10.45),(10.46)及(10.50)给出,$M(0)$ 为单位质量初始扰动位涡拟能。

$$\frac{\mathrm{d}M}{\mathrm{d}t} \leqslant \left\{-(K_h - K_{h,M}^*)M + \frac{\sqrt{3}}{4}\left(\frac{f_0}{\Delta P}\right)\frac{1}{\sqrt{\sigma_2}}\max\left(\left|\frac{\sigma_2 - \sigma_1}{\sigma_1}\right|, \left|\frac{\sigma_3 - \sigma_2}{\sigma_3}\right|\right) \cdot\right.$$

$$\left.\left[\frac{2kL}{\pi\bar{\Lambda}^{1/2}} + 1\right]^{1/2}\bar{\lambda}_M M^{3/2}\right\} \Big/ \bar{\bar{\lambda}}_M \tag{10.59}$$

当不等式(10.57),(10.58)成立时,微分不等式(10.59)成立。

$$M\big|_{t=0} = M(0) \tag{10.60}$$

由上式可解得扰动位涡拟能的衰减估计

$$\frac{M(t)}{\left[K_h - K_{h,M}^* - F(k)M^{1/2}(t)\right]^2} \leqslant \frac{M(0)}{\left[K_h - K_{h,M}^* - F(k)M^{1/2}(0)\right]^2} \cdot \exp\left(-\frac{K_h - K_{h,M}^*}{\overline{\lambda}_M} \cdot t\right) \tag{10.61}$$

其中 $F(k) = \frac{\sqrt{3}}{4}\left(\frac{f_0}{\Delta P}\right)\frac{1}{\sqrt{\sigma_2}}\max\left(\left|\frac{\sigma_2 - \sigma_1}{\sigma_1}\right|, \left|\frac{\sigma_3 - \sigma_2}{\sigma_3}\right|\right)\left(\frac{2kL}{\pi\overline{\Lambda}^{1/2}} + 1\right)^{1/2}\overline{\lambda}_M$。

(10.57),(10.58)两式称之为涡旋系统稳定衰减的位涡拟能判据,判据成立时,涡旋系统的衰减情况由(10.61)式给出。

## 10.6　系统稳定性分析和讨论

由式(10.57),(10.58),(10.45),(10.46),(10.50)可知,影响制约涡旋系统稳定性位涡拟能判据的因子有:$\overline{u}'''_1, \overline{u}'''_3, (\overline{u}_3 - \overline{u}_1), \sigma_1, \sigma_2, \sigma_3, k, L$。其中 $\overline{u}'''_1 = \frac{\partial^3 \overline{u}_1}{\partial y^3}, \overline{u}'''_3 = \frac{\partial^3 \overline{u}_3}{\partial y^3}, (\overline{u}_3 - \overline{u}_1)$,它们分别反映了东亚副热带 25°N 区域上空高层(300 hPa)、低(700 hPa)层纬向基流的南北切变和垂直切变对 500 hPa 层东亚副热带涡旋系统稳定性的影响。$\sigma_1 = \frac{1}{(\sigma_s - \lambda\eta^*)_2(y_1)}, \sigma_2 = \frac{1}{(\sigma_s - \lambda\eta^*)_2(y_2)}, \sigma_3 = \frac{1}{(\sigma_s - \lambda\eta^*)_2(y_3)}$,它们分别代表了南海—西太平洋季风槽雨带($y_1$)、25°N 附近东亚副热带区域($y_2$)、以及东亚大陆季风雨带($y_3$)500 hPa 层次上的层结稳定度和热力状况对该层次上的东亚副热带涡旋系统稳定性的影响。$k = \frac{2\pi}{L_x}$,表明不同的纬向波长($L_x$)天气系统在东亚副热带区域的稳定性情况,$L$ 表现了南、北雨带之间的间距大小对东亚副热带系统稳定性可能产生的影响。

若上述因子的综合作用满足位涡拟能判据式(10.57),(10.58),则系统稳定,其扰动位涡拟能 $M$ 随时间呈指数衰减,此时涡旋天气系统减弱消退。反之,则系统不稳定,其扰动位涡拟能随时间增长,此时的涡旋天气系统增强发展。

结合位涡拟能判据对上述影响因子的物理机制和天气意义进行分析和计算,可得以下结果:

(1)对于模式所取的东亚副热带 500 hPa 层次区域内的微小天气尺度系统,其位涡拟能判据表明是稳定的,总扰动位涡拟能 $M$ 随时间指数衰减,即小尺度波动天气系统不易在东亚副热带地区发展或维持。对于东亚模式区域内的超长波天气系统,若其初始扰动位涡拟能 $M$ (0)充分小或者经向热力差异微小,则该超长波系统仍稳定,其位涡拟能等旋转特性随时间指数衰减,此时该行星尺度的涡旋天气系统不易维持和发展。

(2)计算表明,东亚副热带模式区域内 500 hPa 层上"最不稳定"涡旋天气系统尺度范围约为 3000~5000 km,即系统不稳定时,该尺度范围的涡旋天气系统的总扰动位涡拟能随时间增长最快,易有涡旋系统迅速发展起来,或原有的涡旋系统很快得以增强和稳恒维持。当系统稳定时,该尺度范围内的天气系统总扰动位涡拟能衰减最慢,表现为已有的涡旋系统缓慢减弱,尚可维持一段时间。夏季东亚副热带地区上述尺度范围的持续性气旋系统并不多见,而夏季西太平洋副高等东亚副热带反气旋系统的纬向尺度属于此"最不稳定"范围,且多持续维持存在。故在系统不稳定状况下,它们常西伸北挺至东亚上空形成强盛稳恒的东亚副热带反气旋;而在系统稳定情况下,它们并不马上消亡,而是逐渐减弱东退。因此,东亚副热带反气旋的强弱进退等活动可以用系统稳定性的位涡拟能判据式进行估计和预测。

(3)东亚大陆季风雨带或南海—西太平洋季风槽雨带对流降水强盛,热力强迫显著,而南、北雨带之间,中心为 25°N 的副热带纬带区域无降水或热力效应微弱,与南、北雨带之间的热力差异显著,则两雨带之间的 500 hPa 层上东亚副热带区域的系统将趋于不稳定。此时该区域内的涡旋天气系统总扰动位涡拟能将随时间增长,尤以占尺度优势的东亚副热带反气旋等系统的位涡拟能发展最快,表现为此时副高稳定强盛地维持于东亚上空,所对应的是晴朗炎热、持续干旱的天气。即南、北雨带的持续强盛对流降水及其经向的显著热力差异是促使东亚副热带涡旋系统发展增强和利于东亚副热带反气旋稳恒强盛的重要因素。

(4)当东亚副热带地区低层的西南季风活跃,其北侧有季风低压形成或发展,而高层的青藏高压增强东伸、热带东风强劲时,高、低层纬向基流的南北切变增大,且高层(热带东风)与低层(西南季风)之间的纬向基流垂直切变亦最大,此时的环流结构和配置利于 500 hPa 层的东亚副热带涡旋系统的不稳定增强发展,也是利于引导西太平洋副高西伸北进至东亚大陆和利于东亚副热带反气旋加强维持的最佳环流条件。当西太平洋副高西伸至东亚大陆,东亚副热带区域中、低层为偏东风时,此时高层有低槽系统配合,盛行槽前偏西气流,这种环流结构亦利于 500 hPa 层东亚副热带反气旋的维持和发展。当高层(青藏高压)、低层(西太平洋副高)的副热带反气旋系统进一步相向靠拢,两个高压趋于上下重叠,低层转为偏东气流,高层仍为东风时,或西太平洋副高东退,青藏高压西撤,高层热带东风减弱时,高、低层的纬向基流切变均已减弱,此时东亚副热带区域内系统趋于稳定,涡旋系统的总扰动位涡拟能等旋转特性衰退减弱。这也是促使西太平洋副高退出东亚大陆,导致东亚副热带反气旋系统减弱消亡,难以继续维持的最佳配置条件。

(5)在同等条件下,当南、北雨带位置分别偏南、偏北,两者间距较大时,雨带之间的 500 hPa 层上东亚副热带区域内的天气系统易趋于不稳定,天气尺度的涡旋系统得以发展和维持。此时西太平洋副高易西伸至东亚上空形成强稳的东亚副热带反气旋。反之,则东亚副热带系统趋于稳定,东亚副热带反气旋不易发展和维持。

上述基于位涡拟能判据的理论分析和机理讨论与基于总扰动能量判据的研究结果是基本一致的,也与一些诊断分析和天气事实(陶诗言 等,1964)基本相符。

## 10.7 能量判据的模式大气计算和诊断

为进一步研究和讨论南、北雨带盛衰和高、低环流配置及其变化与大气位势场和副高系统之间相互作用过程,引入模式大气:设 25°N 为研究区域的平均计算纬度,取 $f_0 = 0.62 \times 10^{-4}$ · $\mathrm{s}^{-1}$, $\Delta p = 200$ hPa, $L = 10^6$ m, $\sigma_s = 0.015$ m² · hPa⁻² · s⁻², $k_h = 10^6$ m² · s⁻¹ 并给出其 110°~120°E 区间夏季纬向基本气流的平均分布情况

$$700 \text{ hPa 层:} \begin{cases} \bar{u}_1(y) = 3 - \dfrac{1}{\Delta y}y + \dfrac{1}{\Delta y^2}y^2 & (10.62) \\[2mm] \bar{u}_1(y) = -2 - \dfrac{4}{\Delta y}y + \dfrac{2}{\Delta y^2}y^2 & (10.63) \end{cases}$$

式(10.62)为副高尚未西伸,研究区域处于西南季风控制时的情况(如图 10.4 中虚线所示)。式(10.63)为西太平洋副高已西伸到研究区域,副高南部为偏东风,北部为偏西风的情况(如图 10.4 中实线所示)。

$$300 \text{ hPa 层}: \begin{cases} \bar{u}_3(y) = -12 + \dfrac{2}{\Delta y}y - \dfrac{2}{\Delta y^2}y^2 + \dfrac{1}{\Delta y^3}y^3 & (10.64) \\[2mm] \bar{u}_3(y) = -10 + \dfrac{4}{\Delta y}y - \dfrac{3}{\Delta y^2}y^2 + \dfrac{1}{\Delta y^3}y^3 & (10.65) \end{cases}$$

该结构反映了研究区域高层处于青藏高压环流影响的纬向基流的分布情况。式(10.64)为青藏高压中心约在 30°N,高压东伸时纬向基流分布情况(如图 10.5 中实线所示),式(10.65)为青藏高压中心约在 30°N 高压西退时纬向基流的分布情况(如图 10.5 中虚线所示),其中式(10.65)中的东风风速及其经向切变均较式(10.64)弱小,式中 $\Delta y$ 为 5 个纬度对应的弧长。

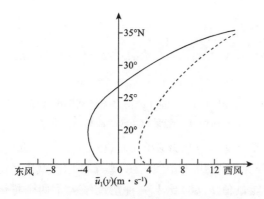

图 10.4　700 hPa 层纬向基本气流平均分布　　　　图 10.5　300 hPa 层纬向基本气流平均分布

根据上节讨论,下面分别计算和讨论不同的加热状况和不同的高、低层纬向基流分布构型对系统稳定性的制约和影响。

讨论 I:设低层基流分布为式(10.62)、高层基流分布为式(10.64),且北雨带有较强的凝结潜热加热(上升速度为 2 cm·s⁻¹,500 hPa 层日加热约 4.2℃)。这相当于西太平洋副高与青藏高压相向而行的环流形势和天气状况。此时系统稳定性第一能量判据,式(10.31)右端项 $k_{h,E}^*/L^3$ 的计算结果如图 10.6 中实线所示,直线为式(10.31)左端项 $k_h/L^3$(临界值)。其中纬向波长 $L_x$ 介于 3000~6000 km 波域的天气系统,所对应的 $k_{h,E}^*/L^3$ 值均处于临界值之上,这表明该尺度区域的天气系统趋于不稳定发展。系统稳定的第二能量判据式(10.32)可改写为 $E^{1/2}(0) \leqslant A/B = E_c(0)$,其中 $A = \dfrac{4}{3}\sqrt{3}\dfrac{\Delta p}{f_0}\dfrac{4k^2L^2+\pi^2}{8(1+k^2)L^2+2\pi^2} \times \left(\dfrac{2kL}{\pi\bar{\Lambda}^{1/2}}+1\right)^{-1/2}(k_h-k_{h,E}^*)$,$B = \dfrac{1}{\sqrt{\sigma_2}}\max(|\sigma_1-\sigma_2|,|\sigma_3-\sigma_2|)$。此时相应的临界初始扰动能量 $E_c(0)$ 的计算结果如图 10.7 中实线所示,其中在约 3000~6000 km 内的纬向波域 $E_c(0) \leqslant 0$,这就是说即使该尺度区域天气系统的初始扰动能量 $E(0)$ 为零,它们仍趋于不稳定发展。第一、第二能量判据的计算结果均表明,纬向尺度为 3000~6000 km 的天气系统在此情况下是不稳定的,其总扰动能量将随时间增长,属于该尺度范围的西太平洋副高因此也易于向东亚副热带上空西伸并在此维持和加强。而在 3000~6000 km 纬向尺度之外的天气系统则多是稳定的,其总扰动能量将随时间趋

于衰减,只有当该系统的初始扰动能量大于其相应的临界值时,才可能得到部分不稳定发展。在一般大尺度天气系统中,$E(t)$,$E(0)$值一般很小,设 $E^*(t)=E(t)/[(k_h-k_{h,E}^*)-F(k)E^{1/2}(t)]^2$,$E^*(0)=E(0)/[(k_h-k_{h,E}^*)-F(k)E^{1/2}(0)]^2$,大致可表现 $E(t)$,$E(0)$ 的变化趋势及系统总扰动能量的衰减或增长。此时式(10.34)可写成 $E^*(t) \leqslant E^*(0)\exp[-(k_h-k_{h,E}^*) \cdot t/\overline{\overline{\lambda}}_E]$,$E^*(t)$ 随时间的增减情况如图10.8中实线所示,其中在 3000~6000 km 纬向波域内 $\gamma=(k_h-k_{h,E}^*)/\overline{\overline{\lambda}}_E<0$,系统表现为不稳定增长,尤其在 3000~5000 km 波域内系统的 $E^*(t)$ 值经 4~7 d 即可增长到其初始值 $E^*(0)$ 的 e 倍多(下半轴实线)。其余波域内系统的扰动能量则随时间稳定衰减(上半轴实线)。

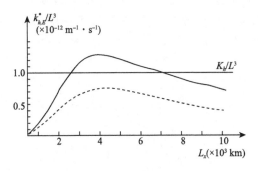
图 10.6  讨论 I 的第一能量判据计算结果分布

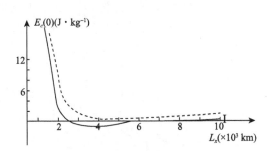
图 10.7  讨论 I 的第二能量判据中临界
初始扰动能量值 $E_c(0)$ 计算结果分布

若高、低层的基流分布情况不变,只是北雨带的凝结潜热减弱(日加热约 1.3℃)。此时,第一能量判据式(10.31)右端项 $k_{h,E}^*/L^3$ 的计算结果如图10.6虚线所示,整个纬向波域内系统均是稳定的。第二能量判据中的临界初始扰动能量值 $E_c(0)$ 比上一种情况增大了两个量级(如图10.7虚线所示),这就是说此种情况下除非初始扰动能量 $E(0)$ 很大,否则系统仍难以得到不稳定增长。此时 $\gamma>0$,$E^*(t)$ 值随时间迅速衰减,3000~6000 km 纬向尺度天气系统的 $E^*(t)$ 值在 3~6 d 内即可衰减到其初始值 $E^*(0)$ 的 $1/e$ 倍(如图10.8中虚线所示)。这种情况下,该区域已有的副高也趋于减弱,西太平洋副高不易向此区域西伸。比较上述两种情况可知,在环流构型相同时,北雨带凝结加热作用的强弱决定着是否利于引导西太平洋副高向东亚副热带上空西伸并维持。

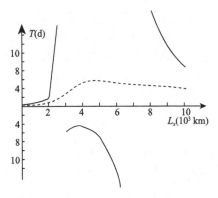
图 10.8  讨论 I 的系统总扰动能量
随时间的变化

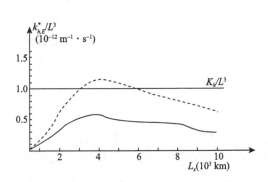
图 10.9  讨论 II 的第一能量判据计算结果分布

讨论Ⅱ:设高层基流分布为式(10.65)、低层基流分布为式(10.63)。南雨带或北雨带有较强的凝结加热作用(日加热约 4.2℃),这相当于青藏高压和西太平洋副高相背而退的环流形势和天气状况。此时,第一能量判据式(10.31)右端项 $k_{h,E}^*/L^3$ 的计算结果如图 10.9 中实线所示,整个纬向波域尺度内的天气系统均很稳定。第二能量判据中的 $E_c(0)$ 计算结果如图 10.10 中实线所示,只有当系统初始扰动能量 $E(0)$ 较大,超过其相应临界值 $E_c(0)$ 时,才可能有部分不稳定发生。

系统已有的总扰动能量则随时间迅速衰减如图 10.11 中实线所示。这种高低层的环流配置是天气系统最稳定、最不易发展的型式,已有的副高系统将迅速减弱。此时西太平洋副高难以在东亚副热带上空继续维持而趋于向东撤出。

若环流型不变,而南雨带或北雨带出现更为强盛的对流降水凝结加热(日加热约 5.2℃),则第一能量判据计算结果也仅在 3000～5000 km 纬向尺度范围有弱的不稳定出现(如图 10.9 中虚线所示)。第二能量判据中 $E_c(0)$ 的计算结果如图 10.10 中虚线所示,纬向尺度在 2000 km 以上的天气系统可能得到部分不稳定发展。总扰动能量的变化情况如图 10.11 中虚线所示,仅在 3000～5000 km 纬向波域的天气系统有缓慢增长,而其他尺度区域总扰动能量均随时间衰减。因此,已伸入东亚大陆的西太平洋副高此时不易强盛地维持,一旦雨带降水的潜热作用减弱,副高即随之减弱并趋于退出东亚大陆。

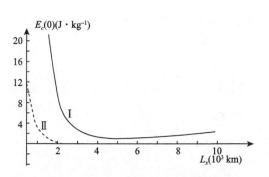

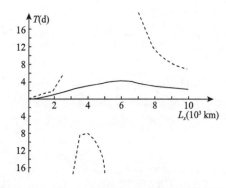

图 10.10　讨论Ⅱ的第二能量判据中临界
初始扰动能量值 $E_c(0)$ 计算结果分布

图 10.11　讨论Ⅱ的系统总扰动能量随时间变化

综上讨论Ⅰ,Ⅱ可知,研究区域内最利于系统趋于不稳定增长的环流配置是:高层的青藏高压东伸,东风及其水平切变加强;低层的西太平洋副高尚未西伸至东亚大陆,西南季风活跃。此时,北雨带或者南雨带一定强度的持续对流降水加热作用,即可形成利于西太平洋副高西伸的环境条件。最利于系统稳定衰减的环流配置是:青藏高压西退,高层热带东风及东风切变减弱;低层的西太平洋副高已伸入东亚大陆,研究区域为弱东风控制。此时,即使南雨带或北雨带仍有较为明显的对流凝结加热作用,西太平洋副高也难以在此继续维持下去,而易减弱并向东退出东亚大陆。

至于其他类型的基流高、低层配置,我们也进行了计算,它们对系统稳定状况的影响介于上述两类极端情况之间。这时系统能否趋于不稳定发展,西太平洋副高能否西伸或能否维持于东亚副热带上空,相当程度上要由其南、北两侧雨带的对流降水强弱来决定。

## 10.8  本章小结

本章基于强迫耗散非线性动力学模式,结合夏季东亚地区的实际天气特征和基本环流结构,应用变分原理和方法,分别从系统总扰动能量和位涡拟能发生发展的平衡方程出发,研究讨论了影响制约夏季东亚副热带地区位势场变化,从而影响制约东亚上空副高活动的热力因子和环流因子及其影响过程的动力机理,推导了反映夏季东亚副热带地区位势系统扰动发生发展的总扰动能量判据和位涡拟能判据。

研究结果表明,东亚季风雨带和南海季风槽雨带的凝结潜热作用是夏季西太平洋副高进退的重要诱导因子;而季风区高、低层环流结构的配置及调整是决定副高进退及增衰的关键要素;东亚季风雨带持续的强对流降水可能是引导副高西伸、北跳的一个重要因素。研究结果还对一些观测事实和诊断特征提供了动力学解释,提出一些新的见解。

# 第11章 局地热源强迫——副高单体生成的一种可能机制

孤立子现象是地球流体中广泛存在的一类自然现象,如地球大气中的阻塞高压、海洋中墨西哥湾流的涡动(朱抱真 等,1991)等大尺度系统,以及特定情况下某种雷暴单体、飑线乃至热带气旋等(纽学新,1992)。在动力学方程中,KdV 方程、Sin-Gordon 方程以及非线性的 Schrodinger 方程等都有孤立子解,因而这些方程可用于表征大气科学中相应天气现象的动力学性质(郭秉荣,1990)。

西太平洋副高的进退活动直接影响和制约东亚季风雨带的强弱、生消。但另一方面,也有研究表明(喻世华 等,1991,1995;张韧 等,1992,1993;钱贞成 等,1991):强对流降水系统中的凝结潜热加热作用对副热带高压有明显的反馈作用。东亚季风雨带对流降水的强盛和维持有利于西太平洋副高在东亚大陆的维持与稳定,对流系统中的热力强迫对大气风场和位势场有重要的影响。本章结合夏季东亚大陆季风雨带(梅雨带)强对流降水过程中存在局地凝结潜热强迫的天气事实,从动力学角度探讨了这类局地热源强迫作用对大气位势场和风场可能产生的影响以及天气系统可能出现的响应形式(张韧 等,2003a)。

## 11.1 模式方程

采用包含局地热源强迫 $Q$ 的准地转正压涡度方程来描绘副高系统的活动:

$$\frac{\partial}{\partial t}\nabla^2\psi + J(\psi,\nabla^2\psi) + \beta\frac{\partial\psi}{\partial x} = Q \tag{11.1}$$

其中 $\nabla^2=\frac{\partial^2}{\partial x^2}+\frac{\partial^2}{\partial y^2}$, $J(\psi,\nabla^2\psi)=\frac{\partial\psi}{\partial x}\frac{\partial\nabla^2\psi}{\partial y}-\frac{\partial\psi}{\partial y}\frac{\partial\nabla^2\psi}{\partial x}$, $u=-\frac{\partial\psi}{\partial y}$, $v=\frac{\partial\psi}{\partial x}$, $\psi$ 为流函数。

## 11.2 孤立子与准孤立子

定义 $$D_m^n(x)=\frac{d^n}{dx^n}\frac{1}{ch^m(x)} \qquad (n=-1,0,1,\cdots;m>0) \tag{11.2}$$

称为 $m,n$ 准孤立子,它一般与 mKdV 方程有定常解的关系,其中 $n=0,m=2$ 时,$D_2^0(x)=\frac{1}{ch^2(x)}=sech^2(x)$ 为对应于 KdV 方程的单孤立子。$n=-1,m=1$ 时,$D_1^{-1}(x)=\frac{d^{-1}}{dx^{-1}}\frac{1}{ch(x)}=\int sech(x)dx=2\tan^{-1}e^x$ 为对应 Sin-Gordon 方程的单孤立子。

## 11.3　风场、位势场对准孤立子型局地热源强迫的响应

设局地热源强迫 $Q$ 为任意的准孤立子型分布,即

$$Q = Q_0 + Q_1 D_{m+2}^n(\xi) \quad (n = 0,1,2,\cdots) \tag{11.3}$$

它包含了单孤立子($n=0,m=0$ 时)等分布型态,因而在实际天气系统中有较广泛的原型,如夏季东亚大陆季风雨带中的强对流单体、强对流云团降水的凝结潜热释放,都可以近似地视为自强对流中心的最大加热处向四周渐近减小的准孤立子型分布,因此可以近似地采用 $Q = Q_0 + Q_1 D_{m+2}^n(\xi)$ 的简单参数化方案定性地予以描述。

设涡度方程(11.1)中的流函数 $\psi$ 对热源强迫方程(11.3)有以下一般形式的响应模态(郭秉荣,1990):

$$\psi = \psi_0 + \frac{\partial\psi}{\partial x}x + \frac{\partial\psi}{\partial y}y + \psi_1(\xi) = \psi_0 + Vx - Uy + \psi_1(\xi) \tag{11.4}$$

引入的新坐标系:$\xi = \mu x + \nu y - st$ \hfill(11.5)

则 $\quad \dfrac{\partial}{\partial t} = -s\dfrac{\partial}{\partial\xi}, \dfrac{\partial}{\partial x} = \mu\dfrac{\partial}{\partial\xi}, \dfrac{\partial}{\partial y} = \nu\dfrac{\partial}{\partial\xi}$,以及 $\nabla^2 = (\mu^2 + \nu^2)\dfrac{\partial^2}{\partial\xi^2}$

将式(11.3),(11.4)代入式(11.1)可得:

$$(\mu^2+\nu^2)(-s+\mu U+\nu V)\frac{d^3\psi_1}{d\xi^3} + \mu\beta\frac{d\psi_1}{d\xi} + \beta V = Q_0 + Q_1 D_{m+2}^n(\xi) \tag{11.6}$$

令 $$Q_0 = \beta V \tag{11.7}$$

可得: $$\frac{d^3\psi_1}{d\xi^3} - a^2\frac{d\psi_1}{d\xi} = bD_{m+2}^n(\xi) \tag{11.8}$$

其中 $$a^2 = \frac{\mu\beta}{(\mu^2+\nu^2)(s-\mu U-\nu V)}; b = \frac{-Q_1}{(\mu^2+\nu^2)(s-\mu U-\nu V)} \tag{11.9}$$

令 $\dfrac{d\psi_1}{d\xi} = \Psi$,则(11.8)变成

$$\frac{d^2\Psi}{d\xi^2} - a^2\Psi = bD_{m+2}^n(\xi) \tag{11.10}$$

其解可以设 $$\Psi = cD_m^n(\xi) \tag{11.11}$$

代入式(11.10)有

$$c[D_m^{n+2}(\xi) - a^2 D_m^n(\xi)] = bD_{m+2}^n(\xi) \tag{11.12}$$

根据准孤立子的定义 $D_m^n(\xi) = \dfrac{d^n}{d\xi^n}\dfrac{1}{ch^m(\xi)}$ 可以导出以下递推公式:

$$D_m^n(\xi) = m^2 D_m^{n-2}(\xi) - m(m+1)D_{m+2}^{n-2}(\xi) \tag{11.13}$$

由该递推公式可得:$c(m^2-a^2)D_m^n(\xi) - [cm(m+1)+b]D_{m+2}^n(\xi) = 0$ \hfill(11.14)

由此 $$a^2 = m^2 \tag{11.15}$$

$$c = -\frac{b}{m(m+1)} \tag{11.16}$$

将式(11.16)代入式(11.11)有

$$\Psi = -\frac{b}{m(m+1)}D_m^n(\xi) \tag{11.17}$$

从而解得：

$$\psi_1 = \frac{Q_1}{m(m+1)(\mu^2+\nu^2)(s-\mu U-\nu V)}D_m^{n-1}(\xi) \tag{11.18}$$

由式(11.9),(11.15),(11.7)可以解出

$$U = \frac{1}{\mu}\left[s-\nu\frac{Q_0}{\beta}-\frac{\mu\beta}{m^2(\mu^2+\nu^2)}\right] \tag{11.19}$$

响应风场：

$$u = -\frac{\partial\psi}{\partial y} = U-\nu\frac{\mathrm{d}\psi_1}{\mathrm{d}\xi} = \frac{1}{\mu}\left[s-\nu\frac{Q_0}{\beta}-\frac{\mu\beta}{m^2(\mu^2+\nu^2)}\right]+\frac{\nu b}{m(m+1)}D_m^n(\xi) \tag{11.20}$$

$$v = \frac{\partial\psi}{\partial x} = V+\mu\frac{\mathrm{d}\psi_1}{\mathrm{d}\xi} = \frac{Q_0}{\beta}+\mu\Psi = \frac{Q_0}{\beta}-\frac{\mu b}{m(m+1)}D_m^n(\xi) \tag{11.21}$$

响应流场：

$$\psi = \psi_0+\frac{Q_0}{\beta}x-\frac{1}{\mu}\left[s-\nu\frac{Q_0}{\beta}-\frac{\mu\beta}{m^2(\mu^2+\nu^2)}\right]y+\psi_1(\xi) \tag{11.22}$$

由式(11.22)知,响应流场 $\psi$ 亦为准孤立子型分布,在模式条件下位势场可以近似取 $\varphi\approx f_0\psi$ 故响应的位势场 $\varphi$ 亦呈准孤立子型分布。

## 11.4　本章小结

本章从动力学角度探讨了局地热源强迫作用对大气位势场和风场可能产生的影响及天气系统可能出现的响应形式,结果如下：

(1)响应风场 $u,v$ 的准孤立子型分布$[(u,v)\sim D_m^n(\xi)]$与热源强迫的准孤立子型分布$[Q\sim D_{m+2}^n(\xi)]$,两者之间准孤立子型的奇偶型相同。表明在结构上响应风场类似于热源强迫,因而可从热源的分布状况大致估计出它所强迫出的响应风场的模态形式。

(2)由式(11.3),(11.18),(11.20),(11.21)可以看出：

$$Q\sim D_{m+2}^n(\xi)\sim\frac{\mathrm{d}^n}{\mathrm{d}\xi^n}\left(\frac{1}{\mathrm{ch}^{m+2}(\xi)}\right)\sim\frac{\mathrm{d}^n}{\mathrm{d}\xi^n}\left(\frac{2}{\mathrm{e}^\xi+\mathrm{e}^{-\xi}}\right)^{m+2}$$

$$u、v\sim D_m^n(\xi)\sim\frac{\mathrm{d}^n}{\mathrm{d}\xi^n}\left(\frac{1}{\mathrm{ch}^m(\xi)}\right)\sim\frac{\mathrm{d}^n}{\mathrm{d}\xi^n}\left(\frac{2}{\mathrm{e}^\xi+\mathrm{e}^{-\xi}}\right)^m$$

$$\psi_1\sim D_m^{n-1}(\xi)\sim\frac{\mathrm{d}^{n-1}}{\mathrm{d}\xi^{n-1}}\left(\frac{1}{\mathrm{ch}^m(\xi)}\right)\sim\frac{\mathrm{d}^{n-1}}{\mathrm{d}\xi^{n-1}}\left(\frac{2}{\mathrm{e}^\xi+\mathrm{e}^{-\xi}}\right)^m$$

当 $\xi=\mu x+\nu y-st$ 趋向 $\pm\infty$ 时,$D_m^n(\xi)$,$D_{m+2}^n(\xi)$ 的渐近性态相同,都是趋向自身的本底值减小,但是响应风场$[(u,v)\sim D_m^n(\xi)]$以及响应的位势场$[\varphi(\approx f_0\cdot\psi)\sim D_m^{n-1}(\xi)]$远比热源扰动$[Q\sim D_{m+2}^n(\xi)]$随 $\xi$ 趋向 $\pm\infty$ 减小得慢,也就是说孤立子型的响应风场及响应位势场要比孤立子型的热源强迫范围大得多,表明"狭窄"的热源扰动可以激发出"宽广"的大气风场响应和大气位势场响应。这种机制与江淮地区梅雨期间,副热带高压周围较强雨带的持续对流降水有利于副高稳定维持的天气现象可能密切关联,同时也从另一角度对夏季东亚季风雨带的热力强迫作用利于局地副高增强和诱导西太平洋副高西伸北进的研究结果(张韧 等,1992,1993)和诊断事实(喻世华 等,1991,1995;钱贞成 等,1991)提供了一种可能的动力学解释。

(3)准孤立子型的热源扰动 $Q\sim Q_1 D_{m+2}^n(\xi)\sim Q_1\frac{\mathrm{d}^n}{\mathrm{d}\xi^n}\left(\frac{1}{\mathrm{ch}^{m+2}(\mu x+\nu y-st)}\right)$的特性决定于参数 $\mu,\nu,s$。一般情况下,响应风场的振幅是有限的,但是特殊情况下,当参数 $\mu,\nu,s$ 的值使得

$s-\nu V-\mu U$ 趋于 0 时,由式(11.9),(11.18),(11.20),(11.21),(11.22)可以推知 $\psi_1$ 趋于 $\infty$,$u$,$v$ 趋于 $\rightarrow\infty$,这时外强迫热源与响应风场、响应位势场将出现共振,表现为东亚副热带地区特定环境条件下适定的热源扰动将促使响应风场和响应位势场异常增强,从而可能使局地高压单体增强或有新的高压单体迅速生成,进而引导西太平洋副高向该正变压区伸进。

(4)同样热源强迫条件下,由式(11.20),(11.21),(11.22)可知,纬度越高,则 $\beta=\dfrac{2\Omega\cos(\varphi)}{a}$ 越小,响应流函数 $\psi$(响应位势场 $\varphi$)和响应风场$(u,v)$越大,这表明东亚高纬地区的大气风场和位势场对热源强迫的响应要比低纬地区显著得多,因而东亚中高纬地区强对流降水的热力强迫作用更易激发出局地的强响应风场和响应位势场以及生成局地的高压单体系统。

# 第 12 章　东、西太平洋副高活动的遥相关机理

　　我国夏季的天气异常总是和太平洋副高的异常紧密联系在一起的。近年来对西太平洋副高位置持续偏北或持续偏南等异常情况的研究发现(喻世华 等,1995,1999),季节内西太平洋副高异常是整个北太平洋副高异常的结果,且东太平洋副高异常先于西太平洋副高异常(约早 10 d 左右),东—西太平洋之间的位势高度场存在一种遥相关的关系,即东太平洋地区位势高度场的变化会影响、制约西太平洋位势高度场的变化。图 12.1 分别给出了 1980,1983 年 7—8 月期间季内东、西太平洋副高异常过程中 500 hPa 副高中心位置的演变情况(喻世华 等,1999)。

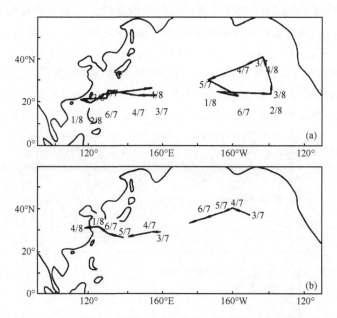

图 12.1　1980 年(a)和 1983 年(b)季节内东—西太平洋副高异常活动期间
500 hPa 候平均位势高度中心位置变化(单位:候/月)

　　如图中所示,北太平洋的东、西部各有一个副高单体,图 12.1a 中 1980 年 7 月第 3 候东太平洋副高中心位于[144°W,41°N]处,此后向西南移动,第 4 候移到[155°E,36°N],第 5 候移到[175°W,30°N],然后折向东南,第 6 候移到最南[155°E,23°N],此后减弱少动;8 月第 1 候以后迅速向东,第 2 候移到[139°W,24°N]处,此后北上,8 月第 4 候又回到 7 月第 3 候的位置,整个移动路径逆时针转了一圈。与此对应,西太平洋副高中心位置相应也有一次变动过程,7 月第 3 候,西太平洋副高中心位于[155°E,24°N]附近,此后西行,第 5 候西行到[131°E,25°N],然后折向南,第 6 候移到[130°E,22°N];8 月第 1 候转向西,活动在[115°E,20°N]附近,此后维持到第 2 候,然后折向东北,到第 3 候移动到[130°E,24°N],8 月第 4 候又恢复到 7 月第 3 候的情况,同样

逆时针转了一圈。西太平洋副高中心的移动范围没有东太平洋的大。这样一次振荡过程经历了大约 7 个候的时间。1983 年也有类似的情况(如图 12.1b 所示):7 月第 3 候到第 6 候,东太平洋副高有一次西移过程,相应西太平洋副高 7 月第 3 候开始西进,直至 8 月第 2 候以后消失在长江中下游地区。以上两次季节内副高持续异常过程,除西太平洋副高的活动总是对应着东太平洋副高变化外,西太平洋副高的活动往往还有落后于东太平洋副高活动的特点。

上述东、西太平洋副高的遥相关显然并非东太平洋副高或副高单体移到西太平洋地区,那么这两者相关的机理或联结东、西太平洋副高活动的作用过程是什么呢?进一步研究发现(李兴亮等,1996),季节内西太平洋副高异常和这一地区来自中、东太平洋地区持续的低频高位势中心的西传和聚集有密切关系。副高异常年份,中、东太平洋副热带地区就像存在一个波源一样,不断地有低频高位势中心在这里生成并向西传播,在西太平洋沿岸偏南或偏北地区持续形成一个局地高位势区,从而引导西太平洋副高位置持续偏南或者偏北。图 12.2 是基于准双周带通滤波,用 Wallace 点相关法所作的 1980,1988,1981 年的相关图。可以看出,位势低频波的传播路径是存在的,但不是很均匀,说明这种低频波的频谱较宽。副高异常活动的 1980 年和 1988 年,这种波来自东太平洋地区,但有所差别。1988 年和 1980 年波的终点位置分别较为偏北(25°N 以北)和偏南(20°N 左右),与 1988,1980 年季节内副高异常活动偏北和偏南的现象相一致。而在副高无异常活动的 1981 年,低频波在北太平洋的副热带地区并不明显,只在高纬的 45°N 以北有一向东的波。除此之外,其他的一些研究工作(Chen Longxun et al,1980;罗坚 等,1995;张建文 等,1998)也发现有低频涡旋自东太平洋向西太平洋热带地区传播和汇集,并且进一步证实这种低频高位势中心持续传播路径的偏南、偏北与季节内副高异常偏南、偏北现象相一致。

上述研究均从不同的角度强调了东太平洋副高活动与季节内西太平洋副高强弱和位置变化

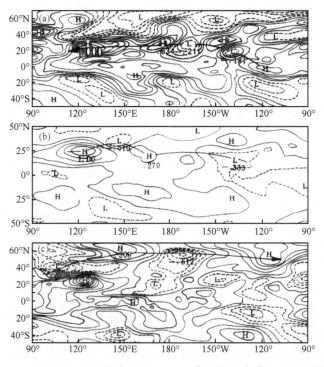

图 12.2　1980(a)、1988(b)和 1981(c)年 500 hPa 上以[125°E,25°N]为基点的位势高度相关图
(图中箭头表示波的传播路径和方向)

的密切关系,揭示出了东、西太平洋副高彼此关联的一些作用过程特征。但上述研究仍需进一步验证和完善,尤其需要从动力学意义上对其作深入的讨论。本章首先开展低频位势波活动与东、西太平洋副高关联的特征诊断,其后对东、西太平洋副高相关的可能媒介和作用机理进行动力学探讨(张韧 等,2002a)。

## 12.1 低频位势波活动与东、西太平洋副高的关联特征

上述特征从不同的角度强调了季内东太平洋副高活动与西太平洋副高变化的密切关系,揭示出东、西太平洋副高关联的低频位势传播特征。张韧、余志豪(2002b)对该低频位势波特征及与副高活动的相关性作开展了如下的诊断分析研究。

### 12.1.1 东、西太平洋副高的遥相关分析

对 1984—1997 年共 14 个年份夏季 6—8 月期间,以 30°N 为中心的 500 hPa 位势高度场的时间-经度剖面图及 5880 gpm 以上位势高度中心随时间的活动情况进行分析,夏季太平洋副高东西活动状况大致可分为西伸明显和西伸较弱两类(如表 12.1 所示)。

表 12.1 夏季太平洋副高东西活动基本特征

| 特征 | 1984 年 | 1986 年 | 1987 年 | 1989 年 | 1991 年 | 1992 年 | 1995 年 | 1996 年 | 1985 年 | 1988 年 | 1990 年 | 1993 年 | 1994 年 | 1997 年 |
|---|---|---|---|---|---|---|---|---|---|---|---|---|---|---|
| 西伸明显 | √ | √ | √ | √ | √ | √ | √ | √ | | | | | | |
| 西伸较弱 | | | | | | | | | √ | √ | √ | √ | √ | √ |

选取(125°E,30°N),(160°E,30°N)和(170°W,30°N)三个点的位势高度时间序列分别表示西、中、东太平洋副高的变化。表 12.2 是基于 NCEP/NCAR 500 hPa 位势高度场逐日再分析资料,用小波分解方法对这 14 个年份 6 月 1 日—8 月 29 日的西、中、东太平洋副热带地区位势高度变化所作的带通滤波方差贡献比率计算结果。

可以看出,西、中、东太平洋副热带地区的位势高度变化均以 2～4 d,4～8 d,8～16 d 和 16～32 d 周期波动为主要活动形式,周期小于 2 d 的高频扰动和大于 32 d 的其低频扰动所占方差份额很小,副高活动及异常主要受 2～32 d 周期范围位势波动影响和制约。

表 12.2 各频域波动的方差贡献比率

| 振幅方差贡献 | | 1～2 d | 2～4 d | 4～8 d | 8～16 d | 16～32 d | 32～64 d | >64 d |
|---|---|---|---|---|---|---|---|---|
| 西伸明显 | 西太平洋 | 7% | 25% | 22% | 23% | 11% | 6% | 6% |
| | 中太平洋 | 2% | 9% | 20% | 36% | 22% | 6% | 5% |
| | 东太平洋 | 4% | 21% | 38% | 10% | 7% | 18% | 2% |
| | 平均 | 4% | 18% | 27% | 23% | 14% | 10% | 4% |
| 西伸较弱 | 西太平洋 | 4% | 23% | 16% | 11% | 21% | 14% | 11% |
| | 中太平洋 | 4% | 23% | 12% | 51% | 8% | 1% | 1% |
| | 东太平洋 | 4% | 35% | 28% | 12% | 13% | 7% | 1% |
| | 平均 | 4% | 27% | 19% | 25% | 14% | 7% | 4% |
| 平均情况 | | 4% | 23% | 23% | 24% | 14% | 8% | 4% |

## 12.1.2　太平洋副高活动与位势低频波传播

周期为 2～4 d 和 4～8 d 的位势波动尽管占有较大的方差比率,但它们所表现的只是较短时间尺度内的位势变化。因此,对于太平洋副高这样具有显著时空尺度的天气系统而言,这些相对高频的短时扰动难以有效表现副高活动。分析发现,太平洋副高活动及西伸与 8～16 d 和 16～32 d 周期的位势低频波传播有较好对应关系。图 12.3 是 1987 年 6—8 月期间以 30°N 为中心的时间-经度剖面图,该年夏季北太平洋副热带地区有三次较明显的 5900 gpm 以上高位势中心的西伸过程(6 月 18日—7 月 5 日,7 月 1 日—7 月 25 日,8 月 1 日—8 月 20 日,如图中箭头所示)。

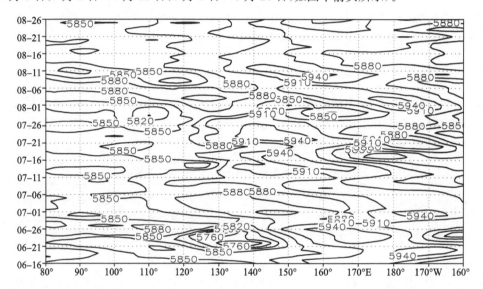

图 12.3　1987 年 6 月 16 日—8 月 26 日以 30°N 为中心的 500 hPa 位势高度时间-经度剖面图

图 12.4 是该年夏季 6—8 月期间位势高度场的 8～16 d 带通滤波信号,东、中、西太平洋的波峰位置及位相差结构与副高上述三次西伸过程较好地对应吻合(图中箭头)。

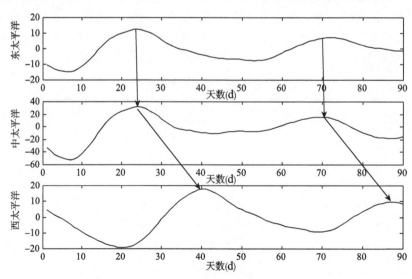

图 12.4　1987 年 6 月 1 日—8 月 29 日东、中、西太平洋副热带地区位势高度场 8～16 d 周期振荡时间序列

1985 年夏季太平洋副高主体位置偏东,在 30°N 为中心的 500 hPa 位势高度时间-经度剖面图上,6—8 月期间北太平洋地区 5900 以上位势高度中心主要分布在 140°E 以东,且东、西方向的活动较弱,仅在 6 月 10 日—7 月 8 日和 8 月 1 日—8 月 25 日期间副高中心有两次弱的西伸(图略)。这两次的副高西伸与该年夏季位势高度 16~32 d 带通滤波信号中两次波峰及相应的东、中、西部位相差结构同样具有较好的对应相关(如图 12.5 箭头所示)。

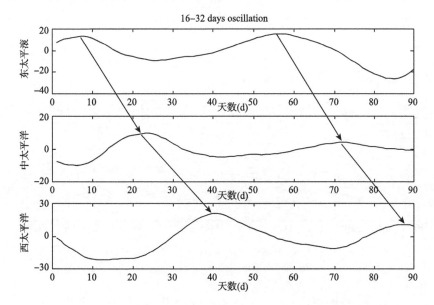

图 12.5　1985 年 6 月 1 日—8 月 29 日东、中、西太平洋副热带
地区位势高度场 16~32 d 周期振荡时间序列

上述分析表明,夏季北太平洋副高的活动和西伸主要表现为 8~16 d 和 16~32 d 周期的低频位势波活动,副高的强弱变化和西伸可通过低频位势波的振幅涨消和位相传播表现出来,因而低频位势波的活动可能为东、西太平洋副高遥相关的一种联系机理。

### 12.1.3　太平洋副高活动的高阶谱分析

对副高西伸和东、西太平洋副高的相关机理,还可通过对其进行高阶谱分析来进行讨论(张贤达,1996)。时频分布是一类描述信号的频谱成分随时间变化的变换,它能同时描述信号在时间和频率上的能量或密度(沈民奋 等,1998)。Wigner 时频分布方法具有十分简单的形式和良好的性质,在 Wigner 分布上定义的高阶谱是研究非平稳信号的有力工具(伯晓晨 等,2000)。本章采用的三阶谱能有效地表现非平稳信号的时-频变化特征,计算也简捷方便(张韧 等,2002b)。

图 12.6 是 1996 年 6—8 月期间,以 30°N 为中心的位势高度场时间-经度剖面图,该年夏季北太平洋副热带地区有两次显著的 5900 gpm 以上高位势中心的自东向西伸进过程(6 月 25 日—7 月 20 日,7 月 20 日—8 月 5 日)和一次较弱的副高西伸过程(6 月 18 日—7 月 1 日)(如图箭头所示)。

图 12.7 是带通滤波所得 1996 年 6 月 1 日—8 月 29 日西、中、东太平洋副热带区域位势高度场 16~32 d 周期信号的三阶谱 Wigner 时频分布。可以看出,三个区域周期信号的振荡强度(波动能量)随时间呈非均匀分布(以东太平洋地区的振荡相对较为显著)。通过对频谱强度

变化的位相和时差分析,发现频谱中心的时空变化(如图 12.7 箭头所示)与该年两次显著的副高西伸过程表现出相同的趋势和对应关系,即副高活动表现为 16～32 d 周期位势低频波动的频谱变化。

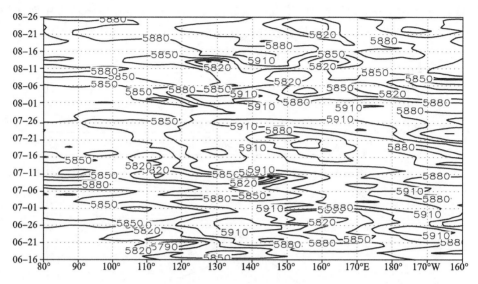

图 12.6 1996 年 6 月 16 日—8 月 26 日以 30°N 为中心的 500 hPa
位势高度时间-经度剖面图

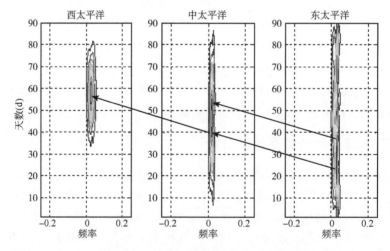

图 12.7 1996 年 6 月 1 日—8 月 29 日西、中、东太平洋副热带区域点 16～32 d
周期信号的三阶谱 Wigner 时频分布

1988 年夏季,北太平洋副高的西伸并不十分明显,副高活动的一个重要特征是自 6 月 20 日和 7 月 5 日起,5900 gpm 以上的副高中心分别表现出自东向西和自西向东朝着太平洋中部汇集的趋势(如图 12.8 箭头所示),并在 7 月 28 日前后达到最强(中心值达 5980 gpm)。

与这次副高活动相对应,该年夏季位势高度 16～32 d 周期波动的波峰及位相分布较好地表现出这次副高向中太平洋地区的汇集过程。图 12.9 是带通滤波所得 1988 年 6 月 1 日—8 月 29 日西、中、东太平洋副热带区域位势高度场 16～32 d 周期信号的三阶谱 Wigner 时频分布。

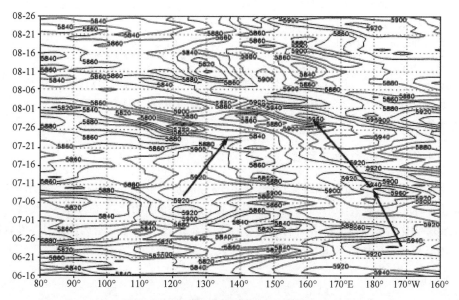

图 12.8　1988 年 6 月 16 日—8 月 26 日以 30°N 为中心的 500 hPa
位势高度时间-经度剖面图

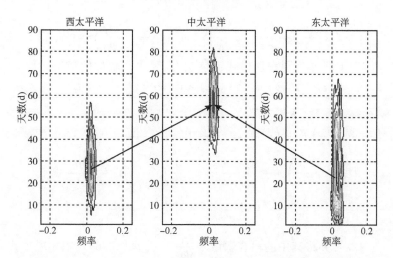

图 12.9　1988 年 6 月 1 日—8 月 29 日西、中、东太平洋副热带区域点
16～32 d 周期信号的三阶谱 Wigner 时频分布

　　图中波谱能量的时空变化和位相差结构清楚地表现出 16～32 d 周期低频位势活动中心自东、西太平洋向中太平洋地区汇集的情况。这种低频波谱的起止点和传播路径与该年夏季副高中心自东、西太平洋向中太平洋汇集的天气事实相符。

　　上述分析揭示出这样一个现象：太平洋副高东、西活动及其西伸有可能是以 16～32 d 周期的低频波传播形式进行，东太平洋副高活动对西太平洋副高的影响及两者间的遥相关有可能通过这种低频波的传播来加以联系。分析发现，副高西伸过程或低频波传播过程有时还表现出较明显的孤立波特征，即一个个独立的高位势中心随时间向西传递。

## 12.2 东、西太平洋副高活动的遥相关机理

以上诊断揭示出的现象特征和提出的作用机理有待于从理论上加以论证,张韧等(2002a)从动力角度进一步探讨上述低频位势波动产生和传播的机理以及它与季节内东、西太平洋副高异常活动的关系。

### 12.2.1 模式大气动力学方程组

研究夏季太平洋副热带区域对流层中、下层位势高度变化及其传播特征,其水平范围为:东西向数千千米,南北向数十个纬距。此时厚度层与水平范围相比可以看作一"浅薄"流体层。取 500 hPa 层为上界,其大气自由面高度为 $h^*(x,y,t)$,下界主要位于大洋之上,可忽略地形作用。上述条件下,考虑无强迫、耗散作用的保守系统并取 $\varphi = g \cdot h$,可得如下浅水模式方程组:

$$\left(\frac{\partial}{\partial t} + u\frac{\partial}{\partial x} + v\frac{\partial}{\partial y}\right)u - fv = -g\frac{\partial h^*}{\partial x} \tag{12.1}$$

$$\left(\frac{\partial}{\partial t} + u\frac{\partial}{\partial x} + v\frac{\partial}{\partial y}\right)v + fu = -g\frac{\partial h^*}{\partial y} \tag{12.2}$$

$$\lambda\left(\frac{\partial}{\partial t} + u\frac{\partial}{\partial x} + v\frac{\partial}{\partial y}\right)h^* + h^*\left(\frac{\partial u}{\partial x} + \frac{\partial v}{\partial y}\right) = 0 \tag{12.3}$$

其中 $\lambda$ 为参数,取 $\lambda = 1,0$ 可分别表现模式流体层有、无水平辐散的情况。取 $h^*(x,y,t) = H(y) + h'(x,y,t)$,$u(x,y,t) = \bar{u}(y) + u'(x,y,t)$,$v(x,y,t) = v'(x,y,t)$,代入浅水模式方程得扰动方程组:

$$\left(\frac{\partial}{\partial t} + \bar{u}\frac{\partial}{\partial x}\right)u' + \left(u'\frac{\partial}{\partial x} + v'\frac{\partial}{\partial y}\right)u' + g\frac{\partial h'}{\partial x} - \left(f - \frac{\partial \bar{u}}{\partial y}\right)v' = 0 \tag{12.4}$$

$$\left(\frac{\partial}{\partial t} + \bar{u}\frac{\partial}{\partial x}\right)v' + \left(u'\frac{\partial}{\partial x} + v'\frac{\partial}{\partial y}\right)v' + fu' + g\frac{\partial h'}{\partial y} = 0 \tag{12.5}$$

$$\lambda\left[\left(\frac{\partial}{\partial t} + \bar{u}\frac{\partial}{\partial x}\right)h' + \left(u'\frac{\partial}{\partial x} + v'\frac{\partial}{\partial y}\right)h' + v'\frac{\partial H}{\partial y}\right] + (H + h')\left(\frac{\partial u'}{\partial x} + \frac{\partial v'}{\partial y}\right) = 0 \tag{12.6}$$

取 $\frac{\partial}{\partial x}(12.5) - \frac{\partial}{\partial y}(12.4)$ 并将其中的辐合辐散项 $\frac{\partial u'}{\partial x} + \frac{\partial v'}{\partial y}$ 由(12.6)式中相应项代入得:

$$\left(\frac{\partial}{\partial t} + \bar{u}\frac{\partial}{\partial x}\right)\zeta' + \left(u'\frac{\partial}{\partial x} + v'\frac{\partial}{\partial y}\right)\zeta' - \frac{\lambda}{H + h'}\left[\zeta' + \left(f - \frac{\partial \bar{u}}{\partial y}\right)\right] \cdot$$

$$\left[\left(\frac{\partial}{\partial t} + \bar{u}\frac{\partial}{\partial x}\right)h' + \left(u'\frac{\partial}{\partial x} + v'\frac{\partial}{\partial y}\right)h' + v'\frac{\partial H}{\partial y}\right] + \left(\beta - \frac{\partial^2 \bar{u}}{\partial y^2}\right)v' = 0 \tag{12.7}$$

对式(12.7)中非辐合辐散项中的 $u',v'$ 取大气科学研究中常用的准地转滤波,则扰动涡度 $\zeta' = \frac{\partial v'}{\partial x} - \frac{\partial u'}{\partial y} = \frac{g}{f_0}\nabla^2 h'$,因为 $H \gg h'$,故取 $H + h' \approx H$,引入 Rossby 变形半径 $R = \frac{\sqrt{gH}}{f_0}$,代入式(12.7)得到均质流体准地转位涡方程:

$$f_0 R^2\left[\left(\frac{\partial}{\partial t} + \bar{u}\frac{\partial}{\partial x}\right)\nabla^2 h' + \left(\beta - \frac{\partial^2 \bar{u}}{\partial y^2}\right)\frac{\partial h'}{\partial x}\right] + gR^2 J(h', \nabla^2 h') = \lambda\left[\frac{f_0}{H}R^2\nabla^2 h' + \right.$$

$$\left. \left(f - \frac{\partial \bar{u}}{\partial y}\right)\right]\left[\left(\frac{\partial}{\partial t} + \bar{u}\frac{\partial}{\partial x}\right)h' + \frac{f_0}{H}R^2\frac{\partial H}{\partial y}\frac{\partial h'}{\partial x}\right] \tag{12.8}$$

### 12.2.2　KdV 方程的推导及其孤立波解

采用约化摄动法求解上述涡度方程,引入 G-M 变换,取缓变坐标系:$\tau = \varepsilon^{\frac{3}{2}} t$,$\theta = \varepsilon^{\frac{1}{2}}(x - ct)$,$y = y$,$0 < \varepsilon \ll 1$,$c$ 为该缓变坐标系之移速,则 $\frac{\partial}{\partial t} = \varepsilon^{\frac{3}{2}} \frac{\partial}{\partial \tau} - \varepsilon^{\frac{1}{2}} c \frac{\partial}{\partial \theta}$,$\frac{\partial}{\partial x} = \varepsilon^{\frac{1}{2}} \frac{\partial}{\partial \theta}$,$\frac{\partial}{\partial y} = \frac{\partial}{\partial y}$。

代入式(12.8)得:

$$f_0 R^2 \left\{ \varepsilon^{\frac{5}{2}} \frac{\partial^3 h'}{\partial \tau \partial \theta^2} + \varepsilon^{\frac{3}{2}} \left[ \frac{\partial^3 h'}{\partial \tau \partial y^2} + (\bar{u} - c) \frac{\partial^3 h'}{\partial \theta^3} \right] + \varepsilon^{\frac{1}{2}} \left[ (\bar{u} - c) \frac{\partial^3 h'}{\partial \theta \partial y^2} + \left( \beta - \frac{\partial^2 \bar{u}}{\partial y^2} \right) \frac{\partial h'}{\partial \theta} \right] \right\} +$$

$$gR^2 \left\{ \varepsilon^{\frac{3}{2}} \left[ \frac{\partial h'}{\partial \theta} \frac{\partial^3 h'}{\partial y \partial \theta^2} - \frac{\partial h'}{\partial y} \frac{\partial^3 h'}{\partial \theta^3} \right] + \varepsilon^{\frac{1}{2}} \left[ \frac{\partial h'}{\partial \theta} \frac{\partial^3 h'}{\partial y^3} - \frac{\partial h'}{\partial y} \frac{\partial^3 h'}{\partial \theta \partial y^2} \right] \right\} = \lambda \left\{ \varepsilon^{\frac{5}{2}} \frac{f_0}{H} R^2 \frac{\partial^2 h'}{\partial \theta^2} \frac{\partial h'}{\partial \tau} + \right.$$

$$\varepsilon^{\frac{3}{2}} \left[ \frac{f_0}{H} R^2 (\bar{u} - c) \frac{\partial h'}{\partial \theta} \frac{\partial^2 h'}{\partial \theta^2} + \left( \frac{f_0}{H} R^2 \right)^2 \frac{\partial H}{\partial y} \frac{\partial h'}{\partial \theta} \frac{\partial^2 h'}{\partial \theta^2} + \frac{f_0}{H} R^2 \frac{\partial^2 h'}{\partial y^2} \frac{\partial h'}{\partial \tau} + \left( f - \frac{\partial \bar{u}}{\partial y} \right) \frac{\partial h'}{\partial \tau} \right] +$$

$$\left. \varepsilon^{\frac{1}{2}} \left[ \frac{f_0}{H} R^2 \frac{\partial^2 h'}{\partial y^2} + \left( f - \frac{\partial \bar{u}}{\partial y} \right) \right] \left[ (\bar{u} - c) \frac{\partial h'}{\partial \theta} + \frac{f_0}{H} R^2 \frac{\partial H}{\partial y} \frac{\partial h'}{\partial \theta} \right] \right\} \quad (12.9)$$

将 $h$ 以小参数展开:$h' = \varepsilon h_1 + \varepsilon^2 h_2 + \cdots\cdots$ 代入式(12.9),得到各阶摄动问题的方程如下:

一级近似 $O(\varepsilon^{\frac{3}{2}})$ 阶方程:$\mathcal{L}_0 [h_1] = 0$,

二级近似 $O(\varepsilon^{\frac{5}{2}})$ 方程:$\mathcal{L}_0 (h_2) = -\mathcal{L}_1 \left\{ h_1 \lambda \tilde{R}^2 \left[ \tilde{R}^2 \frac{\partial H}{\partial y} + (\bar{u} - c) \right] \frac{\partial h_1}{\partial \theta} \frac{\partial^2 h_1}{\partial y^2} - gR^2 J \left( h_1, \frac{\partial^2 h_1}{\partial y^2} \right) \right.$

其中线性算子 $\mathcal{L}_0$,$\mathcal{L}_1$ 分别为:

$$\mathcal{L}_0 = \left\{ f_0 R^2 \left[ (\bar{u} - c) \frac{\partial^2}{\partial y^2} + (\beta - \bar{u}'') \right] - \lambda (f - \bar{u}') \left[ \tilde{R}^2 H' + (\bar{u} - c) \right] \right\} \frac{\partial}{\partial \theta}$$

$$\mathcal{L}_1 = \left\{ f_0 R^2 \left[ \frac{\partial^3}{\partial \tau \partial y^2} + (\bar{u} - c) \left( \frac{\partial^2}{\partial \theta^2} + \frac{\partial^2}{\partial y^2} \right) \frac{\partial}{\partial \theta} + (\beta - \bar{u}'') \frac{\partial}{\partial \theta} \right] - \right.$$

$$\left. \lambda (f - \bar{u}') \left[ \frac{\partial}{\partial \tau} + (\tilde{R}^2 H' + \bar{u} - c) \frac{\partial}{\partial \theta} \right] \right\}$$

式中 $\tilde{R}^2 = \frac{f_0}{H} R^2$,$\bar{u}' = \frac{\partial \bar{u}}{\partial y}$,$\bar{u}'' = \frac{\partial^2 \bar{u}}{\partial y^2}$,$H' = \frac{\partial H}{\partial y}$

边界条件:南北方向以 $D$ 为半径,以 25°N 为中心取固壁边界条件,$h'|_{y=\pm D} = 0$

先讨论一级近似 $O(\varepsilon^{\frac{3}{2}})$ 阶方程:

$$\frac{\partial^3 h_1}{\partial \theta \partial y^2} + \left\{ \frac{(\beta - \bar{u}'')}{(\bar{u} - c)} - \frac{\lambda (f - \bar{u}')}{f_0 R^2} \left[ 1 + \frac{\tilde{R}^2 H'}{\bar{u} - c} \right] \right\} \frac{\partial h_1}{\partial \theta} = 0$$

$$h_1 |_{y=\pm D} = 0, \bar{u} \neq c$$

取 $h_1 = A(\tau, \theta) h(y)$ 代入上式得:

$$\frac{\mathrm{d}^2 h}{\mathrm{d} y^2} + [\mu(y) - \nu(y)] h = 0$$

$$h |_{y=\pm D} = 0, \bar{u} \neq c \quad (12.10)$$

其中 $\mu(y) = \frac{\beta - \bar{u}''}{\bar{u} - c}$,$\nu(y) = \frac{\lambda (f - \bar{u}')}{f_0 R^2} \left( 1 + \frac{\tilde{R}^2 H'}{\bar{u} - c} \right)$

$\bar{u}(y)$,$H(y)$ 给定时,可由上式特征方程求解特征值 $c$ 和特征函数 $h$。但该特征值问题仅系一线性方程,它只能确定波的空间结构而不能描述波振幅的演变。为确定振幅 $A(\tau, \theta)$ 的演变,需进一步考虑高阶问题。

二级近似 $O(\varepsilon^{\frac{5}{2}})$ 阶方程为：

$$\boldsymbol{\mathcal{L}}_0(h_2) = -\boldsymbol{\mathcal{L}}_1(h_1) + \lambda \widetilde{R}^2 [\widetilde{R}^2 H' + (\bar{u}-c)] \frac{\partial h_1}{\partial \theta} \frac{\partial^2 h_1}{\partial y^2} - gR^2 J\left(h_1, \frac{\partial^2 h_1}{\partial y^2}\right) = F$$

$$h_1, h_2 \mid_{y=\pm D} = 0 \tag{12.11}$$

此阶方程的右端已出现 $\frac{\partial}{\partial \tau}, \frac{\partial^3}{\partial \theta^3}$ 及 $J$ 等项，即出现了频散效应和非线性效应，因其均非出现在最高阶 $O(\varepsilon^{\frac{3}{2}})$ 上，故仅为弱频散效应和弱非线性效应。设 $h_2 = B(\tau,\theta)\tilde{h}(y)$，并以 $h$ 乘以式 (12.11) 两端，再沿 $y$ 方向积分，利用特征值问题式 (12.10) 及边条件 $h, \tilde{h}\mid_{y=\pm D}=0$ 以及变换 $h$ $\frac{\partial^2}{\partial y^2}\tilde{h} = \frac{\partial}{\partial y}\left(h\frac{\partial}{\partial y}\tilde{h}\right) - \frac{\partial}{\partial y}\left(\frac{\partial h}{\partial y}\tilde{h}\right) + \tilde{h}\frac{\partial^2}{\partial y^2}h$，可得到消奇异条件：$\int_{-D}^{D} \frac{h \cdot F}{f_0 R^2 (\bar{u}-c)} dy = 0$，经推导整理，该式可表现为如下形式：

$$\int_{-D}^{D}\left\{-\frac{h^2}{(\bar{u}-c)}\left[\nu(y)-\mu(y)-\frac{\lambda(f-\bar{u}')}{f_0 R^2}\right]\frac{\partial A}{\partial \tau} + \frac{\lambda \widetilde{R}^2}{f_0 R^2}\left(1+\frac{\widetilde{R}^2 H'}{\bar{u}-c}\right)\left[\nu(y)-\mu(y)-\right.\right.$$
$$\left.\left.\frac{g[\nu(y)-\mu(y)]'_y}{f_0(\bar{u}-c)}\right]h^3 \cdot A \cdot \frac{\partial A}{\partial \theta} - h^2\frac{\partial^3 A}{\partial \theta^3}\right\}dy = 0$$

其中 $[\nu(y)-\mu(y)]'_y = \frac{d}{dy}[\nu(y)-\mu(y)]$。若所取的摄动问题有效，则强迫项 $F$ 必须满足上述约束条件，否则将会出现无穷大振幅的奇异响应 (朱抱真 等,1991)。由上述消奇异条件得到的振幅 $A$ 满足方程

$$A_\tau + P_{00} A A_\theta + S_0 A_{\theta\theta\theta} = 0 \tag{12.12}$$

其中

$$P_{00} = \int_{-D}^{D}\left\{\frac{g[\mu(y)-\nu(y)]'_y}{f_0(\bar{u}-c)} + \frac{\lambda}{H}\left(1+\frac{\widetilde{R}^2 H'}{\bar{u}-c}\right)[\nu(y)-\mu(y)]\right\} \cdot h^3 \, dy/E_0 \tag{12.13}$$

$$S_0 = -\int_{-D}^{D} h^2 \, dy/E_0 \tag{12.14}$$

$$E_0 = \int_{-D}^{D} \frac{h^2}{(\bar{u}-c)^2}\left[(\beta-\bar{u}'') - \lambda\frac{H'}{H}(f-\bar{u}')\right]dy \tag{12.15}$$

上述方程为 KdV 非线性方程，求其行波特解，取 $A(\tau,\theta) = A(\xi) = A(\theta-\tilde{c}\tau), \xi=\theta-\tilde{c}$，而 $\tilde{c}$ 表示行波在缓变空间 $(\tau,\theta)$ 中的波速 (朱抱真 等,1991)，代入式 (12.12) 得到

$$-\tilde{c}\dot{A} + P_{00}\dot{A} + S_0\dddot{A} = 0$$

其中 $\dot{A} = \frac{dA}{d\xi}$。经过对 $\xi$ 两次积分后得

$$\dot{A}^2 = \frac{-P_{00}}{3S_0}\left(A^3 - \frac{3\tilde{c}}{P_{00}}A^2 + g_1 A + g_2\right) \tag{12.16}$$

式中 $g_1, g_2$ 为积分常数。

设扰动只限于局地有限空间，即 $\lim_{\xi\to\pm\infty}[A,\dot{A},\ddot{A},\dddot{A}]=0$，由此行波解条件可得 $g_1, g_2 = 0$，则式 (12.16) 变为

$$\dot{A}^2 = \frac{P_{00}}{3S_0}A^2\left(\frac{3\tilde{c}}{P_{00}} - A\right) \tag{12.17}$$

记 $A_0 = \dfrac{3\tilde{c}}{P_{00}}$，可得

$$\dot{A}^2 = \frac{\tilde{c}}{S_0 A_0} A^2 (A_0 - A) \tag{12.18}$$

由式(12.18)求得孤立波解为

$$A = A_0 \operatorname{sech}^2\left[\left(\frac{\tilde{c}}{4S_0}\right)^{\frac{1}{2}} \cdot \xi\right] = A_0 \operatorname{sech}^2\left[\left(\frac{P_{00}A_0}{12S_0}\right)^{\frac{1}{2}} \cdot \xi\right] \tag{12.19}$$

## 12.2.3　孤立波解的存在性讨论

由式(12.12)及式(12.13)，(12.14)，(12.15)可得孤立波解存在的条件：

(1) $E_0 \neq 0$，其充分性条件为在区间 $[-D, D]$ 内，$(\beta - \bar{u}'') - \lambda \dfrac{H'}{H}(f - \bar{u}') \neq 0$；

(2) $P_{00} \neq 0$，否则式(12.12)退化为 $A_\tau + S_0 A_{\theta\theta\theta} = 0$，这是只含频散作用的线性方程，频散效应将使波振幅不断衰减，导致波包在行进过程中逐渐拉平。$P_{00} \neq 0$ 的充分性条件为：

$$\frac{g[\mu(y) - \nu(y)]'_y}{f_0(\bar{u} - c)} + \frac{\lambda}{H}\left(1 + \frac{\widetilde{R}^2 H'}{\bar{u} - c}\right)[\nu(y) - \mu(y)] \neq 0, \quad y \in [-D, D];$$

(3) $S_0 \neq 0$，否则式(12.12)变为 $A_\tau + P_{00}AA_\theta = 0$，这是只含非线性项而不含频散作用的激波方程，非线性效应将导致波阵面逐渐陡峭，最终破碎。$S_0 \neq 0$ 的充分性条件为在 $[-D, D]$ 内，$h \neq 0$，即孤立波的存在要有导致位势高度发生扰动的机制存在。由式(12.10)可知，制约 $h$ 的主要因子有 $\beta$ 效应和辐合、辐散效应 $\lambda$，它们可分别产生 $h$ 扰动的 Rossby 波和惯性重力波，由此扰动机制产生出的孤立波我们称其为惯性重力孤立波。

## 12.2.4　孤立波解的波动特征

由式(12.17)得孤波解有意义的条件是：$A_0 \cdot P_{00}/S_0 > 0$ 或者 $\tilde{c}/S_0 > 0$。

(1) 当 $P_{00}/S_0 > 0$，即 $\displaystyle\int_{-D}^{D} \left\{\frac{g[\mu(y) - \nu(y)]'_y}{f_0(\bar{u} - c)} + \frac{\lambda}{H}\left(1 + \frac{\widetilde{R}^2 H'}{\bar{u} - c}\right)[\nu(y) - \mu(y)]\right\} \cdot h^3 \, \mathrm{d}y < 0$ 时，$A_0 > 0$，存在波峰型孤立波；

当 $P_{00}/S_0 < 0$，即 $\displaystyle\int_{-D}^{D} \left\{\frac{g[\mu(y) - \nu(y)]'_y}{f_0(\bar{u} - c)} + \frac{\lambda}{H}\left(1 + \frac{\widetilde{R}^2 H'}{\bar{u} - c}\right)[\nu(y) - \mu(y)]\right\} \cdot h^3 \, \mathrm{d}y > 0$ 时，$A_0 < 0$，存在波谷型孤立波。

(2) 当 $S_0 > 0$，即 $\displaystyle\int_{-D}^{D} \frac{h^2}{(\bar{u} - c)^2}\left[(\beta - \bar{u}'') - \frac{\lambda H'}{H}(f - \bar{u}')\right]\mathrm{d}y < 0$ 时，$\tilde{c} > 0$，孤立波向东传播；

当 $S_0 < 0$ 即 $\displaystyle\int_{-D}^{D} \frac{h^2}{(\bar{u} - c)^2}\left[(\beta - \bar{u}'') - \frac{\lambda H'}{H}(f - \bar{u}')\right]\mathrm{d}y > 0$ 时，$\tilde{c} < 0$，孤立波向西传播。

## 12.2.5　孤立波解传播的必要性约束条件

为了弄清东、西太平洋副高的遥相关现象同孤立波传播过程之间的联系，下面侧重讨论孤立波的传播路径和传播方向，以及影响和制约它们的环流条件和环境位势场条件。

记 $P = (\beta - \bar{u}'') - \lambda \dfrac{H'}{H}(f - \bar{u}')$，由上讨论，孤立波存在及传播的必要性约束条件可以表示为：

$$P\begin{cases} P>0 & \cdots\cdots\cdots\cdots\cdots\cdots\text{孤立波向西传播} \\ P=0 & \cdots\cdots\cdots\cdots\cdots\cdots\text{孤立波衰减消亡} \\ P>0 & \cdots\cdots\cdots\cdots\cdots\cdots\text{孤立波向东传播} \end{cases}, \qquad y\in\left[-D,D\right] \qquad (12.20)$$

其中 $P$ 的第一项 $P_1=(\beta-\bar{u}'')$ 和第二项 $P_2=\lambda\dfrac{H'}{H}(f-\bar{u}')$ 分别为 $y\in\left[-D,D\right]$ 区间内大气的正压稳定度判据和惯性稳定度判据。模式中若不考虑水平辐合辐散效应($\lambda=0$),则 $P=P_1=(\beta-\bar{u}'')$,得到的仅为孤立 Rossby 波。孤立波的传播方向完全由 $\beta$ 效应与纬向基流切变之间的平衡来确定,它要求大气系统必须为正压稳定,否则孤立 Rossby 波不存在,其结果与 Long R R(1964)的讨论一致。

由于太平洋副高系统为动力性高压,500 hPa 以下层次存在明显的下沉辐散运动,因此在涉及副高问题的讨论时必须考虑水平辐散项($\lambda=1$)。与 Long R R 的研究不同的是,即使此时大气为正压不稳定($P_1=0$),无孤立 Rossby 波产生,却仍然可以有惯性重力孤立波存在,其传播方向及存在性由 $P_2=\dfrac{H'}{H}(f-\bar{u}')$ 确定。实际上,$\beta$ 效应形成的孤立 Rossby 波是地球旋转大气中具有共性的波动,而在辐合辐散作用下($\lambda=1$)形成的惯性重力孤立波则反映了夏季太平洋中、东部副热带地区中、低层普遍存在的下沉辐散运动,即反映了太平洋副高的动力特征。因此,也可以说太平洋副热带地区的区域性特征天气导致了惯性重力孤立波的产生。

由于上述孤立波在北太平洋副热带地区的形成和传播,它的构型和传播路径必然反映出该地区副高系统的变化,即副高强度和位置的变化会导致孤波结构和传播路径发生相应的变化。这种孤立波是位势高度扰动形成的波动,因此,其传播过程在天气上往往可以表现为位势中心或位势振荡的传播。由此推知,这种孤立波形式位势扰动的持续西传和聚合过程,将影响西太平洋副高强度和位置的变化。

## 12.3 孤立波的传播与东、西太平洋副高活动的遥相关

选择 1980 年和 1988 年两次季节内西太平洋副高异常过程进行模式大气的动力诊断和计算分析。1980 年 7 月 29 日—8 月 15 日期间,西太平洋副高持续活动在 25°N 以南地区,比正常年份同期平均偏南 5～10 个纬度,其持续偏南时间之长为近几十年少见。1988 年 7 月 1—20 日是一次西太平洋副高持续活动在 25°N 以北的过程,持续偏北时间长达 19 天,也是一次少有的副高异常活动过程。

查阅历史天气资料发现,1980 年西太平洋副高持续偏南过程期间,中、东太平洋副高主体亦相应偏南,在 150°E～150°W 区域范围内,副高中心位置维持于 20°～25°N 之间,8 月份副高中心平均位势高度为 5900 gpm。选择 150°E～150°W 区域平均,以 25°N 为中心,南、北各取 25 个纬度弧长作为固壁边界半径的模式大气计算区域。根据实况资料构造得到模式大气计算区域内 1980 年 8 月平均的 500 hPa 位势高度分布函数 $H(y)$ 和纬向基本气流分布函数 $\bar{u}(y)$:

$$H(y) = 5900\exp[-(0.098y^2 + 0.1426y\Delta y + 0.0446\Delta y^2)/100\Delta y^2]$$

$$\bar{u}(y) = 4 + \frac{13.4}{\Delta y}y - \frac{6.8}{\Delta y^2}y^2 + \frac{1.05}{\Delta y^3}y^3 \ (y>0)$$

$$\overline{u}(y) = 4 + \frac{1.96}{\Delta y}y - \frac{2.72}{\Delta y^2}y^2 - \frac{0.68}{\Delta y^3}y^3 \quad (y \leqslant 0)$$

其中 $\Delta y$ 为 5 个纬度对应的弧长。该分布函数大致表现了 1980 年 8 月期间,模式大气计算区域内的天气实况。其位势高度场分布如图 12.10 实线所示,与此对应的纬向基流分布概况如图 12.11 中实线所示。

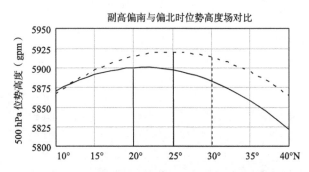

图 12.10　1980 年 8 月(实线),1988 年 7 月(虚线)150°E~150°W
区域平均的 500 hPa 月平均位势高度场分布

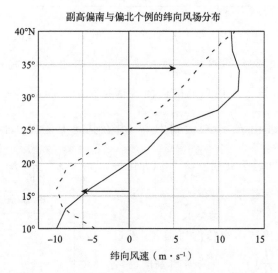

图 12.11　1980 年 8 月(实线),1988 年 7 月(虚线)
150°E~150°W 区域平均的 500 hPa 月平均纬向风分布

与 1980 年个例类似,在 1988 年西太平洋副高持续偏北期间,中、东太平洋副高主体亦相应偏北,150°E~150°W 范围内的副高中心位置维持于 25°~30°N 之间,7 月份副高中心月平均位势高度为 5920 gpm。在相同的模式大气计算区域内,根据实况资料构造得 1988 年 7 月平均的 500 hPa 位势高度分布函数 $H(y)$ 和纬向基本气流分布函数 $H(y)$:

$$H(y) = 5920 \exp[-(0.125y^2 + 0.09y\Delta y)/100\Delta y^2]$$

$$\overline{u}(y) = \frac{6.43}{\Delta y}y - \frac{1.95}{\Delta y^2}y^2 + \frac{0.37}{\Delta y^3}y^3 \quad (y > 0)$$

$$\overline{u}(y) = \frac{7.25}{\Delta y}y + \frac{0.88}{\Delta y^2}y^2 - \frac{0.37}{\Delta y^3}y^3 \quad (y \leqslant 0)$$

其位势高度分布如图 12.10 中虚线所示，与此对应的纬向基流分布概况如图 12.11 中虚线所示。

取 $\lambda=1$，求得两次个例期间孤立波传播属性判据的模式大气计算结果（如表 12.3 所示）。

**表 12.3　1980 年 8 月、1988 年 7 月个例期间孤立波传播判据量的模式大气计算值**

| 纬度 | 1980 年个例 $H$(gpm) | $P_1=\beta-\bar{u}''$ ($10^{-11}$ m·s$^{-1}$) | $P_2=H'/H(f-\bar{u}')$ ($10^{-11}$m·s$^{-1}$) | $P_1-P_2$ | 1988 年个例 $H$(gpm) | $P_1=\beta-\bar{u}''$ ($10^{-11}$m·s$^{-1}$) | $P_2=H'/H(f-\bar{u}')$ ($10^{-11}$m·s$^{-1}$) | $P_1-P_2$ |
|---|---|---|---|---|---|---|---|---|
| 50°N,y=5Δy | 5714 | −4.439 | −0.138 | −4.301 | 5712 | −0.905 | −0.207 | −0.698 |
| 45°N,y=4Δy | 5773 | −2.211 | −0.145 | −2.066 | 5782 | −0.024 | −0.173 | 0.149 |
| 40°N,y=3Δy | 5821 | 0.004 | −0.122 | 0.126 | 5838 | 0.843 | −0.130 | 0.973 |
| 35°N,y=2Δy | 5858 | 2.205 | −0.084 | 2.289 | 5880 | 1.697 | −0.084 | 1.781 |
| 30°N,y=Δy | 5883 | 4.392 | −0.042 | 4.434 | 5907 | 2.536 | −0.041 | 2.577 |
| 25°N,y=0 | 5897 | 3.875 | −0.015 | 3.89 | 5920 | 1.494 | −0.008 | 1.502 |
| 20°N,y=−Δy | 5900 | 2.601 | 0.004 | 2.597 | 5918 | 0.838 | 0.012 | 0.826 |
| 15°N,y=−2Δy | 5891 | 1.311 | 0.013 | 1.298 | 5901 | 0.165 | 0.029 | 0.136 |
| 10°N,y=−3Δy | 5871 | 0.01 | 0.021 | −0.011 | 5870 | −0.525 | 0.048 | −0.573 |

表 12.3 的计算结果表明，1980 年 8 月期间在 15°~40°N 纬带内，$(\beta-\bar{u}'')>\frac{H'}{H}(f-\bar{u}')$，即 $P>0$，根据判据式（12.20），该区域有孤立波产生并向西传播，尤其在 20°~35°N 之间，$(\beta-\bar{u}'')\gg\frac{H'}{H}(f-\bar{u}')$，故该区域内孤波的向西传播特征最为显著。在 40°~45°N 区间，$P=(\beta-\bar{u}'')-\frac{H'}{H}(f-\bar{u}')$ 逐步由 $P>0$ 过渡到 $P<0$，并在其间 $P$ 趋向 0，因此孤立波特征在此区间表现不明或者在此区间趋于衰减。45°N 以北区域，$(\beta-\bar{u}'')<\frac{H'}{H}(f-\bar{u}')$，即 $P<0$，此中、高纬生成的孤立波转为向东传播，即在 40°~45°N 区间为西传转向东传的过渡带。与此类似，10°~15°N 区间为另一孤立波由西传转向东传的过渡带，不过在 10°N 附近 $(\beta-\bar{u}'')$ 与 $\frac{H'}{H}(f-\bar{u}')$ 两项的差值已经很小，故在过渡带及此低纬地区都不易有明显的孤立波形成和传播。

1988 年 7 月个例期间孤立波传播也有上述类似特征。两次个例计算结果之间的差异在于：孤立波向西传的纬带范围，1988 年 7 月个例（15°~45°N）较 1980 年 8 月个例（15°~40°N）向北扩展了约 5 个纬度，与此对应，孤立波最显著的西传区域（1980 年 8 月为 20°~35°N，1988 年 7 月为 25°~40°N）和东、西向传播转换的过渡带（1980 年 8 月为 40°—45°N，1988 年 7 月为 45°—50°N），1988 年 7 月也较 1980 年 8 月北抬了 5 个纬距（如图 12.12 所示）。

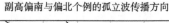

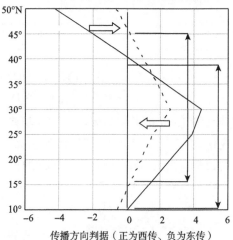

图 12.12　1980 年 8 月个例（实线）和 1988 年 7 月个例（虚线）孤立波传播路径的纬向分布示意图

模式大气计算得到的太平洋副热带区域孤立波的这种传播特征和范围变化,与同期的天气实况有很好的对应关系。其中 1980 年个例期间东、西太平洋副高偏南,其 5900,5880 gpm 位势高度范围均主要介于 20°～30°N 之间(如图 12.13 所示),与上述孤立波最显著的西传纬度范围一致。

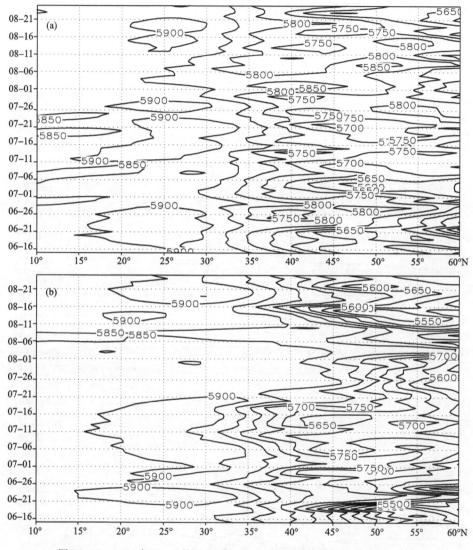

图 12.13　1980 年 6—8 月以 125°E(a),160°E(b)为中心的 500 hPa 位势高度时间-纬度剖面图(单位:gpm)

1988 年个例期间东、西太平洋副高偏北,其 5900,5880 gpm 位势高度范围北抬至 40°N 左右甚至达到了 45°N,副高主要范围介于 25°～35°N 之间(如图 12.14 所示),与相应年份孤立波最显著的西传纬度范围也基本一致。除此之外,孤立波传播的机理特征与其他一些诊断事实(李兴亮 等,1996;罗坚 等,1995;张建文 等,1998)也基本吻合。

基于上述分析可以推测,东、西太平洋副高之间存在的同性异步变化的遥相关现象,可能正是通过上述孤立波的传播联系起来的。其机理大致为:中、东太平洋副热带地区中、低层的动力辐散下沉和 $\beta$ 效应的共同作用,使该区域的扰动位势场形成一种向西传播的孤立波,这种较为稳定的孤立波西传过程表现为位势扰动中心自中、东太平洋副热带地区向西太平洋副热带地区传播和输送,从而引起该地区位势高度场的调整,导致西太平洋副高相应变化。在适定的环流背景下,孤立波形式的高位势扰动中心可以持续西传并不断汇集于西太平洋区域,使该区域副高得以增强和维持。中、东太平洋副高强度和位置发生变化(偏南或偏北),其激发出的孤立波的西传路径和范围亦相应变化(偏南或偏北),从而引起西太平洋副高强度和位置发生相应的调整变化,表现为西太平洋副高亦持续偏南或持续偏北。

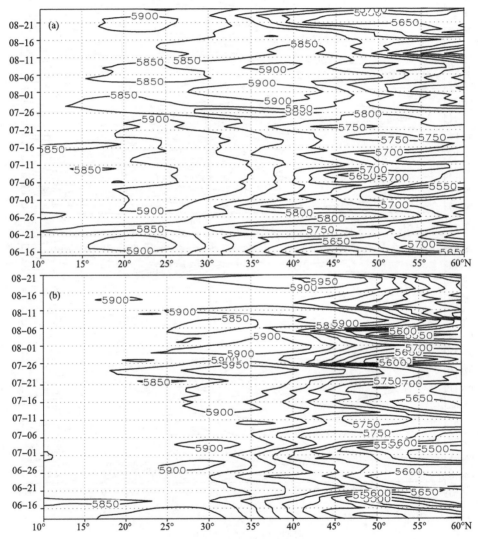

图 12.14  1988 年 6—8 月以 125°E(a),160°E(b)为中心的 500 hPa
位势高度时间-纬度剖面图(单位:gpm)

## 12.4  本章小结

通过低频位势波活动与东、西太平洋副高关联的特征诊断,以及对东、西太平洋副高相关的可能媒介和作用机理的动力学探讨,得出了如下结论:

(1)资料分析表明,季节内东、西太平洋副高之间存在着遥相关现象,西太平洋副高异常与来自中、东太平洋地区低频位势中心的西传和聚集密切相关。东太平洋地区位势高度场的变化通常先于西太平洋地区,且影响、制约西太平洋地区位势高度场变化。

(2)通过带通滤波和Wigner时频诊断分析发现,北太平洋副热带地区位势高度场存在较显著的8~16 d和16~32 d低频波特征,且该低频波峰的传播与该地区副高中心的活动关系密切。太平洋副高的东、西进退活动及其西伸过程可表现为16~32 d周期的低频波形式的传播。副高东进或西退的方向、范围及时间可以通过16~32 d周期低频波能谱的强度变化,和东、中、西太平洋副热带地区所选的三个分析计算点的时差,大致予以判断和估算。

(3)副高的西伸过程可表现为较明显的一个个孤立的高位势中心随时间的逐个向西传递。低频高位势中心持续向西传播并汇集的路径偏北或偏南,分别有利于在西太平洋沿岸偏北或偏南地区形成相应的局地高位势区,从而引导西太平洋副高位置的偏北或偏南。

(4)中、东太平洋副高系统的下沉辐散动力作用和$\beta$效应可以激发出一种Rossby惯性重力孤立波。该孤立波的存在、结构和传播属性由北太平洋副热带地区基本风场和位势场确定。夏季北太平洋副热带地区存在显著的孤立波西传过程,在西传区域南北侧的热带低纬和中高纬区域,孤立波转为向东传播。这种传播特征与已发现的低频位势中心的传播路径和范围一致,孤立波的显著西传路径与东、西太平洋副高的持续位置有较好的对应关系。

(5)中、东太平洋副高的异常偏南或偏北将使其激发出的孤立波西传路径亦相应偏南或偏北,从而导致西太平洋副高出现滞后于东太平洋副高的相应的变化趋势。即东太平洋副高的变化通过其产生的孤立波传播来实现对西太平洋副高活动的影响,东、西太平洋副高的遥相关现象可以通过这种孤立波的传播过程来加以联系和实现。

# 第三编 副高活动与变异的动力学机理的反问题研究

# 第 13 章　副高形态指数的动力模型反演与机理讨论

　　由于副高系统的非线性和影响机理的复杂性,副高的季节性转换和季节内变化都表现出不同的特点,尤其是副高的形态突变与异常进退,更显现出不确定性和随机性。因此,建立"精确"的副高非线性动力系统模型(非线性微分方程组)非常困难。而从副高及其影响因子的实际年份时间序列资料中反演副高动力学模型,是对副高异常活动和形态变异进行机理研究和动力行为分析的可行途径。

　　Takens F(1981)提出的相空间重构理论,其基本思想认为系统中任一分量的演化是由与之相互作用的其他分量所决定的。因此,这些相关分量的信息隐含在任一分量的发展过程中。这样,就可从一些仅与时间相关的观测数据中提取和恢复系统原来的规律。上述思想为从观测资料中反演副高动力模型提供了科学依据。目前,常用的动力模型重构方法主要有传统的时延相空间重构方法和动力模型参数反演方法。前者通过分维计算和寻找最优嵌入维与时延数,得到要素时间序列演变的相空间轨迹和结构模型,如田纪伟等(1996)用延迟时间模型讨论了海表温度在嵌入相空间中的动力系统重构;魏恩泊等(2001)利用混沌系统单物理参量时间序列的重构相空间点条件概率密度及其标准化分析,提出了一种新的隐含变量标准化资料的反演方法。

　　但是,上述方法由于仅考虑单个要素与其时延序列的信息,包含的独立信息较少,在反演重构复杂非线性动力系统时表现出较大的局限性。另一种途径是基于广义的常微动力系统模型,以模型输出与实际资料间的误差最小二乘为目标约束,进行模型参数的优化搜索和动力模型重构(马军海 等,1999)。黄建平等(1991)曾用经典的最小二乘估计讨论了从观测资料中重构非线性动力模型的途径,并从数值积分序列中较好地重构恢复了 Lorenz 系统。林振山等(2003)也对气压、气温、降水等三个气象要素时间序列的历史资料,进行了模型参数反演和动力性质讨论。不过,目前常规的优化搜索方法(如最小二乘估计)大多存在着参数空间单向搜索的低效率和误差收敛局部极小等缺陷(王凌,2001)。

　　遗传算法是近年来得到广泛应用的一种全局优化算法,其特点在于全局搜索和并行计算,因而具有很好的参数优化能力和误差收敛速度(王小平 等,2003)。洪梅、张韧等(2005,2006a)的卫星云图分类研究表明,经遗传算法优化后的云分类和降水估计效果明显优于常规的聚类分析方法。

　　为此,本章将遗传算法引入动力系统反演和模型参数优化研究之中,通过与传统建模方法的有机结合,对模型参数的搜索优选过程进行改进。首先基于前几章所揭示的关于副高与季风系统的诊断事实,选取副高活动异常年份的观测资料,计算副高以及与之密切相关的季风系统成员的特征指数,运用遗传优化方法进行副高与季风系统的非线性动力模型反演和模型参数优化,其后对反演所得的副高-季风动力学模型进行动力系统平衡态与稳定性分析以及外参数所导致的分岔、突变等动力学行为讨论(余丹丹 等,2010a)。

## 13.1　研究资料

选取副高活动异常年份(1998 年)和多年平均的 NCEP/NCAR 4—10 月逐日再分析资料以及对应的 NOAA 卫星观测的全球逐日平均的 OLR 资料进行研究,水平分辨率均为 $2.5°×2.5°$。

## 13.2　动力系统重构原理

假设某气象要素的时间序列(副高特征指数时间序列或副高位势场 EOF 时间系数序列)变化为任一未知非线性动力系统的输出,则其演变过程可表示为如下一般形式:

$$\frac{\mathrm{d}q_i}{\mathrm{d}t} = f_i(q_1, q_2, \cdots, q_i, \cdots, q_N), (i = 1, 2, \cdots, N) \tag{13.1}$$

其中函数 $f_i$ 为 $q_1, q_2, \cdots, q_i, \cdots, q_N$ 的广义的非线性函数,$N$ 为状态变量个数,一般可根据动力系统吸引子的复杂性(可通过计算分维数来衡量)来确定。方程(13.1)的差分形式可写成:

$$\frac{q_i^{(j+1)\Delta t} - q_i^{(j-1)\Delta t}}{2\Delta t} = f_i(q_1^{j\Delta t}, q_2^{j\Delta t}, \cdots, q_i^{j\Delta t}, \cdots, q_N^{j\Delta t}), (j = 2, 3, \cdots, M-1) \tag{13.2}$$

$M$ 为气象要素观测数据时间序列。动力模型重构即是从上述观测要素序列(可视为该未知动力系统输出的轨迹点)中,通过构建模型计算的最小二乘误差适应度函数,来估算和确定模型参数和系统结构。

$f_i(q_1^{j\Delta t}, q_2^{j\Delta t}, \cdots, q_i^{j\Delta t}, \cdots, q_N^{j\Delta t})$ 为待定的广义非线性函数,$f_i(q_1^{j\Delta t}, q_2^{j\Delta t}, \cdots, q_i^{j\Delta t}, \cdots, q_N^{j\Delta t})$ 中有 $G_{jk}$ 个变量、$q_i$ 个函数展开项以及 $P_{ik}$ 个参数$(i=1,2,\cdots,N; j=1,2,\cdots,M; k=1,2,\cdots,K)$,可表现为如下形式:$f_i(q_1, q_2, \cdots, q_n) = \sum_{k=1}^{K} G_{jk} P_{ik}$,式(13.2)矩阵表达式为 $\boldsymbol{D} = \boldsymbol{GP}$,各符号含义与表示式为:

$$\boldsymbol{D} = \begin{Bmatrix} d_1 \\ d_2 \\ \vdots \\ d_M \end{Bmatrix} = \begin{Bmatrix} \dfrac{q_i^{3\Delta t} - q_i^{\Delta t}}{2\Delta t} \\ \dfrac{q_i^{4\Delta t} - q_i^{2\Delta t}}{2\Delta t} \\ \vdots \\ \dfrac{q_i^{M\Delta t} - q_i^{(M-2)\Delta t}}{2\Delta t} \end{Bmatrix}, \boldsymbol{G} = \begin{Bmatrix} G_{11}, G_{12}, \cdots, G_{1K} \\ G_{21}, G_{22}, \cdots, G_{2,K} \\ \vdots \\ G_{M1}, G_{M2}, \cdots, G_{M,K} \end{Bmatrix}, \boldsymbol{P} = \begin{Bmatrix} P_{i1} \\ P_{i2} \\ \vdots \\ P_{iK} \end{Bmatrix} \tag{13.3}$$

以上方程组的系数或模型参数可通过观测数据序列(模型输出轨迹)来反演估算。对于给定的向量 $\boldsymbol{D}$,需要估算向量 $\boldsymbol{P}$,以使上式成立。基于最小二乘估计,构建残差平方和 $\boldsymbol{S} = (\boldsymbol{D} - \boldsymbol{GP})^T (\boldsymbol{D} - \boldsymbol{GP})$ 极小的适应度函数,可以得到正则方程 $\boldsymbol{G}^T \boldsymbol{GP} = \boldsymbol{G}^T \boldsymbol{D}$。由于 $\boldsymbol{G}^T \boldsymbol{G}$ 通常是奇异矩阵,因此可求解特征值与特征向量,包括 $\lambda_1, \lambda_2, \cdots, \lambda_i$ 组成的对角矩阵 $\Lambda_k$ 与 $K$ 个特征向量组成的特征矩阵 $U_L$。

其中 $\boldsymbol{V}_L = \boldsymbol{G} U_i / \lambda_i$,$\boldsymbol{H} = U_L \Lambda^{-1} V_L^T$,$\boldsymbol{P} = \boldsymbol{HD}$,通过求解参数向量 $\boldsymbol{P}$ 估算确定非线性动力模型系数,进而从观测要素时间序列中拟合重构出控制该要素演变的非线性动力模型。

## 13.3 遗传算法运算流程

常规的参数估计方法(如邻域搜索法和最速下降法等)在对模型参数进行优化时,通常取参数空间中的模型计算值与实际值的误差最小二乘作为约束条件,然后按顺序单向搜索,以获取最佳参数(对应最小二乘误差极小)。这样的方法通常需要遍历整个参数空间,且由于误差梯度收敛的局限性用对初始解(通常为随机给出的参数初值)和误差函数极小值域位置的依赖性,其参数估计易产生局部最优而非全局最优的问题。

遗传算法(Genetic Algorithm,GA)是一种借鉴了生物界自然选择和自然界遗传机制的高效全局寻优搜索方法(陈国良 等,1996)。GA 摒弃了传统的搜索方式,把搜索空间(欲求解问题的解空间)映射为遗传空间,即把解空间中每一个可能的解编码为一个向量(二进制或十进制数字串),称为一个染色体,向量的每一个元素称为基因。所有染色体组成群体,并按预定的目标函数(或某种评价指标)对每个染色体进行评价,根据其结果给出一个适应度的值。算法开始时先随机地产生一些染色体(欲求问题的候选解),计算其适应度。然后根据适应度对各染色体进行选择复制、交叉、变异等遗传操作,剔除适应度低(性能不佳)的染色体,留下适应度高(性能优良)的染色体,从而得到新的群体。由于新群体的成员是上一代群体的优秀者,继承了上一代的优良性态,因而明显优于上一代。遗传算法通过进化迭代,向着更优解方向逼近,直至满足预定的优化指标。

遗传算法全局搜索和并行计算的优势特色,使其具有很好的参数优化能力和误差收敛速度,是一个对常规最小二乘方法很好的补充和完善(洪梅 等,2007)。

为此,我们引入遗传算法进行动力模型参数的优化反演,即基于 13.2 节动力模型反演的基本思想,以残差平方和 $S=(D-GP)^T(D-GP)$ 最小作为约束条件,用遗传算法在模型参数空间中进行最优参数搜索。设模型参数 $P$ 为种群,残差平方和 $S$ 为适应度函数,完整的遗传算法运算流程可以用图 13.1 来描述。

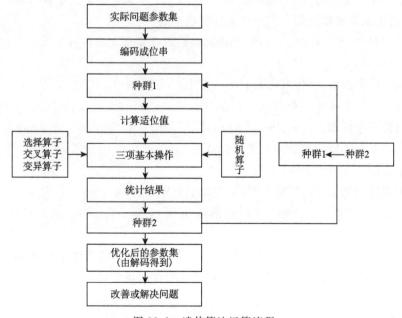

图 13.1 遗传算法运算流程

具体操作步骤如下：

（1）编码

设 $N$ 个样本被分为 $c$ 类：$M_1, M_2, M_3, \cdots, M_c$，参数矩阵 $P = (p_{ij})$ 中共有 $N \times c$ 个元素。编码方案如下：将每个 $p_{ij}$ 用三位二进制编码，组成 $N \times c$ 个基因链，最后将所有的基因链拼接在一起形成一个染色体，染色体中共有 $(3N \times c + c)$ 个基因。此时，$p_{ij}$ 所对应的二进制串的转换关系为 $p_{ij} = \dfrac{decimal(k)_2}{2^3 - 1}$，其中，$(k)_2$ 是 $p_{ij}$ 对应的二进制串的值。

（2）初始化群体生成

初始化群体的生成以基因编码为基础。基因是描述生物染色体的最基本单位，一个染色体也称为个体。基因用一定的代码表示，这个代码可以是数字串也可以是字符串，若干代码组成基因码链，这就是染色体。基因代码是基因操作的基本单元，当类数 $c$ 给定时，我们可以随机生成 $p_{ij}$ 组成参数矩阵 $P = (p_{ij})$，其中 $p_{ij}$ 满足上述编码方案。这样根据编码就可得到多个个体。

（3）适应值计算

每个个体的残差平方和 $S_m = (D - GP)^T(D - GP)$ 作为目标函数的值，$S_m$ 越小，个体的适应值就越高。因此个体的适应值可取 $f_i = -S_m$，总的适应值为 $F = \displaystyle\sum_{i=1}^{n} f_i$。

（4）父本的选择

计算每个个体的选择概率 $p_i = f_i / F$ 及累积概率 $q_i = \displaystyle\sum_{i=1}^{j} p_j$，选择的方法采用旋转花轮法。旋转 $m$ 次即可选出 $m$ 个个体。在计算机上实现的步骤为：产生 $[0, 1]$ 的随机数 $r$，若 $r < q_1$，则第一个个体入选，否则，第 $i$ 个个体入选，且 $q_{i-1} < r < q_i$

（5）交叉操作

1）对每个个体产生 $[0, 1]$ 间的随机数 $r$，若 $r < p_c$（$p_c$ 为选定的交叉概率），则该个体参加交叉操作，如此选出交叉操作后的一组个体进行随机配对。

2）对每一配对产生 $[1, (3N \times c + c)]$ 间的随机数以确定交叉的位置。

（6）变异操作

1）对基因编码中的前 $c$ 位，采用如下变异方法

①随机选择一个个体和一个随机整数 $h$（$1 \leqslant h \leqslant c$）；

②随机选取 $h$ 个样本 $x_{i_1}, x_{i_2}, \cdots, x_{i_j}, \cdots, x_{i_h}$；

③随机产生 $h$ 个不同的整数 $r_j$（$1 \leqslant r_j \leqslant h$）；

④将该个体的第 $r_j$ 个基因换成 $x_{i_j}$。

2）对基因编码中第 $c$ 位以后的基因，采用如下变异方法

①对每一串中的每一位产生 $[0, 1]$ 间的随机数 $r$，若 $r < p_m$（$p_m$ 是变异概率），则该位变异；

②实现变异操作，即将原串中的 0 变为 1，1 变为 0，如果新的个体数达到 $N$ 个，则已形成一个新群体，转向第③步适应值计算；否则转向第 4 步继续遗传操作。

（7）终止操作

在遗传算法中，起终止条件往往是人为给定的，根据本问题的特点，取终止条件为：最优目

标函数值 $S_m$ 为 ε（取 ε＝0.2%）。

　　基于上述具体操作环节设计，即可实现遗传算法中的非线性动力模型的参数优化反演。遗传算法搜索得到的目标函数最小的进化种群即为非线性动力方程组的最优系数解。另外，需要说明的是，遗传算法是对一个种群进行操作，种群中一般包含若干个个体，每个个体都是问题的一个解，进化过程最后一代中的最优解即是遗传算法求得的最优化参数结果。

## 13.4　副高—季风指数的非线性动力模型反演

### 13.4.1　样本年份的选取

　　副高活动主要表现为季节性变动和中、短期变化。副高位置的季节变化对我国天气的影响很大。平均情况下，5 月 20 日左右，南海夏季风暴发，副高脊线北跳到 15°N 以北，华南前汛期雨季开始。6 月中旬，当副高脊线北跳并稳定在 20°N 以北时，雨带位于江淮流域，江淮梅雨开始。7 月中旬，当副高脊线跳过 25°N 稳定在 30°N 以南时，雨带北推至黄淮流域，这时长江流域梅雨结束，进入盛夏伏旱期，而华南受台风影响偏多。7 月底至 8 月初，脊线越过 30°N，华北雨季开始。9 月，副高势力大减，迅速南撤，脊线又回到 30°N，这时雨区退回到黄河流域，长江流域及其江南一带出现秋高气爽的天气。10 月中旬以后，脊线逐渐退回到 15°N 附近。副高在随季节变动的同时，还存在为期半个月左右的中期活动和一周左右的短期活动。中期活动是指副高西伸、北进增强和东缩、南退减弱的过程，短期过程则是叠加在中期变动之上的东西进退。

　　不同年份的副高季节内变化与平均情况相比有很大的差异，个别年份很可能出现与其他年份相差较大的变动，进而造成我国的反常天气。而副高的中短期变化与周围天气系统有密切关联，对局地天气也有重要影响。基于此，在研究影响夏季副高中、短期变化和导致副高活动异常（突变）的非线性机理和外部强迫因素之前，应先对典型副高活动个例进行筛选。参照中央气象台（1976）定义的副高特征指数，计算并绘制的 1980—2007 年夏半年（5—10 月）副高各个特征参数逐月演变图如图 13.2 所示。图中直线为多年平均值，可以看出，各年副高的逐月变化千差万别，个别年份可出现连续几个月的"异常"变动。其中最为突出的是 1998 年，该年 5—10 月，副高面积指数都在均值以上，副高西脊点指数都在均值以下，其中 5，6，8 月均是 28 年来的极值（如图 13.2a，b 箭头所示），表明副高范围最广、强度最强且位置显著偏西。该年副高的南北位置略有不同，脊线只有 5，7，8 月明显偏南（如图 13.2c 箭头所示），其他月份偏北。有研究表明，1998 年 7 月期间，副高经历了异常变化过程，长江中、下游地区出现了"二度梅"（任荣彩 等，2003），且在"一度梅"结束之后、"二度梅"形成之前的梅雨间歇期，副高出现了"双脊线"现象（占瑞芬 等，2004）。可见，1998 年夏半年，副高在整体偏强、偏西的情况下，7 月份位置偏南，中短期变化明显。故选择 1998 年夏季副高的异常变化过程作为研究个例。

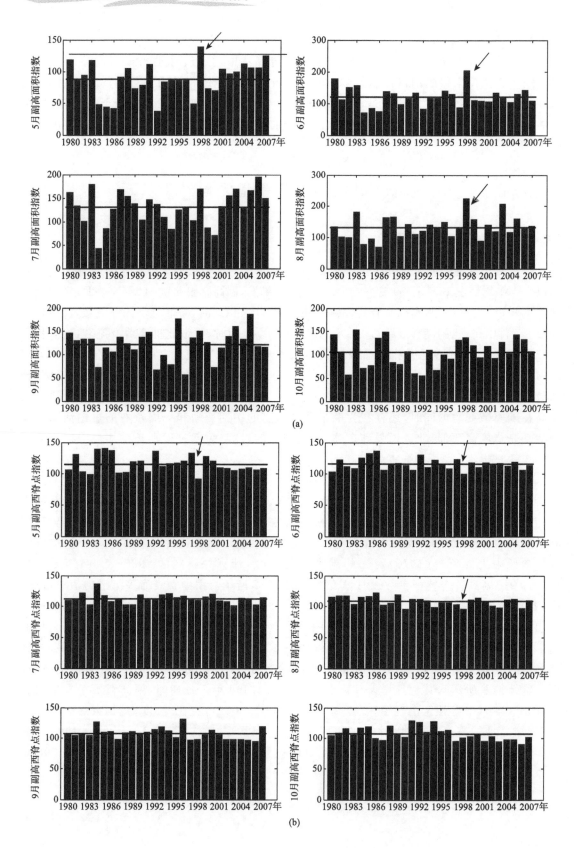

(a)

(b)

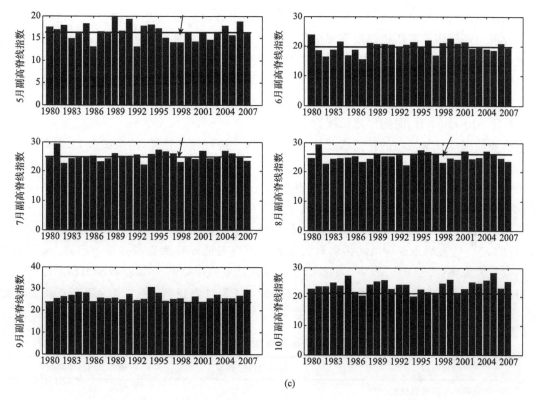

(c)

图 13.2 1980—2007 年夏半年副高面积指数(a)、副高西脊点指数(b)、副高脊线指数(c)逐月演变图

## 13.4.2 制约副高活动的影响因子选取

基于前面关于副高与东亚夏季风系统的诊断研究,可知副高的强度变化和进退活动与东亚季风环流、南亚高压、热带对流及南半球环流的关系最为密切。因此,综合考虑影响副高活动的季风系统成员及其热力、环流因子的物理意义,选择如下的指数作为副高-季风动力系统的模型备选因子:

(1)南亚高压东西位置指数:参考 Yang Hui(2003)的定义,选取 200 hPa 上,[120°~140°E, 25°~35°N]区域内的平均涡度值来衡量南亚高压东端的变化,该区域负涡度值增大,说明南亚高压脊东伸;反之亦然。

(2)东亚季风指数:根据陶诗言等(2001b)的定义,计算 850 hPa 上,[100°~150°E,10°~20°N]区域的平均的纬向风减去[100°~150°E,25°~35°N]区域平均的纬向风,以此来描述东亚季风的强弱。

(3)孟加拉湾对流指数:参见第 2 章,选取[85°—105°E,10°~20°N]区域的平均 OLR 值来表示该地区的对流活跃程度。

(4)热带 ITCZ 对流指数:参见第 2 章,选取[120°—150°E,10°—20°N]区域的平均 OLR 值来表示该地区的对流活跃程度。

(5)马斯克林高压强度指数:参见第 2 章,选取[40°—90°E,25°—35°S]区域的平均海平面气压值来表征马斯克林高压的强度。

副高的异常活动通常表现为脊线位置变化,可用脊线南北移动来表示副高的南退或北进。

这里采用第 2 章中定义的副高脊线指数(RI)。前面章节诊断研究表明,副高西伸过程中负涡度的发展与高层南亚高压负涡度平流东移有密切关系。为了对应南亚高压东西位置指数,这里选取 500 hPa 上[115°~140°E,20°~30°N]区域内的平均涡度值来定义副高东西位置指数。当该区域的负涡度值增大时,副高西伸;该区域负涡度值减小时,副高东撤。需说明的是,考虑到 4 月份季风系统就开始活跃,而副高减弱撤退要到 10 月以后,故分析资料时间选取 1998 年 4 月 1 日—10 月 31 日,时间序列长度为 214 d。

将表征副高异常活动的特征指数与上述备选因子进行相关计算,结果如表 13.1 所示。计算结果表明,副高脊线指数与各影响因子的相关系数均达到 95% 信度,其中相关最显著的因子是孟加拉湾和热带 ITCZ 对流指数,这表明热带对流活动与副高关系密切,是影响副高南北变化的重要因子。副高东西位置指数与南亚高压的东西位置指数的相关系数也很高,表明南亚高压东端对副高东西活动的影响很大。另一最显著的相关因子是东亚季风指数,其相关系数超过 0.7。这表明东亚季风的强弱对副高的东西进退活动极为重要。综上所述,按照取相关系数最大原则(大于 0.5,表中下划线数字),分别选取两组副高-季风指数动力模型因子。第一组为副高脊线指数、孟加拉湾对流指数和热带 ITCZ 对流指数;第二组为副高东西位置指数、南亚高压东西位置指数和东亚季风指数。

表 13.1   副高与季风系统成员及热力、环流因子特征指数的相关分析

| 特征指数 | 副高脊线指数 | 副高东西位置指数 |
|---|---|---|
| 南亚高压东西位置指数 | $-0.21$ | 0.54 |
| 东亚季风指数 | 0.15 | 0.75 |
| 孟加拉湾对流指数 | $-0.51$ | $-0.23$ |
| 热带 ITCZ 对流指数 | $-0.50$ | $-0.33$ |
| 马斯克林高压强度指数 | 0.29 | 0.24 |

注:下划线表示指数符合选取原则。

### 13.4.3   动力学模型参数反演

设拟反演的非线性动力模型具有如下基本形式:

$$\begin{cases} \dfrac{dx}{dt} = a_{11}x + a_{12}y + a_{13}z + a_{14}x^2 + a_{15}y^2 + a_{16}z^2 + a_{17}xy + a_{18}xz + a_{19}yz + a_{21}x^3 + a_{22}y^3 + a_{33}z^3 \\ \dfrac{dy}{dt} = b_{11}x + b_{12}y + b_{13}z + b_{14}x^2 + b_{15}y^2 + b_{16}z^2 + b_{17}xy + b_{18}xz + b_{19}yz + b_{21}x^3 + b_{22}y^3 + b_{33}z^3 \\ \dfrac{dz}{dt} = c_{11}x + c_{12}y + c_{13}z + c_{14}x^2 + c_{15}y^2 + c_{16}z^2 + c_{17}xy + c_{18}xz + c_{19}yz + c_{21}x^3 + c_{22}y^3 + c_{33}z^3 \end{cases}$$

(13.4)

选取第一组指数,以 $x,y,z$ 分别代表副高脊线指数、孟加拉湾对流指数和热带 ITCZ 对流指数。基于遗传算法和动力系统重构理论以及 1998 年的实际观测资料,采用前述反演方法和操作步骤,从上述三个时间序列中反演得到副高脊线-季风指数非线性动力模型的各项参数,计算和比较模型中各项对系统的相对方差贡献,综合分析并剔除对模型影响小的虚假项,得到如下描述副高南北活动的非线性动力模型方程组:

$$
\begin{cases}
\begin{aligned}
\frac{\mathrm{d}x}{\mathrm{d}t} = &-3.0002x + 6.3725y - 3.9525z - 0.21222x^2 - 0.047041y^2 + 0.015239z^2 \\
&+ 0.027802xz + 0.0028872yz + 0.00014068y^3 - 2.701 \times 10^{-5}z^3 \\
\frac{\mathrm{d}y}{\mathrm{d}t} = &12.19y - 16.848z - 0.06847y^2 + 0.13687z^2 + 0.0001721y^3 - 0.00046424z^3 \\
\frac{\mathrm{d}z}{\mathrm{d}t} = &5.9559y - 15.738z + 0.13331z^2 - 0.013225yz - 0.00041554z^3
\end{aligned}
\end{cases}
\tag{13.5}
$$

选取第二组指数,以 $x,y,z$ 分别代表副高东西位置指数、南亚高压东西位置指数和东亚季风指数。方法同上,可得到如下描述副高东西活动的非线性动力模型方程组:

$$
\begin{cases}
\begin{aligned}
\frac{\mathrm{d}x}{\mathrm{d}t} = &-0.062083x - 0.068652z - 25225x^2 + 16820z^2 + 25645xz - 3.2079 \times 10^9 x^3 \\
&+ 4.4698 \times 10^8 z^3 \\
\frac{\mathrm{d}y}{\mathrm{d}t} = &-71384x + 0.086699y - 1.3068 \times 10^5 z - 2.4111 \times 10^{10} x^2 - 4.6485 \times 10^9 z^2 \\
&+ 5.62 \times 10^{10} xz - 26073yz - 9.6771 \times 10^{14} x^3 + 5.2948 \times 10^{14} z^3 \\
\frac{\mathrm{d}z}{\mathrm{d}t} = &0.28476x - 0.38846z + 13998x^2 + 11628z^2 - 9754.3xz + 3.5169 \times 10^8 z^3
\end{aligned}
\end{cases}
$$

$$
\tag{13.6}
$$

上述反演模型是否准确合理,需要进行实际检验。为此分别对两组反演模型进行积分预报试验,通过设定真实的预报初值(从指数序列中选取),对模型进行数值积分计算和拟合比较。模型指数计算值与实际值的相关系数如表 13.2 所示。结果显示,模型的反演效果均较为理想,表明上述反演模型可用于描述和刻画实际的副高和季风系统。

表 13.2　各项指数的模型计算值与实际值的相关系数

| 特征指数 | 模型计算值与实际值的相关系数 |
| --- | --- |
| 副高脊线指数 | 0.82 |
| 孟加拉湾对流指数 | 0.64 |
| 热带 ITCZ 对流指数 | 0.72 |
| 副高东西位置指数 | 0.74 |
| 南亚高压东西位置指数 | 0.79 |
| 东亚季风指数 | 0.68 |

## 13.4.4　平衡态稳定性的判别

动力系统的奇点(平衡态)是描述该动力系统的方程组不随时间变化的一组解,奇点的稳定性对应于动力系统的稳定性,奇点附近的轨线走向决定了奇点的性质。一般经常出现的奇点有四类:结点、鞍点、焦点和中心点(高普云,2005)。这里以副高脊线的动力模型方程组为例,求解奇点并依据导算子矩阵特征值的性质来讨论其平衡态的稳定性。将前面得到的描述副高南北活动的非线性动力模型方程组(13.5)赋以如下待定参数:

$$\begin{cases} \dfrac{\mathrm{d}x}{\mathrm{d}t} = a_{11}x + a_{12}y + a_{13}z + a_{14}x^2 + a_{15}y^2 + a_{16}z^2 + a_{18}xz + a_{19}yz + a_{22}y^3 + a_{23}z^3 \\[2mm] \dfrac{\mathrm{d}y}{\mathrm{d}t} = b_{12}y + b_{13}z + b_{15}y^2 + b_{16}z^2 + b_{22}y^3 + b_{23}z^3 \\[2mm] \dfrac{\mathrm{d}z}{\mathrm{d}t} = c_{12}y + c_{13}z + c_{16}z^2 + c_{19}yz + c_{23}z^3 \end{cases} \quad (13.7)$$

对于副高等大尺度天气系统,当它们处于相对稳定的准定常状态时,其动力模式中的时间变化项为小值,这时方程组(13.7)的左边项可近似为零,其右边项可表示为非线性代数函数 $f$。由此,可通过求解常微系统的平衡态方程组求得系统的奇点,之后对其稳定性进行分析。

式(13.8)称为导算子矩阵:

$$\begin{bmatrix} \alpha_{11} = (\dfrac{\partial f}{\partial x})_{x_0,y_0,z_0} & \alpha_{12} = (\dfrac{\partial f}{\partial y})_{x_0,y_0,z_0} & \alpha_{13} = (\dfrac{\partial f}{\partial z})_{x_0,y_0,z_0} \\[2mm] \alpha_{21} = (\dfrac{\partial g}{\partial x})_{x_0,y_0,z_0} & \alpha_{22} = (\dfrac{\partial g}{\partial y})_{x_0,y_0,z_0} & \alpha_{23} = (\dfrac{\partial g}{\partial z})_{x_0,y_0,z_0} \\[2mm] \alpha_{31} = (\dfrac{\partial h}{\partial x})_{x_0,y_0,z_0} & \alpha_{32} = (\dfrac{\partial h}{\partial y})_{x_0,y_0,z_0} & \alpha_{33} = (\dfrac{\partial h}{\partial z})_{x_0,y_0,z_0} \end{bmatrix} \quad (13.8)$$

方程组(13.7)的导算子矩阵特征值 $\lambda$ 满足式(13.9):

$$\begin{bmatrix} \alpha_{11}-\lambda & \alpha_{12} & \alpha_{13} \\ 0 & \alpha_{22}-\lambda & \alpha_{23} \\ 0 & \alpha_{32} & \alpha_{33}-\lambda \end{bmatrix} = 0 \quad (13.9)$$

于是得到:

$$\lambda = \frac{T \pm \sqrt{T^2 - 4\Delta}}{2}$$

其中 $T = \alpha_{22} + \alpha_{33}$，$\Delta = \alpha_{22}\alpha_{33} - \alpha_{23}\alpha_{32}$，以此讨论各个平衡态的稳定性:

(1)$\Delta > 0$，$T^2 - 4\Delta > 0$，这时的定态叫做结点,如果 $T > 0$，两个实根均大于零,扰动将随时间增加而放大,其解远离平衡点,奇点为不稳定的结点,如果 $T < 0$，两个实根小于零,则扰动将随时间增加而减小,最终趋于零,解趋于平衡点,奇点为稳定的结点;

(2)$\Delta < 0$，$T^2 - 4\Delta > 0$，此时为鞍点,鞍点永远是不稳定的;

(3)$T \neq 0$，$T^2 - 4\Delta < 0$，此时解的行为属振荡型,即作不等振幅周期运动,该定态称为焦点,如果 $T > 0$，则解远离平衡点(振幅不断增加),奇点为不稳定的焦点,如果 $T < 0$，则解振荡趋近于平衡点(振幅不断衰减),则该奇点为稳定的焦点;

(4)$T = 0$，$\Delta > 0$，$T^2 - 4\Delta < 0$，此时特征值为纯虚数,其解为周期振荡型,奇点为中心点,中心点是临界稳定的。

可求解得到副高脊线动力模型式(13.5)的平衡态方程组(左边时间导数项取零)的两组奇点:$(-14.137, 254.61, -54.82)$ 和 $(25.73, 267.97, 240.9)$。根据上述平衡态稳定性判别理论,当取 $(-14.137, 254.61, -54.82)$ 平衡态解的时候,$\Delta < 0$，是鞍点,为不稳定奇点(即当副高脊线位于南半球 $14.137°S$ 的形态是难以维持的,实际情况应是如此);而取 $(25.73, 267.97, 240.9)$ 平衡态的时候,$\Delta > 0$，且 $T^2 - 4\Delta > 0$，为结点,且 $T < 0$ 为稳定的结点($25.73°N$ 正好是副高第二次北跳后江南梅雨期间相对稳定的形势,与实际的副高活动情况基本相符)。

同理,类似可得到针对式(13.6)的描述副高东西活动的非线性动力模型方程组的平衡态稳定性判据,不再赘述。

## 13.5　1998年夏季的大气环流特征与天气事实

### 13.5.1　副高变异特征分析

对于1998年夏季的西太平洋副高异常的特征与原因,前人已作了大量的研究探索,取得了许多研究成果(陶诗言 等,2001a;黄荣辉 等,1998;孙淑清 等,2001;陈烈庭,2001;庄世宇 等,2005)。下面,首先通过考查副高脊线的演变,来对该年副高的异常活动作简要回顾。图13.3是经过3天平滑后的逐日副高脊线指数以及副高东西位置指数变化曲线。从图中可以清楚地看出,1998年4月1日—10月31日,副高共出现3次明显的北跳(如图13.3a中箭头所示):6月初,副高脊线第1次北跳,跳过了20°N,此时江淮梅雨开始;7月初,副高第2次北跳,跳过了25°N,这时长江流域梅雨期结束;7月10日左右,副高脊线又南撤至25°N以南,其后稳定在20°N附近,长江中下游地区开始"二度梅";8月初,副高脊线第3次北跳,脊线越过25°N,华北雨季开始。除此之外,若以负涡度开始增大为西伸日,副高还有2次明显的西进,分别为6月中旬—6月底和7月底—8月中旬(如图13.3b中箭头所示)。上述特征与前人的描述及结论是基本一致的。如前所述,图13.3上也可以看出,1998年副高变化异常主要发生在5—8月,故下面通过考查[110°~130°E,20°~30°N]区域(这是夏季500 hPa副高对中国最具影响的范围)的588 dagpm特征线的演变,来重点分析在此期间副高南北变化和东西进退的特征。

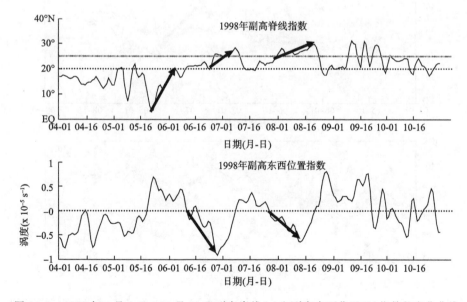

图13.3　1998年4月1日—10月31日副高脊线(a)和副高东西位置(b)指数的变化曲线

#### 13.5.1.1　副高南北变化特征

图13.4是1998年5—8月,沿110°E,120°E和130°E的586 dagpm特征线纬度-时间分布(实线),用来表征副高的北跳和南撤,图中虚线为多年平均值,阴影区表示OLR距平≤−20 W·m⁻²的纬度-时间分布,表示热带强对流活动区以及对流降水区的位置。3个代表经

度剖面图上都清楚地再现了,7 月中旬副高突然大幅度从长江流域南撤的过程(如图中箭头所示)。不同的是从 130°E 到 110°E 每隔 10 个经度的副高脊线南落日依次相差约 2 d。表明副高异常是从主体开始,由东向西,最终影响我国大陆东岸。一般来说,120°E 大致为副高对我国江南地区和长江中下游影响最具代表性的位置,故以 120°E 为例,具体分析副高的南北进退异常。分析表明,整个 5 月副高 586 dagpm 特征线位置明显比多年平均位置偏北,5 月中下旬,南海季风爆发,10°N 附近有强对流活动中心生成;6 月初—6 月第 4 候,副高稳定维持于 20°N 到 25°N 之间,这时对流降水出现在华南至江南南部;从 6 月第 5 候开始,副高迅速北跳至 25°N 左右,这时江淮流域进入梅雨期;随后,副高继续北抬,直到 7 月上旬跃过 30°N,此时第一阶段梅雨结束;然而从 7 月 13 日起,副高 586 dagpm 特征线突然南撤至 25°N 以南,长江中下游进入"二度梅"阶段;8 月 1 日以后,副高再次北跳,长江中下游第二次梅雨结束,雨带移至华北地区,整个 8 月副高 586 特征线位置比多年平均位置略为偏北。

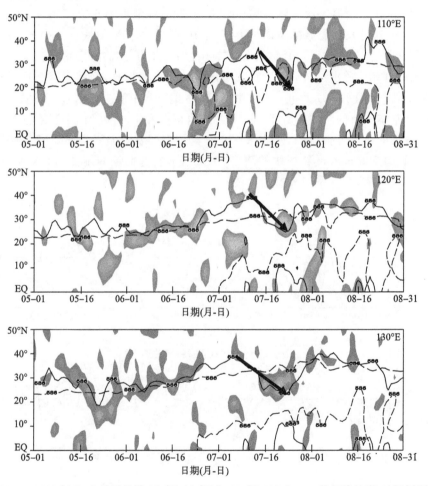

图 13.4　1998 年 5—8 月逐日沿 110°E,120°E 和 130°E 586 dagpm 特征线纬度-时间剖面图

#### 13.5.1.2　副高东西进退特征

同样,我们还给出了沿 20°N,25°N 和 30°N 平均的 500 hPa 位势高度场经度-时间剖面图,以表征副高的西伸和东退过程(如图 13.5 所示)。图中阴影区由浅入深表示位势高度大于 586 和 588 dagpm 区域,虚线为多年平均的 586 dagpm 线。从图中可以看到,与多年平均情况

相比,1998 年副高位置明显偏西。在长江流域一带(30°N),副高出现两次明显西伸和一次东撤过程,6 月下旬—7 月中旬副高一直伸展到 120°E 以西的地区,7 月中旬副高东退,8 月中下旬,副高更是西伸至近 90°E 地区。在 25°N 以南的纬度,副高多次伸到 100°E 以西地区。

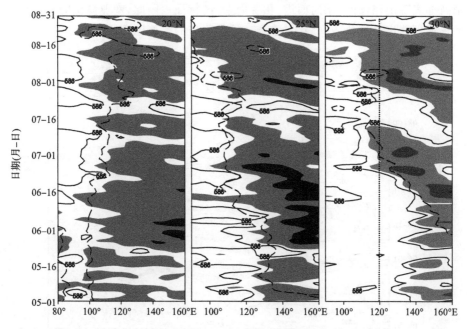

图 13.5 1998 年 5—8 月逐日沿 20°N,25°N 和 30°N 586 dagpm 特征线经度-时间剖面图

总之,与多年平均状况相比,1998 年夏季副高总体偏强、偏西。副高的南北进退活动出现了显著异常,尤其是 7 月中旬,副高大幅度南撤,南撤后副高持续偏南维持至 8 月初。副高西伸过程增多,最显著的有两次(6 月中旬—6 月底、7 月底—8 月中旬),期间副高东退正好与副高南撤过程相对应。

## 13.5.2 季风系统因子的异常特征

### 13.5.2.1 孟加拉湾和热带 ITCZ 对流活动

天气事实表明,1998 年东亚夏季风活动偏弱,热带 ITCZ 偏弱、偏南,季风区的非绝热加热活动在整个夏季也均偏弱。为了更好地说明非绝热加热活动与副高短期变异的局部对应关系,我们分析了 OLR 在 1998 年 5—8 月的演变情况(如图 13.6 所示)。在图上可以看到,热带 ITCZ 地区[120°~150°E]对流的 3 次增强与副高的 3 次起跳时间吻合(如图中箭头方向所示)。此外,7 月中旬孟加拉湾地区[85°~105°E]对流的减弱正好对应于副高异常偏南、偏东的时段。以上天气事实再次表明,热带 ITCZ 的活跃有利于副高北上、西进;而孟加拉湾的对流活跃则可通过纬圈环流,使副高加强西伸。

### 13.5.2.2 南亚高压

图 13.7 是 1998 年 5—8 月 200 hPa 和 500 hPa 高度场、涡度场的经度-时间剖面,它反映了南亚高压和副高的演变。图中实线为等高线,200 hPa 上阴影区由浅入深表示负涡度小于 $-3 \times 10^{-5}$ s$^{-1}$ 和 $-4 \times 10^{-5}$ s$^{-1}$ 的区域,500 hPa 上阴影区由浅入深表示负涡度小于 $-1 \times 10^{-5}$ s$^{-1}$ 和 $-2 \times 10^{-5}$ s$^{-1}$ 的区域。图中显示,在 5 月底到 6 月中旬期间,500 hPa 太平洋中部

副热带地区[140°~180°E]有一片明显的负涡度区,对应高层 200 hPa 上也出现向东伸展的负涡度区。接着 6 月中旬副高第 1 次西伸,伴随着负涡度西移,此时南亚高压东伸,负涡度东移(如图中箭头方向)。随后无论是副高 7 月中旬的东退过程,还是 8 月初的西伸过程,高空南亚高压与副高都表现出很好的"相向而进、相背而退"的特征。因此,南亚高压的异常东伸和相应的负涡度东传可能也是导致 1998 年夏季副高异常西伸的重要原因之一。

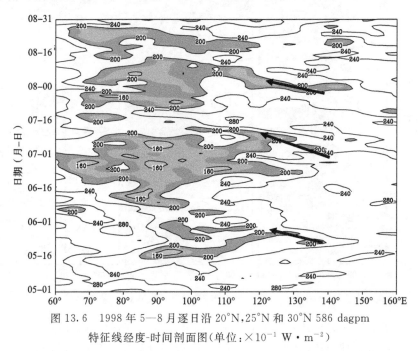

图 13.6　1998 年 5—8 月逐日沿 20°N,25°N 和 30°N 586 dagpm
特征线经度-时间剖面图(单位:×$10^{-1}$ W・$m^{-2}$)

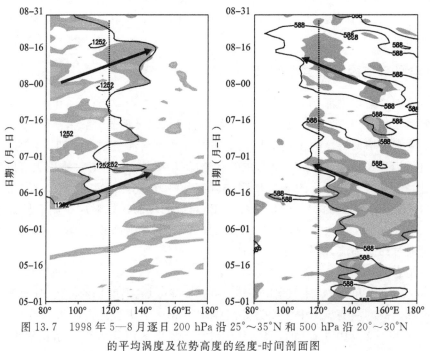

图 13.7　1998 年 5—8 月逐日 200 hPa 沿 25°~35°N 和 500 hPa 沿 20°~30°N
的平均涡度及位势高度的经度-时间剖面图

### 13.5.2.3　东亚季风

图 13.8 为 1998 年沿[100°～150°E]平均的 850 hPa 纬向风的纬度-时间剖面,它反映了东亚季风的强弱变化。从图中可以看出,1998 年夏季低纬地区盛行东风,西风明显偏弱,从东西风切变线的走向可以发现,两次西风北抬过程(如图中箭头方向所示)与副高的两次西进过程基本吻合;而 7 月中旬左右,低纬地区西风增强,正好对应副高异常偏南、偏东的时段。因此,1998 年东亚季风减弱也可能是副高异常西伸的原因之一。

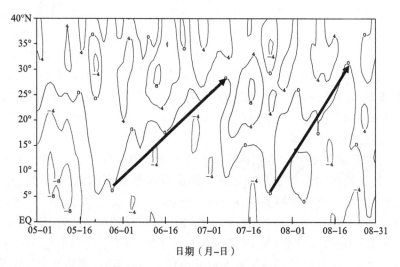

图 13.8　1998 年 5—8 月逐日沿 100°～150°E 平均的 850 hPa
纬向风纬度-时间剖面图(单位:m·s⁻¹)

## 13.6　模型动力特性讨论与副高异常机理

将方程组(13.5)和(13.6)的时间变化项(左边项)取为零,即得到描述副高南北(脊线)和东西(西脊点)进退活动的动力学平衡方程组。采用解析分析与数值求解方法,改变方程组某一参数值,讨论上述平衡态方程组的平衡态分布和变化,可以大致反映副高准定常系统随外参数的演变情况。当外参数改变引起平衡态的稳定性改变,致使平衡态数目、类型改变,则称系统发生了分岔;当外参数的变化导致一个稳定平衡态向另一个稳定平衡态跳跃,则称系统发生突变。

### 13.6.1　外参数对副高脊线平衡态的影响

先以描述副高南北活动的非线性动力系统方程组(13.5)为例,讨论不同的参数对副高脊线平衡态的影响。选取代表性参数 $b_{12}$,$b_{13}$,$c_{13}$ 进行讨论,根据前面对于平衡态稳定性的判断,计算并绘制副高脊线平衡态随 $b_{12}$,$b_{13}$,$c_{13}$ 变化的演变图(如图 13.9 所示),其中实线表示稳定平衡态,虚线为不稳定平衡态。

图 13.9a 反映了模型参数 $b_{12}$ 对副高脊线平衡态的影响。副高脊线平衡态随 $b_{12}$ 增加到约 -2.5 时出现分岔,由单解变为 3 个解,即在分岔点前后,系统由单平衡态变为多平衡态,分岔前的单平衡态解是不稳定的,分岔后多平衡态解中只有一个高值平衡态是稳定的。当 $b_{12}$ 继续增加到 0 时,系统又由 3 个平衡态变为单一的稳定平衡态,且随着 $b_{12}$ 继续增大,脊线出现比较

明显的北抬。当 $b_{12}$ 增至 4 时,平衡态变得不稳定,且随着 $b_{12}$ 继续增大,脊线出现较明显的下降。当 $b_{12}$ 增至 6 时,平衡态又由不稳定变为稳定,在 $6 < b_{12} < 12$ 时,稳定状态维持且有上升趋势。图中稳定平衡态取值范围与副高脊线实际位置相符,脊线稳定平衡态由 5°N 到 20°N、由 20°N 到 30°N 和由 25°N 到 35°N 的 3 次由南向北的跃升过程(如图中实线箭头所示)与图 13.3 中副高脊线的 3 次北跳类似。而图中由一个稳定的高值平衡态突降至一个稳定的低值平衡态(如图中虚线箭头所示)也与图 13.3 中副高的"异常南落过程"相对应。因此, $b_{12}$ 可能是影响制约副高南北活动的一个重要因子(但该因子的物理意义尚难以辨别,这也是本模型的不足之处)。当该参数超过某临界值时,副高系统出现的上述平衡态转换和跳跃过程,可较为贴切地描述和解释 1998 年夏季副高的南北进退活动,特别是副高异常南落的天气事实。

图 13.9b 反映了模型参数 $b_{13}$ 对副高脊线平衡态的影响。图上最明显的特征是南北各有一个稳定的平衡态,且都随 $b_{13}$ 的增大而缓慢上升。这表明在适当的外强迫作用或物理因子作用下,副高存在南北两个平衡态共存的状态,可以较为合理地应用于对 1998 年夏季副高"双脊线"现象的特征表述和机理解释。

图 13.9c 反映了模型参数 $c_{13}$ 对副高脊线平衡态的影响。当 $c_{13} > -4$ 时,副高脊线存在两个平衡态,其中处于低纬的平衡态是稳定的。副高脊线平衡态随 $c_{13}$ 减小到约 $-4$ 时出现分岔,由双解变为 4 个解。分岔后的多平衡态解中处于 35°N 以北的两个高值平衡态是不稳定的,事实上副高脊线在这样的纬度上也不易稳定维持;处于中低纬的两个低值平衡态是稳定的,其中偏南的稳定平衡态随 $c_{13}$ 的减小而上升,而偏北的稳定平衡态随 $c_{13}$ 的减小而下降,最终两个平衡解汇入单平衡解之中。上述结果刻画了外参数减小到某临界值时,副高从双稳定平衡态变为单稳定平衡态的过程,对应 1998 年副高活动,上述平衡态随 $c_{13}$ 参数的演变、分岔和稳定性变化的特征,可用于表现和描述副高由南北两侧脊线并存到双脊线消失,恢复为单脊线过程的天气事实。

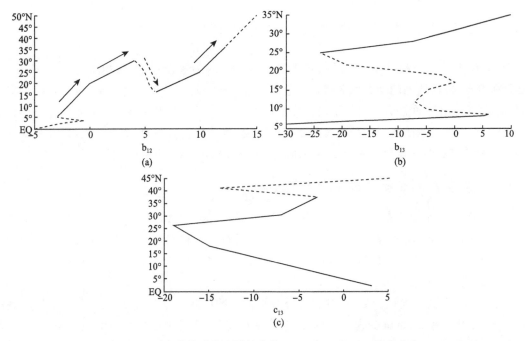

图 13.9　副高脊线平衡态随外参数 $b_{12}$(a), $b_{13}$(b), $c_{13}$(c)的分布

### 13.6.2　外参数对副高西脊点平衡态的影响

基于描述副高东西活动的非线性动力模型方程组(13.6),讨论不同的参数对副高东西活动平衡态的影响。同理,选取两个代表性的参数 $a_{11}$,$b_{12}$ 来进行讨论。图 13.10a,b 是副高东西位置的平衡态随 $a_{11}$,$b_{12}$ 参数的演变图,其中实线表示稳定平衡态,虚线为不稳定平衡态。

图 13.10a 表现了模型参数 $a_{11}$ 对副高东西位置平衡态的影响。在 $a_{11}$ 达到 $-0.2$ 时平衡态出现分岔,由单解变为两个解。分岔后的两个平衡态解中,稳定的平衡态随 $a_{11}$ 的增加急剧下降,不稳定的平衡态随 $a_{11}$ 的增加缓慢下降,当 $a_{11}$ 增至 $-0.04$ 时,不稳定的平衡态变为稳定平衡态,此时平衡态的数目增至 3 个,且随着 $a_{11}$ 继续增大都出现比较明显的下降。图中稳定平衡态由正涡度向负涡度的两次突降过程(如图中实线箭头所示)与 1998 年夏季实际天气中副高的两次显著西伸过程相对应。

图 13.10b 反映了参数 $b_{12}$ 对副高东西位置平衡态的影响。图上最明显的特征是当 $b_{12}$ 增至 $-0.12$ 时,系统会从一个较低值稳定平衡态跳跃到一个较高值稳定平衡态上,这次明显的突变现象,可能与 1998 年夏季天气中副高的一次突然的东退过程相联系。

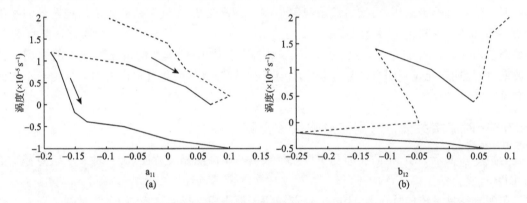

图 13.10　副高东西位置平衡态随外参数 $a_{11}$(a),$b_{12}$(b)的分布

综上分析,在副高-季风指数非线性动力模型中,受外参数强迫或内在物理因子的影响,副高系统平衡态的数目和稳定性会发生改变。结合 1998 年副高活动异常,发现副高平衡态的转换、失稳和跃迁与副高的 3 次北上、2 次西伸和 1 次异常南落东退过程相对应。动力模型的分岔和突变还可较为贴切合理地描述和表现副高的"双脊线"现象以及"双脊线"从南北并存到合并归一的天气事实。

## 13.7　副高南北向非连续进退的机理讨论

副高异常活动的重要形式是南北方向的非连续进退,包括副高的北跳、南落以及多平衡态形式。针对 2010 年夏季副高异常活动年份资料,采用时滞相关方法,找到与副高脊线指数时间序列相关较好的夏季风因子:马斯克林冷高强度、索马里低空急流和印度季风潜热通量。利用动力系统反演思想和遗传优化方法得到了副高脊线指数的非线性动力模型,进而对反演得到的副高动力模型进行副高南北进退活动与变异机理分析,包括副高系统平衡态与稳定性分析以及外强迫导致的分岔、突变等动力特性和动力行为讨论(Hong Mei *et al*,2013)。

## 13.7.1　研究资料

采用美国国家环境预报中心(NCEP)和美国国家大气研究中心(NCAR)提供的 2010 年 5—10 月逐日的再分析资料,包括:①850 hPa,200 hPa 水平风场和位势高度场和 500 hPa 位势高度场,海平面气压场资料,分辨率为 2.5°×2.5°;②地表感热和对流降水率资料的高斯网格资料;③NOAA 卫星观测的外逸长波辐射(OLR)资料。

## 13.7.2　2010 年夏季副高活动的基本事实

2010 年是副高活动异常较为典型的年份,该年从 5 月开始到 9 月,副高面积指数多在均值以上,且在 7,8 月达到近 10 年来的最大峰值(图略)。副高西脊点指数基本在均值以下,其中 7,8,9 月基本是极小值,表明副高的范围最广、强度最强且位置显著偏西。该年的副高南北位置略有不同,脊线只在 7,8,9 月明显偏南,其他月份则偏北。正是副高强度、脊线和西脊点的这种异常,造成了 2010 年我国气候异常,全年气温偏高,降水偏多,且极端高温和强降水事件发生之频繁、强度之强、范围之广实属历史罕见。特别是 6—8 月出现了有气象记录以来最强的西太平洋副热带高压,直接造成了我国华南、江南、江淮、东北和西北东部出现罕见的暴雨洪涝灾害;5—7 月华南、江南遭受 14 轮暴雨袭击,7 月中旬—9 月上旬北方和西部地区遭受 10 轮暴雨袭击。2010 年夏半年,特别是在 7—9 月副高整体偏强、偏西的情况下,8,9 月份副高位置偏南,中短期变化过程明显。故选择 2010 年夏季副高异常变化过程作为副高强度异常的研究案例。

## 13.7.3　时滞相关分析与副高影响因子检测

为进一步揭示 2010 年的亚洲夏季风系统成员与副高的相关特征,研究对象取副高脊线指数(RI)(计算方法见第 2 章)。

东亚夏季风系统成员众多,为突出重点和便于动力模型反演建模,首先针对副高脊线指数进行时滞相关分析。诊断筛选出如下相关性最好的 3 个影响因子:马斯克林冷高强度指数(MH)、索马里低空急流(D)和印度季风潜热通量(FLH)(详细定义和指数计算见第 2 章)。它们与副高脊线指数(RI)的时滞相关结果如表 13.3 所示。

表 13.3　夏季风系统影响因子与副高脊线指数的时滞相关系数

| 序号 | 夏季风系统主要成员 | 最大相关系数(时间) |
|---|---|---|
| 1 | 马斯克林高压(MH) | 0.91(16 d) |
| 2 | 索马里低空急流指标(D) | 0.90(13 d) |
| 3 | 印度季风潜热通量(FLH) | 0.87(4 d) |

(注:时延天数中正数表示季风成员变化超前副高脊线指数变化;负数表示滞后)

从表 13.3 中可以看出,相关性最好的 3 个因子与副高脊线指数的相关系数均能达到 0.85 以上。结合前面的分析,可以发现主要影响因子与副高之间存在着密切关联:首先是南半球马斯克林冷高暴发,强烈的反气旋发展致使东南信风增强,约 3 d 之后,越过赤道到达东非高地加速为一支强劲的西南低空急流,并沿索马里海岸进入阿拉伯海。马斯克林冷高的低频振荡也会引起越赤道气流(即索马里低空急流)的振荡,并通过平流过程进一步影响到副高强度；约 9 d 之后，索马里低空急流继续加强，并经印度半岛，诱使印度季风潜热通量增强爆发。

### 13.7.4　副高脊线的非线性动力模型反演

基于 13.2 节的动力系统反演思想和 13.3 节遗传优化途径，以 $T_1, T_2, T_3, T_4$ 分别表征选定的副高脊线指数、印度季风潜热通量指数、马斯克林冷高强度指数、索马里低空急流指数的时间序列，进行动力模型反演和模型参数优化。

设如下形式的广义二阶非线性常微方程组作为反演重构的动力学模型，副高脊线指数时间范围为 2010 年 5 月 1 日—10 月 31 日。印度季风潜热通量由前面的分析可知，提前 4 d 与副高脊线的相关性最好，故其时间序列选择 2010 年 4 月 27 日—10 月 27 日；同样，马斯克林冷高强度指数提前 16 d 的相关性最好，故选择 2010 年 4 月 15—10 月 15 日；索马里低空急流选择 2010 年 4 月 18 日—10 月 18 日（提前 13 d）。

上述 4 个不同时延时段的时间序列均为 184 天。将该 4 个时间序列作为模型输出的"期望数据"来进行模型参数的优化反演。

$$
\begin{cases}
\begin{aligned}
\frac{\mathrm{d}T_1}{\mathrm{d}t} &= a_1 T_1 + a_2 T_2 + a_3 T_3 + a_4 T_4 + a_5 T_1^2 + a_6 T_2^2 + a_7 T_3^2 + a_8 T_4^2 + a_9 T_1 T_2 + \\
&\quad a_{10} T_1 T_3 + a_{11} T_1 T_4 + a_{12} T_2 T_3 + a_{13} T_2 T_4 + a_{14} T_3 T_4 \\
\frac{\mathrm{d}T_2}{\mathrm{d}t} &= b_1 T_1 + b_2 T_2 + b_3 T_3 + b_4 T_4 + b_5 T_1^2 + b_6 T_2^2 + b_7 T_3^2 + b_8 T_4^2 + b_9 T_1 T_2 + \\
&\quad b_{10} T_1 T_3 + b_{11} T_1 T_4 + b_{12} T_2 T_3 + b_{13} T_2 T_4 + b_{14} T_3 T_4 \\
\frac{\mathrm{d}T_3}{\mathrm{d}t} &= c_1 T_1 + c_2 T_2 + c_3 T_3 + c_4 T_4 + c_5 T_1^2 + c_6 T_2^2 + c_7 T_3^2 + c_8 T_4^2 + c_9 T_1 T_2 + \\
&\quad c_{10} T_1 T_3 + c_{11} T_1 T_4 + c_{12} T_2 T_3 + c_{13} T_2 T_4 + c_{14} T_3 T_4 \\
\frac{\mathrm{d}T_4}{\mathrm{d}t} &= d_1 T_1 + d_2 T_2 + d_3 T_3 + d_4 T_4 + d_5 T_1^2 + d_6 T_2^2 + d_7 T_3^2 + d_8 T_4^2 + d_9 T_1 T_2 + \\
&\quad d_{10} T_1 T_3 + d_{11} T_1 T_4 + d_{12} T_2 T_3 + d_{13} T_2 T_4 + d_{14} T_3 T_4
\end{aligned}
\end{cases}
\tag{13.10}
$$

设方程组（13.10）中参数矩阵 $P = [a_1, a_2, \cdots, a_{14}; b_1, b_2, \cdots, b_{14}; c_1, c_2, \cdots, c_{14}; d_1, d_2, \cdots, d_{14}]$ 为遗传种群，以残差平方和 $S = (D - GP)^T (D - GP)$ 为目标函数，遗传个体的适应值取 $l_i = \dfrac{1}{S}$，总适应值为 $L = \sum_{i=1}^{n} l_i$。具体遗传操作步骤包括：编码与种群生成、种群适应度估算、父本选择、遗传交叉和基因变异，计算原理和步骤可参阅前面章节。计算中取迭代步长为 1 d，经 35 次的遗传迭代优化搜索，可迅速收敛于目标适应值，反演得到动力学方程组各项的优化参数。剔除量级系数极小的弱项后，反演得到如下副高脊线及其影响因子指数的非线性动力模型式（13.11）。

通过设定真实预报初值（从指数序列中选取），对模型进行数值积分计算和拟合效果比较。其中副高脊线指数与马斯克林冷高强度指数的时间序列拟合相关系数可达到 0.9054，与索马里低空急流指数和印度季风潜热通量的时间序列拟合相关系数也分别可达到 0.8477 和 0.8291。

$$
\begin{cases}
\dfrac{\mathrm{d}T_1}{\mathrm{d}t} = -20.42T_1 + 0.0048T_2 + 13.22T_3 - 4.78 \times 10^{-8}T_2^2 + 2.025 \times 10^{-4}T_1T_2 - \\
\qquad\quad 1.29 \times 10^{-4}T_2T_3 + 3.708 \times 10^{-6}T_2T_4 \\[6pt]
\dfrac{\mathrm{d}T_2}{\mathrm{d}t} = -64.8571T_1 + 0.0781T_2 - 106.4363T_3 - 74.3732T_4 - 7.6904 \times 10^{-7}T_2^2 + \\
\qquad\quad 6.3939 \times 10^{-4}T_1T_2 + 0.0011T_2T_3 + 7.3272 \times 10^{-4}T_2T_4 \\[6pt]
\dfrac{\mathrm{d}T_3}{\mathrm{d}t} = -0.0024T_2 - 3.1266T_3 + 1.4582T_4 + 2.3846 \times 10^{-8}T_2^2 + 3.3276 \times 10^{-5}T_2T_3 - \\
\qquad\quad 1.4595 \times 10^{-5}T_2T_4 \\[6pt]
\dfrac{\mathrm{d}T_4}{\mathrm{d}t} = -50.3035T_1 - 0.0155T_2 + 141.2436T_3 + 1000.011T_4 + 0.2325T_3^2 + \\
\qquad\quad 3.2534 \times 10^{-5}T_4^2 - 0.0976T_1T_3 - 0.0133T_3T_4
\end{cases}
$$

$$(13.11)$$

### 13.7.5　副高脊线变化的平衡态稳定性判别

可以通过求解奇点并依据导算子矩阵特征值性质来讨论副高脊线指数的平衡态稳定性。副高脊线指数及其影响因子的广义非线性动力方程组(13.10)的导算子形式为:

$$
\begin{cases}
f = \dfrac{\mathrm{d}T_1}{\mathrm{d}t} = a_1T_1 + a_2T_2 + a_3T_3 + a_4T_4 + a_5T_1^2 + a_6T_2^2 + a_7T_3^2 + a_8T_4^2 + a_9T_1T_2 + \\
\qquad\quad a_{10}T_1T_3 + a_{11}T_1T_4 + a_{12}T_2T_3 + a_{13}T_2T_4 + a_{14}T_3T_4 \\[6pt]
g = \dfrac{\mathrm{d}T_2}{\mathrm{d}t} = b_1T_1 + b_2T_2 + b_3T_3 + b_4T_4 + b_5T_1^2 + b_6T_2^2 + b_7T_3^2 + b_8T_4^2 + b_9T_1T_2 + \\
\qquad\quad b_{10}T_1T_3 + b_{11}T_1T_4 + b_{12}T_2T_3 + b_{13}T_2T_4 + b_{14}T_3T_4 \\[6pt]
h = \dfrac{\mathrm{d}T_3}{\mathrm{d}t} = c_1T_1 + c_2T_2 + c_3T_3 + c_4T_4 + c_5T_1^2 + c_6T_2^2 + c_7T_3^2 + c_8T_4^2 + c_9T_1T_2 + \\
\qquad\quad c_{10}T_1T_3 + c_{11}T_1T_4 + c_{12}T_2T_3 + c_{13}T_2T_4 + c_{14}T_3T_4 \\[6pt]
m = \dfrac{\mathrm{d}T_4}{\mathrm{d}t} = d_1T_1 + d_2T_2 + d_3T_3 + d_4T_4 + d_5T_1^2 + d_6T_2^2 + d_7T_3^2 + d_8T_4^2 + d_9T_1T_2 + \\
\qquad\quad d_{10}T_1T_3 + d_{11}T_1T_4 + d_{12}T_2T_3 + d_{13}T_2T_4 + d_{14}T_3T_4
\end{cases}
$$

$$(13.12)$$

对于副高系统,当其处于相对稳定的准定常状态时,其动力模式中的时间变化项为小值,这时上面的方程组左边项可视为零,由此可通过解常微系统的平衡态方程组求得系统的奇点,之后对其稳定性进行分析。下式称为导算子矩阵:

$$
\begin{bmatrix}
\alpha_{11} = \left(\dfrac{\partial f}{\partial T_1}\right)_{T_{1_0},T_{2_0},T_{3_0},T_{4_0}} & \alpha_{12} = \left(\dfrac{\partial f}{\partial T_2}\right)_{T_{1_0},T_{2_0},T_{3_0},T_{4_0}} & \alpha_{13} = \left(\dfrac{\partial f}{\partial T_3}\right)_{T_{1_0},T_{2_0},T_{3_0},T_{4_0}} & \alpha_{14} = \left(\dfrac{\partial f}{\partial T_4}\right)_{T_{1_0},T_{2_0},T_{3_0},T_{4_0}} \\[10pt]
\alpha_{21} = \left(\dfrac{\partial g}{\partial T_1}\right)_{T_{1_0},T_{2_0},T_{3_0},T_{4_0}} & \alpha_{22} = \left(\dfrac{\partial g}{\partial T_2}\right)_{T_{1_0},T_{2_0},T_{3_0},T_{4_0}} & \alpha_{23} = \left(\dfrac{\partial g}{\partial T_3}\right)_{T_{1_0},T_{2_0},T_{3_0},T_{4_0}} & \alpha_{24} = \left(\dfrac{\partial g}{\partial T_4}\right)_{T_{1_0},T_{2_0},T_{3_0},T_{4_0}} \\[10pt]
\alpha_{31} = \left(\dfrac{\partial h}{\partial T_1}\right)_{T_{1_0},T_{2_0},T_{3_0},T_{4_0}} & \alpha_{32} = \left(\dfrac{\partial h}{\partial T_2}\right)_{T_{1_0},T_{2_0},T_{3_0},T_{4_0}} & \alpha_{33} = \left(\dfrac{\partial h}{\partial T_3}\right)_{T_{1_0},T_{2_0},T_{3_0},T_{4_0}} & \alpha_{34} = \left(\dfrac{\partial h}{\partial T_4}\right)_{T_{1_0},T_{2_0},T_{3_0},T_{4_0}} \\[10pt]
\alpha_{41} = \left(\dfrac{\partial m}{\partial T_1}\right)_{T_{1_0},T_{2_0},T_{3_0},T_{4_0}} & \alpha_{42} = \left(\dfrac{\partial m}{\partial T_2}\right)_{T_{1_0},T_{2_0},T_{3_0},T_{4_0}} & \alpha_{43} = \left(\dfrac{\partial m}{\partial T_3}\right)_{T_{1_0},T_{2_0},T_{3_0},T_{4_0}} & \alpha_{44} = \left(\dfrac{\partial m}{\partial T_4}\right)_{T_{1_0},T_{2_0},T_{3_0},T_{4_0}}
\end{bmatrix}
$$

$$(13.13)$$

方程组的导算子矩阵特征值 $\lambda$ 满足下式：

$$\begin{bmatrix} \alpha_{11}-\lambda & \alpha_{12} & \alpha_{13} & \alpha_{14} \\ \alpha_{21} & \alpha_{22}-\lambda & \alpha_{23} & \alpha_{24} \\ \alpha_{31} & \alpha_{32} & \alpha_{33}-\lambda & \alpha_{34} \\ \alpha_{41} & \alpha_{42} & \alpha_{43} & \alpha_{44}-\lambda \end{bmatrix} = 0$$

该特征根方程转换如下：

$$(\alpha_{11}-\lambda)(\alpha_{22}-\lambda)(\alpha_{33}-\lambda)(\alpha_{44}-\lambda) + \alpha_{12}\alpha_{23}\alpha_{34}\alpha_{41} + \alpha_{13}\alpha_{24}\alpha_{31}\alpha_{42} + \alpha_{14}\alpha_{21}\alpha_{32}\alpha_{43} - \alpha_{41}\alpha_{32}\alpha_{23}\alpha_{14} - \alpha_{24}(\alpha_{33}-\lambda)\alpha_{42}(\alpha_{11}-\lambda) - \alpha_{34}\alpha_{43}\alpha_{12}\alpha_{21} - \alpha_{13}(\alpha_{44}-\lambda)\alpha_{31}(\alpha_{22}-\lambda) = 0$$

整理可得一个关于 $\lambda$ 的四阶代数方程，这样可以求解出此四阶方程的解，即 $DF(x^*)$ 的所有特征根。此时可根据以下 3 个定理来判断求解得到的平衡态是否稳定：

定理 1：若 $DF(x^*)$ 的所有特征根都具有负的实部，则系统（13.12）的平衡态是渐近稳定的。

定理 2：若 $DF(x^*)$ 至少有一个特征根具有正的实部，则系统（13.12）的平衡态是不稳定的。

定理 3：若 $DF(x^*)$ 所有特征根都具有零实部，则系统（13.12）的平衡态的稳定性依赖于高一阶泰勒级数项。

定理 3 情形称为临界情形，在保守系统中经常遇到。由以上讨论，可以很方便地判断平衡态稳定性。

对 2010 年夏季观测资料反演得到的副高脊线及其影响因子的动力模型求平衡态，可解出如表 13.4 中的 7 个平衡态解（0 解没有实际意义，略去不讨论）。

表 13.4　2010 年夏季资料反演得到的副高脊线方程平衡态解

| 序号 | $T_1$ | $T_2$ | $T_3$ | $T_4$ |
|---|---|---|---|---|
| 1 | 9.88 | 171.01 | 100823 | 2.29 |
| 2 | $-16.05$ | 151.45 | 96240 | 154.72 |
| 3 | $-2099$ | 2029 | 95401 | 3140 |
| 4 | $-121355$ | $-9945$ | $-98676559$ | 17488 |
| 5 | $-45690+15560i$ | $109507+39870i$ | $101479-503i$ | $-3900+2509i$ |
| 6 | 4.38 | 48.02 | 101317.14 | $-2.90$ |
| 7 | $-45690-15560i$ | $109507-39870i$ | $101479+503i$ | $-3900-2509i$ |

针对表中的诸平衡态解，根据上述相应的稳定性判据，将第 1 组解（9.88,171.01,100823,2.29）代入，得到的 $DF(x^*)$ 的所有特征根都具有负实部，是渐进稳定的；其余平衡态解代入后至少有一个特征根具有正实部，均属不稳定。

上述稳定平衡态解与实际天气系统特征有较好的对应，如平衡态解中的副高脊线指数为9.88，代表副高在 5 月中旬—6 月初第 1 次北跳之前位于 10°N 附近的稳定形态。其他特征指数，如印度季风潜热通量、马斯克林冷高和索马里低空急流指数量级也与季风暴发前的环流形势和天气状况相匹配。而对于不稳定的平衡态，无论是副高脊线指数还是其他要素指数，均与实际天气事实相差甚远，在实际天气中一般难以维持。

### 13.7.6 副高活动与变异的动力学特性与机理

基于 2010 年资料反演得到的副高脊线指数及其影响因子的非线性动力方程组(13.11)，讨论不同的模型控制参数对副高脊线活动和形态变异的平衡态影响和响应。通过对所有参数的敏感性试验，选取代表性参数 $a_1$，$d_{14}$，$c_8$，$c_4$(对应于模型式(13.11)中的相关项，并视其确定系数为变系数)进行讨论。根据前面平衡态稳定性的判断，副高脊线活动与变异的动力学行为一般表现为合并、分岔、突变 3 种类型。这里计算和讨论 2010 年夏季副高脊线指数平衡态随外参数的演变，并进行相应的动力学机理讨论和天气事实解释。

#### 13.7.6.1 外参数 $a_1$ 引起的平衡态分岔合并和副高脊线变异

2010 年夏季副高脊线指数动力模型的平衡态解随外参数 $a_1$ 的变化如图 13.11 所示。从图中可以看出，2010 年副高脊线指数平衡态在 $a_1 < 5.1$ 时，有两个差异较大的稳定的平衡态(高值平衡态和低值平衡态)。随着 $a_1$ 增大，两个平衡态解逐渐靠拢，当 $a_1 > 5.1$ 时两个平衡态合并为一个稳定的中值平衡态。此后，随着 $a_1$ 继续增加，平衡态平稳、少变。此时的动力模型平衡态随外参数的变化表现出了双态合一的特性。结合该年的天气形势分析，分岔前(双平衡态)主要表现为副高位置可能存在的两种状况：一是副高偏南(中心纬度约在 $10° \sim 20°$N，对应低值平衡态)，可大体表现 4，5 月期间南海季风暴发或华南前汛期时的环流形式；另一种状况是副高偏北(中心纬度约在 $25° \sim 35°$N，对应于高值平衡态)，可大致表现 7 月中、下旬江淮地区出梅和华北雨季开始的情形。分岔后(单平衡态)副高脊线稳定维持于 $20° \sim 25°$N 附近，对应 6 月下旬或 7 月初江南地区的梅雨形势。因此，模型参数 $a_1$ 从小于 5 渐变至大于 5 时，副高形态或位置可能出现两种响应：一是低值平衡态北抬合并到中值平衡态，对应的是一次副高的增强和北跳过程(在天气意义上对应于华南前汛期降水结束和江淮梅雨开始)，此后维持在一个稳定平衡态(对应梅雨期环流形式)；另一种响应是高值平衡态南落并入中值平衡态，对应一次副高的减弱和南落过程(天气意义上对应于华北雨季结束和副高南撤)。

#### 13.7.6.2 外参数 $d_{14}$ 引起的平衡态分岔和副高脊线变异

外参数 $d_{14}$ 发生改变时，模型的平衡态稳定性变化及相应的副高脊线响应情况如图 13.12 所示。

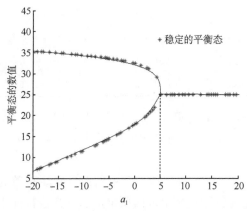

图 13.11　2010 年夏季副高动力模型脊线
指数平衡态随外参数 $a_1$ 的变化

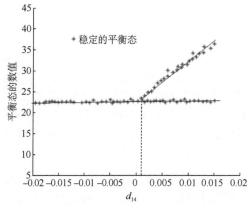

图 13.12　2010 年夏季副高动力模型脊线
平衡态特性随外参数 $d_{14}$ 的变化

从图中可以看出,2010 年副高脊线平衡态随 $d_{14}$ 变化,约在 $d_{14}<0.001$ 时只有一个稳定的平衡态,但当外参数渐变到 $d_{14}>0.001$ 的时候,该平衡态分岔成为两个平衡态。随着 $d_{14}$ 增加的,低值平衡态基本维持一个平稳状态(脊线位于 22°N 附近),而高值平衡态则呈线性增加(脊线最大抬升至 35°N 附近)。结合该年夏季天气形势特征,图中副高脊线动力模型分岔前的一个稳定的单一平衡态,对应 2010 年夏季副高主体范围(5900 等位势线)位于低纬(中心20°N)西太平洋上空的状况,类似于初春季节的环流形式;分岔后,对应两种可能的副高活动形态:一类是副高西伸扩展至华南地区(一部分仍留在海上),北抬过程并不明显(分岔后仍维持在低值平衡态);另一类则表现出副高的显著增强和北抬(5900 位势中心位于 30°N 附近并抬至 35°N 以北),与 2010 年夏季副高异常强盛和偏北、偏西的天气事实和环流形式相对应。综上分析表明,外参数 $d_{14}$ 可能是导致副高异常增强、北跳的重要强迫因子之一。

### 13.7.6.3 外参数 $c_8$,$c_4$ 引起的平衡态分岔和副高脊线变异

调整改变外参数 $c_8$,$c_4$,副高脊线模型的平衡态稳定性变化及相应的副高脊线响应情况如图 13.13 所示。

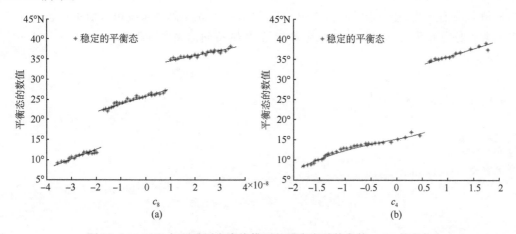

图 13.13 2010 年夏季副高脊线模型的平衡态随外参数 $c_8$,$c_4$ 的变化

从图中可以看出,上述两类平衡态的变化较为相似,都表现为副高脊线的平衡态随外参数的连续增加而发生不连续的跳跃突变。其中,图 13.13a 中副高脊线的平衡态随 $c_8$ 的渐变,出现了两次不连续的突变跳跃。当 $c_8<-1.8$ 时,脊线维持于一个渐变的低值平衡态,当 $c_8\approx-1.8$ 时(可视为临界值),脊线发生突变,从低值平衡态(约 13°N)北跳至中值平衡态(约22°N),其后维持平稳渐变;当 $c_8\approx1.0$ 时,脊线再次发生突变,从中值平衡态(约 26°N)跃升至高值平衡态(约 35°N)。结合该年的天气形势特征,上述平衡态突变现象与该年夏季副高的两次北跳过程有较好的对应关系。6 月初,副高脊线第 1 次北跳(跳过 20°N),此时江淮梅雨开始;7 月初,副高第 2 次北跳(跳过 25°N),这时长江流域梅雨期结束,华北雨季开始。因此,模型参数 $c_8$ 可能是诱使副高发生北跳的重要外强迫因子。

相比于 $c_8$ 参数,$c_4$ 的渐变过程仅引起一次跃升过程(如图 13.13b 所示)。当 $c_4$ 渐变至约0.5 时,副高脊线平衡态发生跃变,脊线从约 15°N 突然跃升至 35°N 左右。这次平衡态突变与2010 年夏季出现的副高的大幅度北跳过程相对应,副高脊线由原来的 15°N 北跳到 35°N。与此相对应,该年 5—7 月,华南、江南地区遭受 14 轮暴雨袭击。上述分析表明,$c_4$ 可能亦是导致副高异常北跳(特别是强烈突变)的重要强迫因子。

## 13.8　本章小结

　　针对东亚夏季风环流系统与副热带高压活动复杂,动力模型难以准确建立的情况,提出用遗传算法从实际观测资料中反演重构副高指数与东亚夏季风环流因子动力模型的研究思想和方法途径,客观合理地反演重构了副高指数与东亚夏季风因子的非线性动力模型,并进行了动力系统的平衡态稳定性分析以及外参数强迫导致的分岔、突变等动力行为讨论,并将其运用于实际的副高形态变化分析和天气特征刻画。

　　研究表明,遗传算法具有全局搜索和并行计算的优势,可客观准确和方便快捷地反演重构副高—季风指数的非线性动力模型。模型参数的渐变会导致副高系统平衡态出现失稳、分岔和突变。结合 1998 年和 2010 年夏季副高异常活动的天气事实,发现副高模型的平衡态分布和变化与实际年份的副高中短期异常活动有较好的对应关系:如副高脊线高值稳定平衡态向低值稳定平衡态的突变行为,对应于 1998 年夏季副高的"异常南落"天气过程;副高脊线平衡态从低值向高值跳跃,对应于实际天气中副高的"异常北跳";副高系统由双稳平衡态向单稳平衡态的并入分岔行为,对应于副高"双脊线"现象从维持到消失的过程等。

# 第14章　副高位势场动力模型重构与变异特性分析

如前所述,副高的形态突变与异常进退是一个极复杂的过程,难以"精确"建立起能够刻画副高活动与变异的"普适性"的动力学解析模型。从实际观测资料时间序列中重构副高活动演变轨迹的动力学模型,为副高活动的机理研究和副高变异的动力特性分析提供了新的思路。近年来,洪梅、张韧等(2006c,2007)通过遗传算法与动力系统重构相结合的方法途径,针对副高指数和位势场,开展了基于观测资料时间序列的动力预报模型反演和预报试验。上一章,我们便针对副高与季风特征指数时间序列,进行了副高动力模型重构与变异特性分析(余丹丹 等,2010)。

本章针对 500 hPa 位势高度场资料,利用 EOF 分析与 GA 方法重构了 1998 年副高异常年份的位势高度场动力模型,通过探索该年副高活动与变异的动力学机理,以求实现由点到面,由特性向共性的理解(张韧 等,2013)。研究步骤和流程如图 14.1 所示。

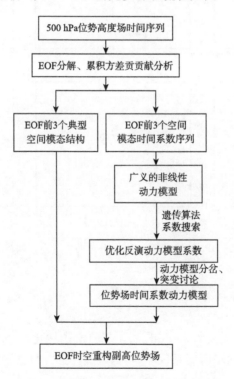

图 14.1　副高位势场动力模型反演与机理分析流程

## 14.1　资料处理

选用美国国家环境顶报中心(NCEP)和美国国家大气研究中心(NCAR)提供的 1998 年 4

月 1 日—10 月 31 日的逐日 500 hPa 位势场时间序列(空间范围为[80°~160°E,0°~50°N])

经验正交函数(Empirical Orthogonal Function,EOF)通过对实际要素场序列作时空正交分解,将时空要素场转化为若干空间的基本模态和相应的时间系数序列的线性组合,得以客观、定量地分析要素场的空间结构和时变特征。

首先对上述位势场序列进行 EOF 时空分解。EOF 分解的前 3 个空间模态及其相应的时间系数序列如图 14.2 所示。其中前 3 个空间典型场累积方差贡献达到 76.08%,基本可表现该位势场主要的空间结构特征,之后的若干空间典型场所占总方差贡献低于 24%,主要是对前三个空间场结构的细节补充。因此,上述位势场分解的前 3 个空间典型场结构基本上能够表现副高等大尺度天气系统的基本特征。为此,我们针对该 EOF 的前 3 个空间典型场的时间系数序列,构建广义的动力学模型,通过构建模型输出与实际资料之间的误差最小二乘约束泛函,用遗传算法进行模型参数优选和相应的副高动力模型重构。

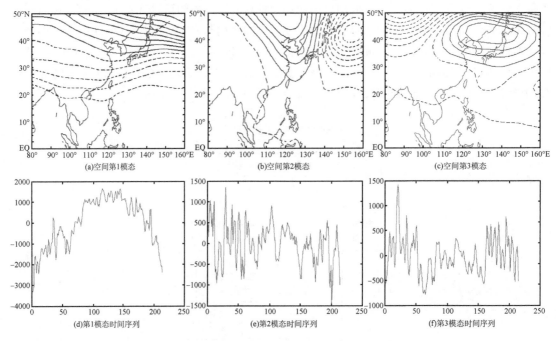

图 14.2 1998 年夏半年 500 hPa 位势高度场 EOF 分解的前 3 个空间模态及相应的时间系数序列

## 14.2 副高动力模型重构

基于 13.2 节的动力系统反演思想和 13.3 节的遗传优化算法技术途径,设 $X$、$Y$、$Z$ 代表 EOF 分解的前 3 个典型空间场时间系数序列,构建其广义二阶常微分方程组:

$$\begin{cases} \dfrac{dX}{dt} = a_1 X + a_2 Y + a_3 Z + a_4 X^2 + a_5 Y^2 + a_6 Z^2 + a_7 XY + a_8 XZ + a_9 YZ \\ \dfrac{dY}{dt} = b_1 X + b_2 Y + b_3 Z + b_4 X^2 + b_5 Y^2 + b_6 Z^2 + b_7 XY + b_8 XZ + b_9 YZ \quad (14.1) \\ \dfrac{dZ}{dt} = c_1 X + c_2 Y + c_3 Z + c_4 X^2 + c_5 Y^2 + c_6 Z^2 + c_7 XY + c_8 XZ + c_9 YZ \end{cases}$$

$X,Y,Z$ 分别表示 EOF 的第 1、第 2、第 3 空间模态的时间系数序列。基于上述遗传算法动力模型重构方法途径和 1998 年夏季的实际位势场资料，可以反演得到描述副高活动的 500 hPa 位势场的非线性动力模型参数，通过计算比较模型中各项对系统的相对方差贡献，剔除对模型影响较小的项，可得到如下描述副高位势场 EOF 空间模态的时间系数变化的非线性动力模型：

$$
\begin{cases}
\dfrac{dX}{dt} = 0.056479X - 0.0041591Y - 0.056927Z + 0.00014058Y^2 - \\
\qquad 0.00029827Z^2 - 0.00020259YZ \\
\dfrac{dY}{dt} = -0.19973Y - 0.079166Z - 0.00014734Z^2 + 5.334\times10^{-5}YZ - \\
\qquad 1.4354\times10^{-7}Y^3 - 5.049\times10^{-8}Z^3 \\
\dfrac{dZ}{dt} = 0.031842Y - 0.36586Z - 0.00022274Z^2
\end{cases}
\tag{14.2}
$$

上述反演模型 5 次平均回算结果（选择实际 EOF 分解系数的任一初始点进行积分）较好地接近实际情况：EOF 第 1 典型场时间系数序列的模型计算结果与实际值的相关系数为 0.72619，第 2 典型场的相关系数为 0.66308，第 3 典型场的相关系数为 0.67328。

## 14.3　副高动力模型的定性分析

求解重构动力模型方程组（14.2）的奇点，并依据导算子矩阵特征值的性质来讨论其平衡态的稳定性。为方便运算和表达，将方程组（14.2）表示为如下简洁形式，各系数符号对应于上述方程组（14.2）的数值。

$$
\begin{cases}
f = \dfrac{dX}{dt} = a_{11}X + a_{12}Y + a_{13}Z + a_{15}Y^2 + a_{16}Z^2 + a_{19}YZ \\
g = \dfrac{dY}{dt} = b_{12}Y + b_{13}Z + b_{16}Z^2 + b_{19}YZ + b_{22}Y^3 + b_{23}Z^3 \\
h = \dfrac{dZ}{dt} = c_{12}Y + c_{13}Z + c_{16}Z^2
\end{cases}
\tag{14.3}
$$

当副高等大尺度天气系统处于相对稳定状态时，其动力模式的时间变化项为小值，此时方程组（14.3）左边的时间导数项可近似为零。由此可通过解常微系统的平衡态方程组求得系统奇点，之后再对其稳定性进行分析。求解导算子矩阵为：

$$
\begin{bmatrix}
\alpha_{11}=(\frac{\partial f}{\partial x})_{x_0,y_0,z_0} & \alpha_{12}=(\frac{\partial f}{\partial y})_{x_0,y_0,z_0} & \alpha_{13}=(\frac{\partial f}{\partial z})_{x_0,y_0,z_0} \\
\alpha_{21}=(\frac{\partial g}{\partial x})_{x_0,y_0,z_0} & \alpha_{22}=(\frac{\partial g}{\partial y})_{x_0,y_0,z_0} & \alpha_{23}=(\frac{\partial g}{\partial z})_{x_0,y_0,z_0} \\
\alpha_{31}=(\frac{\partial h}{\partial x})_{x_0,y_0,z_0} & \alpha_{32}=(\frac{\partial h}{\partial y})_{x_0,y_0,z_0} & \alpha_{33}=(\frac{\partial h}{\partial z})_{x_0,y_0,z_0}
\end{bmatrix}
\tag{14.4}
$$

求解结果为：

$$
\begin{bmatrix}
\alpha_{11}=a_{11} & \alpha_{12}=a_{12}+2a_{15}y_0+a_{19}z_0 & \alpha_{13}=a_{13}+2a_{16}z_0+a_{19}y_0 \\
\alpha_{21}=0 & \alpha_{22}=b_{12}+b_{19}z_0+3b_{22}y_0^2 & \alpha_{23}=b_{13}+2b_{16}z_0+b_{19}y_0+3b_{23}z_0^2 \\
\alpha_{31}=0 & \alpha_{32}=c_{12} & \alpha_{33}=c_{13}+2c_{16}z_0
\end{bmatrix}
\tag{14.5}
$$

导算子矩阵的特征值 $\lambda$ 应满足式(14.6)：

$$\begin{bmatrix} \alpha_{11}-\lambda & \alpha_{12} & \alpha_{13} \\ \alpha_{21} & \alpha_{22}-\lambda & \alpha_{23} \\ \alpha_{31} & \alpha_{32} & \alpha_{33}-\lambda \end{bmatrix}=0 \tag{14.6}$$

$$(\alpha_{11}-\lambda)(\alpha_{22}-\lambda)(\alpha_{33}-\lambda)+\alpha_{13}\alpha_{21}\alpha_{32}+\alpha_{12}\alpha_{23}\alpha_{31}-\alpha_{13}\alpha_{31}(\alpha_{22}-\lambda)-$$
$$\alpha_{23}\alpha_{32}(\alpha_{11}-\lambda)-\alpha_{12}\alpha_{21}(\alpha_{33}-\lambda)=0$$

将式(14.5)代入上式可解出：$\lambda=\dfrac{T\pm\sqrt{T^2-4\Delta}}{2}$

其中 $T=\alpha_{22}+\alpha_{33}$，$\Delta=\alpha_{22}\alpha_{33}-\alpha_{23}\alpha_{32}$，讨论各个平衡态的稳定性：

(1)若 $\Delta>0$，$T^2-4\Delta>0$，这时的定态称为结点。如果 $T>0$，且两个实根大于零，则扰动将随时间增大而增大，解将远离平衡点，奇点为不稳定的结点；如果 $T<0$，且两个实根小于零，则扰动将随时间增大而减小，最终趋于零，解趋于平衡点，奇点为稳定的结点。

(2)若 $\Delta<0$，$T^2-4\Delta>0$，此时为鞍点，鞍点是不稳定的。

(3)$T\neq0$，$T^2-4\Delta<0$，此时解的行为是振荡型的，即做不等振幅的周期运动，该定态称为焦点。如果 $T>0$，解将远离平衡点(振幅不断增加)，奇点为不稳定的焦点；如果 $T<0$，解振荡将趋近平衡点(振幅不断衰减)，奇点为稳定的焦点。

(4)若 $T=0$，$\Delta>0$，$T^2-4\Delta<0$，此时的特征值为纯虚数，解为周期振荡，奇点为临界稳定的中心点。

求解模型(14.3)的平衡态解(即视 $X,Y,Z$ 的时间导数项为零)，可解得该模型的两组平衡态解：$(0,0,0)$ 和 $(13191.44,-150.974,-1629.296)$。根据上述动力稳定性的判定原则，对于 $(0,0,0)$ 平衡态解，其 $\Delta=0.075594>0$，且 $T^2-4\Delta=0.017516>0$，为结点，$T=-0.56599<0$，为稳定的结点。将该时间系数平衡态解与相应空间典型模态进行 EOF 重组后，得到如下稳定的位势场模态(如图 14.3a 所示)。从图中可以看出，维持于西太平洋副热带地区的副高(G)是 1998 年夏季 500 hPa 位势场稳定形态的重要特征之一。

对平衡态解 $(13191.44,-150.974,-1629.296)$，其对应的 $\Delta=-0.043853<0$，为鞍点，是不稳定结点。该平衡态解 EOF 重构的不稳定位势场模态如图 14.3b 所示。该图的位势场结构呈现出北高、南低准带状分布且数值偏大，与实际 500 hPa 位势场特征相差甚远，在真实天气系统中难以维持此类位势场结构形态。

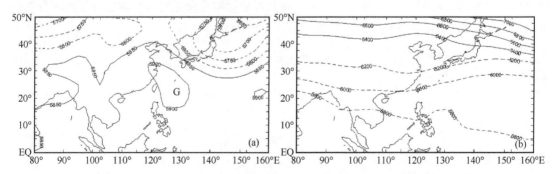

图 14.3　EOF 时间系数的两组平衡态解对应的 EOF 重构 500 hPa 位势场(单位:gpm)

## 14.4　副高活动与变异的动力学机理分析

### 14.4.1　1998 年夏季副高活动的基本特征

1998 夏季我国长江流域出现的特大洪涝灾害与该年夏季西太平洋副高的异常活动关系密切,如副高在梅雨期间的强势维持、出梅后北抬过程中的异常南落以及副高"双脊线"现象等(陶诗言 等,2001a;黄荣辉 等,1998)。1998 年 5—10 月,副高较正常年份偏强(面积指数在均值以上)、偏西(西脊点指数低于均值),其中 5,6 和 8 月出现了近 28 年来的极值,表明该年副高范围广、位置偏西。1998 年 7 月副高脊线位置偏南维持,使得长江流域降水丰沛,尤其是在江淮流域出梅后,副高在北抬过程中突然南落并重新维持于长江流域,使长江中、下游地区出现"二度梅"天气,且在"一度梅"结束与"二度梅"形成之前的梅雨间歇期,副高出现了"双脊线"现象(何金海 等,2010)(如图 14.4 所示)。

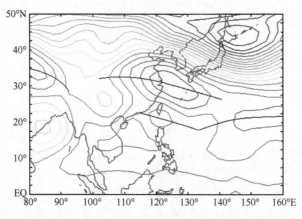

图 14.4　1998 年 7 月 11 日 500 hPa 位势高度场

图 14.5 是经过 3 天平滑后的逐日副高脊线指数以及副高西脊点指数变化曲线,从图 14.5a 中可清楚地看出,4 月 1 日—10 月 31 日,副高共有 3 次明显的北跳(如图中箭头所示)。6 月初,副高脊线第 1 次北跳,跳过 20°N,此时江淮梅雨开始;7 月初,副高第 2 次北跳,跳过 25°N,这时长江流域梅雨期结束;7 月 10 日左右,副高脊线突然南撤至 25°N 以南,其后一直稳定在 20°N 附近,长江中下游开始"二度梅";8 月初,副高脊线第 3 次北跳,脊线越过 25°N,华北雨季开始;此后又一次大幅度回落至 20°N 附近。除此之外,若以负涡度开始增大为西伸日,副高还有 2 次明显的西进,分别为 6 月中旬—6 月底和 7 月底—8 月中旬(如图 14.5b 中箭头所示)。

### 14.4.2　副高活动机理与动力过程

对 1998 年夏季副高系统出现的上述变异和突变现象,基于该年 500 hPa 位势场资料反演出的动力学模型来讨论和解释相应的动力过程和物理机理。

基本思想:将动力模型方程组(14.3)的时间导数项取零,即得到描述副高位势场空间模态变化的动力学平衡态方程组,用数值求解方法,通过改变模型方程组中的参数值来实验和观察上述动力系统模型的平衡态特性及其随参数的变化。当外参数改变引起平衡态稳定性改变或使平衡态数目、类型改变时,则称系统发生了分岔;当外参数的变化引起一个稳定平衡态向另一个稳定平衡态跳跃时,则称系统发生了突变。

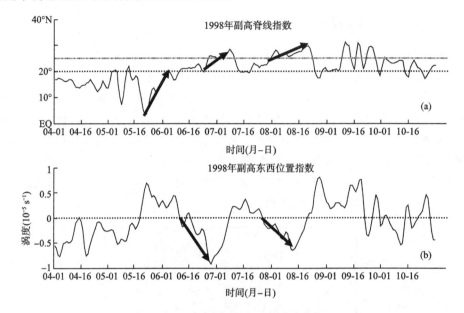

图 14.5  1998 年夏季副高活动态势

首先讨论位势场 EOF 空间模态的时间系数动力系统,随模型参数变化的动力响应和平衡态特性,之后通过 EOF 时空重构,即可得到相应的位势场平衡态响应特性:

$$\hat{H}_E = \sum_{n=1}^{3} F_n \cdot T_{nE}$$

式中 $F_n$,$T_{nE}(n=1,2,3)$ 分别为 EOF 分解第 1、第 2、第 3 空间模态及其相应的时间系数平衡态解;$\hat{H}$ 为 EOF 合成的位势场平衡态结构模态。

### 14.4.3  外参数对副高动力模型平衡态的影响

基于副高位势场反演动力模型式(14.3)平衡态方程组(时间导数项取零),讨论不同参数对副高位势场平衡态的影响,通过试验比较,选取如下较为敏感的模型参数 $a_{12}$,$b_{12}$,$b_{13}$,$c_{13}$ 进行讨论(其他参数取方程(14.2)的对应确定数值,后同)。

14.4.3.1  副高位势场平衡态特性随参数 $a_{12}$ 的变化响应

基于前面对平衡态稳定性的判别标准,计算并绘制位势场 EOF 时间序列系数平衡态随外参数 $a_{12}$ 的演变(如图 14.6 所示)。其中实线表示稳定平衡态,虚线为不稳定平衡态。

图中当平衡态解随 $a_{12}$ 增加到 A(约 $-3.5$)时,

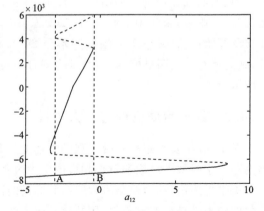

图 14.6  副高位势场平衡态解随外参数 $a_{12}$ 的分布

出现分岔,从稳定的单解分岔为多解;当 $a_{12}$ 介于 A~B 之间时,存在 2 个稳定、3 个不稳定的多解模态;当 $a_{12}$ 进一步增加至 B(接近 0)时,再次出现分岔,又从 2 个稳定、3 个不稳定的多解态回复到 1 个稳定、1 个不稳定解的模态。通过 EOF 时空重构,得到的第二次突变前、后的副高位势场平衡态如图 14.7 所示。

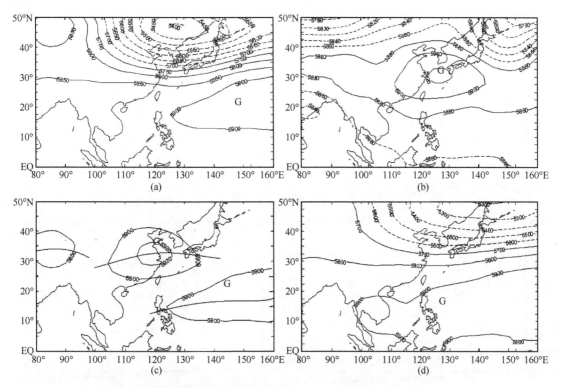

图 14.7　位势场突变前的两个稳定平衡态(a,b)及其副高系统叠加(c)和
突变后(d)副高位势场稳定平衡态(单位:gpm)

图 14.7 中突变前的两个稳定平衡态解($a_{12}=-1$)对应于位势场上的两个副高中心,呈现出明显双脊线形态(北侧脊线的位置偏北,中心位于 30°N 左右;南侧新生脊线位于 10°~15°N)。突变后($a_{12}=1$),副高北侧脊线减弱消失,而南侧脊线则发展西伸,从双脊线模态回复到一般的单脊线模态。随着南侧副高的"重建"和增强、北抬,长江流域有可能出现"二度梅"天气。

### 14.4.3.2　副高位势场平衡态特性随参数 $b_{12}$ 的变化响应

计算所得副高位势场 EOF 时间系数解平衡态随外参数 $b_{12}$ 的演变(如图 14.8 所示)。实线表示稳定平衡态,虚线为不稳定平衡态。由于不稳定解在实际天气中难以维持,故重点讨论稳定解的情况。

图 14.8 中,当参数 $b_{12}$ 逐渐增大到 A(约为一

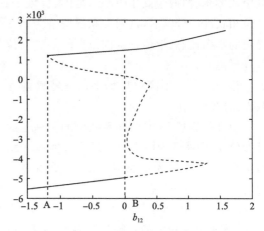

图 14.8　副高位势场平衡态随外参数 $b_{12}$ 的分布

1.25),平衡态解出现分岔,从一个单一稳定平衡态分裂为两个稳定平衡解;随着 $b_{12}$ 继续增加到 B(约在 0 附近),平衡态再次分岔,从两个稳定的平衡态解合并为一个稳定平衡态解,但此时的高阶单平衡态有别于第一次分岔前低阶的单平衡态。

通过 EOF 时空重构,得到第二次突变前($b_{12}=-0.5$)、突变后($b_{12}=0.5$)的稳定平衡态解重构的副高位势场(如图 14.9 所示)。

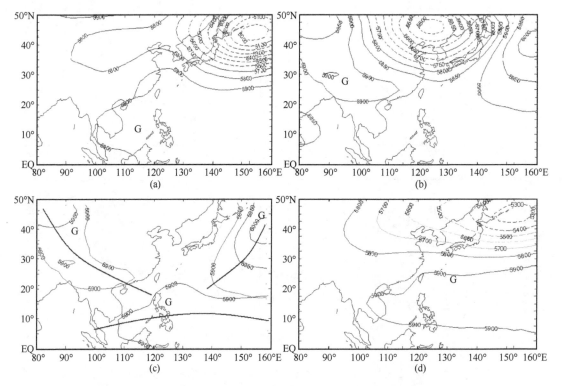

图 14.9　位势场突变前的两个稳定平衡态(a,b)及其副高系统叠加(c)和
突变后(d)副高位势场稳定平衡态(单位:gpm)

图 14.9 中,第二次分岔前的两个稳定平衡态解对应的位势场上分别存在 3 个高压中心,其中北侧东、西两个高压中心从范围、位置来看均属比较极端情况;南侧的副高则属异常偏南的位相状况。分岔后,这两类状况调整为单一稳定的平衡模态(形似华南前汛期间的副高位势场形态)。

### 14.4.3.3　副高位势场平衡态特性随参数 $b_{13}$ 的变化响应

副高位势场 EOF 时间系数解的平衡态随外参数 $b_{13}$ 的演变如图 14.10 所示。实线表示稳定平衡态,虚线为不稳定平衡态,重点讨论稳定平衡态解的情况。

图 14.10 中,当参数 $b_{13}$ 增加到 A(-3.5 左右)时,平衡态从单一稳定解分解为 1 个稳定解和 2 个不稳定平衡;当 $b_{13}$ 继续增加至 B(0.3 左右)

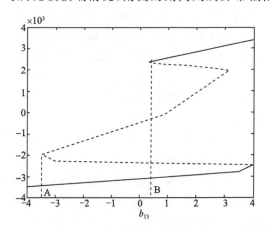

图 14.10　副高位势场平衡态随外参数 $b_{13}$ 的分布

时再次出现分岔,进一步分解为 2 个稳定的平衡态解和 3 个不稳定的平衡态解。对应于上述平衡态第二次分岔前($b_{13}=-1$)、分岔后($b_{13}=1$)的副高位势场形态特征结构如图 14.11 所示。

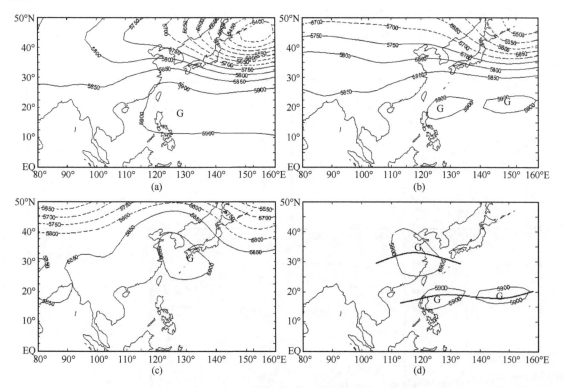

图 14.11 位势场突变前的 1 个稳定平衡态(a)与分岔后的 2 个稳定平衡态(b)、(c)及副高系统叠加(d)(单位:gpm)

图 14.11 中,分岔突变前,只有 1 个稳定的平衡态,对应的位势场上的副高呈东西带状结构,脊线位于 20°N 附近,类似入梅前的副高形态特征。突变后分解为出南、北两个相对独立的副高系统,呈现出较明显的副高"双脊线"结构特征,其中北部的副高单体位于 30°N 附近,对应于长江流域出梅后的副高位势场形式;南侧副高脊线则可能与赤道缓冲带北上或越赤道反气旋中脱离出的反气旋单体有关。其构型特征与 1998 年夏季出现的副高"双脊线"现象特征相似,对应于该年副高所出现的"南落"现象,可能是副高动力系统分岔所表现出来的北部副高减弱和南侧副高新生,进而表现为副高脊线的不连续南撤或异常南落。

#### 14.4.3.4 副高位势场平衡态特性随参数 $c_{13}$ 的变化响应

基于平衡态稳定性判据,计算并绘制副高位势场平衡态随外参数 $c_{13}$ 的演变(如图 14.12 所示)。其中实线表示稳定平衡态,虚线为不

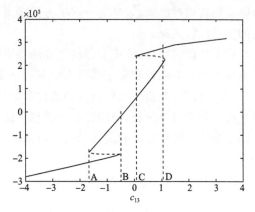

图 14.12 副高位势场平衡态随外参数 $c_{13}$ 的分布

稳定平衡态,重点讨论稳定平衡态情况。

图 14.12 中可见,当参数 $c_{13}$ 分别增加到 A,B,C,D 4 个临界值时,平衡解均出现分岔,但是与上述其他分岔情况不同的是,仅在 A~B 和 C~D 两个参数区间出现阶段性双稳定解外,其余均为单稳定平衡解,且随参数增加逐渐呈现出从低势态向高势态提升或跃进的态势。

$c_{13}$ 参数分别位于 $A-\delta,B+\delta,D+\delta(\delta$ 取 0.1)处的稳定平衡态解的 EOF 时空重构位势场的结构特征如图 14.13 所示。

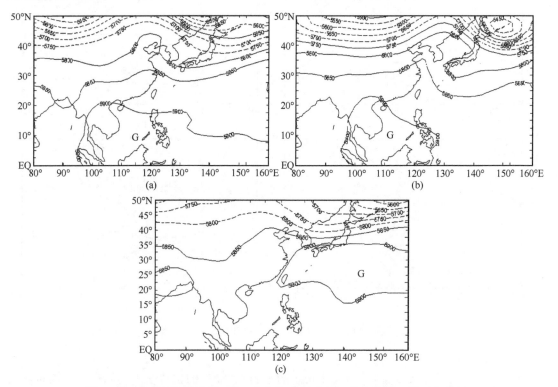

图 14.13 位势场分岔前(a)、第一次分岔后(b)和第二次分岔后(c)的平衡态解

从图 14.13 中可以看出,分岔前和第一次分岔后的稳定平衡态解对应的副高形态较为相近,副高均处于偏南、偏西的位置(如图 14.13a,b 中 G 所示);第二次分岔之后的稳定平衡态解则出现较明显跳跃,表现为一次明显的副高北跳、东退过程(如图 14.13c 中 G),并未出现副高的"双脊线"现象。

综上分析讨论,反演模型的位势场的动力特性受外参数强迫与非线性效应的共同影响,副高系统的平衡态数目和稳定性可发生多种情形的变异,能对 1998 年夏季副高异常北跳、南落以及"双脊线"等现象予以较合理的描述和解释。分析发现,副高的 3 次北抬、2 次西伸和 1 次异常南落和东退等过程,与副高动力模型平衡态的分岔、突变、失稳和跃迁等动力行为相对应,特别是能够对该年夏季副高活动所表现出的"双脊线"现象及其生消过程予以揭示和描述。

## 14.5 本章小结

针对 1998 年夏季的极端天气过程与副高异常活动以及动力解析模型难以准确地建立等

问题,采用动力系统反演思想和遗传算法,从 1998 年的实际观测资料中反演重构了副高位势场的非线性动力学模型,并结合天气实况进行了动力系统的平衡态与稳定性分析及其随外参数变化导致的分岔、突变等动力行为讨论。通过 EOF 时空重构,对副高位势场的形态特征和变异过程进行了讨论和刻画。分析表明,上述动力系统的平衡态分岔、突变等行为特性与该年实际的副高中短期异常活动有较好的对应关系,包括副高北跳、西伸过程以及副高"双脊线"现象等。

针对副高异常个例实际观测资料反演重构所得的副高活动的非线性动力模型,可客观描述副高活动(特别是异常活动)特征并给予合理的机理解释;进而为副高等难以准确构建解析模型的复杂天气系统的机理分析和动力特性讨论提供了参考。

上述反演模型的不足之处是,动力性质讨论只是定性地揭示了副高平衡态解随模型参数改变所表现出的动力行为和变异特性,但是这些模型参数的物理意义尚不明确,进而不利于对其物理机理的深入理解和认识。这也是下一步工作中需考虑和解决的问题。此外,本章基于有限时间序列长度的位势场资料反演副高动力学模型,也限制了对其他年份副高活动特征的刻画和共性规律的揭示。

# 第 15 章  涡度方程的时空客观分解以及
# 副高突变与分岔

　　高截谱方法是解析研究非线性大气系统动力学特性的有效手段和途径,该方法在副高活动与变异的动力特性定性分析中得到了有效的运用。柳崇键、陶诗言(1983)用月尖突变模式,探讨了不同类型的太阳辐射加热与副高突变的对应关系,提出了副高北跳的一种可能的机制;董步文、丑纪范(1988)用一个简单的非线性强迫耗散正压高截谱模式,模拟了西太平洋副高的季节性北跳,指出在适定的纬向海陆热力差异和不同情况的经向热力强迫作用下,可分别形成副高的一次北跳和两次北跳。张韧、余志豪等(2000a)也用高截谱方法研究论证了,太阳季节性加热是副高的缓变因子,纬向海陆热力差异则是副高的突变因子。

　　上述研究在一定意义和程度上揭示了副高的季节性转换,特别是副高突变与异常的一些基本特性和机理。然而,上述研究所采用的 Galerkin 高截谱方法对基函数的选择大多极为简单和理想(如选取经、纬向 2～3 波来表示实际的位势场和热力场空间分布),所取空间基函数与实际大气中副热带高压位势场结构相差甚远,因此,制约了对副高动力学性质更准确、深入的分析研究。对副高活动,特别是副高异常活动,的动力学行为做进一步的深入研究,必须改进和完善空间基函数的选择,使其更逼近实际、更具针对性。如何客观、合理、有效地将实际要素场空间结构信息融入动力模型空间基函数之中,进而获取逼近实际的副高非线性动力系统,这是一个有意义的科学问题。针对该问题,本章提出用经验正交函数分解(EOF)和遗传算法,从实际的位势场时间序列中,反演大气涡度偏微分方程空间基函数,进而获取副高动力模型的研究思想,并在此基础之上,分析讨论了不同类型的热力强迫作用对副热带高压活动形态和副高异常突变的影响制约和动力机理(洪梅 等,2009)。

## 15.1　偏微分涡度方程

　　描述副热带高压等大尺度天气系统的基本运动,可采用强迫耗散的非线性正压涡度方程:

$$\frac{\partial}{\partial t}(\nabla^2 \psi) + J(\psi, \nabla^2 \psi) + \beta \frac{\partial \psi}{\partial x} = -Q + k\nabla^4 \psi \tag{15.1}$$

式中 $\psi$ 为流函数。由于大气的大尺度运动较为严格地遵守"地转"原则,故大气位势场和风场满足如下关系(吕克利 等,1997):

$$\varphi = f \cdot \psi; \quad u = -\frac{\partial \psi}{\partial y}; \quad v = \frac{\partial \psi}{\partial x}$$

其中 $\varphi, u, v$ 分别为大气的位势和纬向、经向风,$k$ 为涡动扩散系数,$f = 2 \cdot \Omega \cdot \sin(\varphi)$ 为地转参数,$\varphi$ 为纬度。

　　因此,上述涡度方程可以用来描述大尺度的副热带高压位势场结构及其变异,以及对应的大气流场分布和变化。

对上述涡度方程进行无量纲化处理(吕克利 等,1997),得到如下无量纲的涡度方程:

$$\frac{\partial}{\partial t}(\nabla^2 \psi) + J(\psi, \nabla^2 \psi) + \bar{\beta}\frac{\partial \psi}{\partial x} = -\bar{Q}Q + \bar{k}\nabla^4 \psi \qquad (15.2)$$

式中 $\bar{\beta} = \frac{\beta_0 L_0}{f_0}, \bar{Q} = \frac{Q_0}{f_0^2}, \bar{k} = \frac{k}{L_0^2 f_0}$；$f_0, \beta_0, L_0, Q_0$ 分别为地转参数、地转参数经向梯度、水平尺度以及热力强迫参数的特征值。边界条件:以 $y = \frac{\pi}{2}$ 和 $y = \pi$ 为固壁条件,即 $v = \frac{\partial \psi}{\partial x}\Big|_{y = \frac{\pi}{2}, y = \pi} = 0$。

$x$ 方向以 $\frac{\pi}{2}$ 为周期取周期变化,取太平洋副高研究区域为:

$$D = \left\{ x: 0 \leqslant x \leqslant \frac{\pi}{2}, y: \frac{\pi}{2} \leqslant y \leqslant \pi \right\}$$

用 Galerkin 方法对上述偏微分涡度方程进行时空分离,获得描述副高变化的常微分动力系统模型,将 $\psi$ 和 $Q$ 分别展开为:

$$\psi(x, y, t) = \psi_1(t)f_1(x, y) + \psi_2(t)f_2(x, y) + \psi_3(t)f_3(x, y),$$
$$Q = Q_1 f_1(x, y) + Q_2 f_2(x, y) + Q_3 f_3(x, y)$$

式中 $f_1, f_2, f_3$ 分别为满足完备正交的空间基函数。

常规解析研究中,对上述基函数的选取多采用简单的经、纬向 2~3 波的三角函数来模拟实际大气环流和位势场结构。空间基函数与实际天气系统结构相差较大,建立的天气模型难以客观、准确地描述天气系统的结构特性和变异活动。

因此,我们提出了从实际观测资料中反演空间基函数的研究思想,对 10 年平均的副高位势场观测资料序列进行经验正交函数(EOF)分解,从中提取出副高空间结构的主要模态,以此作为副高动力系统空间基函数客观优选的拟合反演目标,并以误差最小二乘和完备正交性构造双约束泛函,采用遗传算法对空间基函数系数进行寻优,以获取能准确逼近实际天气的空间基函数和客观合理的副高非线性常微分动力模型。

## 15.2　空间基函数反演

为描述副热带高压夏季活动的基本特征和对热力强迫的动力响应,选用美国国家环境预报中心(NCEP)和美国国家大气研究中心(NCAR)提供的 1997—2006 年夏季(5 月 1 日—8 月 31 日)10 年平均的逐日 500 hPa 位势场时间序列,(空间范围为[90°E—180°,0°—90°N]),用以反演副高动力模型的空间基函数。

### 15.2.1　经验正交函数分解

经验正交函数(EOF)是地球科学中广泛应用的场分析方法。它对实际数据场序列作时空正交分解,将时空要素场转化为若干空间的基本模态和相应的时间系数序列的线性组合,进而得以客观定量地分析要素场的空间结构和时变特征(吴洪宝 等,2005)。

设某一要素场有 $n$ 个测点,进行了 $m$ 次观测($m > n$),为消除季节变化的影响,一般需把要素场转化成距平场进行分析。将 $n$ 个测点 $m$ 次距平观测值排列成矩阵 $X$,

$$X = \begin{bmatrix} x_{11} & x_{12} & \cdots & x_{1j} & \cdots & x_{1n} \\ x_{21} & x_{22} & \cdots & x_{2j} & \cdots & x_{2n} \\ \vdots & \vdots & & \vdots & & \vdots \\ x_{i1} & x_{i2} & \cdots & x_{ij} & \cdots & x_{in} \\ \vdots & \vdots & & \vdots & & \vdots \\ x_{m1} & x_{m2} & \cdots & x_{mj} & \cdots & x_{mn} \end{bmatrix} \tag{15.3}$$

经验正交函数展开,即把时空要素场序列分解成彼此正交的时间函数和空间函数的乘积之和:

$$\hat{x}_{ij} = \sum_{h=1}^{N} t_{hi} l_{hj} \quad (i=1,2,\cdots,m;j=1,2,\cdots,n)$$

式中 $l_{hj}$ 表示序号为 $h$ 的空间典型场在第 $j$ 个点的值,它只依赖于空间点变化,不随时间变化,称为空间函数;$t_{hi}$ 表示序号为 $h$ 的空间典型场在第 $i$ 个时刻的权重系数,只随时间变化,称为时间函数(或时间权重系数)。上述资料阵可写成: $X_{m \times n} = T_{m \times m} L_{m \times n}$,这里

$$T_{m \times m} = \begin{bmatrix} t_{11} & \cdots & t_{1m} \\ \vdots & & \vdots \\ t_{m1} & \cdots & t_{mn} \end{bmatrix}, \qquad L_{m \times n} = \begin{bmatrix} l_{11} & \cdots & l_{1n} \\ \vdots & & \vdots \\ l_{m1} & \cdots & l_{mn} \end{bmatrix}。$$

通常把空间函数 $l_{hj}$ 视为典型场,时间函数 $t_{hi}$ 视为典型场的权重系数。因此,要素场时间序列可转化为空间典型场与时间权重系数的线性叠加,各场之间的差别主要表现在时间权重系数的不同。

我们首先用 EOF 分解方法对上述位势场序列进行时空分解。各分解模态的方差贡献统计结果如表 15.1 所示。其中前 3 个空间典型场累积方差贡献达 92.946%,基本上可以表现该位势场主要的空间结构特征。第 3 个之后的空间典型场所占总方差贡献低于 8%,是对前 3 个空间场结构细节的补充。可以说上述位势场分解的前 3 个空间典型场结构,基本上能够较好地表现副高等大尺度天气系统的基本特征。因此,我们将其作为构造副高动力模型的空间基函数目标,通过构建误差最小二乘和完备正交约束泛函,用遗传算法和曲面拟合方法从 EOF 分解的前 3 个典型空间场中提取和反演逼近实际天气的空间基函数。

**表 15.1 前 10 个 EOF 分解模的方差和累积方差贡献**

| EOF 特征模 | 1 | 2 | 3 | 4 | 5 | 6 | 7 | 8 | 9 | 10 |
|---|---|---|---|---|---|---|---|---|---|---|
| 方差贡献(%) | 7 432 | 1 108 | 7 546 | 2 343 | 1 659 | 636 | 2 669 | 2 153 | 1 811 | 1 559 |
| 累计方差(%) | 7 432 | 8 540 | 92 946 | 95 289 | 96 948 | 97 584 | 97 8509 | 98 0662 | 98 2473 | 98 4032 |

### 15.2.2 空间基函数的遗传算法反演

以 EOF 分解的前 3 个空间典型场 $F_i$ 为目标,选择如下三角函数组合作为广义空间基函数:

$$\begin{cases} f_1 = a_1 \sin a_2 x \sin a_3 y + a_4 \cos a_5 x \sin a_6 y + a_7 \sin a_8 y + a_9 \cos a_{10} y \\ f_2 = b_1 \sin b_2 x \sin b_3 y + b_4 \cos b_5 x \sin b_6 y + b_7 \sin b_8 y + b_9 \cos b_{10} y \\ f_3 = c_1 \sin c_2 x \sin c_3 y + c_4 \cos c_5 x \sin c_6 y + c_7 \sin c_8 y + c_9 \cos c_{10} y \end{cases} \tag{15.4}$$

以上广义基函数的反演可归结为在满足误差极小和完备正交两个约束条件下,对三角函数系数 $[a_1, a_2, \cdots, a_{10}; b_1, b_2, \cdots, b_{10}, c_1, c_2, \cdots, c_{10}]$ 进行寻优。为此,构造如下约束泛函:

(1)基函数计算值 $f_i$ 与对应的 EOF 典型场 $Fi$ 的误差最小二乘累积 $S = \sum_{i=1}^{3} (F_i - f_i)^2$ 最小;

(2)基函数之间必须满足完备正交性: $\iint_D f_i \cdot f_i = 1, \iint_D f_i \cdot f_j = 0 (i \neq j)$ ,其中 $D$ 为模型积分区间, $i, j = 1, 2, 3$ 。

为避免常规参数优化方法(如爬山法、最速梯度下降法等)易陷入局部最优及对初始解的敏感性和依赖性等问题,采用遗传算法进行基函数的参数优化。遗传算法的特点在于全局搜索和并行计算,具有很好的参数优化能力和误差收敛速度(玄光男 等,2004)。

依据上述约束条件,用遗传算法在参数空间中进行最优参数搜索。设参数种群为 $P$ ,取误差最小二乘: $S = \sum_{i=1}^{3} (F_i - f_i)^2$ 为适应度函数,同时满足完备正交性条件 $\iint_D f_i \cdot f_i = 1, \iint_D f_i \cdot f_j = 0 (i \neq j)$ ,否则跳出进化过程继续选择。遗传参数优化的具体操作步骤如下:

采用标准遗传算法的编码、种群生成和交叉、变异等进化策略,取终止条件为最优目标函数值 $L \leqslant \varepsilon (\varepsilon = 0.2\%)$ (具体计算方案和算法流程可参考第 13 章,不再赘述)。通过遗传操作和计算迭代,可反演得到满足误差最小二乘极小和完备正交条件的空间基函数:

$$
\begin{cases}
f_1 = 1.4997\sin x \sin 4y - 1.4967\cos x \sin 4y \\
f_2 = 0.1608\sin 3x \sin 4y - 0.1616\cos 3x \sin 4y + 0.8659\sin 5y - 0.2055\cos 5y \\
f_3 = 0.6967\sin 2x \sin 2y + 0.5398\cos 2x \sin 2y + 0.8228\sin 2\sqrt{2}y + 0.2076\cos 2\sqrt{2}y
\end{cases} \tag{15.5}
$$

图 15.1,15.2,15.3 分别是 EOF 分解的前 3 个空间典型场与反演所得完备正交的空间基函数的对比。图中可见,反演结果与实际位势场的空间结构特征非常接近,基本上反映了副高位势场的空间分布和背景特性。其中 EOF 第 1 空间场与反演所得第 1 空间基函数场的相关系数达 0.9254,EOF 第 2 空间场与反演所得的第 2 空间基函数的相关系数达到 0.9041,EOF 第 3 空间典型场与反演所得第 3 空间基函数的相关系数达到 0.8963。

将以上从实际资料中反演得到的空间基函数代入流函数 $\psi$ 和热力强迫项 $Q$ 的谱展开式中,并将 $\psi$ 和 $Q$ 带入无量纲的偏微分涡度方程进行 Galerkin 分解变换,并对涡度方程分别乘以 $f_1, f_2, f_3$ 之后沿研究区域 $\left[ x \in \left(0, \frac{\pi}{2}\right); y \in \left(\frac{\pi}{2}, \pi\right) \right]$ 积分,可将偏微分涡度方程转化为如下的常微分方程组:

$$
\begin{cases}
\begin{aligned}
\frac{d\psi_1(t)}{dt} = &\ 1.145 \times 10^{-3}\psi_1\psi_2 + 1.484 \times 10^{-3}\psi_1\psi_3 + 2.1335\psi_2\psi_3 + 2.07 \times 10^{-4}\bar{\beta}\psi_1 - \\
&\ 3.347 \times 10^{-2}\bar{\beta}\psi_2 + 0.0588\bar{Q}Q_1 - 17\bar{k}\psi_1 \\
\frac{d\psi_2(t)}{dt} = &\ 0.05788\psi_1\psi_2 - 1.2357\psi_1\psi_3 - 0.08399\psi_2\psi_3 - 0.04058\bar{\beta}\psi_1 - 2.026 \times 10^{-5}\bar{\beta}\psi_2 - \\
&\ 0.006480\bar{\beta}\psi_3 + 0.04\bar{Q}Q_2 - 25\bar{k}\psi_2 \\
\frac{d\psi_3(t)}{dt} = &\ -0.8733\psi_1\psi_2 + 0.1232\psi_1\psi_3 - 1.7298\psi_2\psi_3 - 0.09629\bar{\beta}\psi_1 - 2.635 \times 10^{-5}\bar{\beta}\psi_2 + \\
&\ 0.01919\bar{\beta}\psi_3 + 0.125\bar{Q}Q_3 - 8\bar{k}\psi_3
\end{aligned}
\end{cases} \tag{15.6}
$$

基于上述的副高流场(位势场)演变的常微动力学模型,即可针对不同热力强迫下的副高动力行为和变异特性进行分析讨论。

## 15.3 热力强迫作用下副高的动力学行为讨论

热力强迫项被分解为空间基函数的线性组合 $Q=Q_1 f_1(x,y)+Q_2 f_2(x,y)+Q_3 f_3(x,y)$。从反演所得空间基函数的分布来看，$Q_1>0$，表示夏季中、高纬东北亚地区有负热力效应，而赤道低纬地区则有正的热力强迫效应，存在由南向北的经向热力梯度；$Q_1<0$ 时，热力分布情况和经向的热力梯度则反之(如图 15.1b 中 A，B 所示)。$Q_2>0$，表示夏季中纬东亚和西太平洋地区有加热强迫效应，低纬西太平洋地区有负的热力效应，存在较弱的由北向南经向热力梯度；$Q_2<0$ 时，热力分布情况和经向的热力梯度则反之(如图 15.2 中 C，D 所示)。$Q_3>0$，表示

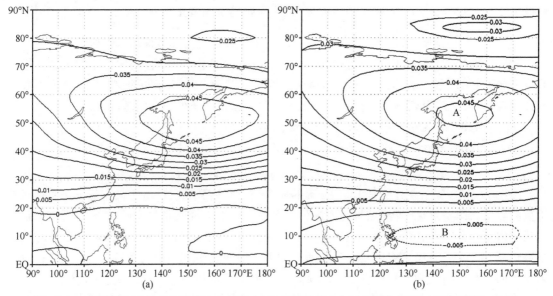

图 15.1 实际资料 EOF 分解的第 1 空间场(a)和反演的第 1 空间基函数场(b)(相关系数 0.9254)

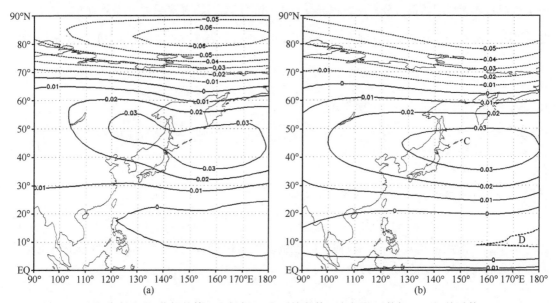

图 15.2 实际资料 EOF 分解的第 2 空间场(a)和反演的第 2 空间基函数场(b)(相关系数 0.9041)

中纬东北亚海域存在热力强迫作用,西侧中高纬东亚大陆地区存在负热力效应,存在较强的由东向西的纬向热力梯度;$Q_3 < 0$ 时,热力分布情况和经向的热力梯度则反之(如图 15.3b 中 E,F 所示)。

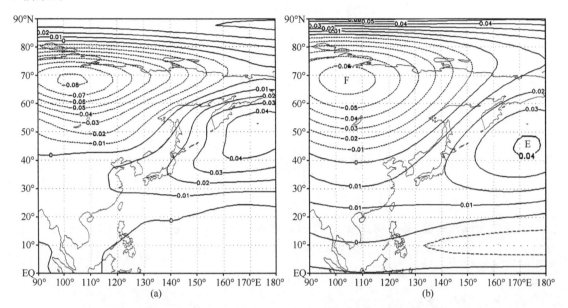

图 15.3　实际资料 EOF 分解的第 3 空间场(a)和反演的第 3 空间基函数场(b)(相关系数 0.8963)

综上分析,$Q_1$ 大体反映了随季节变化而呈现出的太阳辐射加热的经向分布差异;$Q_2$ 表现了东亚沿岸和西太平洋地区海温感热或降水潜热的分布构型和经向差异;$Q_3$ 基本反映了纬向海陆热力差异和纬向的热力梯度效应。

### 15.3.1　平衡态方程组

对于副高等大尺度天气系统,当它们处于相对稳定的准定常状态时,其动力模式中的时间变化项为小值,这时方程组的左边项可视为零,由此可得到描述副高形态和活动处于准定常情况下的平衡态方程组:

$$
\begin{cases}
\dfrac{\mathrm{d}\psi_1}{\mathrm{d}t} = f_1 = 1.145 \times 10^{-3}\psi_1\psi_2 + 1.484 \times 10^{-3}\psi_1\psi_3 + 2.1335\psi_2\psi_3 + \\
\qquad 2.07 \times 10^{-4}\,\overline{\beta}\psi_1 - 3.347 \times 10^{-2}\,\overline{\beta}\psi_2 + 0.0588\,\overline{QQ}_1 - 17\,\overline{k}\psi_1 = 0 \\[4pt]
\dfrac{\mathrm{d}\psi_2}{\mathrm{d}t} = f_2 = 0.05788\psi_1\psi_2 - 1.2357\psi_1\psi_3 - 0.08399\psi_2\psi_3 - 0.04058\,\overline{\beta}\psi_1 - \\
\qquad 2.026 \times 10^{-5}\,\overline{\beta}\psi_2 - 0.006480\,\overline{\beta}\psi_3 + 0.04\,\overline{QQ}_2 - 25\,\overline{k}\psi_2 = 0 \\[4pt]
\dfrac{\mathrm{d}\psi_3}{\mathrm{d}t} = f_3 = -0.8733\psi_1\psi_2 + 0.1232\psi_1\psi_3 - 1.7298\psi_2\psi_3 - 0.09629\,\overline{\beta}\psi_1 - \\
\qquad 2.635 \times 10^{-5}\,\overline{\beta}\psi_2 + 0.01919\,\overline{\beta}\psi_3 + 0.125\,\overline{QQ}_3 - 8\,\overline{k}\psi_3 = 0
\end{cases}
\tag{15.7}
$$

### 15.3.2　平衡态稳定性判别

求出平衡态解后,还需对解的稳定性进行判别,对一般的动力系统平衡解,通常可以通过平衡点附近线性化系统来得到。

$$\frac{\mathrm{d}\psi_i}{\mathrm{d}t} = f_i(\psi_i)(i = 1,2,3)$$

设该系统具有平衡位置 $\psi_i^*$，即满足 $f(\psi_i^*)=0$。为检验其附近轨道的稳定性。设：

$$\psi_i(t) = \psi_i^* + \xi(t)(i = 1,2,3)$$

并设 $|\psi_i(t)-\psi_i^*|=\xi(t)$ 为小量，代入上式并对右端展开，得：

$$f(\psi_i^* + \xi) = f(\psi_i^*) + DF(\psi_i^*)\xi + O(\xi^2)(i = 1,2,3)$$

由于 $\psi_i^*$ 为平衡解，故 $f(\psi_i^*)=0$，于是忽略高阶项得到 $\dfrac{\mathrm{d}\xi}{\mathrm{d}t} = DF(\psi_i^*)\xi$

其中：

$$DF(\psi_i) = \begin{bmatrix} \dfrac{\partial f_1}{\partial \psi_1} & \dfrac{\partial f_1}{\partial \psi_2} & \dfrac{\partial f_1}{\partial \psi_3} \\[2mm] \dfrac{\partial f_2}{\partial \psi_1} & \dfrac{\partial f_2}{\partial \psi_2} & \dfrac{\partial f_2}{\partial \psi_3} \\[2mm] \dfrac{\partial f_3}{\partial \psi_1} & \dfrac{\partial f_3}{\partial \psi_2} & \dfrac{\partial f_3}{\partial \psi_3} \end{bmatrix}$$

该系统为线性系统，其不动点解 $\xi=0$ 的演化多数情况下决定了系统在不动点解 $\psi_i^*$ 的稳定性。

通解：

$$\xi(t) = \sum_{k=1}^{N} A_K \vec{e}\exp(S_K t)$$

其中初值 $\xi(0) = \sum_{k=1}^{N} A_K \vec{e}$，$S_k$ 为 $DF(\psi_i^*)$ 的 $N$ 个特征根，具体来说该系统特征方程如下：

$$\begin{bmatrix} \alpha_{11}-\lambda & \alpha_{12} & \alpha_{13} \\ \alpha_{21} & \alpha_{22}-\lambda & \alpha_{23} \\ \alpha_{31} & \alpha_{32} & \alpha_{33}-\lambda \end{bmatrix} = 0$$

其中

$$\alpha_{11} = \left(\frac{\partial f_1}{\partial \psi_1}\right)_{\psi_{10},\psi_{20},\psi_{30}}, \quad \alpha_{12} = \left(\frac{\partial f_1}{\partial \psi_2}\right)_{\psi_{10},\psi_{20},\psi_{30}}, \quad \alpha_{13} = \left(\frac{\partial f_1}{\partial \psi_3}\right)_{\psi_{10},\psi_{20},\psi_{30}},$$

$$\alpha_{21} = \left(\frac{\partial f_2}{\partial \psi_1}\right)_{\psi_{10},\psi_{20},\psi_{30}}, \quad \alpha_{22} = \left(\frac{\partial f_2}{\partial \psi_2}\right)_{\psi_{10},\psi_{20},\psi_{30}}, \quad \alpha_{23} = \left(\frac{\partial f_2}{\partial \psi_3}\right)_{\psi_{10},\psi_{20},\psi_{30}},$$

$$\alpha_{31} = \left(\frac{\partial f_3}{\partial \psi_1}\right)_{\psi_{10},\psi_{20},\psi_{30}}, \quad \alpha_{32} = \left(\frac{\partial f_3}{\partial \psi_2}\right)_{\psi_{10},\psi_{20},\psi_{30}}, \quad \alpha_{33} = \left(\frac{\partial f_3}{\partial \psi_3}\right)_{\psi_{10},\psi_{20},\psi_{30}}。$$

这个特征根方程可转换为：

$$(\alpha_{11}-\lambda)(\alpha_{22}-\lambda)(\alpha_{33}-\lambda) + \alpha_{13}\alpha_{21}\alpha_{32} + \alpha_{12}\alpha_{23}\alpha_{31} - \alpha_{13}\alpha_{31}(\alpha_{22}-\lambda) -$$
$$\alpha_{23}\alpha_{32}(\alpha_{11}-\lambda) - \alpha_{12}\alpha_{21}(\alpha_{33}-\lambda) = 0$$

整理得一个关于 $\lambda$ 的三阶方程如下：

$$\lambda^3 - (\alpha_{11}+\alpha_{22}+\alpha_{33})\lambda^2 + (\alpha_{11}\alpha_{22}+\alpha_{11}\alpha_{33}+\alpha_{22}\alpha_{33}-\alpha_{13}\alpha_{31}-\alpha_{23}\alpha_{32}-\alpha_{12}\alpha_{21})\lambda -$$
$$(\alpha_{11}\alpha_{22}\alpha_{33}-\alpha_{13}\alpha_{22}\alpha_{31}-\alpha_{11}\alpha_{23}\alpha_{32}+\alpha_{12}\alpha_{23}\alpha_{31}+\alpha_{21}\alpha_{32}\alpha_{13}-\alpha_{12}\alpha_{21}\alpha_{33}) = 0$$

这样可求解出此三次方程解，即 $DF(\psi_i^*)$ 的所有特征根。此时可根据以下 3 个定理来判断此时的平衡态是否稳定。

定理 1：若 $DF(\psi_i^*)$ 的所有特征根都具有负实部，则系统的平衡态是渐近稳定的；

定理 2：若 $DF(\psi_i^*)$ 的至少有一个特征根具有正实部，则系统的平衡态是 Lyapunov 意义下不稳定的；

定理 3：若 $DF(\psi_i^*)$ 的所有特征根都具有零实部，则系统的平衡态的稳定性依赖于高一阶的泰勒级数的项。

定理 3 的情形称为临界情形，在保守系统中经常遇到。基于上述讨论，可判断平衡态解的稳定性。

### 15.3.3 副高平衡态随热力参数的演变——分岔与突变

该平衡态系统的平衡点分布和变化，可大致表现副热带高压的准定常形态和状况随热力强迫的演变。上述平衡方程组的平衡态随热力参数 $Q_1,Q_2,Q_3$ 的演变分别如图 15.4，15.5，15.6 所示。

#### 15.3.3.1　$Q_1=-0.4,Q_2=0.25$

取 $Q_1=-0.4,Q_2=0.25$（对比图 15.1、图 15.2 中空间分布结构，可表现高纬冷却、中纬增暖时间大致在春末—夏初的情况），平衡点 $\psi_1,\psi_2,\psi_3$ 随 $Q_3$ 的分布如图 15.4 所示。其中 $Q_3$ 从 1.0 逐渐变为 $-1.0$ 大致可表现中纬度地区随着季节增暖所出现的从东暖（海面）—西冷（陆地）向西暖（陆地）—东冷（海面）的过渡和转变响应。

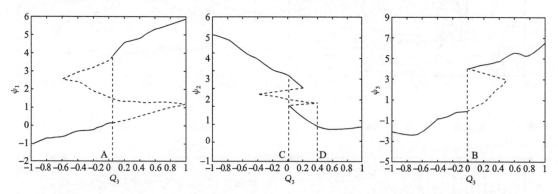

图 15.4　平衡点 $\psi_1,\psi_2,\psi_3$ 随 $Q_3$ 变化时解的结构分布（实线为稳定解，虚线为不稳定解）

从图 15.4 中可见，平衡点 $\psi_1$ 随 $Q_3$ 的增大，在 A 处（0.05 附近）出现跳跃，从一个稳定的低值平衡态跃升到了一个稳定的高值平衡态。对副高系统而言，这意味着当中纬度东西向温度梯度从西暖—东冷反位相变化到东暖—西冷时，位势场可能出现从低位势模态跃升为高位势模态的响应（突变发生在温度梯度反相转换的临界点附近）。结合图 15.1 的第 1 模态空间结构，该突变现象在天气上可能表现为副高的一次突然北抬过程；反之，平衡点 $\psi_1$ 随 $Q_3$ 减小至临界点时，则可能出现副高的一次突变南落。

$\psi_3$ 与 $\psi_1$ 情况类似，平衡点 $\psi_3$ 随 $Q_3$ 的增大在 0 附近（B 处）出现跳跃（幅度略小于 $\psi_1$），从一个稳定的低值平衡态跃升到了一个稳定的高值平衡态。结合图 15.3 的第 3 模态的空间结构，可知当中纬东西向温度梯度从西暖—东冷过渡到东暖—西冷相位时，在温度梯度反相转换临界点附近亦可发生突变，该突变现象在天气上可能表现为副高的一次快速东退过程；反之，平衡点 $\psi_3$ 随 $Q_3$ 的减小，将有可能导致副高的西伸。

$\psi_2$ 的情况与 $\psi_1,\psi_3$ 相反，随着 $Q_3$ 的变化，$\psi_2$ 分别在 $Q_3=0$ 和 0.4 处发生跳跃，而在出现两个稳定的高、低位势解共存情况，这与近年来观测发现的副高"双脊线"现象相吻合。当 $Q_3$ 进一步增大（$\geqslant0.2$ 时），则可从一个稳定的高值平衡态跃降到了一个稳定的低值平衡态（副高系统可能出现一个强度的跃减）。

对应图 15.4 中的副高形态随外热力强迫参数缓变所出现的突变,将突变前($Q_1=-0.4$, $Q_2=0.25$, $Q_3=-0.35$)和突变后($Q_1=-0.4$, $Q_2=0.25$, $Q_3=0.6$)的平衡态解与空间基函数进行 EOF 合成,得到突变前后的副高流场$\left(u=-\dfrac{\partial\psi}{\partial y},v=\dfrac{\partial\psi}{\partial x}\right)$与位势场$\varphi\approx g\cdot\psi$如(图 15.5、图 15.6 所示)。

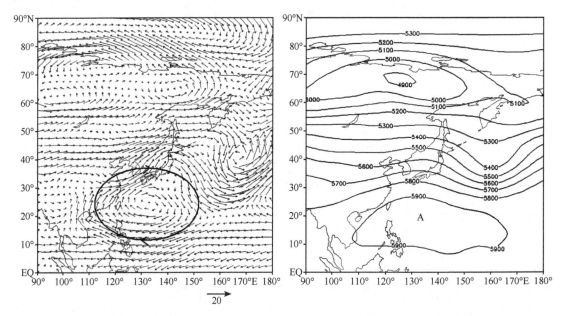

图 15.5　突变前($Q_1=-0.4$, $Q_2=0.25$, $Q_3=-0.35$)的 500 hPa 副高平衡态流场和位势场(单位:gpm)

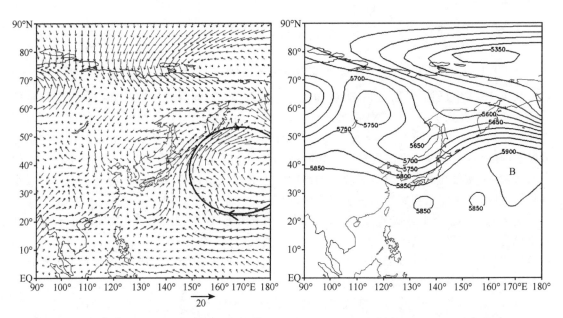

图 15.6　突变后($Q_1=-0.4$, $Q_3=0.25$, $Q_3=0.6$)的 500 hPa 副高平衡态流场和位势场(单位:gpm)

由图 15.5、图 15.6 的对比分析可见,随着中纬度的东西向温度梯度从西部大陆偏暖—东部海洋偏冷逐渐过渡到东部海洋偏暖—西部大陆偏冷时(夏季向冬季过渡情况;或西部大陆出现异常感热或潜热减弱或东部海洋出现异常感热或潜热增强等情况),当纬向海陆热力差异强迫参数 $Q_3$ 渐变至临界点,将导致副高的突变响应,副高从偏南、偏西、偏强的形态(图 15.6 中 A)突变到偏北、偏东和偏弱的形态(图 15.7 中 B)。

### 15.3.3.2 $Q_2 = -0.4, Q_3 = 0.6$

取 $Q_2 = -0.4$(中纬冷、低纬暖),$Q_3 = 0.6$(东暖、西冷)(对比图 15.2、图 15.3 中空间分布结构,可表现大致春夏交际的情况),平衡点 $\psi_1$ 随 $Q_1$ 增大(季节性增暖)分布结构如图 15.7 所示。

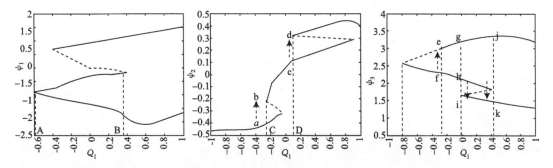

图 15.7 平衡点 $\psi_1$, $\psi_2$, $\psi_3$ 随 $Q_1$ 变化时解的结构分布(实线为稳定解,虚线为不稳定解)

图 15.7 可见,平衡点 $\psi_1$ 随 $Q_1$ 增加,在一定的范围(-0.6 到约 0.4 之间,如图 15.7 中 A,B 所示)分别会有两个稳定的正、负值平衡态共存(随着 $Q_1$ 的减小,该双平衡态解最后汇为一解)。结合图 15.1 中第 1 模态的空间结构,表明在 $Q_1$ 一定取值范围(对应于太阳季节性加热一定的时期),副高有可能同时存在两个潜在的形态(如"双脊线"形态)。

平衡点 $\psi_2$ 随 $Q_1$ 增加而连续增加,但大约在两个临界参数点 $Q_1 = -0.25$ 和 0.1 处(如图 15.7 中所示)可产生不连续的跳跃,分别从一个负值平衡点和一个正值平衡点突变跃升到相对高值的平衡点(如图 15.7 中 a→b 和 c→d 所示)。平衡点 $\psi_2$ 随 $Q_1$ 的两种突变意味着当季节性太阳辐射增温逐渐增加时,在一定临界点附近,可以导致 $\psi_2$ 出现跃升。结合图 15.2 中第 2 模态空间结构,第一次跃升分别表现了低纬正位势减弱(高压系统减弱)和中纬负位势减弱(低压系统减弱),孕育着大气位势和环流场从冬季向夏季的转型;第二次跃升则分别表现出低纬的负位势增强(如季风低压增强)和中纬正位势增强(副高系统加强)的天气变化。值得注意的是,尽管平衡点 $\psi_2$ 随 $Q_1$ 的逐渐增加亦表现出突变态势,但 $\psi_2$ 的两次跃变均是在相同的平衡解值(同相位)范围内变化,没有像图 15.4 中的 A,B 那样出现平衡解的反位相跃变,且跃变幅度也较前者弱。因此,对副高系统而言,平衡点 $\psi_2$ 随 $Q_1$ 渐变所表现出的突变主要表现在副高强度的跃增,而非副高形态的跳跃或剧变。

随 $Q_1$ 的变化,$\psi_3$ 先是出现一段连续的减弱,随后约在 $Q_1 = -0.3$ 处,分岔为两个稳定的高、低值的平衡解(如图 15.7e,f 所示);随着 $Q_1$ 进一步增加到约 $Q_1 = 0$ 处,则 $\psi_3$ 进一步分岔为 3 个稳定平衡解(如图 15.7g,h,i 点所示);$Q_1$ 增加到约 $Q_1 = 0.4$ 时,$\psi_3$ 又回归到两个稳定平衡解(如图 15.7j,k 点所示)。结合图 15.3 中第 3 模态空间结构,随着季节性太阳辐射的逐渐北移,西部大陆低位势和东部海洋高压系统先均有所减弱,当 $Q_1$ 增加到第一强迫临界值时,呈现第一次分岔,出现西低—东高逐渐增强和逐渐减弱的两种平衡态趋势;第二次分岔后,将出现西低—东高逐渐增强、逐渐减弱和跃变减弱 3 种平衡态趋势;随后又回归到西低—东高增强和减弱两种极端的平衡态趋势。同样,随着 $Q_1$ 变化,$\psi_3$ 的分岔变化均是出现在相同符号的平衡解（相同位相）范围内，即是在位势场西低—东高结构形式不变的前提下，仅是其强度或位势梯度可能出现强、弱不同程度的平衡态结构。因此，$Q_1$ 对 $\psi_3$ 的影响应表现在"量"的意义大于"质"的意义，但在量的程度上又表现出"突变"的特性。

图 15.8 是分岔前（$Q_2=-0.4,Q_3=0.6,Q_1=-0.5$）和第一次分岔后（$Q_2=-0.4,Q_3=0.6,Q_1=0$）的平衡态解与空间基函数 EOF 合成所得的副高平衡态位势场合成图。

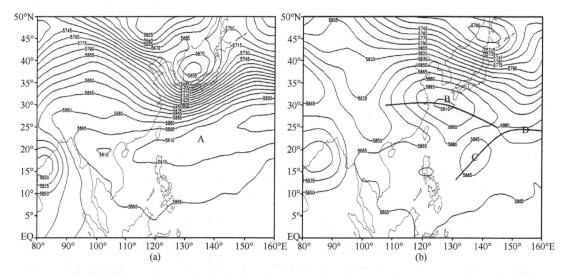

图 15.8　分岔前（$Q_2=-0.4,Q_3=0.6,Q_1=-0.5$）(a)和第一次分岔后（$Q_2=-0.4,Q_3=0.6,Q_1=0$）
(b)500 hPa 副高位势场

从图 15.8 中可以看出，随着季节的逐渐增暖，副高形态和位置将出现较为显著的变化：分岔前副高基本形态为近似东—西向的单一的带状结构（如图 15.8 中 A 所示）；分岔后副高单一的带状结构分裂为三个孤立的副高单体（如图 15.8 中 B,C,D 所示），其中副高主体从分岔前较为偏南（约 20°N）位置北跳至分岔后偏北（约 30°N）的位置，并出现了两个平衡态共存的副高双脊线形势。这样副高的双脊线现象近年来已为观测事实和诊断研究所揭示（占瑞芬 等，2004）。

## 15.4　本章小结

基于热力强迫和涡动耗散效应的大气偏微分涡度方程，采用 Galerkin 方法进行方程的时空变量分离，针对常规方法在空间基函数选择中存在的主观性，提出从实际资料场序列中用 EOF 分解与遗传算法结合客观反演空间基函数的思想。选择一组三角函数蔟作为广义空间基函数，以该基函数与 EOF 典型场的误差最小二乘和基函数的完备正交性构造双约束泛函，再引入遗传算法进行空间基函数曲面拟合和系数优化，反演得到客观合理的副热带高压常微分动力模型。最后，基于所得非线性动力学模型，对热力强迫作用下的副热带高压的动力学行为和机理进行了分析和讨论。分析发现，太阳辐射加热和纬向海陆热力差异是影响副热带地区位势和流场变化，从而导致副高强弱变化和中期进退活动的重要因素。前者以渐变为主，主要导致副热带地区流场和位势场强度变化，但亦可导致副高形态和位置出现分裂或跃变；后者则更多地表现出突变的特性，当其海陆热力差异渐变至其临界值时，可导致副热带地区流场和位势场强度和形态突变以及副高位置出现剧烈的南北跳跃或东西进退。

　　本章动力解析方法优势在于能够基于较为简单的动力学模型来探讨副高异常活动机理和非线性特性。其空间基函数源自实际要素场资料序列,使得模型能够较好地逼近天气实际,揭示的现象特征和动力特性也更细致、深入。但是,所取的模式比较简单,并且资料选择上只用 500 hPa 数据反演,是一个空间二维问题,而副高是空间三维的问题,因此,分析结果在一些细节上可能与实际天气事实还存在出入,但大体描绘了副高随季节的变化规律,揭示了副高突变的主要特征,讨论结果有助于今后进一步地深入研究。

# 第 16 章　空间基函数客观拟合以及副高突变与多态机理

上一章基于实际资料场时间序列 EOF 分解与遗传算法参数优化途径,提出了偏微分涡度方程的时空分解与空间基函数客观反演的新方法,得到了一组逼近实际大气位势场结构的空间正交基函数以及相应的非线性常微分动力系统模型。但是,该研究在流函数和热力强迫场的空间基函数反演中采用了相同的函数形式,而副高位势场(流函数场)结构与热力场结构严格地讲是不完全一致的。为此,针对上述问题,本章将进一步考虑从实际位势场和实际感热场资料中分别反演和拟合副高位势场和感热场的空间基函数,以使反演优化的副高动力学模型更加逼近实际天气(洪梅 等,2010)。

## 16.1　大气涡度方程

对副热带高压等大尺度天气系统,可采用强迫耗散的非线性正压涡度方程:

$$\frac{\partial}{\partial t}(\nabla^2\psi) + J(\psi,\nabla^2\psi) + \beta\frac{\partial\psi}{\partial x} = -Q + k\nabla^4\psi \tag{16.1}$$

式中,$\psi$ 为流函数,$k$ 为涡动扩散系数。由于大气的大尺度运动严格遵守"地转"原则,故位势场和风场满足如下关系:$\varphi = f\cdot\psi, u = -\frac{\partial\psi}{\partial y}, v = \frac{\partial\psi}{\partial x}$;$\varphi, u, v$ 分别为大气的位势和纬向、经向风,$f = 2\cdot\Omega\cdot\sin(\varphi)$ 为地转参数,$\varphi$ 为纬度。

因此,上述涡度方程可用以描述大尺度的副热带高压位势场结构和变异,以及对应的大气流场分布和变化。对上述涡度方程进行无量纲化处理(吕克利 等,1997),得到如下无量纲的涡度方程:

$$\frac{\partial}{\partial t}(\nabla^2\psi) + J(\psi,\nabla^2\psi) + \bar{\beta}\frac{\partial\psi}{\partial x} = -\overline{Q}Q + \bar{k}\nabla^4\psi \tag{16.2}$$

式中,$\bar{\beta} = \frac{\beta_0 L_0}{f_0}, \overline{Q} = \frac{Q_0}{f_0^2}, \bar{k} = \frac{k}{L_0^2 f_0}, f_0, \beta_0, L_0, Q_0$ 分别为地转参数、地转参数经向梯度、水平尺度以及热力强迫参数的特征值。

边界条件:以 $y = \frac{\pi}{2}$ 和 $y = \pi$ 为固壁条件,即 $v = \frac{\partial\psi}{\partial x}\Big|_{y=\frac{\pi}{2},y=\pi} = 0$;

$x$ 方向以 $\frac{\pi}{2}$ 为周期取周期变化;取太平洋副高研究区域为:

$$D = \left\{x:0 \leqslant x \leqslant \frac{\pi}{2}, y:\frac{\pi}{2} \leqslant y \leqslant \pi\right\}$$

用 Galerkin 方法对上述偏微涡度方程作时—空分离以获取描述副高变化的常微动力系统模型:

　　分别将 $\psi$ 和 $Q$ 展开为：$\psi(x,y,t)=\psi_1(t)f_1(x,y)+\psi_2(t)f_2(x,y)+\psi_3(t)f_3(x,y)$，$Q=Q_1{}'(t)\cdot f_1{}'(x,y)+Q_2{}'(t)\cdot f_2{}'(x,y)$，式中 $f_1,f_2,f_3$ 为流函数 $\psi$ 应满足的完备正交的空间基函数；$f'_1,f'_2$ 为描述热力场 $Q$ 的空间结构分布函数（该函数将从实际感热场资料中提取）。

　　在上一章处理中，流函数 $\psi$ 和热力场 $Q$ 均采用了相同的空间基函数 $f_1,f_2,f_3$，但实际天气中，流函数或位势场的空间结构与热力场并非完全一致。因此，更符合实际天气事实的处理方法应是流函数场和热力场的空间基函数分别从实际要素场中反演提取。

　　为此，本章分别对 10 年平均的副高位势场和感热场再分析资料序列进行 EOF 分解，从中提取副高空间结构和感热场的主要空间模态，以此作为副高动力系统空间基函数客观优选的拟合反演目标，随后以误差最小二乘和完备正交性构造双约束泛函，采用遗传算法对空间基函数系数进行全局寻优，以获取能够准确逼近实际天气的空间基函数和客观合理考虑了实际感热强迫作用分布的副高非线性常微分动力模型。

## 16.2　空间基函数反演

　　为了描述副热带高压夏季活动的基本特征和对热力强迫的动力学响应，选用 NCEP/NCAR 提供的 1997—2006 年夏季（5 月 1 日—8 月 31 日）10 年平均的逐日 500 hPa 位势场时间序列，空间范围为 $[90°E\sim180°,0°\sim90°N]$ 和相同范围月平均感热场时间序列，用以反演副高动力模型的空间基函数。

### 16.2.1　位势场的空间基函数拟合反演

　　首先对上述位势场资料场序列进行 EOF 时空分解。如 15.2 节中所述，其中前 3 个空间典型场的累积方差贡献可达到 92.946%，基本上可表现该位势场主要的空间结构特征，第 3 个之后的空间典型场所占总方差贡献低于 8%，主要是对前 3 个空间场结构的细节补充。因此，上述位势场分解的前 3 个空间典型场结构可用以表现副高系统基本特征。为此，将其作为构造副高动力模型的空间基函数目标，通过构建误差最小二乘和完备正交约束泛函，用遗传算法和曲面拟合方法从 EOF 分解的前 3 个典型空间场中提取反演逼近实际天气的空间基函数。

　　以 EOF 分解前 3 个空间典型场 $F_i$ 为目标，构建如下三角函数族作为广义空间基函数：

$$\begin{cases} f_1 = a_1\sin a_2 x + a_3\cos a_4 x + a_5\sin a_6 y + a_7\cos a_8 y \\ f_2 = b_1\sin b_2 x + b_3\cos b_4 x + b_5\sin b_6 y + b_7\cos b_8 y \\ f_3 = c_1\sin c_2 x + c_3\cos c_4 x + c_5\sin c_6 y + c_7\cos c_8 y \end{cases} \tag{16.3}$$

　　以上广义基函数的反演可归结为在满足误差极小和完备正交两个约束条件下的三角函数系数 $[a_1,a_2,\cdots,a_8;b_1,b_2,\cdots,b_8;c_1,c_2,\cdots,c_8]$ 的寻优。为此，构造如下约束泛函：

　　(1)基函数计算值 $f_i$ 与对应 EOF 典型场 $Fi$ 的误差最小二乘累积 $S=\sum\limits_{i=1}^{3}(F_i-f_i)^2$ 最小；

　　(2)基函数之间必须满足完备正交性：$\iint\limits_{D}f_i\cdot f_i=1$；$\iint\limits_{D}f_i\cdot f_j=0(i\neq j)$，其中 D 为模型积分区间，$i,j=1,2,3$。

为避免常规参数优化方法易陷入局部最优及对初始解的敏感性和依赖性等问题,采用遗传算法进行基函数参数优化。

设参数种群为 $P$,取误差最小二乘: $S = \sum_{i=1}^{3}(F_i - f_i)^2$ 为适应度函数,同时满足完备正交性条件: $\iint_D f_i \cdot f_i = 1; \iint_D f_i \cdot f_j = 0(i \neq j)$,否则跳出进化过程继续选择。遗传参数优化的具体操作步骤如下:

采用标准遗传算法的编码、种群生成和交叉、变异等进化策略,取终止条件为最优目标函数值 $L \leqslant \varepsilon(\varepsilon = 0.2\%)$。通过遗传操作和计算迭代,可反演得到满足误差最小二乘极小和完备正交条件的空间基函数:

$$\begin{cases} f_1 = -0.073052\sin4x - 0.015616\cos4x - 0.75358\sin4y - 0.50221\cos4y \\ f_2 = -0.12926\sin3x + 0.16007\cos3x + 0.26284\sin3y + 0.93547\cos3y \\ f_3 = 1.1938\sin x - 0.87599\cos x + 0.040386\sin y + 0.35564\cos y \end{cases} \quad (16.4)$$

对比分析表明,反演结果与实际位势场的空间结构特征非常接近,基本反映了副高位势场的空间分布和背景特性。其中 EOF 第 1 空间场与反演所得第 1 空间基函数场的相关系数达到 0.9254,EOF 第 2 空间场与反演所得第 2 空间基函数的相关系数达到 0.9041,EOF 第 3 空间典型场与反演所得第 3 空间基函数的相关系数达到 0.8963。

将以上从实际资料中反演所得的空间基函数代入流函数 $\psi$,并结合热力强迫项 $Q$ 的谱展开式带入无量纲的偏微分涡度方程进行 Galerkin 分解变换,并对涡度方程分别乘以 $f_1, f_2,$ $f_3$,后沿研究区域 $\Omega:\left[x \in \left(0, \dfrac{\pi}{2}\right); y \in \left(\dfrac{\pi}{2}, \pi\right)\right]$ 积分,可将偏微分涡度方程转化为如下的常微分方程组:

$$\begin{cases} \dfrac{\mathrm{d}\psi_1(t)}{\mathrm{d}t} = 2.0423\psi_2\psi_3 + 0.3496 \times 10^{-2}\beta\psi_2 - 0.3963 \times 10^{-3}\beta\psi_3 + \\ \qquad \bar{Q}\iint_\Omega (Q_1' \cdot f_1' + Q_2' \cdot f_2') \cdot f_1 \mathrm{d}x\mathrm{d}y - 16\bar{k}\psi_1 \\[2mm] \dfrac{\mathrm{d}\psi_2(t)}{\mathrm{d}t} = 0.07398\psi_1\psi_2 - 7.9805\psi_1\psi_3 - 0.8232\psi_2\psi_3 - 0.6132 \times 10^{-2}\beta\psi_1 - \\ \qquad 0.2145 \times 10^{-2}\beta\psi_2 + 0.06616\beta\psi_3 + \bar{Q}\iint_\Omega (Q_1' \cdot f_1' + Q_2' \cdot f_2') \cdot f_2 \mathrm{d}x\mathrm{d}y - 9\bar{k}\psi_2 \\[2mm] \dfrac{\mathrm{d}\psi_3}{\mathrm{d}t} = 0.16527\psi_1\psi_2 - 4.4516\psi_1\psi_3 - 8.1721\psi_2\psi_3 - 0.04443\beta\psi_1 - \\ \qquad 0.7037\beta\psi_2 - 0.1359\beta\psi_3 + \bar{Q}\iint_\Omega (Q_1' \cdot f_1' + Q_2' \cdot f_2') \cdot f_3 \mathrm{d}x\mathrm{d}y - \bar{k}\psi_3 \end{cases} \quad (16.5)$$

## 16.2.2 感热场的空间基函数拟合

热力强迫项 $Q = Q_1'f_1'(x,y) + Q_2'f_2'(x,y)$ 中的 $f_1', f_2'$ 可反映热力强迫的空间基本结构模态,为使理论模型逼近实际情况,取 1997—2006 年的月平均感热场进行 EOF 分解,其中前两项的方差累积贡献达到 78%,基本可反映感热场的情况。作适当中值平滑处理,略去部分细节后得到感热 $Q$ 分解的第 1、第 2 空间场(如图 16.1 所示)。

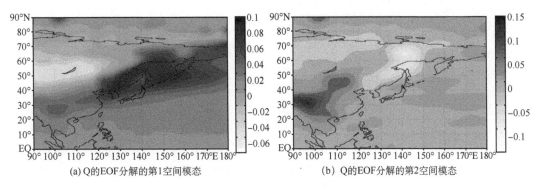

(a) Q的EOF分解的第1空间模态　　　　(b) Q的EOF分解的第2空间模态

图 16.1　实际感热场 $Q$ 的 EOF 分解的前两个空间模态

参照空间基函数 $f_1, f_2, f_3$ 反演方法途径,可以拟合得到感热场 $Q$ 的 EOF 空间结构模态函数:

$$
\begin{aligned}
f'_1 = &-0.0016896\sin7x - 0.015118\cos7x + 0.012731\sin7y + \\
&0.0014826\cos7y + 0.013972\sin8x\sin8y + 0.0047948\sin8x\cos8y + \\
&0.012245\cos8x\sin8y + 0.021103\cos8x\cos8y \\
f'_2 = &0.0017455\,sin10x + 0.0097167cos10x - 0.012423\,sin10y - \\
&0.010672cos10y + 0.0081745\,sin11xsin11y + 0.00089551\,sin11xcos11y + \\
&0.009311cos11xcos11y
\end{aligned}
\tag{16.6}
$$

反演所得的 $f'_1, f'_2$ 函数如图 16.2 所示,它与图 16.1 对应的感热第 1、第 2 模态的拟合率分别达到 81% 和 79%。

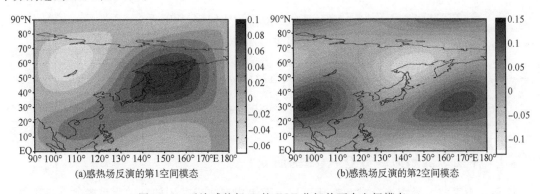

(a)感热场反演的第1空间模态　　　　(b)感热场反演的第2空间模态

图 16.2　反演感热场 $Q$ 的 EOF 分解前两个空间模态

从图中可以看出,$Q'_1$ 和 $Q'_2$ 有较清楚的物理意义:$Q'_1>0$,表明东亚沿岸(包括日本、韩国)有正感热,东亚大陆为负感热,为东暖西冷型;$Q'_1<0$,表明东亚沿岸有负感热,东亚大陆为正感热,为东冷西暖型。$Q'_2>0$,表明东亚沿岸(含日本、韩国)有弱负感热,中南半岛为弱正感热,为南暖北冷型;$Q'_2<0$,表明东亚沿岸有弱正感热,中南半岛为弱负感热,为南冷北暖型。

### 16.2.3　热力强迫作用的副高动力学模型

将反演所得 $f'_1, f'_2$ 代入常微方程组(16.5),对研究区域 $\Omega = \left[x \in \left(0, \dfrac{\pi}{2}\right); y \in \left(\dfrac{\pi}{2}, \pi\right)\right]$ 积分,可得到如下考虑感热场空间结构信息的动力学方程。根据该客观反演确定的动力学方程,

可对热力作用下副高活动和形态变异进行动力机理分析讨论。

$$
\begin{cases}
\dfrac{\mathrm{d}\psi_1(t)}{\mathrm{d}t} = 2.0423\psi_2\psi_3 + 0.3496\times10^{-2}\beta\psi_2 - 0.3963\times10^{-3}\beta\psi_3 + \\
\qquad 0.0625(-0.4296\times10^{-2}Q'_1 - 0.1072\times10^{-2}Q'_2) - 16\overline{k}\psi_1 \\[2mm]
\dfrac{\mathrm{d}\psi_2(t)}{\mathrm{d}t} = 0.07398\psi_1\psi_2 - 7.9805\psi_1\psi_3 - 0.8232\psi_2\psi_3 - 0.6132\times10^{-2}\beta\psi_1 - 0.2145\times10^{-2}\beta\psi_2 + \\
\qquad 0.06616\beta\psi_3 + 0.1111(-0.1097\times10^{-2}Q'_1 - 0.3004\times10^{-2}Q'_2) - 9\overline{k}\psi_2 \\[2mm]
\dfrac{\mathrm{d}\psi_3(t)}{\mathrm{d}t} = 0.16527\psi_1\psi_2 - 4.4516\psi_1\psi_3 - 8.1721\psi_2\psi_3 - 0.04443\beta\psi_1 + 0.7037\beta\psi_2 - 0.1359\beta\psi_3 + \\
\qquad (0.3983\times10^{-2}Q'_1 - 0.3080\times10^{-3}Q'_2) - \overline{k}\psi_3
\end{cases}
$$

$$(16.7)$$

## 16.3　副高的平衡态与分岔、突变

对副高等大尺度天气系统,当其处于相对稳定准定常状态时,其动力模式中的时间变化项为小值,此时方程组左边项可视为零,由此可得到描述副高形态和活动处于准定常情况下的平衡态方程组:

$$
\begin{cases}
\dfrac{\mathrm{d}\psi_1}{\mathrm{d}t} = f_1 = 2.0423\psi_2\psi_3 + 0.3496\times10^{-2}\beta\psi_2 - 0.3963\times10^{-3}\beta\psi_3 + \\
\qquad 0.0625(-0.4296\times10^{-2}Q'_1 - 0.1072\times10^{-2}Q'_2) - 16\overline{k}\psi_1 = 0 \\[2mm]
\dfrac{\mathrm{d}\psi_2}{\mathrm{d}t} = f_2 = 0.07398\psi_1\psi_2 - 7.9805\psi_1\psi_3 - 0.8232\psi_2\psi_3 - 0.6132\times10^{-2}\beta\psi_1 - 0.2145\times10^{-2}\beta\psi_2 + \\
\qquad 0.06616\beta\psi_3 + 0.1111(-0.1097\times10^{-2}Q'_1 - 0.3004\times10^{-2}Q'_2) - 9\overline{k}\psi_2 = 0 \\[2mm]
\dfrac{\mathrm{d}\psi_3}{\mathrm{d}t} = f_3 = 0.16527\psi_1\psi_2 - 4.4516\psi_1\psi_3 - 8.1721\psi_2\psi_3 - 0.04443\beta\psi_1 + 0.7037\beta\psi_2 - \\
\qquad 0.1359\beta\psi_3 + (0.3983\times10^{-2}Q'_1 - 0.3080\times10^{-3}Q'_2) - \overline{k}\psi_3 = 0
\end{cases}
$$

$$(16.8)$$

### 16.3.1　平衡态随热力参数 $Q'_1, Q'_2$ 的演变

该平衡态系统的平衡点分布和变化可以大致表现副热带高压的准定常形态和状况随热力强迫的演变。参照 15.3.2 节所述平衡态稳定性判别方法和标准,采用数值求解方法可求出上述平衡方程组平衡态随热力参数 $Q'_1, Q'_2$ 的演变情况:

(1)当 $Q'_1 = 500$ 时,$Q'_2$ 从 1300 增加到 2000,$\psi_1, \psi_2, \psi_3$ 随 $Q'_2$ 的变化如图 16.3 所示。

图 16.3 可见,平衡点 $\psi_1$ 随 $Q'_2$ 值的增大,在图 16.3 中 A 点会出现跳跃突变,从一个稳定的低值平衡态跃升到一个稳定的高值平衡态,并在图 16.3a 中 A~B 之间,维持两个平衡态存在。对副高系统而言,从低位势模态跃升为高位势模态过程在天气上可能表现为副高的一次突变或跳跃。$\psi_3$ 的情况与 $\psi_1$ 比较类似(图 16.3c 中的 E 点跃变以及在 E~F 之间的高、低位势双稳定平衡态维持)。$\psi_2$ 的情况则与之相反,随着 $Q'_2$ 值增大,$\psi_2$ 从一个稳定高值平衡态跃降到了一个稳定的低值平衡态(如图 16.3b 中 C 点所示),并在图 16.3b 中 C~D 之间,维持上述高、低两个平衡态。

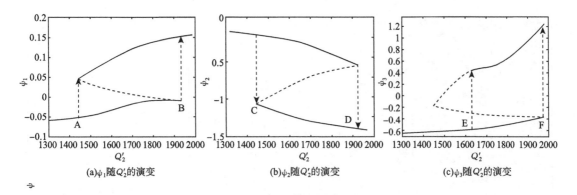

图 16.3　$\psi_1,\psi_2,\psi_3$ 随 $Q_2'$ 的平衡解演变图

（2）当 $Q_2'=200$ 时，$Q_1'$ 从 0 增加到 110，$\psi_1,\psi_2,\psi_3$ 随 $Q_1'$ 的变化如图 16.4 所示。

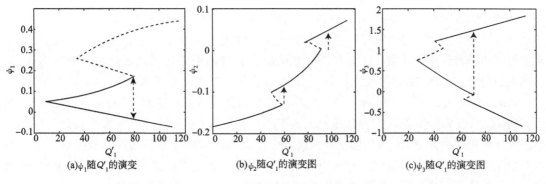

图 16.4　$\psi_1,\psi_2,\psi_3$ 随 $Q_1'$ 的演变图

　　图 16.4 中平衡点 $\psi_1$ 随 $Q_1'$ 的改变情况与图 16.3 有类似之处，在一定的参数范围（约 10 到 80 之间）有一个稳定的高值平衡态和一个稳定的低值平衡态同时存在（表明副高在某种热力强迫下存在两种形态，如副高双脊线形态），随着 $Q_1'$ 的减小，两个平衡态最后汇合到一起。而 $\psi_2$ 则呈现出随 $Q_1'$ 增加而出现不连续的跳跃现象（形如梅雨季节副高的北跳，但幅度较小）。$\psi_3$ 随 $Q_1'$ 的变化既有跳跃的特点，也在某热力参数范围内表现出位势场多形态（如副高双脊线）特征。上述分析表明三个平衡模态 $\psi_1,\psi_2,\psi_3$ 随 $Q_1'$ 的变化表现出跳跃和多平衡态共存的特性。

## 16.3.2　感热强迫与副高形态响应

　　对副高等大尺度天气系统，风场和位势场满足地转近似（吕克利 等，1997），可取：$u=-\dfrac{\partial\psi}{\partial y}$，$v=\dfrac{\partial\psi}{\partial x}$，$\varphi=f\cdot\psi$。此时，对应于平衡态解随热力参数变化所表现出的跳跃或多态特性，可讨论相应的位势场 $\varphi$ 和流场、风场（$u/v$）的响应。

　　当取 $Q_1'=500$，$Q_2'=1400$ 时，对应于图 16.3 第一次分岔前状况，代入 $Q=Q_1'f_1'+Q_2'f_2'$，得到此时的感热场结构（如图 16.5a 所示），该感热场可大致表现出感热分布西高（东亚大陆高）、东低（东部海洋低），即春末初夏的情况。该感热场的 500 hPa 流场和位势场分别如图 16.5b，c 所示。

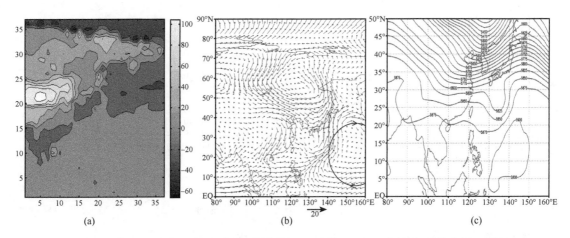

图 16.5　$Q'_1=500,Q'_2=1400$ 时对应的感热场(a)及其 500 hPa 流场(b)和位势场(c)响应

从图 16.5b、c 中可见,以[20°N,155°E]为中心存在一个反气旋环流,位势场上则表现为在[130°～150°E,5°～20°N]区域有一个副热带高压。表现为随着季节增暖,副热带高压开始在东亚地区热带海洋上空出现。上述较理想化的模式大气的平衡态可大致反映北半球春末、夏初热力强迫作用较弱,副热带高压较为偏弱、偏南和偏东时的基本天气构型。

当取 $Q'_1=500,Q'_2=1800$ 时(第一次分岔后),将其代入 $Q=Q'_1f'_1+Q'_2f'_2$,得到的感热场如图 16.6a 所示,此时亦为西高(东亚大陆正感热)、东低(东部海洋上负感热)构型,但是感热强度比图中更为强盛,该感热场分布大致可表现东亚地区盛夏季节情况。其感热外强迫参数对应于图 16.3 分岔后的状况,它所对应的位势场由单平衡态分叉后突变为了双平衡态,其中一个是低值平衡态,另一个为高值平衡态,相应的分岔后的流场和位势场分别如图 16.6b和 16.6c 所示:

图 16.6b、c 中可见,以[120°～160°E,15°～20°N]为中心存在两个反气旋环流,连成一线;另外在[45°N,110°～150°E]还存在着一个明显的反气旋环流。在位势场上则清楚地呈现出南北两个副高单体(见图 16.6c 中 A,B),其中北侧的副高具有 5900 gpm 的强中心,副高脊线呈西北—东南走向,斜跨 23°～35°N;南侧副高相对较弱,其脊线呈东北偏东—西南偏西走向,位于约 15°～22°N 附近。对比图 16.5c 和图 16.6c 结构,上述形式表现为分岔后副高主体北跳、断裂,一个偏强、偏北、偏西(见图 16.6c 中 A),一个偏弱、偏南、偏东(见图 16.6c中 B),出现两个副高中心、两条脊线共存的现象。

上述分析表明,随着感热强迫作用和东—西向海陆热力差异的增加,当热力作用增加至临界值时,对应于位势、流函数平衡态解出现的突变与分岔,副高活动可能表现为在热带和副热带地区各维持一个独立的副高主体和脊线,这与何金海等(2010)发现的副高"双脊线"现象相吻合。表明感热因子 $Q'_2$ 更多表现为突变因素,即北半球纬向海陆分布差异引起的感热强迫差异(夏季大陆加热、海洋相对冷却)可能是导致副热带流场和位势场多元化复杂形态结构的一个重要因子。

同理,取 $Q'_1=45,Q'_2=200$ 时,对应于图 16.4 分岔前状况,代入 $Q=Q'_1f'_1+Q'_2f'_2$,得到此时感热场结构如图 16.7a 所示,可大致表现东亚大陆中、高纬地区感热较强、东部海洋地区感热偏弱的感热场结构特征。该感热场的 500 hPa 流场和位势场分别如图 16.7b,c所示。

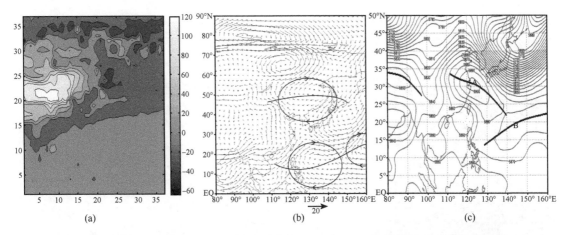

图 16.6 $Q'_1=500$，$Q'_2=1800$ 时对应的感热场(a)及其 500 hPa 流场(b)和位势场(c)响应

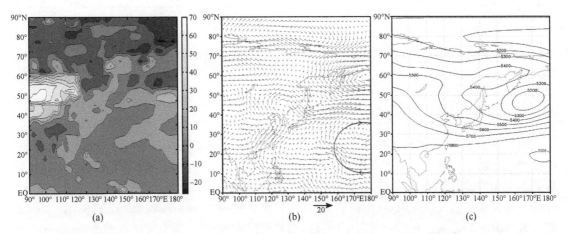

图 16.7 $Q'_1=45$，$Q'_2=200$ 时对应的感热场及其 500 hPa 流场和位势场响应

图 16.7 可见，以(170°E，20°N)为中心存在一个反气旋环流，在位势场上则表现为在 [170～180°E，15～20°N]区域有一个弱的副热带高压。表现为随着季节增暖，副热带高压东伸至东亚地区热带海洋上空。上述较理想的模式大气平衡态可大致反映北半球夏初热力强迫作用较弱，副热带高压尚未增强北抬至东亚大陆时的天气模态。

当取 $Q'_1=90$，$Q'_2=500$ 时，对应于图 16.4 中分岔后的状况，即位势场由低平衡态跃升到高平衡态，其代入 $Q=Q'_1f'_1+Q'_2f'_2$，得到的感热场如图 16.8a 所示，此时亦为西高(东亚大陆中高纬正感热)、东低(东部海洋上负感热)构型，但此时感热强度比突变之前更为强盛，该感热场分布大致可表现盛夏季节东西向热力差异显著时的情况，此时对应的突变后的流场和位势场如图 16.8b，c 所示。

图 16.8 中可见，以[140°E，30°N]为中心有一个明显的反气旋中心，位势场上则表现为 30°N 出现一个较强的副热带高压。与突变前(见图 16.7)相比较，副高强度和范围出现了明显的增强和西伸与北抬，副高脊线快速从 20°N 北抬到 30°N 附近，同时副高脊线由之前的 165°E～180°区域快速西伸至 130°～160°E 区域。

上述试验结果表明，影响北半球副热带地区夏季流场和位势场变化，尤其是副高中短期活动的外强迫源中，热力因子 $Q'_1$(即太阳的季节性辐射加热)一般情况下主要引起副高的渐变或缓慢移动(这与许多研究结论相一致),但是它与东亚地区东—西向的感热分布(尤其是东—西向的感热差异)的组合作用,则可能是导致副高北跳和快速西伸等副高突变或副高环流异常的重要原因之一。

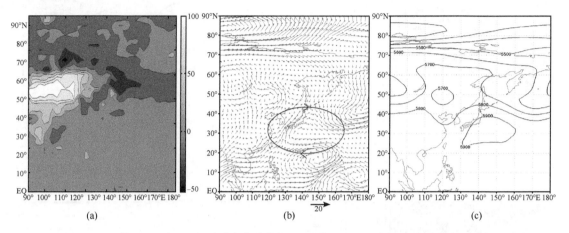

图 16.8  $Q'_1 = 90$, $Q'_2 = 500$ 时对应的感热场(a)及其 500 hPa 流场(b)和位势场(c)响应

## 16.4  本章小结

提出基于 EOF 分解与遗传算法,从实际位势场和感热场资料时间序列中分别优化反演位势场和热力场空间基函数的研究思想和方法途径。基于客观获取的空间基函数以及相应分离得到的常微非线性动力方程组,对感热强迫的副热带高压的动力学行为进行了分析和讨论。除进一步证实了前人研究观点(柳崇健 等,1983;董步文 等,1988;缪锦海 等,1985)外,(如太阳辐射和海陆热力差异是影响副高中期进退的重要因素,前者主要引导副高渐变,而后者逐渐增大至其临界值时,则可能导致副高形态和位置的突变)还提出一些新的见解,如东亚副热带地区东西向感热强度和结构分布以及东西向热力差异可能是导致副高流场和位势场出现多元复杂形态(包括副高双脊线现象)的诱因;太阳辐射感热效应和东亚大陆东西向感热结构与热力差异的不同组合的共同作用,则可能是导致副高增强和西伸、北跳等突变的重要因子。

对于夏季东亚地区的副高中期进退和异常活动而言,本章的第 2 模态热力因子是主要的强迫项,它反映了夏季世界最大陆地——东亚大陆和最大海洋——太平洋之间的海陆热力差异对太平洋副高中期活动的制约和影响,这个巨大的热力因素引导和制约着夏季西太平洋副高在东亚大陆的进退活动与异常变化。因此,研究和预测西太平洋副高的活动应深入挖掘东亚大陆和西太平洋海域的热力状况、热力差异和热力结构配置与西太平洋副高活动异常和突变的内在关联。由于本章模式比较简单,仅可作较为定性的分析讨论,细节描述和更进一步的研究尚需引入数值模拟等手段开展综合性研究。

# 参考文献

艾悦秀,陈兴芳.2000.夏季副高与海温的相互关系及副高预测[J].热带气象学报,**16**(1):1-8.

鲍学俊,王盘兴,覃军.2006.南极涛动与江淮梅雨异常的时滞相关分析[J].南京气象学院学报,**29**(3):348-352.

毕慕莹.1989.夏季西太平洋副热带高压的振荡[J].气象学报,**47**(4):467-474.

伯晓晨,等.2000.Matlab工具箱应用指南—信息工程篇[M].北京:电子工业出版社,399-455.

蔡学湛,温珍治,吴滨.2003.西太平洋副高与ENSO的关系及其对福建雨季降水分布影响[J].热带气象学报,**19**(1):36-42.

曹杰,黄荣辉,谢应齐.2002.西太平洋副热带高压演变物理机制的研究[J].中国科学(D辑:地球科学),**32**(8):659-666.

曹杰,董慧林.2003.高维多门限时间序列模型在西太平洋副高预报中的应用[J].云南大学学报(自然科学版),**25**(3):247-253.

陈国良,王熙法,等.1996.遗传算法及其应用[M].北京:人民邮电出版社.

陈烈庭.2001.青藏高原异常雪盖和ENSO在1998年长江流域洪涝中的作用[J].大气科学,**25**(2):184-192.

陈希,沙文钰,李妍.2002.1998年夏欧亚阻塞高压对西太平洋副热带地区大气环流影响的数值研究[J].热带气象学报,**18**(4):369-373.

陈兴跃,王会军,曾庆存.2000.大气季节内振荡及其年际变化[M].北京:气象出版社.

陈璇,王黎娟,管兆勇,等.2011.大气加热场影响西太平洋副热带高压短期位置变化的数值模拟[J].大气科学学报.**34**(1):99-108.

陈月娟,周任君,武海峰.2002.Niño 1+2海区冷、暖水期西太平洋副高的特征及其对东亚季风的影响[J].大气科学,**26**(3):373-386.

崔锦,杨修群.2005.马斯克林高压的变化及其与ENSO的关系[J].气象科学,**25**(5):441-449.

戴新刚,丑纪范,吴国雄.2002.印度季风与东亚夏季环流的遥相关关系[J].热带气象学报,**60**(5):544-552.

董步文,丑纪范.1988.西太平洋副热带高压脊线位置季节变化的实况分析和理论模拟[J].气象学报,**46**(3):361-363.

杜远林,何龙,王增武.2005.西太平洋副高进退的溃变预测[J].成都信息工程学院学报,**20**(5):598-603.

范可,王会军.2006a.南极涛动异常与2006年我国东部夏季降水形势预测[J].应用气象学报,**17**(3):383-385.

范可,王会军.2006b.有关南半球大气环流与东亚气候的关系研究的若干新进展[J].大气科学,**30**(3):402-412.

范可.2006c.南半球环流异常与长江中下游夏季旱涝的关系[J].地球物理学报,**49**(3):672-679.

范可,王会军.2007.南极涛动异常及其对冬春季北半球大气环流影响的数值模拟试验[J].地球物理学报,**50**(2):397-403.

符淙斌,滕星林.1988.我国夏季的气候异常与埃尔尼诺/南方涛动现象的关系[J].大气科学,**12**(S1):133-141.

高辉,薛峰,王会军.2003.南极涛动的年际变化对江淮梅雨的影响及预报意义[J].科学通报,**48**(S2):87-92.

高辉,薛峰.2006.越赤道气流的季节变化及其对南海夏季风爆发的影响[J].气候与环境研究,**11**(1):57-68.

高普云.2005.非线性动力学:分叉、混沌与孤立子[M].长沙:国防科技大学出版社:75-77.

龚道溢,王绍武.1998.南北半球副热带高压对赤道东太平洋海温变化的响应[J].海洋学报,20(5):44-53.

龚道溢,何学兆.2002a.西太平洋副热带高压的年代际变化及其气候影响[J].地理学报,57(2):185-193.

龚道溢,朱锦红,王绍武.2002b.长江流域夏季降水与前期北极涛动的显著相关[J].科学通报,47(7):
546-549.

巩远发,许美玲,何金海.2006.夏季青藏高原东部降水变化与副热带高压带活动的研究[J].气象学报,64(1):
90-99.

郭秉荣.1990.线性与非线性波导论[M].北京:气象出版社:199-202,265-273.

何金海,陈丽臻.1989.南半球中纬度准40天振荡及其与北半球夏季风的关系[J].南京气象学院学报,12(1):
11-18.

何金海,朱乾根,Murakami M.1996.TBB资料揭示的亚澳季风区季节转换及亚洲夏季风建立的特征[J].热带
气象学报,12(1):34-42.

何金海,温敏,罗京佳.1997.东亚季风区旱涝年季节转换的不同特征[M].//亚洲季风研究的新进展.北京:气
象出版社.

何金海,徐海明,周兵,等.2000.关于南海夏季风建立的大尺度特征及其机制的讨论[J].气候与环境研究,5
(4):333-344.

何金海,温敏,施晓辉,等.2002.南海夏季风建立期间副高带断裂和东撤及其可能机制[J].南京大学学报(自
然科学),38(3):318-330.

何金海,祁莉,张韧.2010.西太平洋副热带高压研究的新进展及其应用[M].北京:气象出版社:69-80.

洪梅,张韧,万齐林,等.2005.模糊聚类与遗传算法相结合的卫星云图云分类[J].地球物理学进展,20(4):
1009-1014.

洪梅,张韧,孙照渤.2006a.多光谱卫星云图的高维特征聚类与降水天气判别[J].遥感学报,10(2):184-190.

洪梅,张韧,吴国雄,等.2006b.副热带高压强度变化的模糊聚类诊断预测[J].应用气象学报,17(4):459-466.

洪梅,张韧.2006c.基于动力统计模型重构的副热带高压中长期预报[J].气象学报,64(6):780-789.

洪梅,张韧,吴国雄.2007.用遗传算法重构副热带高压特征指数的非线性动力模型[J].大气科学,31(2):
346-352.

洪梅,张韧.2009.涡度方程的时空客观分解与副热带高压的突变与分岔[J].应用数学和力学,30(10):
1181-1188.

洪梅,张韧,何金海.2010.基于空间基函数客观拟合的副高突变与多态的机理分析[J].物理学报,59(10):
6871-82.

洪梅,张韧,刘科峰.2013a.基于遗传优化的西太平洋副高异常活动年份的动力预报模型反演[J].物理学报,
62(7):070505-1~9.

洪梅,张韧,黎鑫.2013b.西太平洋副高季节内活动与亚洲夏季风系统的时延相关特征[J].地球科学进展,
录用.

胡昌华.1999.基于Matlab的系统分析与设计-小波分析[M].西安:西安电子科技大学出版社:20-24.

黄崇福.2006.自然灾害风险评价-理论与实践[M].北京:科学出版社.

黄嘉佑.1988.复经验正交函数(CEOF)方法及其在天气过程诊断分析中的应用[J].气象,19(5):3-8.

黄嘉佑.2000.气象统计分析与预报方法[M].北京:气象出版社.

黄建平,衣育红.1991.利用观测资料反演非线性动力模型[J].中国科学,3(3):331-336.

黄荣辉,李维京.1988.夏季热带西太平洋上空热源异常对东亚上空副热带高压影响及其物理机制[J].大气科
学(特刊):107-116.

黄荣辉,孙凤英.1994.热带西太平洋暖池的热状态及其上空的对流活动对东亚夏季气候异常的影响[J].大气
科学,18(2):141-151.

黄荣辉,徐予红,王鹏飞,等.1998.1998年夏长江流域特大洪涝特征及其成因探讨[J].气候与环境研究,3

(4):300-313.

黄士松,余志豪.1961.副热带高压活动及其与大气环流有关若干问题的研究[J].气象学报,31(4):339-359.

黄士松,汤明敏.1962.副热带高压位置一年中南北变动的特征及其意义[J].南京大学学报,(2):41-56.

黄士松.1963.副热带高压的东西向移动及其预报的研究[J].气象学报,33(3):320-332.

黄士松.1978.有关副热带高压活动及其预报问题的研究[J].大气科学,2(2):159-168.

黄士松,汤明敏.1982.夏季东半球海上越赤道气流与赤道西风、台风及副热带高压活动的联系[J].南京大学学报(气象专辑):12-15.

黄士松,汤明敏.1987.论东亚季风体系的结构[J].气象科学,7(3):1-16.

黄士松,汤明敏.1988.西北太平洋和南印度洋上环流系统的中期振荡与遥相关[J].气象科学,8(4):1-13.

黄晓东,罗会邦.2004.东亚夏季风雨带和西太平洋副高季节变化的耦合特征[J].热带气象学报,20(2):122-128.

黄燕燕,钱永甫.2004.长江流域、华北降水特征与南亚高压的关系分析[J].高原气象,23(1):68-74.

简茂球,罗会邦,乔云亭.2004.青藏高原东部和西太平洋暖池区大气热源与中国夏季降水的关系[J].热带气象学报,20(4):355-364.

江吉喜,范梅珠.1999.1998年夏季ITCZ和副高异常特征的分析[J].海洋学报,16(2):42-48.

蒋国荣,沙文钰,蔡剑平.1992.印度洋海温和西太平洋副高的时空分布及两者的相互影响[J].热带气象,8(1):71-82.

蒋尚城,戴志远.1998.卫星观测的西太平洋副高的气候学特征[J].科学通报,34(19):1492-1493.

金荣花,矫梅燕,徐晶,等.2006.2003年淮河多雨期西太平洋副高活动特征及其成因分析[J].热带气象学报,22(1):60-66.

况雪源,张耀存.2006.东亚副热带西风急流位置异常对长江中下游夏季降水的影响[J].高原气象,25(3):382-389.

冷春香,陈菊英.2003.西太平洋副高在1998年和2001年梅汛期长江大涝大旱中的作用[J].气象,29(6):7-11.

李崇银,穆明权.2001.赤道印度洋海温偶极子型振荡及其气候影响[J].大气科学,25(4):433-443.

李崇银,吴静波.2002.索马里跨赤道气流对南海夏季风爆发的重要作用[J].大气科学,26(2):185-192.

李崇银,王作台,林士哲,等.2004.东亚夏季风活动与东亚高空西风急流位置北跳关系的研究[J].大气科学,28(5):641-658.

李峰,林建,何立富.2006.西风带系统的异常活动对2003年淮河暴雨的作用机制研究[J].应用气象学报,17(3):303-309.

李建平.1997.小波分析与信号处理[M].重庆:重庆大学出版社:125-137.

李江南,蒙伟光,王安宇,等.2003.西太平洋副热带高压强度和位置的气候特征[J].热带地理,23(1):35-39.

李湘,肖天贵,金荣花.2010.1998年副热带高压活动与波包传播特征的研究[J].热带气象学报,26(5):572-576.

李向红,徐海明,何金海.2004.对亚洲两支越赤道气流与华南暴雨的关系探讨[J].气象科学,24(2):161-167.

李晓峰,郭品文,董丽娜,等.2006.夏季索马里急流的建立及其影响机制[J].南京气象学院学报,29(5):599-605.

李兴亮,喻世华.1996.北太平洋低频波的传播与季内西太平洋副高异常[J].热带气象学报,2(2):171-180.

李熠,杨修群,谢倩.2010.北太平洋副热带高压年际变异与ENSO循环之间的选择性相互作用[J].地球物理学报,53(7):1543-1553.

梁潇云,刘屹岷,吴国雄.2006.青藏高原对副热带高压季节变化的影响—夏季副热带高压变化研究的新进展[M].北京:气象出版社:227-234.

廖清海.2004.北半球夏季副热带西风急流变异及其对东亚夏季风气候异常的影响[J].地球物理学报,47(1):

10-18.

廖荃荪,赵振国.1990.东亚阻塞形势与西太平洋副高的关系及其对我国降水的影响[J].长期天气预报论文集,北京:气象出版社:125-134.

廖移山,杨荆安,沈铁元.2002.1998年二度梅雨期西太平洋副热带高压活动的诊断分析[J].应用气象学报,**13**(3):270-276.

林建,何金海.2000.青藏高原春夏季对流异常及其对西太平洋副高的影响[J].南京气象学院学报,**23**(3):346-355.

林建,毕宝贵,何金海.2005.2003年7月西太平洋副热带高压变异及中国南方高温形成机理研究[J].大气科学,**29**(4):595-599.

林振山.2003.非线性科学及其在地学中的应用[M].北京:气象出版社:119-124.

刘还珠,姚明明.2000.降水与副热带高压位置和强度变化的数值模拟[J].应用气象学报,**11**(4):385-391.

刘还珠,赵声蓉,赵翠光,等.2006.2003年夏季异常天气与西太副高和南亚高压演变特征的分析[J].高原气象,**25**(2):169-178.

刘平,吴国雄,李伟平,等.2000.副热带高压带的三维结构特征[J].大气科学,**24**(5):577-588.

刘屹岷,刘辉,刘平,等.1999.空间非均匀非绝热加热对副热带高压形成和变异的影响Ⅱ:陆面感热加热与东太平洋北美副高[J].气象学报,**57**(4):385-396.

刘屹岷,吴国雄.2000.副热带高压研究回顾及对几个基本问题的再认识[J].气象学报,**58**(4):500-512.

刘忠辉,喻世华.1990.南亚夏季风系统双周振荡机理探讨[J].热带气象,**6**(2):149-157.

柳崇健,陶诗言.1983.副热带高压北跳与月尖(CUSP)突变[J].中国科学(B),**5**:474-480.

吕克利,徐银梓,谈哲敏.1996.动力气象学[M].南京:南京大学出版社.

吕雅琼,巩远发.2006.2001及2003年夏季青藏高原及附近大气源(汇)的变化特征[J].高原气象,**25**(2):195-202.

罗坚,喻世华.1995.低纬大气两类季内振荡的诊断研究[J].气象学报(A.M.S),**9**:199-206.

罗玲,何金海,谭言科.2005.西太平洋副热带高压西伸过程的合成特征及其可能机理[J].气象科学,**25**(5):465-473.

罗哲贤,马镜娴.1985.副热带流型多平衡态的转换与加热场变动的两重性[J].气象学报,**43**(3):276-283.

罗哲贤.2001.热带气旋对副热带高压短期时间尺度变化的影响[J].气象学报,**59**(5):549-559.

马军海,陈予恕,刘曾荣.1999.动力系统实测数据的非线性混沌模型重构[J].应用数学和力学,**20**(11):1128-1134.

马军海.2005.复杂非线性系统的重构技术[M].天津:天津大学出版社.

毛江玉,吴国雄,刘屹岷.2002.季节转换期间副热带高压带形态变异及其机制的研究Ⅰ:副热带高压结构的气候学特征[J].气象学报,**60**(4):400-408.

缪锦海,丁敏芳.1985.热力强迫下大气平衡态的突变-副高北跳[J].中国科学(B),**1**:87-96.

闵锦忠,李春,吴芃.2005.夏季热带西太平洋对流与长江中下游降水关系的研究[J].大气科学,**29**(6):947-954.

慕巧珍,王绍武.2001.近百年夏季西太平洋副热带高压的变化[J].大气科学,**25**(6):787-797.

慕巧珍,王绍武.2002.近百年四季西太平洋副热带高压的变化[J].气象学报,**60**(6):668-679.

穆明权,李崇银.2000.1998年南海夏季风的爆发与大气季节内振荡的活动[J].气候与环境研究,**5**(4):373-387.

南素兰,李建平.2005.春季南半球环状模与长江流域夏季降水的关系:基本事实[J].气象学报,**63**(6):837-846.

纽学新.1992.热带气旋动力学[M].北京:气象出版社:59-72.

彭加毅.1999.ENSO对西太平洋副高的影响及与东亚季风相互作用研究[D].南京:南京气象学院大气科学

系:18-21,100-114.

彭加毅,孙照渤.2000.春季赤道东太平洋海温异常对西太平洋副高的影响[J].南京气象学院学报,23(2):191-195.

彭加毅,孙照渤.2001.春季赤道东太平洋海温异常对东亚大气环流春夏季节演变的影响[J].热带气象学报,17(4):398-404.

蒲书箴,于惠苓.1993.热带西太平洋上层热结构和海流异常及其对副高的影响[J].海洋学报,15(1):31-43.

祁莉,何金海,占瑞芬.2006.1962年西太平洋副热带高压双脊线演变过程的特征分析[J].大气科学,30(4):683-692.

祁莉,管兆勇,张祖强,等.2008a.气候平均场中的西太平洋副热带高压双脊线特征及其与季风槽准10天振荡的关系[J].大气科学,32(1):165-174.

祁莉,张祖强,何金海.2008b.气候平均场上西太平洋副热带高压双脊线过程可能成因的动力诊断分析[J].大气科学,32(2):395-404.

祁莉,张祖强,何金海,等.2008c.一类西太平洋副热带高压双脊线过程维持机制初探[J].地球物理学报,51(3):682-691.

钱代丽,管兆勇,王黎娟.2009.近57a夏季西太平洋副高面积的年代际振荡及其与中国降水的联系[J].大气科学学报,32(5):677-685.

钱贞成,喻世华.1991.东亚地区凝结加热的中期变动与西太平洋副高准双周振荡的关系[J].热带气象,7(3):259-267.

任宏利,张培群,郭秉荣,等.2005.预报副高脊面变化的动力模型及其简化数值试验[J].大气科学,29(1):71-78.

任荣彩,吴国雄.2003.1998年夏季副热带高压的短期结构特征及形成机制[J].气象学报,61(2):180-195.

任荣彩,刘屹岷,吴国雄.2004.中高纬环流对1998年7月西太平洋副热带高压短期变化的影响机制[J].大气科学,28(4):571-579.

任荣彩,刘屹岷,吴国雄.2007.1998年7月南亚高压影响西太平洋高压短期变异的过程和机制[J].气象学报,65(2):183-198.

沙万英,郭其蕴.1998.西太平洋副热带高压脊线变化与我国汛期降水的关系[J].应用气象学报,9(S):31-38.

沈民奋,孙丽莎.1998.现代随机信号与系统分析[M].北京:科学出版社.

施能,朱乾根.1995.南半球澳大利亚、马斯克林高压气候特征及其对我国东部夏季降水的影响[J].气象科学,15(2):20-27.

施宁,施丹平,严明良.2001.夏季越赤道气流对南海季风及华东旱涝的影响[J].热带气象学报,17(4):405-414.

舒锋敏,简茂球.2006.亚洲季风区感热凝结潜热对副高带季节演变的影响[J].热带气象学报,22(2):121-130.

舒廷飞,罗会邦.2003.晚春初夏西太平洋副高突变特征及其年际变化[J].热带气象学报,19(1):17-26.

宋敏红,钱正安.2002.高原及冷空气对1998和1991年夏季西太副高及雨带的影响[J].高原气象,21(6):557-564.

苏同华,薛峰.2010.东亚夏季风环流和雨带的季节内变化[J].大气科学,34(3):611-628.

孙淑清,马淑杰.2001.西太平洋副高异常及其与1998年长江流域洪涝过程关系的研究[J].气象学报,59(6):719-729.

谭桂容,孙照渤.2004.西太平洋副高与华北旱涝的关系[J].热带气象学报,20(2):206-211.

谭晶,杨辉,孙淑清.2005.夏季南亚高压东西振荡特征研究[J].南京气象学院学报,28(4):452-460.

唐卫亚,孙照渤.2005.印度洋海温偶极振荡对东亚环流及降水影响[J].南京气象学院学报,28(3):316-322.

陶诗言.1963.中国夏季副热带天气系统若干问题的研究[M].北京:科学出版社:12-146.

陶诗言,朱福康.1964.夏季亚洲南部100 hPa流型的变化及其与太平洋副热带高压进退的关系[J].气象学报,**34**(4):385-395.

陶诗言,倪允琪,赵思雄.2001a.1998年夏季中国暴雨的形成机理与预报研究[M].北京:气象出版社.

陶诗言,张庆云,张顺利.2001b.夏季北太平洋副热带高压系统的活动[J],气象学报,**59**(6):747-758.

陶诗言,卫捷.2006.再论夏季西太平洋副热带高压的西伸北跳[J].应用气象学报,**17**(5):512-523.

滕代高,刘宣飞,张增信,等.2005.澳大利亚高压的年际变化及其对应的亚澳季风[J].南京气象学院学报,**28**(1):86-92.

田纪伟,孙孚,楼顺里.1996.相空间反演方法及其在海洋资料分析中的应用[J].海洋学报,**18**(4):1-10.

王成林,邹力.2004.西太平洋副热带高压的年际变率及其与ENSO的相关性[J].热带气象学报,**20**(2):137-144.

王会军,薛峰.2003.索马里急流的年际变化及其对半球间水汽输送和东亚夏季降水的影响[J].地球物理学报,**46**(1):18-25.

王黎娟,罗玲,张兴强,等.2005a.西太平洋副热带高压东西位置变动特征分析[J].南京气象学院学报,**28**(5):578-585.

王黎娟,温敏,罗玲.2005b.西太平洋副高位置变动与大气热源的关系[J].热带气象学报,**21**(5):488-496.

王黎娟,陈璇,管兆勇,等.2009.我国南方洪涝暴雨期西太平洋副高短期位置变异的特点及成因[J].大气科学,**33**(5):1047-1057.

王凌.2001.智能优化算法及其应用[M].北京:清华大学出版社:2-10.

王盘兴.1981.气象向量场的自然正交展开方法及其应用[J].南京气象学院学报,**4**(1):37-47.

王盘兴,徐建军,李曙光,等.1993.准40天振荡沿指定路径传播的CEOF分析[J].应用气象学报,**4**(S):39-44.

王盘兴,吴洪宝,徐建军.1994.复经验正交函数分析结果的直观显示[J],南京气象学院学报,**17**(4):448-454.

王小平,曹立明.2003.遗传算法—理论、应用与软件实现[M].西安:西安交通大学出版社:7-9.

王亚非,山崎信雄.2000.初夏热带西太平洋对流云团周期性西北传播与梅雨带的变动[J].气象学报,**58**(6):692-703.

王钟睿,汤懋.2003.用CEOF分析中蒙地温场的空间分布及时变特征[J].高原气象,**22**(1):88-91.

卫捷,杨辉,孙淑清.2004.西太平洋副热带高压东西位置异常与华北夏季酷暑[J].气象学报,**62**(3):308-316.

魏恩泊,田纪伟,许金山.2001.隐含变量新反演方法及在海洋资料中的应用[J].中国科学(D辑),**31**(2):171-176.

温敏,何金海.2000.夏季季风降水凝结潜热释放效应对西太平洋副高形成和变异的影响[J].南京气象学院学报,**23**(4):536-541.

温敏,何金海.2002.夏季西太平洋副高脊线的活动特征及其可能的机制[J].南京气象学院学报,**25**(3):289-297.

温敏,施晓晖.2006.1998年夏季西太平洋副高活动与凝结潜热加热的关系[J].高原气象,**25**(4):617-623.

吴国雄,刘还珠.1999a.全型垂直涡度倾向方程和倾斜涡度发展[J].气象学报,**57**(1):1-15.

吴国雄,刘屹民,刘平.1999b.空间非均匀加热对副热带高压形成和变异的影响:尺度分析[J].气象学报,**57**(3):257-263.

吴国雄,刘平,刘屹岷.2000.印度洋海温异常对西太平洋副热带高压的影响—大气中的两级热力适应[J].气象学报,**58**(5):513-522.

吴国雄,丑纪范,刘屹岷,等.2002a.副热带高压形成和变异的动力学问题[M].北京:科学出版社:72-731.

吴国雄,刘屹岷,刘平,等.2002b.纬向平均副热带高压和Hadley环流下沉支的关系[J].气象学报,**60**(5):635-636.

吴国雄,刘屹岷,任荣彩,等.2004.定常态副热带高压与垂直运动的关系[J].气象学报,**62**(5):587-597.

吴洪宝,吴蕾.2005.气候变率诊断和预测方法[M].北京:气象出版社:2-32,.

吴志伟,何金海,韩桂荣.2006.长江中下游梅雨与春季南半球年际模态(SAM)的关系分析[J].热带气象学报,**22**(1):79-85.

徐海明,何金海,董敏,等.2001a.印度半岛对亚洲夏季风进程影响的数值研究[J].热带气象学报,**17**(2):117-124.

徐海明,何金海,周兵.2001b.江淮入梅前后大气环流的演变特征和西太平洋副高北跳西伸的可能机制[J].应用气象学报,**12**(2):150-158.

徐海明,何金海,温敏,等.2002.中南半岛影响南海夏季风建立和维持的数值研究[J].大气科学,**26**(3):330-342.

许晨海,倪允琪,朱福康.2001.OLR资料描述西太平洋副热带高压的一种方法[J].应用气象学报,**12**(3):377-382.

许金镜,温珍治,何芬.2006.越赤道气流对副高脊线北抬至25°N的影响[J].气象,**32**(8):81-87.

许晓林,徐海明,司东.2007.华南6月持续性致洪暴雨与孟加拉湾对流异常活跃的关系[J].南京气象学院学报,**30**(4):463-471.

玄光男,程润伟.2004.遗传算法与工程优化[M].北京:清华大学出版社:21-30.

薛峰,王会军,何金海.2003.马斯克林高压和澳大利亚高压的年际变化及其对东亚夏季风降水的影响[J].科学通报,**48**(3):19-27.

薛峰,何卷雄.2005.南半球环流变化对西太平洋副高东西振荡的影响[J].科学通报,**50**(8):1660-1662.

杨莲梅,张庆云.2006.夏季东亚西风急流扰动异常对副热带高压的影响[M].夏季副热带高压变化研究的新进展,北京:气象出版社:56-64.

杨修群,黄士松.1989.马斯克林高压的强度变化对大气环流影响的数值试验[J].气象科学,**9**(2):125-138.

杨义文.2001.7月份两种东亚阻塞形势对中国主要雨带位置的不同影响[J].气象学报,**59**(6):759-767.

姚秀萍,刘还珠,赵声蓉.2005.利用TBB资料对西太平洋副热带高压特征的分析和描述[J].高原气象,**24**(22):143-151.

姚秀萍,吴国雄,刘屹岷,等.2007.热带对流层上空东风带扰动影响西太平洋副热带高压的个例分析[J].气象学报,**65**(2):198-207.

姚秀萍,吴国雄,刘还珠.2008.与2003年梅雨期西太副高东西向运动有关的热带上空东风带扰动的结构和演变特征[J].热带气象学报,**24**(1):21-26.

姚愚,严华生,程建刚.2004.主汛期(6—8月)副高各指数与中国160站降雨的关系[J].热带气象学报,**20**(6):651-661.

叶笃正,陶诗言,李麦村.1958.六月和十月大气环流的突变现象[J].气象学报,**29**(4):249-263.

叶笃正,杨广基,王兴东.1979.东亚和太平洋上空平均垂直环流(一)夏季[J].大气科学,**3**(1):1-11.

应明,孙淑清.2000.西太平洋副热带高压对热带海温异常响应的研究[J].大气科学,**24**(2):193-206.

尤卫红,段长春,赵宁坤.2006.夏季南亚高压年际变化的特征时间尺度及其时空演变[J].高原气象,**25**(4):601-608.

余丹丹,张韧,洪梅,等.2007a.亚洲夏季风系统成员与西太平洋副高的相关特征分析[J].热带气象学报,**23**(1):58-67.

余丹丹,张韧,洪梅,刘科峰.2007b.基于交叉小波与小波相干的西太副高与东亚夏季风系统关联性分析[J].南京气象学院学报,**30**(6):755-769.

余丹丹.2008a.西太平洋副高与东亚夏季风系统相互影响的特征诊断和机理分析[D].南京:解放军理工大学.

余丹丹,张韧,洪梅.2008b.赤道中太平洋对流活动与西太副高西伸的时延相关分析[J].海洋科学进展,**26**(3):292-304.

余丹丹,张韧,洪梅.2010a.基于副高-季风非线性动力模型的动力特性讨论与机理分析[J].热带气象学报,**26**(4):429-437.

余丹丹,张韧,滕军,等.2010b.西太平洋副高与亚洲夏季风系统季节内振荡的基本模态及传播特征[J].热带海洋学报,**29**(4):32-39.

余志豪,葛孝贞.1983.副热带高压脊线季节活动的数值试验(Ⅰ):太阳辐射加热作用[J].海洋学报,**5**(6):698-708.

余志豪,葛孝贞.1984.副热带高压脊线季节活动的数值试验(Ⅱ):水汽凝结加热作用[J].海洋学报,**6**(6):759-769.

喻世华,潘春生.1989a.一次西太平洋副高中期进退过程环流机制分析[J].热带气象,**5**(3):220-226.

喻世华,王绍龙.1989b.西太平洋副热带高压中期进退的环流机制[J].海洋学报,**11**(3):372-377.

喻世华,杨维武.1991.副热带季风环流圈特征及与东亚夏季环流关系[J].应用气象学报,**2**(3):242-247.

喻世华,钱贞成.1992.东亚夏季环流的中期变动特征和可能机制[J].应用气象学报,**3**(1):113-119.

喻世华,杨维武.1995.季节内西太平洋副高异常进退的诊断研究[J].热带气象学报,**11**(3):214-222.

喻世华,张韧,杨维武.1999.副热带高压进退机理研究[M].北京:解放军出版社,123-169.

袁恩国,等.1981.夏季经圈环流的调整和西太平洋副热带高压活动的关系[J].大气科学,**5**(1):60-68.

曾刚,孙照渤,林朝晖,等.2010.不同海域海表温度异常对西北太平洋副热带高压年代际变化影响数值模拟研究[J].大气科学,**34**(2):307-322.

占瑞芬,李建平,何金海.2004.西太平洋副热带高压双脊线及其对1998年夏季长江流域"二度梅"影响[J].气象学报,**62**(3):294-307.

占瑞芬,李建平,何金海.2005.北半球副热带高压双脊线的统计特征[J].气象学报,**50**(18):2022-2026.

张爱华,吴恒强,覃武,等.1997.南半球大气环流对华南前汛期降雨影响初探[J].气象,**23**(8):10-15.

张建文,喻世华.1998.太平洋地区低频波汇集与西太平洋副高异常关系的诊断研究[J].大气科学进展,**15**(3):243-257.

张琴,姚秀萍,寿绍文.2010.梅雨期西太平洋副热带高压异常东退与东风带扰动关系的合成诊断分析[J].大气科学,**35**(1):29-40.

张庆云,陶诗言.1999.夏季西太平洋副热带高压北跳及其异常研究[J].气象学报,**57**(5):539-548.

张庆云,陶诗言.2003a.夏季西太平洋副热带高压异常时东亚大气环流特征[J].大气科学,**7**(3):369-380.

张庆云,陶诗言.2003b.东亚夏季风指数的年际变化与东亚大气环流[J].气象学报,**61**(4):559-568.

张琼,钱永甫,张学洪.2000.亚高压的年际和年代际变化[J].大气科学,**24**(1):67-78.

张琼,吴国雄.2001.江流域大范围旱涝与南亚高压的关系[J].气象学报,**59**(5):569-577.

张韧,喻世华.1992.夏季西太平洋副热带高压准双周振荡的动力学机制[J].热带气象,**8**(4):306-314.

张韧,罗来成.1993.夏季东亚上空副热带高压中期变化的物理机制讨论[J].气象科学,**13**(4):417-426.

张韧,史汉生,喻世华.1995.西太平洋副热带高压非线性稳定性问题的研究[J].大气科学,**19**(6):687-700.

张韧,史汉生,喻世华.1999.夏季东亚副热带反气旋进退活动的非线性机理讨论[J].应用数学和力学,**20**(4):418-426.

张韧,蒋全荣,余志豪.2000a.大气对海温构型及转换过程的响应-副高进退及异常机理讨论[J].解放军理工大学学报,**1**(3):70-75.

张韧,蒋国荣,余志豪,等.2000b.利用神经网络计算方法建立太平洋副高活动的预报模型[J].应用气象学报,**11**(2):474-483.

张韧,王继光,余志豪.2002a.Rossby惯性重力孤立波与东-西太平洋副高活动遥相关[J].应用数学和力学,**23**(7):707-714.

张韧,余志豪,蒋全荣.2002b.低频位势波与夏季北太平洋副高活动[J].热带气象学报,**18**(4):415-423.

张韧,沙文钰,蒋国荣.2003a.孤立子型热源强迫与大气和海洋流场的奇异响应.应用数学和力学,**24**(6):

631-636.

张韧,余志豪,蒋全荣.2003b.南海夏季风活动与季内北太平洋副高的形态和西伸[J].热带气象学报,**19**(2):
113-121.

张韧,董兆俊,陈奕德,等.2004a.太平洋副高形态指数的分解重构与集成预测[J].地球科学进展,**19**(4):
572-576.

张韧,何金海,董兆俊,等.2004b.南亚夏季风影响西太平洋副高南北进退活动的小波包能量诊断[J].热带气
象学报,**20**(2):113-121.

张韧,董兆俊.2006a.东亚季风和季风槽雨带影响副热带高压进退活动的机理分析[J].应用基础与工程科学
学报,**14**(增刊):332-336.

张韧,洪梅.2006b.经验正交函数与遗传算法结合的副高位势场非线性模型反演[J].应用数学和力学,**27**
(12):1438-1445.

张韧,王辉赞.2007.基于相空间重构的西太平洋副高指数动力随机性与复杂性[J].南京气象学院学报,**30**
(6):723-729.

张韧,洪梅,王辉赞,等.2008a.基于遗传算法优化的 ENSO 指数的动力预报模型反演[J].地球物理学报,**51**
(5):1346-1353.

张韧,洪梅.2008b.副热带高压与东亚季风指数的非线性数学模型遗传算法参数优化[J].工程数学学报,**25**
(3):381-389.

张韧,洪梅.2009.基于不完备数据样本的联合作战大气-海洋环境风险决策[J].军事运筹与系统工程.**23**(1):
48-52.

张韧,董兆俊,洪梅.2010a.影响副高活动的热力强迫作用-动力学解析模型[J].气象科学,**30**(5):646-650.

张韧,徐志升.2010b.信息扩散理论在舰载导弹环境影响评估中的应用[J].火力与指挥控制,**35**(2):42-44.

张韧,洪梅,黎鑫.2013.基于副热带高压异常活动个例的动力模型重构与变异特性剖析[J].大气科学学报,
录用.

张先恭,魏凤英.1990 北半球极涡与副热带高压相互关系[M].//长期天气预报论文集.北京:气象出版社.

张贤达.1996.时间序列分析—高阶统计量方法[M].北京:清华大学出版社.

张亚妮,刘屹岷,吴国雄.2009.线性准地转模型中副热带流环对潜热加热的定常响应I基本性质及特征分析
[J].大气科学,**33**(4):868-878.

张艳焕,郭品文,周惠.2005.孟加拉湾热源对亚洲夏季风环流系统的影响[J].南京气象学院学报,**28**(1):1-8.

张元箴,王淑静.1999.南半球环流与西太平洋副热带高压和台风群中期活动的关系[J].应用气象学报,**10**
(1):80-87.

赵兵科,姚秀萍,吴国雄.2005.2003 年夏季淮河流域梅雨期西太平洋副高结构和活动特征及动力机制分析
[J].大气科学,**29**(5):771-779.

赵改英,刘冰,齐收金.2000.用南亚高压和西太副高的周期关系做多雨时段的预报研究[J].高原气象,**19**(2):
172-178.

赵平,陈隆勋.2001.35 年来青藏高原大气热源气候特征及其与中国降水的关系[J].中国科学,**31**(4):
327-332.

郑庆林,梁丰.1999.青藏高原动力和热力作用对季节转换期全球大气环流影响的数值研究[J].热带气象学
报,**15**(3):247-257.

郑祖光,李秀玲,刘莉红.2005.夏季副热带高压北移的非线性机理探讨[J].气象学报,**63**(3):278-288.

中央气象台长期预报组.1976.长期天气预报技术经验总结(附录)[M].北京:中央气象台:5-6.

周曾奎.1996.江淮梅雨[M].北京:气象出版社.

朱抱真,金飞飞,等.1991.大气和海洋的非线性动力学概论[M].北京:海洋出版社:75-80.

朱乾根,何金海.1985.亚洲季风建立及其振荡的高空环流特征[J].热带气象,**1**(1):9-18.

庄世宇,赵声蓉,姚明明. 2005. 1998 年夏季西太平洋副热带高压的变异分析[J]. 应用气象学报,**16**(2): 181-192.

Barnett T P. 1984. Interaction of the monsoon and Pacific trade wind system at interannual time scales. Part I : The equatorial ones[J]. *Mon Wea Rev*, **111**:756-774.

Charney J G, Eliassen A. 1964. On the growth of the hurricane depression[J]. *J Atmos Sci*, **21**:68-71.

Charney J G, De Voro J G. 1979. Multiple flow equilibria in the atmosphere and blocking [J]. *J Atmos Sci*, **36**:1205-1216.

Chen Longxun , Xie An. 1980. Westward propagating low frequency-Oscillation and its teleconnection in the Eastern Hemisphere[J]. *Acta Meteor Sinica*, **2**:300-312

Chen Longxun, Zhu Congwen, Wang Wen, *et al*. 2001. Analysis of characteristics of 30-60 day low frequency oscillation over Asia during 1998 SCSM EX [J]. *Advances in Atmospheric Sciences*, **18**(4):623-638.

Dong Zhaojun, Zhang Ren, Yu Dandan. 2008. Diagnosis and identification of dynamic correlation factors between west-pacific subtropical high and east asia monsoon system indexes[J]. *Journal of Tropical Meteorology*, **14**(2):145-148.

Georgescu A. 1985. *Hydrodynamic Stability Theory*[M]. Martinus Nijhoff Publishers.

Grinsted A, Moore J C, Jevrejeva S. 2004. Application of the cross wavelet transform and wavelet coherence to geophysical time series[J]. *Nonlinear Processes in Geophysics*, **11**:561-566.

Hong Mei, Zhang Ren , Li Jiaxun, *et al*. 2013. Inversion of the western Pacific subtropical high dynamic model and analysis of dynamic characteristics for its abnormality[J]. *Nonlinear Processes in Geophysics*, **20**: 131-142.

Hoskins B J, Rod Welll M J. 1995. A model of the Asian summer monsoon, Part I : The global scale [J]. *J Atmos Sci*, **52**:1329-1340.

Hoskins B J. 1996. On the existence and strength of the summer subtropical anticyclones [J]. *Bull Ame Meteor Soc*, (77):1287-1292.

Huang Ronghui. 1994. Interactions between the 30-60 day oscillation, the Walker circulation and the convective activities in the Tropical Western Pacific and their relations to the interannual oscillation [J]. *Advances in Atmospheric Sciences*. **11**(3):367-384.

Joseph D D. 1976. *Stability of Fluid Motions*[M]. Springer-Verlag Press.

Krishnamurti T N, Bhalme H N. 1976. Oscillation or a monsoon system, Part 1: Observational aspects[J]. *J Atmos Sci*, **23**:1937-1954.

Li Xingliang, Yu Shihua. 1996. Distribution of low-frequency waves in north Pacific and intraseasonal abnormality of the western Pacific subtropical high[J]. *J Tro Meteor*, **2**:199-206.

Lin Xinbin, Xu Jinjing, Wen Zhenzhi. 2008. Variation features of Somali cross-equatorial flow and its impact on the location of the subtropical high ridge from July to September[J]. *Journal of Tropical Meteorology*, **14**(1):15-18.

Lin Zhongda, Lu Riyu. 2005. Interannual meridional displacement of the East Asian upper- tropospheric jet stream in summer [J]. *Adv Atmos Sci*, **22**(2):199-211.

Liu Yimin, Wu Guoxiong. 2004. Progress in the study on the formation of the summertime subtropical anticyclone[J]. *Advances in Atmospheric Sciences*, **21**(3):322-342.

Long R R. 1964. Solitary waves in the westerlies [J]. *J Atmos Sci*, **21**:197-200.

Lu Riyu, Dong Buwen. 2001. Westward extension of North Pacific subtropical high in summer [J]. *J Meteor Soc Japan*, **79**:1229-1241.

Lu Riyu. 2002. Indexes for the summertime western North Pacific subtropical high [J]. *Adv Atmos Sci*, **19**

(6):1004-1028.

Lu Riyu , Li Ying, *et al*. 2008. Relationship between the zonal displacement of the western Pacific subtropical high and the dominant modes of low-tropospheric circulation in summer [J]. *Progress in Natural Science*,**18**(2):161-165.

Luo Jian,Yu Shihua. 1995. CEOF analyses of atmospheric low-frequency oscillation in lower latitude region and frequency modulation phenomena of low-frequency signals[J]. *Acta Meteorologica Sinic*,**9**:199-206.

Madden R D,Julian P. 1971. Detection of a 40-50 day oscillation in the zonal wind in the tropical pacific [J]. *J Atmos Sci*,**28**:702-708.

Nan S L,Li J P. 2003. The relationship between the summer precipitation in the Yangtze River valley and the boreal spring Southern Hemisphere annular mode [J]. *Geophys Res Lett*:**10**,1029-2003.

Nikaidou Y. 1989. The PJ-like north-south oscillation in 4-month integrations of the global spectral model T42 [J]. *J Meteor Soc Japan*,**67**(3):287-292.

Nitta T. 1987. Convective activities in the tropical western Pacific and their impact on the northern hemisphere summer circulation [J]. *J Meteor Soc Japan*,**65**:126-132.

Rasmusson E M, Arkin P A, Chen W Y. 1981. Biennial variations in surface temperature over the United States as revealed by singular decomposition [J]. *Mon Wea Rev*,**109**:587-598.

Si Dong,Xu Haiming,*et al*. 2008. Analysis of the westward extension of western Pacific subtropical high during a heavy rain period over southern China in June 2005 [J]. *Journal of Tropical Meteorology*,**14**(2):93-96.

Sperber K R, Slingo J M, Inness P M,*et al*. 1997. On the maintenance and initiation of the intraseasonal oscillation in the NCEP/NCAR reanalysis and in the GLA and UKMO AMIP simulations [J]. *Climate Dynamics*,**13**(11):769-795.

Sui C H, Chung P H, Li T. 2007. Interannual and interdecadal variability of the summertime western North Pacific subtropical high[J]. *Geophys Res Lett*,**34**:L11701,dcd:10.1029/2006GIGL029204.

Sun Guodong,Mu Mu. 2009. Nonlinear feature of the abrupt transitions between multiple equilibria states of an ecosystem model[J]. *Advances in Atmospheric Sciences*,**26**(2):293-304.

Takens F. 1981. Detecting strange attractors in fluid turbulence[J]. *Lecture Notes in Mathematics*,**898**(2):361-381

Tao Shiyan,Chen Longxun. 1987. *A Review of Recent Research on the East Asian Summer Monsoon in China Monsoon Meteorology*[M]. Oxford University Press:60-92.

Torrence C, Compo G P. 1998. A practical guide to wavelet analysis [J]. *Bull Amer Meteor Soc*,**79**: 61-78.

Wang H J, Fan K. Central. 2005. Centval-north China precipitation as reconstructed from the Qing Dynasty: Signal of the Antarctic atmospheric oscillation [J]. *Geophys Res Lett*, 32, L24705, doi: 10.1029/2005GL024562.

Wang Lijuan,Guan Zhaoyong,He Jinhai. 2006. The position variation of the west Pacific subtropical high and its possible mechanism[J]. *Journal of Tropical Meteorology*,**12**(2):113-120.

Wu B, Zhou T J. 2008. Oceanic origin of the interannual and interdecadal variability of the summertime western Pacific subtropical high[J]. *Geophys Reas Lett*, 35,L13701,doi:10.1029/2008GL034584.

Wu G X. Liu H ZH. 1992. Atmospheric precipitation in response to equatorial and tropical sea surface temperature anomalies[J]. *J Atmos Sci*,**48**:2236-2255.

Xue Feng. 2004. Interannual variability of Mascarene high and Australian high and their influence on East Asian summer monsoon[J]. *J Meteor Soc Japan*,**8**(4):1173-1186.

Xue Feng,He Juanxiong. 2005. Influence of the Southern Hemispheric circulation on east-west oscillation of

Western Pacific subtropical high[J]. *Chinese Science Bulletin*, **50**(14): 1660-1662.

Yanai M, Esbensen S, Chu J H. 1973. Determination of bulk properties of tropical cloud clusters from large-scale heat and moisture budgets [J]. *J Atmos Sci*, **30**: 611-627.

Yang Hui, Sun Shuqing. 2003. Study on the characteristics of longitudinal movement of subtropical high in the western Pacific in summer and its influence [J]. *Advance in Atmospheric Sciences*, **20**(6): 921-933.

Yang Hui, Sun Shuqing. 2005. The characteristics of longitudinal movement of the subtropical high in Western Pacific in pre-rainy season in South China [J]. *Advances in Atmospheric Sciences*, **22**(3): 392-400.

Yao Xiuping, Wu Guoxiong, Liu Yiming, *et al*. 2009. Case study on the impact of the vortex in the easterlies in the tropical upper troposphere on the western Pacific subtropical anticyclone[J]. *Acta Meteorologica Sinica*, **23**(3): 363-373.

Yu Dandan, Zhang Ren, *et al*. 2007. A characteristic correlation analysis between the Asia summer monsoon memberships and the West Pacific subtropical high [J]. *Journal of Tropical Meteorology*, **13**(1): 102-104.

Zhan Ruifen, Li Jianping, He Jinhai. 2005. Statistical characteristics of the double ridges of subtropical high in the Northern Hemisphere[J]. *Chinese Science Bulletin*, **50**(20): 2336-2341.

Zhang Jianwen, Yu Shihua. 1998. A diagnostic study on the relationship between the Assembling of low-frequency waves in the Pacific ocean and the abnormality of the subtropical high[J]. *Advances in Atmospheric Sciences*. **15**(2): 247-257.

Zhang Qihe, Yu Shihua. 1990. Diagnosis of the medium-range variation of the subtropical high over the western Pacific during a Meiyu process by three-dimensional E-P flux[J]. *Advances in Atmospheric Sciences*, **7**(4): 86-97.

Zhang Qiong, Wu Guoxiong, Qian Yongfu. 2002. The bimodality of the 100 hPa South Asia high and its relationship to the climate anomaly over East Asian summer [J]. *J Meteor Soc Japan*, **80**(4): 733-744.

Zhang Ren, Yu Zhihao. 2000. Numerical and dynamical analyses of heat source forcing and restricting subtropical high activity [J]. *Advances in Atmospheric Sciences*, **17**(1): 61-71.

Zhou T, Yu R, Zhang J, *et al*. 2009. Why the western Pacific subtropical high has extended westward since the late 1970s[J]. *J Climate*, **22**: 2199-2215.